国家卫生健康委员会"十四五"规划教材

全 国 高 等 学 校 教 材

供基础、临床、预防、口腔医学类专业用

新形态教材

有机化学

Organic Chemistry

第 **10** 版

主　　审 | 陆　阳

主　　编 | 罗美明　李发胜

副 主 编 | 杨若林　厉廷有　吴运军

数 字 主 审 | 陆　阳

数 字 主 编 | 罗美明

数字副主编 | 杨若林　李晓娜

人民卫生出版社

·北京·

图书在版编目（CIP）数据

有机化学 / 罗美明，李发胜主编 . — 10 版 . —北京：人民卫生出版社，2024.6 （2024.8重印）

全国高等学校五年制本科临床医学专业第十轮规划教材

ISBN 978-7-117-36258-0

I. ①有… Ⅱ. ①罗… ②李… Ⅲ. ①有机化学– 高等学校 – 教材 Ⅳ. ①O62

中国国家版本馆 CIP 数据核字（2024）第 085569 号

| 人卫智网 | www.ipmph.com | 医学教育、学术、考试、健康，购书智慧智能综合服务平台 |
| 人卫官网 | www.pmph.com | 人卫官方资讯发布平台 |

有 机 化 学
Youji Huaxue
第 10 版

主　　编：罗美明　李发胜
出版发行：人民卫生出版社（中继线 010-59780011）
地　　址：北京市朝阳区潘家园南里 19 号
邮　　编：100021
E - mail：pmph @ pmph.com
购书热线：010-59787592　010-59787584　010-65264830
印　　刷：人卫印务（北京）有限公司
经　　销：新华书店
开　　本：850 × 1168　1/16　印张：18
字　　数：533 千字
版　　次：1978 年 10 月第 1 版　2024 年 6 月第 10 版
印　　次：2024 年 8 月第 2 次印刷
标准书号：ISBN 978-7-117-36258-0
定　　价：69.00 元
打击盗版举报电话：**010-59787491**　**E-mail：WQ @ pmph.com**
质量问题联系电话：**010-59787234**　**E-mail：zhiliang @ pmph.com**
数字融合服务电话：**4001118166**　**E-mail：zengzhi @ pmph.com**

新形态教材使用说明

　　新形态教材是充分利用多种形式的数字资源及现代信息技术,通过二维码将纸书内容与数字资源进行深度融合的教材。本套教材全部以新形态教材形式出版,每本教材均配有特色的数字资源和电子教材,读者阅读纸书时可以扫描二维码,获取数字资源、电子教材。

　　电子教材是纸质教材的电子阅读版本,其内容及排版与纸质教材保持一致,支持手机、平板及电脑等多终端浏览,具有目录导航、全文检索功能,方便与纸质教材配合使用,进行随时随地阅读。

获取数字资源与电子教材的步骤

① 扫描封底红标二维码,获取图书"使用说明"。

② 揭开红标,扫描绿标激活码,注册/登录人卫账号获取数字资源与电子教材。

③ 扫描书内二维码或封底绿标激活码,随时查看数字资源和电子教材。

④ 登录 zengzhi.ipmph.com 或下载应用体验更多功能和服务。

扫描下载应用

客户服务热线 400-111-8166

读者信息反馈方式

人卫e教
medu.pmph.com

　　欢迎登录"人卫e教"平台官网"medu.pmph.com",在首页注册登录后,即可通过输入书名、书号或主编姓名等关键字,查询我社已出版教材,并可对该教材进行读者反馈、图书纠错、撰写书评以及分享资源等。

序言

百年大计,教育为本。教育立德树人,教材培根铸魂。

过去几年,面对突如其来的新冠疫情,以习近平同志为核心的党中央坚持人民至上、生命至上,团结带领全党全国各族人民同心抗疫,取得疫情防控重大决定性胜利。在这场抗疫战中,我国广大医务工作者为最大限度保护人民生命安全和身体健康发挥了至关重要的作用。事实证明,我国的医学教育培养出了一代代优秀的医务工作者,我国的医学教材体系发挥了重要的支撑作用。

党的二十大报告提出到 2035 年建成教育强国、健康中国的奋斗目标。我们必须深刻领会党的二十大精神,深刻理解新时代、新征程赋予医学教育的重大使命,立足基本国情,尊重医学教育规律,不断改革创新,加快建设更高质量的医学教育体系,全面提高医学人才培养质量。

尺寸教材,国家事权,国之大者。面对新时代对医学教育改革和医学人才培养的新要求,第十轮教材的修订工作落实习近平总书记的重要指示精神,用心打造培根铸魂、启智增慧、适应时代需求的精品教材,主要体现了以下特点。

1. 进一步落实立德树人根本任务。遵循《习近平新时代中国特色社会主义思想进课程教材指南》要求,努力发掘专业课程蕴含的思想政治教育资源,将课程思政贯穿于医学人才培养过程之中。注重加强医学人文精神培养,在医学院校普遍开设医学伦理学、卫生法以及医患沟通课程基础上,新增蕴含医学温度的《医学人文导论》,培养情系人民、服务人民、医德高尚、医术精湛的仁心医者。

2. 落实"大健康"理念。将保障人民全生命周期健康体现在医学教材中,聚焦人民健康服务需求,努力实现"以治病为中心"转向"以健康为中心",推动医学教育创新发展。为弥合临床与预防的裂痕作出积极探索,梳理临床医学教材体系中公共卫生与预防医学相关课程,建立更为系统的预防医学知识结构。进一步优化重组《流行病学》《预防医学》等教材内容,撤销内容重复的《卫生学》,推进医防协同、医防融合。

3. 守正创新。传承我国几代医学教育家探索形成的具有中国特色的高等医学教育教材体系和人才培养模式,准确反映学科新进展,把握跟进医学教育改革新趋势新要求,推进医科与理科、工科、文科等学科交叉融合,有机衔接毕业后教育和继续教育,着力提升医学生实践能力和创新能力。

4. 坚持新形态教材的纸数一体化设计。数字内容建设与教材知识内容契合,有效服务于教学应用,拓展教学内容和学习过程;充分体现"人工智能 +"在我国医学教育数字化转型升级、融合发展中的促进和引领作用。打造融合新技术、新形式和优质资源的新形态教材,推动重塑医学教育教学新生态。

5. 积极适应社会发展,增设一批新教材。包括:聚焦老年医疗、健康服务需求,新增《老年医学》,维护老年健康和生命尊严,与原有的《妇产科学》《儿科学》等形成较为完整的重点人群医学教材体系;重视营养的基础与一线治疗作用,新增《临床营养学》,更新营养治疗理念,规范营养治疗路径,提升营养治疗技能和全民营养素养;以满足重大疾病临床需求为导向,新增《重症医学》,强化重症医学人才的规范化培养,推进实现重症管理关口前移,提升应对突发重大公共卫生事件的能力。

我相信,第十轮教材的修订,能够传承老一辈医学教育家、医学科学家胸怀祖国、服务人民的爱国精神,勇攀高峰、敢为人先的创新精神,追求真理、严谨治学的求实精神,淡泊名利、潜心研究的奉献精神,集智攻关、团结协作的协同精神。在人民卫生出版社与全体编者的共同努力下,新修订教材将全面体现教材的思想性、科学性、先进性、启发性和适用性,以全套新形态教材的崭新面貌,以数字赋能医学教育现代化、培养医学领域时代新人的强劲动力,为推动健康中国建设作出积极贡献。

教育部医学教育专家委员会主任委员

教育部原副部长

林蕙青

2024 年 5 月

全国高等学校五年制本科临床医学专业
第十轮 规划教材修订说明

全国高等学校五年制本科临床医学专业国家卫生健康委员会规划教材自1978年第一轮出版至今已有46年的历史。近半个世纪以来，在教育部、国家卫生健康委员会的领导和支持下，以吴阶平、裘法祖、吴孟超、陈灏珠等院士为代表的几代德高望重、有丰富的临床和教学经验、有高度责任感和敬业精神的国内外著名院士、专家、医学家、教育家参与了本套教材的创建和每一轮教材的修订工作，使我国的五年制本科临床医学教材从无到有、从少到多、从多到精，不断丰富、完善与创新，形成了课程门类齐全、学科系统优化、内容衔接合理、结构体系科学的由纸质教材与数字教材、在线课程、专业题库、虚拟仿真和人工智能等深度融合的立体化教材格局。这套教材为我国千百万医学生的培养和成才提供了根本保障，为我国培养了一代又一代高水平、高素质的合格医学人才，为推动我国医疗卫生事业的改革和发展作出了历史性巨大贡献，并通过教材的创新建设和高质量发展，推动了我国高等医学本科教育的改革和发展，促进了我国医药学相关学科或领域的教材建设和教育发展，走出了一条适合中国医药学教育和卫生事业发展实际的具有中国特色医药学教材建设和发展的道路，创建了中国特色医药学教育教材建设模式。老一辈医学教育家和科学家们亲切地称这套教材是中国医学教育的"干细胞"教材。

本套第十轮教材修订启动之时，正是全党上下深入学习贯彻党的二十大精神之际。党的二十大报告首次提出要"加强教材建设和管理"，表明了教材建设是国家事权的重要属性，体现了以习近平同志为核心的党中央对教材工作的高度重视和对"尺寸课本、国之大者"的殷切期望。第十轮教材的修订始终坚持将贯彻落实习近平新时代中国特色社会主义思想和党的二十大精神进教材作为首要任务。同时以高度的政治责任感、使命感和紧迫感，与全体教材编者共同把打造精品落实到每一本教材、每一幅插图、每一个知识点，与全国院校共同将教材审核把关贯穿到编、审、出、修、选、用的每一个环节。

本轮教材修订全面贯彻党的教育方针，全面贯彻落实全国高校思想政治工作会议精神、全国医学教育改革发展工作会议精神、首届全国教材工作会议精神，以及《国务院办公厅关于深化医教协同进一步推进医学教育改革与发展的意见》(国办发〔2017〕63号)与《国务院办公厅关于加快医学教育创新发展的指导意见》(国办发〔2020〕34号)对深化医学教育机制体制改革的要求。认真贯彻执行《普通高等学校教材管理办法》，加强教材建设和管理，推进教育数字化，通过第十轮规划教材的全面修订，打造新一轮高质量新形态教材，不断拓展新领域、建设新赛道、激发新动能、形成新优势。

其修订和编写特点如下：

1. 坚持教材立德树人课程思政　认真贯彻落实教育部《高等学校课程思政建设指导纲要》，以教材思政明确培养什么人、怎样培养人、为谁培养人的根本问题，落实立德树人的根本任务，积极推进习近平新时代中国特色社会主义思想进教材进课堂进头脑，坚持不懈用习近平新时代中国特色社会主义思想铸魂育人。在医学教材中注重加强医德医风教育，着力培养学生"敬佑生命、救死扶伤、甘于奉献、大爱无疆"的医者精神，注重加强医者仁心教育，在培养精湛医术的同时，教育引导学生始终把人民群众生命安全和身体健康放在首位，提升综合素养和人文修养，做党和人民信赖的好医生。

2. 坚持教材守正创新提质增效　为了更好地适应新时代卫生健康改革及人才培养需求，进一步优化、完善教材品种。新增《重症医学》《老年医学》《临床营养学》《医学人文导论》，以顺应人民健康迫切需求，提高医学生积极应对突发重大公共卫生事件及人口老龄化的能力，提升医学生营养治疗技能，培养医学生传承中华优秀传统文化、厚植大医精诚医者仁心的人文素养。同时，不再修订第9版《卫生学》，将其内容有机融入《预防医学》《医学统计学》等教材，减轻学生课程负担。教材品种的调整，凸显了教材建设顺应新时代自我革新精神的要求。

3. 坚持教材精品质量铸就经典　教材编写修订工作是在教育部、国家卫生健康委员会的领导和支持下，由全国高等医药教材建设学组规划，临床医学专业教材评审委员会审定，院士专家把关，全国各医学院校知名专家教授编写，人民卫生出版社高质量出版。在首届全国教材建设奖评选过程中，五年制本科临床医学专业第九轮规划教材共有13种教材获奖，其中一等奖5种、二等奖8种，先进个人7人，并助力人卫社荣获先进集体。在全国医学教材中获奖数量与比例之高，独树一帜，足以证明本套教材的精品质量，再造了本套教材经典传承的又一重要里程碑。

4. 坚持教材"三基""五性"编写原则　教材编写立足临床医学专业五年制本科教育，牢牢坚持教材"三基"(基础理论、基本知识、基本技能)和"五性"(思想性、科学性、先进性、启发性、适用性)编写原则。严格控制纸质教材编写字数，主动响应广大师生坚决反对教材"越编越厚"的强烈呼声；提升全套教材印刷质量，在双色印制基础上，全彩教材调整纸张类型，便于书写、不反光。努力为院校提供最优质的内容、最准确的知识、最生动的载体、最满意的体验。

5. 坚持教材数字赋能开辟新赛道　为了进一步满足教育数字化需求，实现教材系统化、立体化建设，同步建设了与纸质教材配套的电子教材、数字资源及在线课程。数字资源在延续第九轮教材的教学课件、案例、视频、动画、英文索引词读音、AR互动等内容基础上，创新提供基于虚拟现实和人工智能等技术打造的数字人案例和三维模型，并在教材中融入思维导图、目标测试、思考题解题思路，拓展数字切片、DICOM等图像内容。力争以教材的数字化开发与使用，全方位服务院校教学，持续推动教育数字化转型。

第十轮教材共有56种，均为国家卫生健康委员会"十四五"规划教材。全套教材将于2024年秋季出版发行，数字内容和电子教材也将同步上线。希望全国广大院校在使用过程中能够多提供宝贵意见，反馈使用信息，以逐步修改和完善教材内容，提高教材质量，为第十一轮教材的修订工作建言献策。

主审简介

陆 阳

男,1955年6月生于上海市。曾任上海交通大学教授,博士生导师。

承担医学化学等课程的本科教学近40年;自1996年起以副主编、主编或主审身份承担全国高等学校五年制本科临床医学专业规划教材《有机化学》(第5~10版)的编写。曾担任教育部高等学校医药学科(专业)教学指导委员会委员。获教育部科学技术进步奖一等奖、自然科学奖二等奖,上海市科学技术奖一等奖;获上海市育才奖,宝钢优秀教师奖等。

罗美明

男,1964 年 4 月生于四川省南充市。现任四川大学教授,博士生导师。

从事有机化学教学工作 30 余年。参与多本国家级本科规划教材和研究生教材的编写,其中以编者、副主编或主编身份承担全国高等学校五年制本科临床医学专业规划教材《有机化学》(第 7~10 版)的编写。曾获四川大学教材建设奖特等奖。从事金属有机化学、有机合成方法学和药物合成等方面的研究,承担国家自然科学基金等各类科研项目 20 余项。曾获教育部科学技术进步奖二等奖、四川省科学技术进步奖三等奖。获授权中国发明专利 10 余项。发表论文 100 余篇,代表性论文发表在 *J. Am. Chem. Soc.*,*Angew. Chem. Int. Ed.*,*Nat. Synth.* 等期刊。

李发胜

男,1967 年 9 月生于山西省侯马市。现任大连医科大学教授,博士生导师,检验医学院副院长兼医学化学教研室主任。

从事教学工作至今 34 年。参编多部规划教材的编写;参与全国高等学校五年制本科临床医学专业规划教材《有机化学》(第 8~10 版)的编写。主要从事临床化学、生物医学材料方面的研究。近年来主持国家自然科学基金等各类科研项目 10 余项,教学改革项目 5 项。在国内外学术期刊发表研究论文 100 余篇。获辽宁省科学技术进步奖三等奖和教学成果奖各 1 项。

杨若林

　　女,1973年4月生于宁夏回族自治区银川市。现任上海交通大学医学院副教授,医用化学团队首席教师,医用化学课程组组长,药物化学与生物信息学中心副主任。

　　从事教学工作至今20年。参与全国高等学校五年制本科临床医学专业规划教材《有机化学》(第9~10版)等多本教材和专著的编写。开展天然产物化学研究,发表相关研究论文30余篇。主持完成国家自然科学基金等多项科研项目和教学项目,获首届人卫慕课在线开放课程建设比赛课程设计本科组三等奖,带领团队获评上海交通大学首批校级优秀基层教学组织。

厉廷有

　　男,1969年8月出生于浙江省金华市。现任南京医科大学药学院教授,硕士生导师。

　　从事教学工作至今23年。主要从事有机化学理论及实验课程的教学工作。参与人民卫生出版社药学类专业《有机化学》(第9版)的编写工作。主要从事抑郁、焦虑治疗药物及神经保护试剂的研究工作,获江苏省科学技术进步奖一等奖,代表性论文发表在 *Science, Nature Medicine* 等学术期刊。

吴运军

　　女,1967年11月生于安徽省合肥市。现任皖南医学院教授,硕士生导师,药学院化学教研室主任。

　　从事医学、药学相关专业本科有机化学课程教学30余年。研究方向为金属有机化学、有机合成。主持、参与国家自然科学基金等各类科研项目和教学研究项目10余项,在国内外学术期刊发表研究论文30余篇,以主编、副主编或编者身份参编各类规划教材10余部。

前言

根据 2023 年 5 月人民卫生出版社在北京召开的全国高等学校五年制本科临床医学专业第十轮规划教材主编人会议精神，《有机化学》第 10 版的修订目的是通过对我国医学教育"干细胞"教材的传承和创新工作，全面贯彻党的教育方针，落实立德树人的根本任务，坚持"人民至上，生命至上"，加强教材建设和管理，推进教育数字化，进一步适应我国医学教育改革、医疗卫生体制改革要求，更好地服务教学、指导教学、规范教学，为临床医学本科教育的改革和发展、培养高素质的医疗卫生人才和推动医药卫生事业发展服务。

《有机化学》第 10 版的编写坚持"三基、五性、三特定"的原则；教材内容的深度和广度严格控制在五年制本科临床医学专业教学要求的范围内；根据医学专业的要求，充实更新与本课程相关的化学和生命科学领域的重要进展；选择和调整教材内容的表述方式，使其更适合一年级大学生的理解能力和思维方式；提升教材内容、文字表达的水平，提高可读性。本轮教材修订要点如下：

1. 在《有机化学》第 9 版的基础上修订，总体格局上与第 9 版基本相同，全书按"有机化学总论""有机化学各论"和"重要的生物有机化合物"三篇组织相关章节的内容，其中"有机化学总论"系统表述重要的有机化学基本理论和基本方法等，各学校可根据本校教学需要，将其中部分内容的教学穿插至"有机化学各论"有关章节的教学过程中。为了便于实施教学，第 10 版教材将环烷烃内容调整至烯烃和炔烃之后单列一章；将胺和生物碱调整至醛和酮之前。

2. 根据《有机化合物命名原则》（2017）对全书相关内容进行了修订。

3. 与《有机化学》第 10 版内容相匹配的《有机化学学习指导与习题集》第 3 版同步编写。

4.《有机化学》第 10 版为新形态教材，可通过扫描教材中二维码获取数字内容。第 10 版各章数字内容在第 9 版的基础上进行了更新，并增加了思维导图和习题。

本书在编写过程中得到了各位编委所在院校，特别是中国医科大学、山西医科大学和四川大学等单位的大力支持，在此一并表示衷心的感谢！

由于我们水平有限，书中难免有不妥之处，敬请同行专家、广大师生及其他读者批评指正。

罗美明　李发胜

2024 年 5 月

目录

第一篇
有机化学总论

第一章 ｜ 绪 论

有机化学（organic chemistry）的研究对象是以碳元素为主体的化合物。碳元素在周期表中位于Ⅳ主族，可以与其他元素相互结合形成种类繁多、结构复杂、数量巨大、用途广泛的有机化合物（organic compound）。有机化学与人类的生产、生活息息相关，同时也是支撑医学和生命科学的一门基础学科。

本章通过介绍有机化学的发展历程、有机化合物的结构特点、有机化合物分子中的化学键、有机化学反应的基本类型，有机化学与生活、医学和生命科学的关系等，了解有机化学涵盖的基本内容。

第一节 ｜ 有机化合物和有机化学

19世纪以前，人类获得的物质来源于无生命的矿物质或有生命的动植物体，因而根据来源将物质分为无机物和有机物。当时人们认为有机化合物只有依靠在动植物体内存在的"生命力"才能生成。1828年，德国化学家维勒（F. Wöhler）在实验室里将无机化合物氰酸铵转化为有机化合物尿素（哺乳动物蛋白质的代谢产物之一），这一结果动摇了当时占统治地位的"生命力"论的根基。此后，越来越多的有机化合物不断地在实验室中合成出来。从组成上看，有机化合物中含碳元素和氢元素，有的还有氮、氧、硫和卤素等元素。1874年肖莱马（C. Schorlemmer）将有机化合物定义为"碳氢化合物及其衍生物"。有机化合物种类数目庞大，与人类的生产生活关系密切。有机化合物和无机化合物在组成和性质上存在明显的差别，有机化合物具有分子组成和结构复杂、容易燃烧、熔点低、难溶于水、化学反应速度较慢和副反应较多等特点。

$$NH_4^+CNO^- \xrightarrow{\text{加热}} H_2N-\overset{\overset{\displaystyle O}{\|}}{C}-NH_2$$

氰酸铵   尿素

有机化学是以有机化合物为研究对象，研究其来源、组成、结构、性质、制备和应用的科学。有机化学学科形成初期，纯有机化合物主要从动、植物体中分离获得。19世纪中叶起，随着有机化学的发展，以煤焦油、乙炔、石油和天然气等为主要原料的有机合成逐渐形成，人类可以制备多种有机化合物。这一阶段，出现关于有机化合物结构的基础理论。从20世纪初起，有机化学研究聚焦结构复杂的天然活性物质（包括生物大分子）的结构分析及合成。近一个多世纪，有机化学得到长足的发展，从1901年至今颁发的诺贝尔化学奖中近半数涉及有机化学。我国科学家也为有机化学的发展做出了杰出贡献，例如：1965年首次人工合成了具有天然生物活性的蛋白质——结晶牛胰岛素；Wolff-Kishner-Huang反应是第一个以我国科学家黄鸣龙名字命名的有机化学反应；屠呦呦开创性地从中草药中提取青蒿素并进行化学改性，用于治疗疟疾从而获得2015年的诺贝尔生理学或医学奖。有机化学是支撑生命科学的基础学科，也是医学教育的一门重要基础课。人体的组成成分除了水分子和无机化合物，几乎都是有机分子；机体的代谢过程同样遵循有机化学反应的规律。随着医学科学研究向分子水平发展，越来越多的生命现象被归结为化学过程。生命过程就是一系列有机大分子之间、有机大分子与有机小分子和无机离子之间的相互作用。人体内的新陈代谢、遗传都涉及有机化合物的转变。生命科学工作者常利用有机化学的原理、方法去研究和了解生物体内进行的化学反应。掌握有机化合物的基础知识以及结构与性质的关系，有助于认识蛋白质、核酸和糖等生物分子的结构和功能，可为探索生命的本质奠定基础。学习有机化学除了掌握本学科的相关知识，更重要的是在学习过程中了解有机化学家分析、思考问题的方法及解决问题的手段。

第二节 │ 共价键

19 世纪中期,凯库勒(F. A. Kekulé)和库珀(A. Couper)提出价键的概念,他们认为有机化合物是由组成的原子通过键结合而成的;有机分子中碳元素为四价,碳原子之间可以相互连接成碳链或碳环,碳原子可以以单键、双键或叁键相互连接,碳原子也可以与别的元素的原子连接,并第一次用短线"—"表示键,由此得到表明有机分子中原子相互连接顺序和方式的化学式称为构造式(constitutional formula),也称为凯库勒式。有机化合物的构造可通过蛛网式(cobweb formula)、缩写式(condensed formula)、键线式(bond-line formula)等几种化学式表示(表 1-1)。

表 1-1 有机化合物构造的表示式

化合物	蛛网式	缩写式	键线式
正丁烷	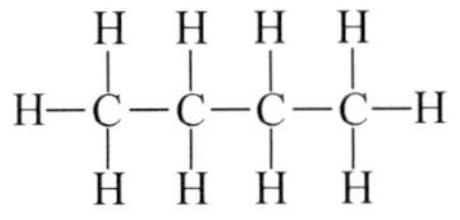	$CH_3CH_2CH_2CH_3$	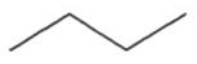
3-甲基丁-1-烯	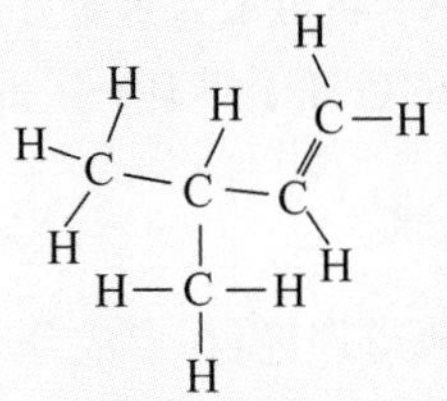	$CH_3CHCH=CH_2$ CH_3	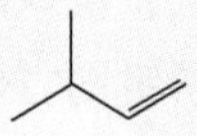
3-甲基丁-1-炔	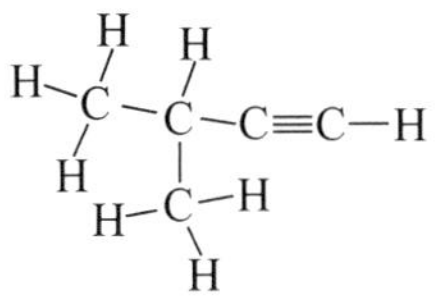	$CH_3CHC≡CH$ CH_3	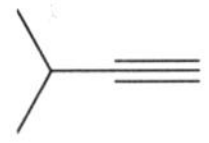

一、共价键理论

(一)路易斯共价键理论

1916 年化学家路易斯(G. N. Lewis)提出了经典共价键理论:同种元素或电负性相近元素的原子之间可以通过配对共用价电子形成分子。通过共用价电子对形成的化学键称为共价键(covalent bond)。分子中,每个原子均应具有稳定的稀有气体原子的 8 电子外层电子构型(He 为 2 电子)的规律习惯上称为八隅律(octet rule)。Lewis 共价键理论又称为电子配法,共价键的数目等于配对的电子对数。碳原子的最外层有 4 个价电子,既不容易得到更多的电子,也不容易失去这 4 个电子,因而碳原子不是靠电子的得失而是通过原子间价电子的配对共用,即通过共价键来形成化合物。例如:

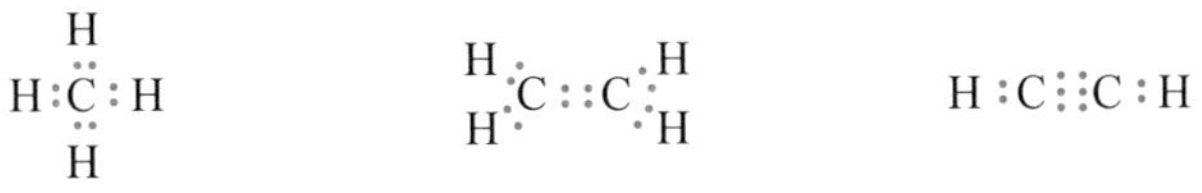

甲烷　　　　　乙烯　　　　　乙炔

由上可见,甲烷分子中,碳原子与 4 个氢原子共享 4 对电子;乙烯分子中,2 个碳原子之间共享 2 对电子,每个碳原子又分别与 2 个氢原子共享 2 对电子;乙炔分子中 2 个碳原子之间共享 3 对电子,每个碳原子又分别与 1 个氢原子共享 1 对电子。甲烷、乙烯和乙炔分子中的碳原子和氢原子均形成了稀有气体原子的外电子层构型(碳的外电子层含 8 个电子,氢的外电子层含 2 个电子),符合八隅律。

这种用电子对表示共价键结构的化学式称为 Lewis 结构式,其可以进一步简化表示:成键电子对

(即共价键)可以用短直线表示;成键电子对和孤对电子(未共享电子对)可以根据需要标出或省略。水分子、甲醇分子和硝酸分子的 Lewis 简化式为:

$$水分子\quad H-\ddot{O}-H \quad 或 \quad H_2\ddot{O} \qquad 甲醇分子\quad H-\overset{\overset{\textstyle H}{|}}{\underset{\underset{\textstyle H}{|}}{C}}-\ddot{O}-H \quad 或 \quad CH_3\ddot{O}H$$

$$硝酸分子\quad H-\ddot{O}-N\overset{\overset{\textstyle \ddot{O}}{\|}}{\underset{\textstyle \ddot{O}}{}}$$

(二)海特勒-伦敦共价键理论

1927 年,海特勒(W. Heitler)和伦敦(F. London)运用量子力学的方法研究化学键,得出的结论成功回答了共价键的形成问题,基本要点是:共价键的形成可以看成是自旋反平行的单电子配对或原子轨道重叠的结果。当两个原子互相接近到一定距离时,2 个自旋方向相反的单电子相互配对,形成了密集于两核之间的电子云。该电子云一方面通过降低两原子核间正电荷的排斥力使体系能量降低,另一方面通过分别吸引两原子核形成稳定的共价键。每个原子所能形成共价键的数目取决于该原子中单电子的数目,即一个原子含有几个单电子,就能与其他原子的几个自旋方向相反的单电子形成共价键,该性质是共价键的饱和性。形成共价键的原子轨道重叠程度越大,核间电子云越密集,形成的共价键就越稳定。因此,原子总是尽可能地沿着原子轨道最大重叠方向形成共价键,该性质决定了共价键的方向性。共价键的方向性使构成共价分子的各原子具有一定的空间构型,例如:甲烷分子的 4 个氢原子构成的空间结构为正四面体型。

(三)鲍林杂化轨道理论

1931 年,化学家鲍林(L. C. Pauling)提出了杂化轨道理论:在形成分子时,形成分子的各原子相互影响,使得同一个原子内不同类型、能量相近的原子轨道重新组合,形成数量相同但能量、形状和空间方向与原来轨道不同的新原子轨道。这种原子轨道重新组合的过程称为杂化,所形成的新原子轨道称为杂化轨道(hybrid orbital)。有机化合物中,碳原子有 sp^3、sp^2 和 sp 三种杂化轨道。

1. sp^3 杂化轨道 基态碳原子外层的电子构型为 $2s^2 2p_x^1 2p_y^1 2p_z^0$,即球形的 $2s$ 轨道有 2 个电子,相互垂直的哑铃形的 $2p_x$ 和 $2p_y$ 轨道各有 1 个电子,$2p_z$ 轨道是空的(图 1-1)。依据鲍林的杂化轨道理论,碳原子与氢原子成键时,在氢原子的影响下,碳的 $2s$ 轨道中的 1 个电子被激发到原来空的 $2p_z$ 轨道,形成碳原子的激发态。此时,1 个 $2s$ 轨道和 3 个 $2p$ 轨道各有 1 个电子,这 4 个轨道发生杂化,形成 4 个相同的 sp^3 杂化轨道。sp^3 杂化轨道类似葫芦,一头大一头小。碳的 sp^3 杂化轨道在空间呈正四面体分布(图 1-2),碳原子核位于正四面体的中心,4 个 sp^3 杂化轨道分布在碳原子核的周围,指向正四面体的四个顶点,相邻两个杂化轨道间的夹角均为 109°28′。碳的 sp^3 杂化过程见图 1-3。

当 1 个碳原子与其他 4 个原子键合,该碳原子是饱和碳原子,为 sp^3 杂化。例如,下列三个化合物分子中的碳原子均为 sp^3 杂化。

$$CH_4 \qquad CH_3CH_2CH_3 \qquad CHCl_3$$
$$甲烷 \qquad\quad 丙烷 \qquad\quad 氯仿$$

图 1-1　**基态碳原子的外层电子构型**

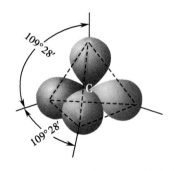

图 1-2　**碳原子 sp^3 杂化轨道的空间分布**

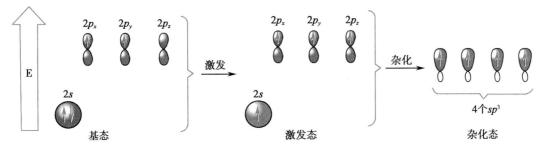

图1-3 碳的 sp^3 杂化过程

2. sp^2 杂化轨道 碳原子形成双键的过程中,基态碳原子 $2s$ 轨道中的 1 个电子被激发到空的 $2p_z$ 轨道,碳原子转变为激发态;激发态碳原子 $2s$ 轨道(含 1 个单电子)与 2 个 $2p$ 轨道相互杂化,形成 3 个相同的 sp^2 杂化轨道,碳原子还剩 1 个未参与杂化的 p 轨道。sp^2 杂化轨道的形状也类似葫芦,一头大一头小,但比 sp^3 杂化轨道略短。此杂化过程如图1-4。sp^2 杂化碳原子的 3 个 sp^2 杂化轨道处于同一平面,其夹角为 120°,在空间呈正三角形分布,余下的 1 个未参与杂化的 p 轨道垂直于 3 个 sp^2 杂化轨道所在的平面(图1-5)。

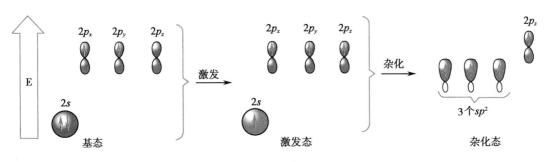

图1-4 碳的 sp^2 杂化过程

双键碳原子一般为 sp^2 杂化。下列三个化合物中的双键碳原子均为 sp^2 杂化。

$$CH_3CH=CH_2 \quad CH_3CH=CHCH_2CH=CH_2 \quad H_2C=O$$

3. sp 杂化轨道 碳原子形成碳碳叁键的过程中,基态碳原子的 $2s$ 轨道中的 1 个电子被激发到空的 $2p_z$ 轨道,碳原子形成激发态,激发态 $2s$ 轨道与 1 个 $2p$ 轨道杂化,形成 2 个相同的 sp 杂化轨道,碳原子还剩余 2 个互相垂直的 p 轨道(图1-6)。sp 杂化轨道形状也类似葫芦,但比 sp^2 杂化轨道稍短。sp 杂化碳原子的 2 个 sp 杂化轨道呈直线形分布,夹角为 180°。碳原子余下的 2 个互相垂直的 p 轨道,均垂直于 sp 杂化轨道(图1-7)。

图1-5 碳原子 sp^2 杂化轨道和 p 轨道的空间分布

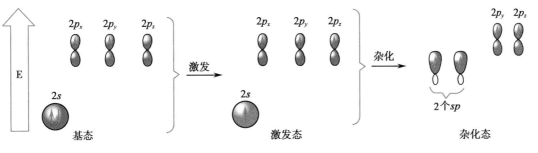

图1-6 碳的 sp 杂化过程

叁键碳为 *sp* 杂化,与两个双键直接相连的碳也是 *sp* 杂化。下列三个化合物中,标为蓝色的碳原子为 *sp* 杂化。

$$CH_3C{\equiv}CH \quad CH_3C{\equiv}N \quad H_2C{=}C{=}CH_2$$

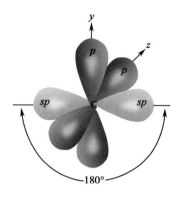

图 1-7　碳原子 *sp* 杂化轨道和 *p* 轨道的空间分布

(四) 共振理论

有些有机化合物用一个 Lewis 结构式不能准确表示其真实结构。例如,硝基甲烷(CH_3NO_2)的一个 Lewis 结构式中的正负电荷表明 "N" 通过向一个 "O" 提供一对电子成键。基于该 Lewis 结构式,硝基甲烷中应有一个氮氧单键和一个氮氧双键。X 射线衍射证实硝基甲烷分子中两个氮氧键的键长长度相同,都是 122pm。通常单键要比双键的键长长。显然,上述 Lewis 结构式不能体现硝基甲烷的真实结构。

$$CH_3-\overset{+}{N}\overset{O}{\underset{O}{}}$$

Lewis 结构式

硝基甲烷的真实结构可以通过共振理论(resonance theory)描述。共振理论认为:如果 1 个分子或离子可以用 2 个或 2 个以上只是电子位置不同的 Lewis 结构式即共振式表示,则共振式的群体或共振杂化体而非任何 1 个共振式代表分子或离子的真实结构。共振式通过电子共振形成共振杂化体(resonance hybrid)。例如,硝基甲烷的结构可以用下列 2 个共振式或共振杂化体表示。

$$\left[CH_3-\overset{+}{N}\overset{O}{\underset{O^-}{}} \longleftrightarrow CH_3-\overset{+}{N}\overset{O^-}{\underset{O}{}} \right] \quad 或 \quad CH_3-\overset{+}{N}\overset{O^{\delta-}}{\underset{O^{\delta-}}{}}$$

共振式　　　　　　　　　共振杂化体

弯箭头(⌒)表示电子对的移动;双箭头 "↔" 是共振符号,其两端的共振式代表同一个化合物的 2 个不同的电子排布。也就是说硝基甲烷是上述这 2 个共振式的共振杂化体,其中每个氧原子都带等同的负电荷(δ^-),两个氮氧键既不是单键,也不是双键,而是介于单键与双键之间的两个完全相同的键。

同一个分子或离子的不同共振式的所有原子的相对位置不变,只有电子的位置改变。共振杂化体的能量比任何共振式的能量都低。各共振式对真实结构贡献的大小程度与其能量有关,能量越低,其贡献就越大。通常,所有原子都具有完整价电子层的共振结构更稳定;负电荷处于电负性较大的原子上的共振结构更稳定;正电荷处于电负性较小的原子上的共振结构更稳定;没有正、负电荷分离的共振结构更稳定。为了方便,实际应用中常用贡献最大的共振式作为化合物的构造式。

> 1-1　醋酸根的一个 Lewis 结构式如下,请分别用共振式和共振杂化体两种形式写出醋酸根的真实结构。
>
> $$CH_3-C\overset{O}{\underset{O^-}{}}$$

(五) 分子轨道理论

分子轨道(molecular orbital)是通过相应的原子轨道线性组合而成的。有几个原子轨道相组合,就形成几个分子轨道。在组合产生的分子轨道中,能量低于原子轨道的称为成键轨道;高于原子轨道的称为反键轨道。例如,氢原子的电子在原子轨道中,当 2 个氢原子通过共价键生成氢分子后,2 个电子都在成键轨道,反键轨道无电子(图 1-8)。在氢分子的成键轨道中,电子密集在两核间的区域,减少了 2 个氢原子间的斥力,电子受两核的吸引力增加,从而降低体系的能量。在氢分子的反键轨道中,电子并不密集在两核间,而处于比在单独的原子轨道更远离核的区域,因此核间吸引力减小,排斥力增加,导致体系的能量升高。在一般情况下,只有当分子处于激发状态时反键轨道内才有电子。

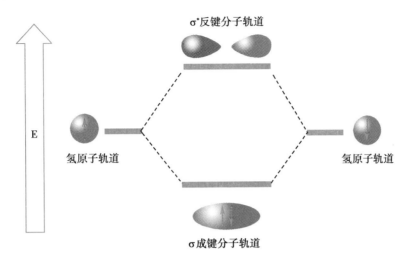

图1-8　氢的原子轨道和分子轨道

二、共价键的类型

共价键的形成是两个原子轨道重叠的结果。原子轨道沿对称轴的方向重叠程度最大,形成的共价键称为 σ 键。例如 s、p、sp、sp^2、sp^3 等原子轨道自身或者相互之间重叠均可形成 σ 键(图 1-9)。σ 键电子云沿键轴呈圆柱形对称分布,所以成键原子沿键轴旋转不影响键的强度。平行的 p 轨道从侧面重叠形成的共价键称为 π 键(图 1-9)。原子轨道从侧面重叠程度不及沿轴向重叠程度大;π 键电子云分布在键轴所在平面的上下两方,离原子核较 σ 键远,所以 π 键比 σ 键弱。存在 π 键时,成键原子不能沿键轴旋转。

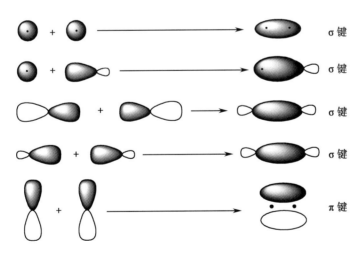

图1-9　原子轨道重叠形成 σ 键和 π 键

三、共价键的属性

共价键的键长(bond length)、键角(bond angle)、键能(bond energy)和键的极性等属性是描述有机化合物结构和性质的基础。

(一) 键长

键长是指成键两个原子核之间的距离,键长单位为 pm(1pm=10^{-12}m)。共价键的键长主要取决于两个原子的成键类型,而受邻近原子或基团的影响较小。碳碳双键比碳碳单键的键长短,而比碳碳叁键的键长长。应用 X 射线衍射等物理方法,可以测定键长。

$$\text{⸜⸝C—C⸝⸜} \qquad \text{⸝C=C⸜} \qquad \text{—C≡C—}$$

| 键长/pm | 154 | 134 | 120 |

1-2 基于碳原子的杂化类型,试比较乙烷、乙烯和乙炔三者碳氢键的键长。

(二) 键角

键角是指分子中某一原子与另外两个原子所形成的两个共价键之间的夹角。同种原子在不同分子中形成的键角不一定相同,这是由于分子中各原子间相互影响的结果。例如,水分子中 H—O—H 键角为 104.5°,而甲醚分子中 C—O—C 键角为 112°。在有机分子中,饱和碳原子 4 个键的键角分别等于或接近 109°28′。受外力作用,某些键角改变过大会影响分子的稳定性(详见第六章第三节,环丙烷的性质)。

键长和键角决定分子的立体形状。有机分子中原子在空间的排列状态可用多种模型表示,最常用的模型是球棍模型和 Stuart(斯陶特)模型。Stuart 模型,也称为比例模型,是按各种原子半径、键长以及键角比例设计的,可以精确表示分子中各原子的立体关系。中心原子上各个价键在三维空间中的相对位置可用楔线式表示,式中细线(—)表示该键在纸面上,楔形实线(◣)表示该键在纸面前方,虚线(⸜⸜或⸝⸝)表示该键在纸面后方。甲烷碳为 sp^3 杂化,H—C—H 键角为 109°28′,其结构的球棍模型、Stuart 模型和楔线式如图 1-10 所示。

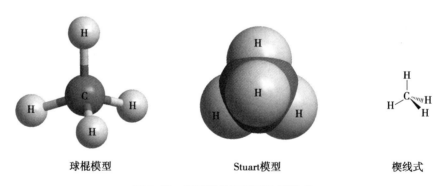

| 球棍模型 | Stuart模型 | 楔线式 |

图 1-10 甲烷的分子模型和楔线式

(三) 键能

离解能是裂解分子中某一个共价键时所需的能量,键能是指分子中同种类型共价键离解能的平均值。双原子分子的键能等于其离解能,但多原子分子键能不同于其离解能。例如,甲烷有 4 个碳氢键,其先后裂解所需的离解能各不相同,其键能就是 4 个碳氢键离解能的平均值(415.3kJ·mol⁻¹)。通过键能可判断键的稳定性,键能越大,键越稳定。

(四) 键的极性

相同原子形成的共价键为非极性共价键,成键电子云均等地分配在两个原子之间;电负性不同的原子形成的共价键为极性共价键,成键电子云靠近电负性较大的原子,使其带部分负电荷(以 δ⁻ 表示);电负性较小的原子带部分正电荷(以 δ⁺ 表示)。例如,氯甲烷分子中的碳氯键($H_3C^{\delta+}—Cl^{\delta-}$)为极性共价键,其成键电子云靠近电负性较大的氯原子。

键的极性大小取决于成键两个原子的电负性差异。一般,电负性差值≥1.7 的元素间形成离子键;电负性差值 <1.7 的元素间形成共价键,其中电负性差值在 0.7~1.7 之间的两种元素间形成的共价

键为极性共价键。有机化合物中,H 的电负性相对值为 2.2,其他几种常见元素的电负性数据如图 1-11 所示。同一元素的电负性随原子的杂化状态不同会有显著差异。通常,sp^2 杂化状态时元素的电负性大于 sp^3 杂化状态时的电负性,小于 sp 杂化状态时的电负性。

键的极性大小可用键的偶极矩(键矩)μ 来表示。偶极矩的大小等于正、负电荷中心间的距离 d 与正电荷中心或负电荷中心的电荷量 q 的乘积,$\mu = q \times d$,单位为 C·m(库·米)或者 Debye(德拜,缩写为 D)(1D=3.336×10^{-30}C·m)。键的偶极矩是向量,有方向性,用 ⟶ 表示,箭头指向是从带部分正电荷的原子到带部分负电荷的原子。

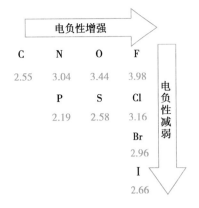

图 1-11　几种常见元素的电负性

$$
\begin{array}{cc}
+q \quad -q & \delta^+ \quad \delta^- \\
A\!-\!B & H\!-\!Cl \\
d & \\
\longrightarrow & \begin{array}{c}\longrightarrow\\ \mu=1.03D\end{array}
\end{array}
$$

在外界电场作用下,共价键电子云的分布会发生改变,即键的极性发生改变,称为键的极化(polarization of bond)。若去掉外界电场的影响,共价键的极性状态又恢复原状。不同的共价键受外界电场影响而发生极化的难易程度不同。共价键的极性和发生极化的难易程度与分子的物理性质和化学键的反应性能密切相关。

第三节 | 分子的极性和分子间的作用力

一、分子的极性

分子的极性取决于该分子正、负电荷中心的相对位置;非极性分子正、负电荷中心重合,极性分子两者不重合。与键的极性类似,分子的极性通常用偶极矩表示。极性分子的偶极矩(μ)等于正电荷或负电荷中心的电荷量(q)乘以正负电荷中心之间的距离(d)。非极性分子 $\mu=0$,极性分子的偶极矩(μ)一般在 1~3D(表 1-2)。

表 1-2　一些分子的偶极矩

化合物	μ/D	化合物	μ/D	化合物	μ/D
H_2	0	HF	1.91	$CHCl_3$	1.02
Cl_2	0	H_2O	1.85	CCl_4	0
HI	0.42	NH_3	1.47	CO_2	0
HBr	0.80	CH_3Cl	1.87	$HC\equiv CH$	0
HCl	1.08	CH_2Cl_2	1.55	BF_3	0

分子的偶极矩是向量,等于分子中所有共价键的偶极矩的向量和。双原子分子键的极性就是分子的极性。含两个以上原子的分子的极性与各个键的极性以及键的方向和分子的形状相关。有些分子具有极性键,却是非极性分子。例如,二氧化碳有两个极性的 C=O 键,由于它是线性对称的分子,键的极性相互抵消,所以二氧化碳为非极性分子;四氯化碳的碳氯键是极性键,由于四氯化碳是对称的正四面体结构,键的极性相互抵消,分子也是非极性的;而在一氯甲烷中,碳氯键的极性决定了其分子的极性。

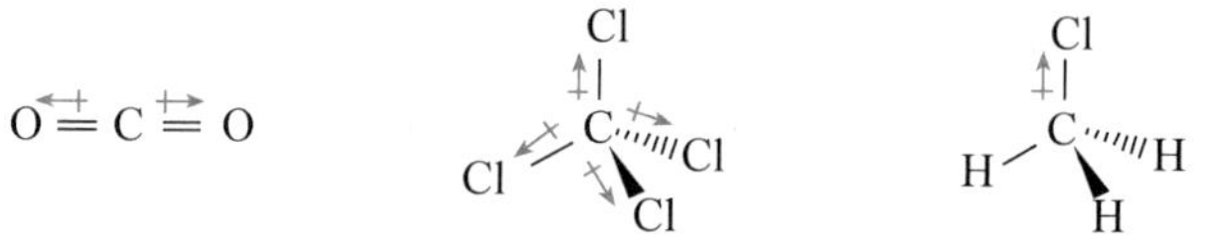

$$O \overset{+}{=} C \overset{+}{=} O$$

二氧化碳
（非极性分子）

四氯化碳
（非极性分子）

一氯甲烷
（极性分子）

分子的极性越大,分子间相互作用力就越大。化合物分子的极性直接影响其沸点、熔点及溶解度等物理和化学性质。

二、分子间的作用力

一个分子的偶极正端与另一分子的偶极负端之间的吸引力称为偶极—偶极作用力(dipole-dipole interaction),也称为取向力。例如:一氯甲烷分子中氯带部分负电荷(δ^-),碳带部分正电荷(δ^+),一氯甲烷分子间可通过偶极—偶极作用力相互吸引。

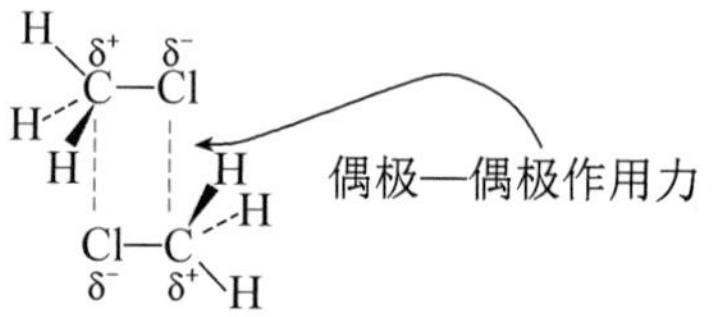

偶极—偶极作用力

对于非极性分子,其电子运动过程中会产生瞬时正、负电荷中心,形成瞬时偶极。瞬时偶极之间的相互作用力称为色散力。瞬时偶极作用很弱,但是广泛存在。极性分子之间也存在瞬时偶极作用。瞬时偶极是维系细胞膜的磷脂非极性链之间的重要作用力。

一个分子的电子云分布会受到另一个极性分子(固有偶极)的影响而发生改变,产生诱导偶极。固有偶极和诱导偶极之间的作用力也称为诱导力。范德华力包括取向力、诱导力和色散力。

氢键(hydrogen bond)存在于以共价键与其他原子键合的氢原子与另一个原子之间(Z—H···Y),通常发生氢键作用的氢原子两边的原子(Z、Y)是 O、N、F 等电负性较强的原子。氢键键能一般为 5~30kJ·mol^{-1}。氢键在自然界中广泛存在,既存在于分子间,也存在于分子内。氢键对于稳定蛋白质和核酸的二级结构、三级结构和四级结构起着重要作用。

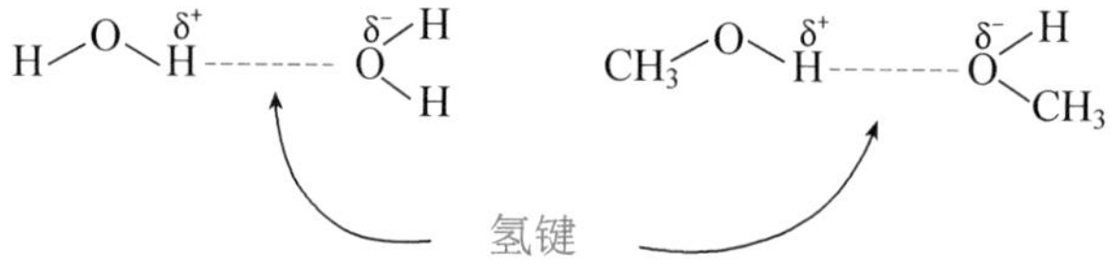

氢键

第四节 | 有机反应的基本类型

有机化学反应就是旧共价键断裂,原子间重新组合生成新共价键的过程。根据反应条件不同,共价键的断裂有均裂(homolysis)和异裂(heterolysis)两种方式。反应过程要经历不稳定的中间体或者过渡态最终生成产物。对反应过程的描述称为反应机制(reaction mechanism)(也称反应机理)。

一、均裂

共价键断裂时,组成该键的 1 对电子由键合的 2 个原子各保留 1 个,这种共价键断裂方式称为均裂。用半弯箭头($\frown$)表示均裂时 1 个电子的移动方向。由均裂产生的带有单电子的原子或基团称为自由基(free radical)。有自由基参与的反应称为自由基反应(free radical reaction)。例如:甲烷(CH_4)的 1 个碳氢键均裂,形成甲基自由基 $H_3C\cdot$和氢自由基·H。一般在高温气相、光照或自由基引发剂存在的条件下,共价键均裂产生自由基。

$$H_3C \overset{\frown}{\underset{}{\longrightarrow}} H \xrightarrow{\text{均裂}} H_3C \cdot + \cdot H$$

二、异裂

共价键断裂时,成键的 1 对电子保留在 1 个原子上,从而产生正离子(cation)和负离子(anion),这种键的断裂方式称为异裂。用弯箭头($\curvearrowright$)表示异裂时 1 对电子的移动方向。这种经共价键异裂,有正离子和负离子生成的反应,称为离子型反应(ionic type reaction)。带正电荷的碳原子称为碳正离子。自由基、碳正离子是反应活性中间体,均不稳定,只能在反应中瞬间存在。

$$\begin{array}{ccc} \underset{\overset{|}{CH_3}}{\overset{CH_3}{|}} & & \underset{\overset{|}{CH_3}}{\overset{CH_3}{|}} \\ CH_3-C-Cl & \xrightarrow{\text{异裂}} & CH_3-C^+ \quad + \quad Cl^- \\ \underset{CH_3}{|} & & \underset{CH_3}{|} \\ & & \text{碳正离子} \quad\quad \text{氯负离子} \end{array}$$

有机反应除了离子型反应和自由基反应,还有周环反应。周环反应是经历环状过渡态的协同反应,旧共价键断裂和新共价键形成协同进行,既不产生自由基也不产生离子中间体。

第五节 | 有机化学中的酸碱概念

有机反应中应用最多、最重要的有机酸碱概念是酸碱质子理论和 Lewis 酸碱理论。

一、酸碱质子理论

酸碱质子理论通常又称为布朗斯特-劳里(Bronsted-Lowry)酸碱理论。该理论认为,能给出质子(H^+)的物质是酸,能接受质子的物质是碱,也就是说酸是质子的给予体,碱是质子的接受体。酸和碱不局限于分子,还可以是阴、阳离子。

酸给出质子后产生的酸根为原来酸的共轭碱,碱接受质子后形成的质子化物为原来碱的共轭酸。酸性强弱一定程度上取决于共轭碱的稳定性。

$$HA \rightleftharpoons H^+ + A^-$$

$$K_a = \frac{[H^+][A^+]}{[HA]}$$

$$pK_a = -\log_{10} K_a$$

同一原子形成的负离子,杂化轨道中 s 轨道成分占比越高,轨道能量就越低,负离子越稳定,共轭酸酸性越强。

杂化形式	sp^3	sp^2	sp
稳定性	$^-CH_3$ <	$^-CH=CH_2$ <	$^-C\equiv CH$

稳定性增加 →

酸性	$H-CH_3$ <	$H-CH=CH_2$ <	$H-C\equiv CH$
pK_a	50	44	25

酸性增强 →

半径相近的原子形成的负离子,原子电负性越大,其负离子就越稳定,共轭酸酸性越强。

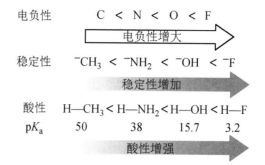

原子的半径越大,其负离子电荷越分散,熵越大,稳定性就越大,共轭酸酸性越强。

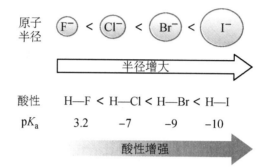

酸碱质子理论体现了酸与碱两者相互转化和相互依存的关系:酸越强,其共轭碱越弱;碱越强,其共轭酸越弱。在酸碱反应中平衡总是有利于生成较弱的酸和较弱的碱。

$$HCl \quad + \quad H_2O \rightleftharpoons Cl^- \quad + \quad H_3O^+$$
$$\text{酸} \qquad\qquad \text{碱} \qquad \text{共轭碱} \qquad\qquad \text{共轭酸}$$
$$\text{（较}H_2O\text{弱的碱）} \quad \text{（较HCl弱的酸）}$$

$$H_2SO_4 \quad + \quad CH_3OH \rightleftharpoons HSO_4^- \quad + \quad CH_3\overset{+}{O}H_2$$
$$\text{酸} \qquad\qquad \text{碱} \qquad\quad \text{共轭碱} \qquad\qquad \text{共轭酸}$$
$$\text{（较}CH_3OH\text{弱的碱）（较}H_2SO_4\text{弱的酸）}$$

化合物的酸性强度通常用酸在水中的解离常数 K_a 或其负对数 pK_a 表示,K_a 越大或 pK_a 越小,酸性越强。一般 $K_a>1$ 或 $pK_a<0$ 为强酸;$K_a<10^{-4}$ 或 $pK_a>4$ 为弱酸。化合物的碱性强度可以用碱在水中的解离常数 K_b 或其负对数 pK_b 表示。K_b 越大或 pK_b 越小,碱性越强。另外,也可以用碱的共轭酸的解离常数 K_a 或其负对数 pK_a 表示。碱的共轭酸的 pK_a 值越大,碱的碱性越强。

化合物的酸碱性是相对的,与其作用的对象有关。例如水与硫酸作用表现为碱性,与氨基钠作用则表现为酸性。

$$H_2O \quad + \quad H_2SO_4 \rightleftharpoons H_3O^+ \quad + \quad HSO_4^-$$
$$\text{碱} \qquad\qquad \text{酸} \qquad\quad \text{共轭酸} \qquad\quad \text{共轭碱}$$

$$H_2O \quad + \quad NaNH_2 \rightleftharpoons NaOH \quad + \quad NH_3$$
$$\text{酸} \qquad\qquad \text{碱} \qquad\quad \text{共轭碱} \qquad\quad \text{共轭酸}$$

1-3 HCl 与 NH_3 的中和反应生成 Cl^- 和 NH_4^+,试用酸碱理论讨论产物的类别。

二、酸碱电子理论

酸碱电子理论由 Lewis 提出:凡能提供电子对的化合物是碱,即碱是电子对的供体;凡能接受电子对的化合物是酸,即酸是电子对的受体。酸碱电子理论又称为 Lewis 酸碱理论,对应的酸和碱则分别称为 Lewis 酸和 Lewis 碱。

根据 Lewis 酸碱概念,缺电子的分子、原子和正离子等都属于 Lewis 酸。例如,三氟化硼(BF_3)分子中的硼原子外层只有 6 个电子,可以接受 1 对电子,因此 BF_3 是 Lewis 酸。同样,三氯化铝($AlCl_3$)的铝原子也能接受 1 对电子,$AlCl_3$ 也是 Lewis 酸。通常 Lewis 碱是具有孤对电子的分子、负离子等。

例如:$\ddot{N}H_3$、$R\ddot{N}H_2$(胺)、$R-\ddot{O}-R$(醚)、$R\ddot{O}H$(醇)、$R\ddot{S}H$(硫醇)、$R\ddot{O}^-$、$R\ddot{S}^-$ 等都属于 Lewis 碱。三氟化硼和三氯化铝能与乙醚等 Lewis 碱发生酸碱反应。

第六节 │ 有机化合物的分类

有机化合物主要按分子的基本骨架或分子中的官能团来分类。

一、按基本骨架分类

根据碳的骨架可以将有机化合物分成以下三类。

(一)开链化合物

开链化合物分子中,碳原子相互结合形成骨架非闭合的链状结构。由于开链化合物最初从油脂中得到,所以又称为脂肪族化合物(aliphatic compound)。例如:

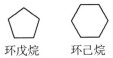

$$CH_3-CH_2-CH_2-CH_2-CH_3 \qquad CH_3-\overset{\overset{\displaystyle CH_3}{|}}{C}H-CH_2-CH_3$$

戊烷 异戊烷

(二)碳环化合物

碳环化合物(carbocyclic compound)是指分子中碳原子相互结合形成闭合的环状骨架的有机化合物。根据碳环的结构特点,它们又分为以下两类。

1. 脂环化合物 碳原子相互结合形成闭合的环状骨架,但性质与开链的脂肪族化合物相似,这类化合物称为脂环化合物(alicyclic compound)。例如:

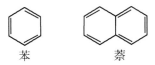

环戊烷 环己烷

2. 芳香族化合物 芳香族化合物(aromatic compound)的结构特点是分子中含有芳香性的碳环,性质上与脂肪族化合物有较大区别。例如:

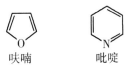

苯 萘

(三)杂环化合物

杂环化合物(heterocyclic compound)分子中的环骨架除碳原子以外,还含有 O、N、S 等其他原子。例如:

呋喃 吡啶

二、按官能团分类

官能团(functional group)也称特性基团(characteristic group),是分子中决定化合物主要性质的原子或基团。例如 CH_3OH(甲醇)、C_2H_5OH(乙醇)、$CH_3CH_2CH_2OH$(丙醇)等醇类化合物中都含有羟基(—OH),羟基是醇类化合物的官能团。一般来说,含有相同官能团的化合物有相似的理化性质,因此将含有相同官能团的化合物归为一类。本书以官能团分类并结合碳骨架结构,对各类化合物的性质进行讨论。一些有机化合物常见官能团见表 1-3。

许多有机化合物含有多种、多个官能团。多官能团化合物中每一个官能团完全或部分保留它们原有的理化性质;同时官能团之间会相互影响,使其性质有所改变;通常官能团之间距离越近影响越大,距离越远影响越小。

表 1-3 有机化合物常见官能团

化合物类型	官能团 / 名称		实例结构式 / 名称	
烯烃	$>C=C<$	碳碳双键	$H_2C=CH_2$	乙烯
炔烃	$-C\equiv C-$	碳碳叁键	$HC\equiv CH$	乙炔
卤代烃	$-X$	卤素	CH_3CH_2Cl	氯乙烷
醇	$-OH$	羟基	CH_3OH	甲醇
醚	$R-O-R$	醚键	CH_3-O-CH_3	甲醚
醛	$-CHO$	醛基	CH_3-CHO	乙醛
酮	$>C=O$	羰基	$CH_3-CO-CH_3$	丙酮
羧酸	$-COOH$	羧基	CH_3COOH	乙酸
胺	$-NH_2$	氨基	$CH_3CH_2NH_2$	乙胺

习题

1-4 分别写出下列化合物的简化 Lewis 结构式。

(1) CH_3CH_2OH

(2) $CH_3CH_2OCH_2CH_3$

(3) CH_3COOH

(4) CH_3CN

1-5 指出下列化合物中标有字母的碳原子的杂化类型。

(1) $HC\overset{a}{\equiv}C\overset{b}{C}H_2CH_2CH_2\overset{c}{C}H=CH_2$

(2) $CH_3\overset{d}{C}\equiv N$

(3) $CH_3CH=\overset{e}{C}=CHCH_3$

1-6 将下列化合物中标有字母的碳碳键，按照键长增长排列其顺序。

(1) $CH_3\overset{a}{-}\overset{b}{C}\equiv CH$

(2) $CH_3\overset{c}{-}\overset{d}{C}H=CH_2$

(3) $CH_3\overset{e}{-}CH_2-CH_3$

1-7 写出下列化合物的共轭碱。

(1) CH_3CH_2OH

(2) HCl

(3) CH_3COOH

(4) CH_3CH_2SH

1-8 下列化合物或离子哪些是 Lewis 酸，哪些是 Lewis 碱？

(1) H^+

(2) NH_3

(3) BF_3

(4) $AlCl_3$

(5) $C_2H_5O^-$

(6) $CH_3CH_2OCH_2CH_3$

1-9 判断以下分子的极性。

(1) CO_2

(2) CH_4

(3) CH_3Cl

(4) CH_2Cl_2

(5) $CHCl_3$

(6) CBr_4

(7) H_2

1-10 大气层中的臭氧（O_3）能吸收高能量紫外线，它是人类免受紫外辐射的保护屏障。以下为臭氧分子的一个可能的共振式。试以共振式群体写出代表臭氧分子的真实结构。

（罗美明）

本章思维导图

本章目标测试

第二章 | 立体化学

立体化学(stereochemistry)是研究有机分子的立体结构、反应的立体选择性及其相关规律和应用的科学,是现代有机化学的一个重要分支。

有机分子具有三维结构,有机化合物的许多性质与它们的三维结构密切相关,所以立体化学的观念是研究有机分子结构和性质的重要基础。

有机分子具有相同分子式而具有不同结构式的现象称为同分异构。同分异构包括构造异构和立体异构两种异构现象。构造异构是分子中原子或官能团的连接顺序或连接方式不同而产生的异构现象,碳链异构、位置异构、官能团异构和互变异构等异构现象均属于构造异构。立体异构是指分子中原子或官能团的连接顺序或连接方式相同,但由于它们在空间的排列方式不同而产生的异构现象,立体异构包括构象异构、顺反异构和对映异构。构象异构体的相互转化是通过碳碳单键的旋转实现的,该转化不涉及价键断裂,所需能量较低,通常室温下即可完成。所以室温下由于构象异构体自由转化,不能够分离得到纯的构象异构体。顺反异构和对映异构又叫作构型异构,构型异构体的相互转化涉及价键的断裂,所需能量高,因此构型异构体在室温下能稳定存在,能够分离获得纯的构型异构体。

异构现象在有机化学中极为普遍,常见的异构现象可归纳如下:

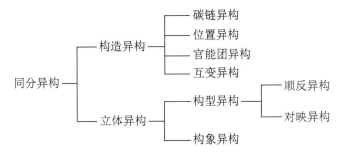

对映异构是指分子式、构造式相同,构型不同的有机分子,它们是互呈镜像对映关系的立体异构现象。本章重点讨论对映异构现象。

第一节 | 手性、手性分子和对映体

一、手性

人的左右手似乎是相同的。左手和右手的许多性质(如:体积、表面积等)是基本一样的,但是左手和右手不能完全重合。常识告诉我们,当把左手的手套戴在右手上就会觉得很不舒服,这表明左手、右手实际上是有差异的,左手与右手之间存在着看似相同而实质不同的关系。

镜子中右手的镜像(图 2-1A)是左手(图 2-1B)的正面像。这种类似左右手互为镜像与实物关系,彼此又不能完全重合的现象称为手性(chirality)。自然界中有许多手性物,例如:左(右)手、蜗牛、螺丝钉等都是手性物。微观世界中的有机分子同样存在着手性现象,自然界中存在许多具有手性的分子。本节结合有机分子讨论手性。

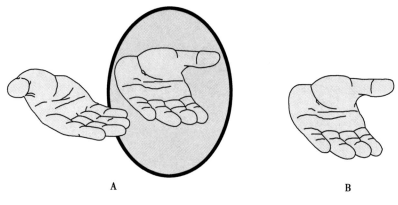

图 2-1　左右手及手性关系

二、手性分子和对映体

手性化合物的立体结构通常用透视式表示。透视式的书写规则为:实线"—"代表位于纸平面上的键,虚线"'''"和楔形线"✔"分别代表伸向纸平面后方的键和伸向纸平面前方的键。如果用透视式表示乳酸分子结构式[$H_3CCH(OH)COOH$]则有Ⅰ和Ⅱ两种立体结构(图 2-2)。通过观察Ⅰ和Ⅱ的球棍模型关系图(图 2-3),可以了解两者间的关系。乳酸分子Ⅰ和Ⅱ的关系正像人的左右手,互为镜像和实物关系,又不能完全重合,它们是两个不同的化合物,互为对映异构体,简称对映体(enantiomer)。乳酸分子Ⅰ和Ⅱ都具有手性,不能与其镜像完全重合的分子称为手性分子(chiral molecule)。

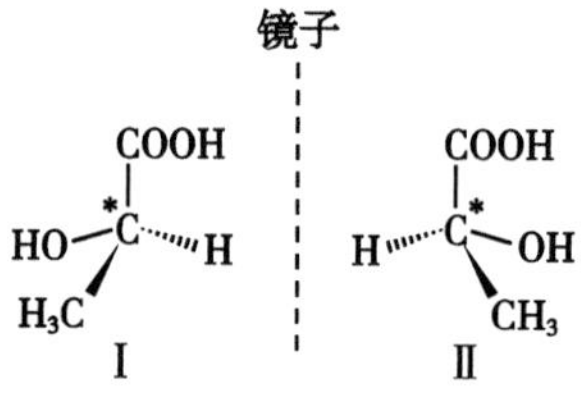

图 2-2　乳酸分子的两种立体结构

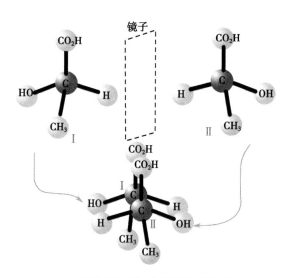

图 2-3　乳酸分子Ⅰ和Ⅱ(球棍模型)的关系图

仔细观察图 2-3 的两个乳酸分子(Ⅰ和Ⅱ)的结构,可发现乳酸分子中的 C_2 原子所连的四个原子或基团(COOH、OH、CH₃、H)各不相同。此类连有 4 个不同的原子或基团的碳原子称为不对称碳原子(asymmetric carbon),又称手性碳原子。不对称碳原子为手性中心(常常以 * 表示,如图 2-2),其所连的 4 个不同原子或基团在空间有 2 种不同的排列方式,即具有 2 种不同的构型。乳酸分子Ⅰ和Ⅱ就是构型不同的一对对映体。一对对映体的熔点、沸点、溶解度等相同,即它们绝大多数物理性质是相同的,仅对平面偏振光的旋转方向相反(见本章第二节),但数值大小相同。对映体化学性质的情况也类似,除了与手性试剂相互作用显示其性质有差异,其他绝大多数化学性质也是相同的。例如,乳酸的一对对映体分别与氢氧化钠溶液作用,两者的反应速度是相同的。一对对映体绝大多数的物理性质和化学性质相同,但两者对平面偏振光的作用不同,另外两者在生理作用上往往不同(见本章第九节)。学习对映异构现象应特别关注对映体结构和性质的差别。

三、分子中常见的对称因素

人们可以通过观察化合物分子的对称性判断其是否具有手性。判断一个化合物对称性最直接的方法就是观察其是否可与其镜像完全重合,若一个分子能与自己的镜像完全重合,表明其具有某种对称性,该分子就不具有手性。判断一个化合物对称性的间接方法是借助于观察分子的对称因素,常见的对称因素包括对称轴、对称面和对称中心。对称轴通常不能简单直接地用于判断分子是否有手性,下面主要介绍对称面和对称中心。

(一) 对称面

如一个分子能被一个假想的平面切分为具有实物与镜像关系的两个部分,该假想平面就是这个分子的对称面(symmetric plane),对称面用符号σ表示。2-氯丙烷和1,2-二氯乙烯各有一个对称面(图2-4)。

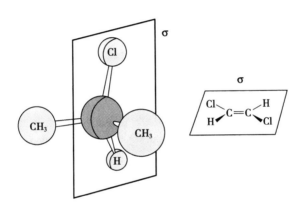

图2-4　2-氯丙烷和1,2-二氯乙烯的对称面

(二) 对称中心

如果有机分子中存在一个假想的点,从分子中任一原子或基团向该点作一直线段,再从该点将直线段延长,在等距离处遇到相同的原子或基团,则该点即为该分子的对称中心(symmetric center),见图2-5。对称中心可用符号 i 表示。

通常,具有对称面和/或对称中心的分子是非手性的,该分子无对映异构体。

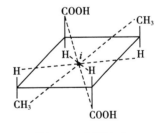

图2-5　对称中心

四、判断对映体的方法

判断一个化合物分子是否存在对映体,通常采用以下三种方法:

方法一,最直接的方法是建造一个分子和它镜像的模型,比较两者的结构,如果两者不能完全重合,则该分子存在对映体。反之,该分子无对映体。

方法二,寻找目标分子的对称面和/或对称中心,如果该分子有对称面和/或对称中心,通常该分子为非手性分子,没有对映体。

方法三,寻找目标分子中的手性碳原子(或手性中心),如果目标分子中存在一个手性碳原子,该分子具有手性,有一对对映体。如果目标分子中存在两个或两个以上的手性碳原子,需根据其结构具体分析其手性,可能有例外情况(见本章第六节中"内消旋化合物"内容)。无论选用哪种方法,答案应该是相同的。

2-1 请用星号"*"标出下列化合物中的手性碳原子。

a b c d

第二节 | 物质的旋光性

酒石酸、葡萄糖等许多天然物质具有手性,对平面偏振光具有一定的旋转作用,此类物质为旋光性物质,生物体内大部分有机分子都是旋光性物质。许多对映异构体结构的差异导致它们的生理活性差异巨大。

一、偏振光与旋光性物质

光是电磁波,电磁波是横波,横波振动的方向与其前进的方向垂直。普通光中含各种波长的光,各种波长的光在垂直于前进方向的各个平面内振动。振动方向和光波前进方向构成的平面叫作振动面,振动面只限于某一固定方向的光叫作平面偏振光,简称偏振光(polarized light)。

当普通光通过一个尼科尔(Nicol)棱镜时,一部分光被挡住了,只有振动方向与棱镜晶轴平行的光才能通过。通过尼科尔棱镜的光为偏振光。

当偏振光通过某些化合物的溶液后,偏振光的偏振面会被向右或向左旋转一定角度,这种能使偏振光的偏振面旋转的性质称为旋光性(optical activity),具有旋光性的物质称为旋光性物质。

二、旋光度与比旋光度

(一) 旋光度

由于人的眼睛没有辨别偏振光的能力,所以实验室通常用旋光仪测定物质的旋光性。旋光仪的基本结构包括两个棱镜、一个光源和一个样品管(又称旋光管)。通常,光源在一个棱镜的外侧,两个棱镜中间有一个盛放样品的样品管(图 2-6)。图 2-6 中,左边的棱镜称为起偏镜,从光源投射出的光经过起偏镜变为平面偏振光。右侧离视线较近的棱镜称为检偏镜,检偏镜可以旋转,通过检偏镜可以判断照射到检偏镜上的偏振光的振动面。如果使通过起偏镜的偏振光直接射在检偏镜上,我们发现当两个棱镜的晶轴平行时,偏振光透过率最大,若两个棱镜的晶轴互相垂直,偏振光透过率最小。如果在两个平行的棱镜之间放一个装有旋光性物质溶液的样品管,我们发现必须把检偏镜旋转一个角度(α 角度)后,偏振光透过率才能达到最大,如图 2-6 所示。旋光仪利用这个原理测定被测物质使偏振光的偏振面旋转的角度。

偏振光与旋光性物质作用使偏振面旋转的角度叫旋光度(optical rotation),用 α 表示。偏振面的旋转方向有逆时针(左旋)和顺时针(右旋)的区别,(+)表示右旋,(−)表示左旋。(+)-丁-2-醇

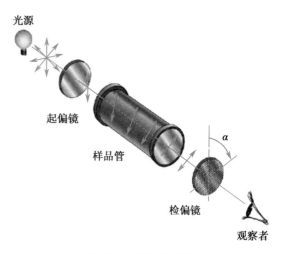

光源

起偏镜

样品管

α

检偏镜

观察者

图 2-6 旋光仪简图

表明该丁-2-醇具有使偏振光的偏振面向右旋转的性质;(－)-丁-2-醇表示该丁-2-醇具有使偏振光的偏振面向左旋转的性质。(＋)和(－)仅表示偏振面的旋转方向,与旋光度的数值大小无关。

(二)比旋光度

样品管的长度、溶剂的种类、溶液的浓度、温度及所用光的波长等因素对特定化合物的旋光度的数值都有影响,但在上述因素确定的条件下,每个旋光性物质的旋光度是特定的。为了统一标准,通常规定:使用 1dm 长的样品管,用波长为 589nm(1nm = 10^{-9}m)的钠光(D-线)作光源,待测物质的浓度为 1g·mL^{-1} 时,测得的旋光度称为比旋光度(specific rotation),用 $[\alpha]_D^t$ 表示。

$$[\alpha]_D^t = \frac{\alpha}{l \times c}$$

式中,t——测定时的温度,单位为℃;

  D——光源波长,通常是钠光(亦称 D-线,波长 589nm);

  α——旋光仪测得的旋光度;

  c——溶液浓度,单位为 g·mL^{-1}(纯液体可用密度 ρ);

  l——样品管长度,单位为 dm。

对于纯液态物质,使用密度很方便,但对于固态物质和其他未知样品,通常配制成溶液进行测量,而 c = 1g·mL^{-1} 是一个很高的浓度,常常由于样品量不足而难以配制,这时通常降低配制溶液的浓度,使用 g·$(100mL)^{-1}$ 作为浓度单位。这样比旋光度的公式就改写为:

$$[\alpha]_D^t = \frac{100\alpha}{l \times c}$$

式中,c 为质量百分浓度,单位为 g·$(100mL)^{-1}$,其他量的含义和单位不变。

比旋光度像物质的熔点、沸点或折射率等性质一样,是化合物的物理常数。一对对映体的比旋光度绝对值相等,其正负号相反(即旋光方向相反),它们的其他物理性质相同,见表 2-1。

表 2-1　丁-2-醇一对对映体的部分物理常数

	(＋)-丁-2-醇	(－)-丁-2-醇
沸点/℃	99.5	99.5
密度/(g·cm^{-3})	0.808 0	0.808 0
比旋光度	+13.9°	−13.9°

比旋光度可用于表示未知旋光性化合物的旋光方向和旋光能力以及确证已知旋光性化合物的纯度。例如,在理化手册上查得海洛因(heroin)的比旋光度值为 $[\alpha]_D^{15}$=−166°(甲醇)。这表示海洛因是具有旋光性的化合物,若以甲醇作溶剂,在 15℃,用偏振的钠光 D-线作光源,测得其比旋光度为左旋 166°。

例题 1:将胆固醇样品 260mg 溶于 5mL 氯仿中,然后将其装满 5cm 长的样品管,在 20℃用偏振的钠光 D-线作光源,测得旋光度为−2.5°。计算胆固醇的比旋光度。

解:$[\alpha]_D^{20} = \frac{\alpha}{l \times c} = \frac{-2.5°}{0.26/5mL \times 0.5dm} = -96°$

答:胆固醇的比旋光度为 $[\alpha]_D^{20}$=−96°(氯仿)。

科学文献中报道化合物的比旋光度值时,在 $[\alpha]_D^t$ 值之后的括号内标出实验中测定旋光度时使用的溶剂和溶液的浓度(以小写 c 表示质量百分浓度)。例如:治疗心血管疾病的药物地尔硫䓬 $[\alpha]_D^{20}$=+98.3°(c =1,CH_3OH),表示地尔硫䓬的比旋光度为右旋 98.3°,测定时的温度为 20℃,使用钠光 D-线作光源,溶剂为甲醇,溶液的质量百分浓度为 1g·$(100mL)^{-1}$(即每 100mL 溶液中含有 1g 地尔硫䓬)。

第三节 | 费歇尔投影式

一对对映异构体的结构非常相似,简洁、清楚、可靠地表示两个对映异构体结构的方法是立体化学的重要内容。1891 年,德国化学家费歇尔(Fischer)基于有机分子的立体结构在平面上的投影,提出了显示连接手性碳原子的四个基团空间排列的一种简便方法。后来人们将此有机结构的平面书写方式称为费歇尔投影式(Fischer projection),其含义如图 2-7。

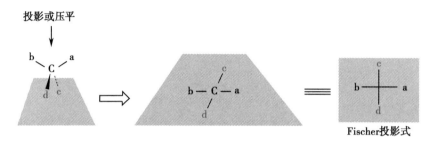

图 2-7 Fischer 投影式示意图

Fischer 投影式是一种表示分子三维空间结构的平面投影方法。在将一个化合物立体结构的透视式写成投影式时,须遵循下列要点:①以垂直线代表主链,编号最小的碳原子位于上端,编号最大的碳原子位于下端;②水平线和垂直线的交叉点代表碳原子(通常这些碳原子也是手性碳原子);③连接原子或原子团的水平线代表伸向纸平面前方的化学键,连接原子或原子团的垂直线代表伸向纸平面后方的化学键(横前竖后)。下图为依据以上原则将右旋甘油醛透视式转换成其 Fischer 投影式的实例。

有时为了讨论问题方便,人们可按以下规则改变有机分子 Fischer 投影式的表达形式,改变表达形式后的 Fischer 投影式已不拘泥于上述要点①,但仍遵循要点②和要点③。

(1)某一化合物的 Fischer 投影式在纸面上(不能离开纸面)旋转 180° 后,所得的 Fischer 投影式表达的化合物相同,而旋转 90° 或 270° 后,所得的 Fischer 投影式表达的化合物是原化合物的对映体。

(2)将某一化合物的 Fischer 投影式的手性碳原子上的一个取代基保持不动,另外三个基团按顺时针或逆时针方向旋转,所得的 Fischer 投影式表达的化合物的分子构型不变。

(3)Fischer 投影式中手性碳原子上所连原子或基团,两-两交换偶数次后,所得的 Fischer 投影式表达的化合物的分子构型不变;但交换奇数次后,所得的 Fischer 投影式表达的化合物是原化合物的对映体。

Fischer 投影式多用于表示开链化合物的对映异构体。第四章还将学习纽曼(Newman)投影式和锯架式表示分子的立体结构。同一个立体异构体可用几种方法表示它的立体结构,每一种表示立体结构的方法都有自己的特点。

第四节 | 构型标记法

构型(configuration)是指一个立体异构体分子中原子或基团在空间的排列方式。一般对映体的构型是指手性碳(或手性中心)所连的原子或基团在空间的排列方式。本节介绍对映体的两种构型标记方法。

一、D/L 标记法

一个化合物的绝对构型通常指键合在手性中心的四个原子或原子团在空间的真实排列方式。早先,由于人们无法确定化合物的绝对构型,德国化学家费歇尔人为地选定(+)-甘油醛为标准物,并规定其碳原子处于竖直方向且醛基在碳链上端的投影式中,C_2 上的羟基处于右侧,为 D-构型,其对映体(-)-甘油醛为 L-构型。两者结构分别如下:

$$
\begin{array}{cc}
\text{CHO} & \text{CHO} \\
\text{H}\!-\!\overset{2}{\underset{}{\text{C}}}\!-\!\text{OH} & \text{HO}\!-\!\overset{2}{\underset{}{\text{C}}}\!-\!\text{H} \\
\text{CH}_2\text{OH} & \text{CH}_2\text{OH} \\
D\text{-}(+)\text{-甘油醛} & L\text{-}(-)\text{-甘油醛}
\end{array}
$$

两个甘油醛名称中,D、L 表示构型,(+)、(-)表示旋光方向,右旋甘油醛写作 D-(+)-甘油醛,左旋甘油醛写作 L-(-)-甘油醛。

其他含手性碳的化合物的构型可与 D-(+)-甘油醛或 L-(-)-甘油醛的构型进行比较而确定为 D 构型或者 L 构型,因此 D/L 标记法也称为相对构型标记法。通过合适的化学反应,甘油醛可转化成其他旋光性化合物,只要在反应过程中与手性碳直接相连的化学键不断裂,那么所得化合物的构型就可与原甘油醛的构型相关联。例如以下 D-(+)-甘油醛的化学转化的各步反应分别发生在 C_1 和 C_3 的官能团上,与手性中心(C_2)直接相连的几个化学键在结构转化过程中始终没有发生断裂,即—OH 总处于主碳链手性碳原子的右边。因而反应中间体和产物都与 D-(+)-甘油醛具有相同构型。这样,(-)-乳酸与 D-(+)-甘油醛具有相同的构型,也为 D-构型。它们旋光方向的改变提示化合物的构型与旋光方向之间没有直接的对应关系。

$$
\begin{array}{ccccc}
\text{CHO} & & \text{COOH} & & \text{COOH} \\
\text{H}\!-\!\text{OH} & \longrightarrow & \text{H}\!-\!\text{OH} & \longrightarrow & \text{H}\!-\!\text{OH} \\
\text{CH}_2\text{OH} & & \text{CH}_2\text{OH} & & \text{CH}_3 \\
D\text{-}(+)\text{-甘油醛} & & D\text{-}(-)\text{-甘油酸} & & D\text{-}(-)\text{-乳酸}
\end{array}
$$

1951 年,拜捷沃特(J.M.Bijvoet)用 X 射线衍射技术测定了(+)-酒石酸铷钾盐的真实构型即绝对构型,证实了原来人为规定的 D-(+)-甘油醛的构型就是它的真实构型。原来以甘油醛为标准物所确定的其他化合物的构型,也就成为这些化合物的绝对构型。

D/L 标记法的使用有一定的局限性,一般只对与甘油醛结构类似的化合物适用,多用于糖和氨基酸的构型标记(见第十七章和第十八章)。

二、R/S 标记法

国际纯粹与应用化学联合会(IUPAC)建议采用遵循 Cahn-Ingold-Prelog 规则(简称 CIP 规则)的 R/S 构型命名法对各种类型手性化合物的构型进行标记。

Cahn-Ingold-Prelog 规则:首先按次序规则确定与手性碳相连的四个原子或基团的优先次序,再将手性碳上最不优先的原子或基团置于远离自己的位置,然后依据优先次序(由最优先到第三优先)观察朝向视线方向的三个基团,其在空间按顺时针排列为 R 构型;按逆时针排列为 S 构型(图 2-8)。图 2-8 中与手性碳相连的四个原子或基团 a、b、c、d 的优先次序是 a>b>c>d,即 a 最优先,d 是远离自己的最不优先基团。

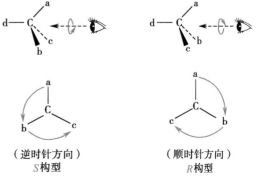

图 2-8 R/S 标记方法示意图

各种取代基按照次序规则顺序排列，次序规则的要点如下：

（1）原子序数大的原子排在前面，几种常见原子的优先次序为：I>Br>Cl>S>P>O>N>C>H；原子序数相同时，原子量大的优先。

（2）如果最优先原子的原子序数相同，则比较次优先原子的原子序数，依次类推。常见的烃基优先次序为：$(CH_3)_3C—>(CH_3)_2CH—>CH_3CH_2—>CH_3—$。

（3）不饱和基团可看作是与两个或三个相同的原子相连。烃基的优先次序为：

$—C≡CH>—CH=CH_2>—CH(CH_3)_2$。

例题 2：判断下列溴氯碘甲烷的构型。

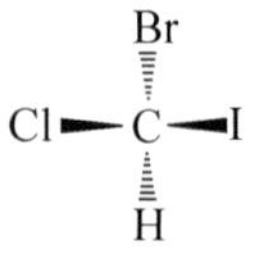

解：根据次序规则，可知在溴氯碘甲烷中，连接在手性碳上的四个原子的优先次序是 I>Br>Cl>H（原子序数由大到小的顺序），使最不优先原子（H）处于远离自己的位置（即处在手性碳后方）。

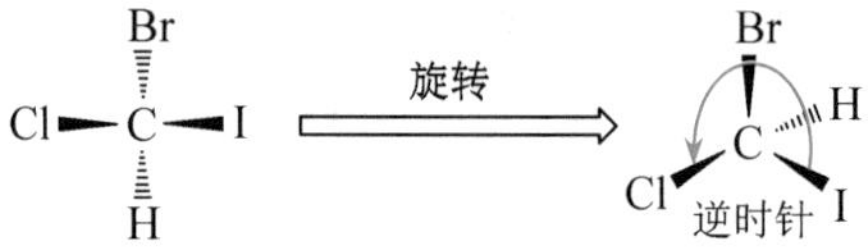

依据次序规则确定：I、Br、Cl 的空间排列为逆时针排列，为 *S* 构型。

R、*S* 构型命名法也可直接应用于 Fischer 投影式，此时最不优先基团（如 H 等）在横向键上，依次沿着另外三个基团在平面上由最优先到第三优先的顺序轮转，如为顺时针方向即为 *S* 构型；逆时针方向为 *R* 构型。例如乳酸一对对映体的构型如下：

R 型　　*S* 型

基团优先次序

a>b>c>d

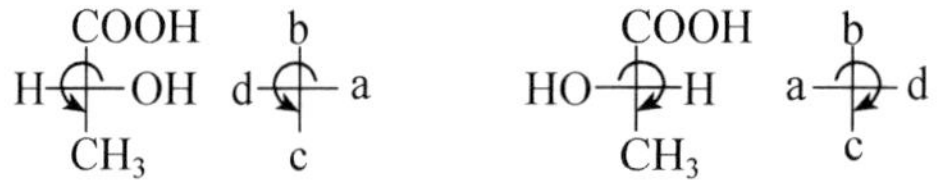

例题 3：判断下列丁-2-醇的构型。

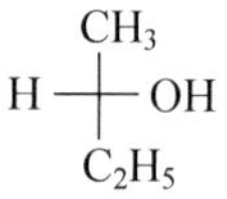

解：根据次序规则，可知在上述丁-2-醇的分子中，与手性碳相连的四个基团的优先次序是：$OH>C_2H_5>CH_3>H$。其 Fischer 投影式中最小基团（H）在横向键上，同时沿着另外三个基团在平面上由最优先到第三优先的顺序轮转，为顺时针方向，即为 *S* 构型。

对于标记含有两个或两个以上手性碳分子的构型，同样可以按照前述的方法分别确定每一个手性碳的构型，同时要按照命名编号原则标出每个手性碳的编号。例如：2,3-二羟基丁醛有 2 个手性碳，这四个立体异构体分子的构型如下：

2*R*, 3*R*　　2*S*, 3*S*　　2*R*, 3*S*　　2*S*, 3*R*

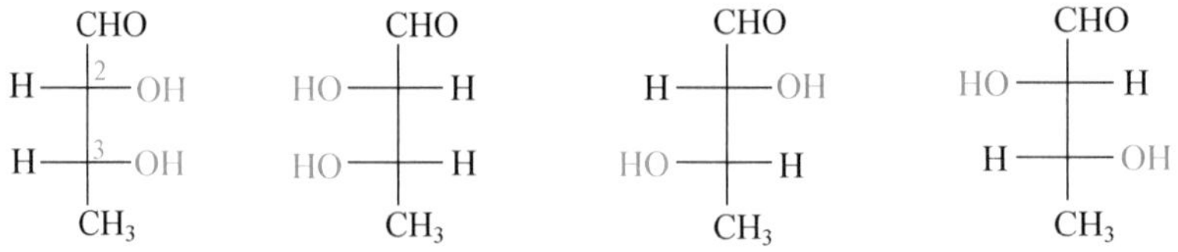

R 和 *S* 构型标志着手性碳原子的绝对构型。化合物的旋光方向与其构型没有直接关系。

手势法确定手性碳的构型:用手臂代表与手性碳相连的最不优先基团(通常为 H 原子);用拇指、食指和中指分别指向与手性碳相连的其余三个基团,然后将三个手指转向正对着自己的视线方向,按照最优先到第三优先的次序,观察所代表的三个基团的排列次序。顺时针排列为 R 构型;逆时针为 S 构型。

2-2　判断下列化合物的构型。

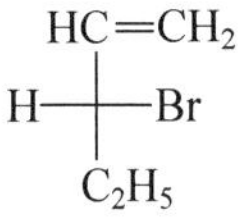

(1)	(2)	(3)

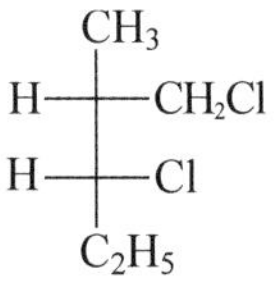

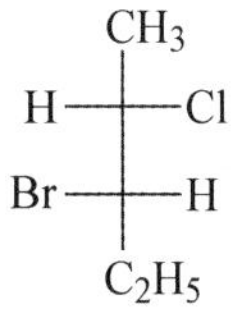

第五节 ｜ 外消旋体

人们认识的第一个旋光性化合物是乳酸。人们发现不同来源乳酸的旋光性不同。例如,从肌肉组织中分离得到的乳酸为右旋乳酸;由乳酸杆菌发酵葡萄糖而得到的乳酸为左旋乳酸;而由丙酮酸经还原反应得到的乳酸无旋光性。进一步研究证明,还原丙酮酸得到的乳酸是右旋乳酸和左旋乳酸这一对对映体的等量混合物。人们将一对对映体的等量混合物称为外消旋体(racemate)。

外消旋体含有旋光性物质,但无旋光性。这是因为一对对映体对偏振光偏振面的旋转角度相等,旋转方向相反。因此,当一对对映体等量混合后,每一对对映体对偏振光偏振面旋转的影响正好互相抵消。

外消旋体常用符号"±"(或 dl)表示。外消旋体与纯的单一对映体的物理性质有一些差异,例如,三种乳酸的一些物理常数(表 2-2)。

表 2-2　不同旋光性乳酸的一些物理常数

名称	熔点/℃	$[\alpha]_D^{20}$	pK_a	水中溶解度/($g\cdot100mL^{-1}$)
(+)乳酸	26	+3.8°	3.76	∞
(−)乳酸	26	−3.8°	3.76	∞
(±)乳酸	18	0°	3.76	∞

第六节 ｜ 非对映异构体和内消旋化合物

一、非对映异构体

含有一个手性碳原子的化合物存在两个立体异构体(一对对映体)。含有 n 个手性碳原子的化合物理论上存在 2^n 个立体异构体。但在某些特殊情况下,含有两个或两个以上手性碳原子的化合物的立体异构体数目小于上述理论数值。

2,3,4-三羟基丁醛分子中含有 2 个不相同的手性碳原子,即这 2 个手性碳分别所连的四个基团不完全对应相同。2,3,4-三羟基丁醛存在四个立体异构体($2^n = 2^2$)。下面是 2,3,4-三羟基丁醛的四种立体异构体的 Fischer 投影式。

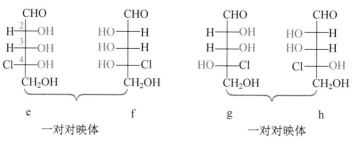

2,3,4-三羟基丁醛的四个立体异构体

立体异构体 a 与 b、c 与 d 互为对映体，它们是 2,3,4-三羟基丁醛的两对对映体。异构体 a 与 c 是彼此不构成实物与镜像关系的立体异构体，它们互为非对映异构体（diastereoisomer）。同样，立体异构体 a 与 d、b 与 c 以及 b 与 d 也都彼此互为非对映异构体。两个含有多个手性碳原子的立体异构体，如果只有一个手性碳原子的构型不同，其他构型完全相同，则它们彼此互为差向异构体（epimer），例如下列立体异构体中，e 与 g 的三个手性碳原子（C_2、C_3 和 C_4）仅 C_4 的构型不同，它们互为差向异构体，同理 f 与 h 也互为差向异构体，差向异构体之间互为非对映异构体。非对映异构体的沸点、溶解度等物理性质不相同。

4-氯-2,3,4,5-四羟基戊醛的立体异构体

二、内消旋化合物

酒石酸即 2,3-二羟基丁二酸的分子中含有 2 个手性碳原子，这 2 个手性碳原子相同，即它们分别所连的四个基团完全对应相同。这种特殊结构使酒石酸出现特殊的异构现象。理论上，酒石酸应有以下四个立体异构体（两对对映体）。

分析这四个立体异构体的结构，我们发现异构体 a 和 b 是一对对映异构体，异构体 a 与 c 和异构体 b 与 c 是互为非对映异构体。

异构体 c 与 d 互为实物与镜像关系，如果将异构体 c 在纸平面上旋转 180° 得到异构体 d，两者能完全重合，因此异构体 c 与 d 是相同的化合物，即实物与镜像完全重合，因此没有手性，无旋光性。进一步分析异构体 c 的结构可以发现，虽然分子内含有两个手性中心，但是分子中有一个对称面（图 2-9），其上下两部分对偏振光的影响相互抵消，导致整体分子不具有旋光性，异构体 c 称为内消旋体。像这样，分子中含有手性元素（包括中心、轴和面）但是因为存在对称因素（对称面和 / 或对称中心等）而无手性的化合物称为内消旋化合物（meso compound）。通过寻找对称面或对称中心可以简便地辨认内消旋化合物。表 2-3 为酒石酸的几种立体异构体的一些物理性质。

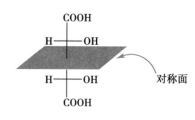

图 2-9　内消旋酒石酸

表 2-3 酒石酸不同立体异构体的一些物理性质

化合物	熔点/℃	溶解度/$(g\cdot100mL^{-1})$	$[\alpha]_D^{20}$
（＋）酒石酸	170	139.0	+12°
（－）酒石酸	170	139.0	−12°
（±）酒石酸	206	20.0	0°
内消旋酒石酸	140	125.0	0°

2-3 将（＋）、（－）和内消旋酒石酸三者等量的混合物进行分步结晶,可得到两部分均无旋光性的结晶,试解释。

第七节 | 无手性中心的对映体

尽管大多数手性化合物分子都存在手性中心,但也有一些不含有手性中心的手性分子,由于包含了其他手性元素,它们与其镜像不能完全重合,存在一对对映体。

联苯化合物分子中两个苯环是在同一平面上,为非手性分子。但当联苯分子中每个苯环相连碳的两个邻位氢原子被不同的较大基团取代(如−CO₂H,−NO₂ 等)时,取代基的空间位阻使两个苯环处于非共平面的稳定构象。这种稳定的分子构象包含了手性元素(手性轴),产生了类似于实物与镜像关系的不能完全重合的立体异构体(即对映体),因此分子具有手性。如 6,6′-二硝基联苯-2,2′-二甲酸就有一对可分离出来的对映体。

联苯（非手性分子）

手性轴

6,6′-二硝基联苯-2,2′-二甲酸的一对对映体

丙二烯类化合物（C＝C＝C）的结构特点是与中心碳原子（sp 杂化）相连的两个 π 键所处的平面彼此相互垂直(图 2-10)。当两端双键碳原子各连有两个不同的取代基时,就产生了手性元素,存在对映异构体。

例如,下面的 1,3-二氯-1,2-丙二烯就是此种类型的化合物,存在一对对映体。

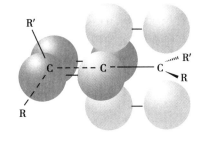

图 2-10 丙二烯型化合物的电子云图

镜子

第八节 | 外消旋体的拆分

立体异构体若为非对映体关系,它们具有不同的物理性质,可以利用其物理性质的差异,通过

分步结晶或者蒸馏等物理手段分离立体异构体。由于外消旋体是一对对映体的等量混合物,对映体之间除了旋光方向相反,其他物理性质(如溶解度、沸点等)都相同,因此就不能用常规的分离方法分离对映体。将外消旋体两个对映体分离称为拆分(resolution)。目前,拆分外消旋体最常用的化学方法是先将对映体转变成非对映体,然后利用两者溶解度或沸点等物理性质的差异进行分离。

将对映体转化成非对映体的方法之一是利用酸碱中和反应。拆分酸性外消旋体,可用光学纯的碱(即单一对映体的碱)处理,形成非对映体的盐。例如:

$$(\pm)\text{-乳酸} + (R)\text{-1-苯基乙胺} \longrightarrow \begin{array}{l} (R)\text{-乳酸},(R)\text{-1-苯基乙铵盐} \\ (S)\text{-乳酸},(R)\text{-1-苯基乙铵盐} \end{array} \Bigg\} 两者互为非对映体$$

上述反应形成的产物不呈镜像关系。虽然两者碱部分的结构相同,都是 R 构型,但两者酸部分的结构不同,因此两种产物彼此是非对映异构体。非对映异构体的盐溶解度通常是不同的,可以用分步结晶的方法分离。上述非对映异构体被分离后,就可以通过下述简单化学反应获得纯对映体:

$$(R)\text{-乳酸},(R)\text{-1-苯基乙铵盐} + HCl \longrightarrow (R)\text{-乳酸} + (R)\text{-1-苯基乙胺盐酸盐}$$

$$(S)\text{-乳酸},(R)\text{-1-苯基乙铵盐} + HCl \longrightarrow (S)\text{-乳酸} + (R)\text{-1-苯基乙胺盐酸盐}$$

如果要拆分的外消旋体是碱,通常就采用光学纯的酸(如酒石酸)与外消旋体的碱反应。若要拆分的外消旋体既不是酸也不是碱,可以设法将被拆分的化合物转变为酸或碱,然后再进行拆分。

第九节 | 手性分子的来源和生理作用

一、手性分子的来源

人们熟知的由活细胞产生的生物催化剂——酶(enzyme)为手性生物分子。酶催化机体细胞中几乎每种反应,被酶催化而反应的化合物称为底物(substrate),底物被酶催化转变为产物(product)。在手性酶的作用下,非手性的底物可以转变为单一对映体的手性产物,所以天然的手性化合物通常以单一对映体的形式存在。

手性化合物还可通过化学合成得到,非手性分子通过化学反应可转化成为手性分子。例如,正丁烷氯代可以得到2-氯丁烷,反应条件中如果不存在手性环境或手性因素,得到的产物是一对对映体的等量混合物(即外消旋体),没有旋光性。通过在反应过程引入手性环境或手性因素,建立立体选择性有机反应,能直接得到手性化合物,这一类型的反应称为不对称反应(asymmetric reaction),利用不对称反应获得手性化合物的方法称为不对称合成(asymmetric synthesis)。手性环境或手性因素可以是手性介质(如使用手性溶剂等),也可以是手性反应试剂(如使用含有手性辅助基团的底物或手性催化剂等),还可以是生物酶催化剂等。

$$CH_3CH_2CH_2CH_3 \xrightarrow[\text{光, 手性因素}]{Cl_2, \text{控制量}} CH_3CH_2\overset{*}{C}HCH_3 \atop |\atop Cl$$

正丁烷   2-氯丁烷
(非手性化合物)   (手性化合物)

二、手性分子的生理作用

一对对映体构型上的差异,有时会产生截然不同的生理作用。例如,多巴(dopa)分子中有一个手性碳,存在一对对映体(右旋多巴和左旋多巴)。左旋多巴可用于治疗帕金森病(Parkinson's disease,中枢神经系统的一种慢性病),而右旋多巴却无此生理作用。

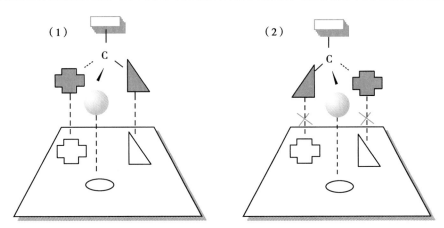

右旋多巴
（无抗帕金森病作用）

左旋多巴
（抗帕金森病）

化学物质一般是通过作用于细胞的专一特定部位如受体（receptor），引起或改变细胞的反应，产生生物学效应。由于受体一般为具有手性的蛋白质，因此一对对映体中，一般只有其中一个对映体的结构与受体特定的立体结构相适合，即该对映体能与受体有效结合，产生相应的生理效应。

图 2-11 显示一对对映体（1）和（2）分别与相同的手性受体（两个梯形图代表相同受体）之间的结合情况。其中对映体（1）与该受体的结构相适合（即有互补关系），能与其结合；而对映体（2）与该受体的结构无互补关系，从而产生不同于（1）的结合方式，进而可能表现出不同的生理效应。

（1）

（2）

图 2-11 一对对映体与同一种受体之间的结合情况

习题

2-4 解释下列概念。

（1）手性分子 （2）手性碳原子 （3）对映体 （4）非对映体

（5）内消旋化合物 （6）外消旋体 （7）旋光性 （8）差向异构体

2-5 （+）-丙氨酸和（–）-丙氨酸的下述性质有哪些异同点？

（1）熔点 （2）密度 （3）折光率 （4）旋光性

（5）水中溶解度

2-6 500mg 可的松溶解在 100mL 乙醇中，注满 25cm 的旋光管，测得的旋光度为 +2.16°。计算可的松的比旋光度。

2-7 若一蔗糖溶液，测得旋光度为 +90°，怎么能确知它的旋光度不是 –270°？

2-8 下列化合物各有几个手性碳原子？

（1） （2） （3）

2-9 下面是乳酸的 4 个 Fischer 投影式，指出互为相同的构型者。

（1） （2） （3） （4）

2-10 写出下列两个化合物（1）和（2）的 Fischer 投影式，要求写出羧基"COOH"处于竖键顶端，"CH₂SH"或"CH₃"处于竖键底端的 Fischer 投影式。

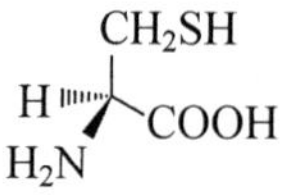

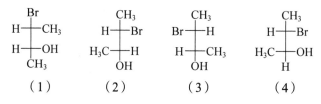

（1） 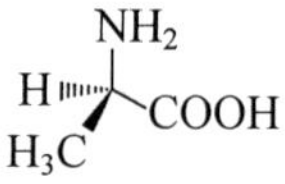　　　　　（2）

2-11 下列化合物中,哪些存在内消旋化合物?

（1）2,3-二溴丁烷　　　（2）2,3-二溴戊烷　　　（3）2,4-二溴戊烷

2-12 根据次序规则,分别排列下列两组原子或基团的优先次序(由最优先到最不优先)。

（1）—H,—CH₂CH₃,—Br,—CH₂CH₂OH　　　（2）—COOH,—CH₂OH,—OH,—CHO

2-13 用 R/S 构型标记法命名下列各化合物的构型;并说明哪对互为对映体?

（1）　　　（2）　　　（3）　　　（4）

（王平安）

本章思维导图　　　本章目标测试

第三章 | 有机化合物的结构鉴定

有机化合物的结构鉴定是有机化学的重要组成部分。在有机化学发展初期,它主要是通过化学方法来完成的,但当时化学方法操作烦琐、费力费时。自 20 世纪 50 年代以来,由于近代物理实验技术和计算机科学的飞速发展,一些现代分析仪器应用到有机化合物的结构鉴定研究中,极大地促进了有机化合物结构的研究,推动了有机化学的飞速发展。鉴定有机化合物结构最常用的方法有紫外光谱、红外光谱、核磁共振谱及质谱(通常称为四谱),它们具有快速、准确、取样少,且不破坏样品(除质谱外)等优点。本章简要介绍研究有机化合物结构的基本方法,主要介绍四谱的基本知识及四谱在有机化合物结构鉴定中的应用。

第一节 | 研究有机化合物结构的方法

研究有机化合物结构的步骤主要包括:分离纯化、元素分析、相对分子质量的测定和有机化合物结构的表征等。

一、分离纯化

从自然界提取的有机化合物通常是混合物;而人工合成的有机化合物,也常由于反应复杂、伴有副反应,含有杂质。因此,除去杂质、纯化产物是进行有机化合物结构研究的前提。分离纯化的方法主要有萃取、蒸馏、重结晶、升华和色谱技术等,需要根据有机化合物的特点以及实验条件选择合适的纯化方法。有机化合物经分离纯化之后,一般通过测定有机化合物的物理常数如熔点、沸点,或用色谱技术等检查其纯度。

色谱技术(包括薄层色谱、纸层色谱、柱层色谱、气相色谱和高效液相色谱等)在有机化合物的分离、纯化和纯度鉴定等方面广泛应用,其中高效液相色谱具有分离效率高,分离速度快等特点,高效液相色谱比经典的柱层色谱更高效,分析样品纯度所需样品量可少于 1mg。

二、元素分析

分离纯化后的有机化合物,可以通过元素分析确定其是由哪些元素组成及每种元素的含量,然后将各元素的质量分数除以相应元素的相对原子质量,求出该化合物中各元素间原子的最小个数比,即为该化合物的实验式。例如,某化合物经元素分析得知含有 C、H、O、N 四种元素,各元素的质量分数分别为 49.3%、9.6%、22.7%、19.6%,则可以计算得出相应元素的最小个数比为 3:7:1:1,由此确定该化合物的实验式为 C_3H_7NO。

三、相对分子质量的测定

测定相对分子质量的经典方法主要有凝固点降低法、沸点升高法和渗透压法等,目前则常用质谱法测定。测得有机化合物的相对分子质量后,结合实验式,即可确定出该化合物的分子式。如测定上述化合物的相对分子质量为 146,因 C_3H_7NO 的式量为 73,因此该化合物的分子式为 $C_6H_{14}N_2O_2$。

四、有机化合物结构的表征

明确有机化合物的分子式后,需要表征有机化合物的结构。结构表征主要有化学方法、物理常数测定法和近代物理方法等。

1. 化学方法　首先利用化学反应给出的信息来确定该有机化合物分子中存在的官能团;然后用降解反应初步确定该化合物的局部结构;最后用有机合成方法合成该化合物,以此确证此化合物表征的结构。例如吗啡的结构研究,1803 年从鸦片醇浸膏中提取得到吗啡的粗品,1806 年分离得到纯品,1847 年经元素分析后确定其实验式为 $C_{17}H_{19}O_{13}N$,1952 年通过全合成才完全确证其结构。

2. 物理常数测定法　该法利用化合物的许多物理常数在一定条件下是一定值的特点,通过与已知有机化合物比较物理常数,确定待表征有机化合物的结构。表征有机化合物结构常用的物理常数包括熔点、沸点、相对密度、折射率和比旋光度等。物理常数测定法常常需要其他方法配合使用才能准确表征化合物。

3. 近代物理方法　该方法包括应用近代物理实验技术和计算机技术建立的紫外光谱、红外光谱、核磁共振谱、质谱和 X 射线衍射等仪器分析方法。紫外光谱可揭示分子中是否存在电子共轭体系;红外光谱可以确定有机分子中存在何种官能团;核磁共振谱则可确定碳氢骨架的结构;质谱确定化合物的相对分子质量。这四种方法现已构成了测定有机化合物结构的波谱学。另外,X 射线衍射可以揭示有机化合物晶体中各原子间连接方式和几何形状,是分析有机分子空间结构常用的方法。

化学方法、物理常数测定法是分析有机化合物结构的基础,在现代有机化学研究中仍占有重要地位。近代物理方法是研究有机化合物分子结构的最有力的手段和方法。

第二节 | 吸收光谱的一般原理

电磁辐射是光量子波,既有粒子性又有波动性,可用波长、频率或波数等波的参数来描述。它们之间有如下关系:

$$\nu = \frac{c}{\lambda} = c\sigma$$

式中,ν 代表频率,单位为 Hz。c 为光速,其值为 $3 \times 10^{10} cm \cdot s^{-1}$。$\lambda$ 代表波长,常用单位为 μm 或 nm。σ 代表波数,是波长的倒数,表示 1cm 长度中波的数目,单位为 cm^{-1}。

每种波长的电磁波都具有一定的能量,其量值与频率和波长的关系是:

$$E = h\nu = hc/\lambda$$

式中,E 代表光子的能量,单位为 J。h 为普朗克(Planck)常数,其值为 $6.63 \times 10^{-34} J \cdot s$。由此式可知:电磁波的能量与其频率成正比,即电磁波波长越短,波数越大,频率越高,其能量越高。

分子及分子中的原子、电子、原子核等都以不同形式(包括电子运动、原子的振动及分子转动等)进行运动。每种运动形式都具有一定的能量,这些能量除平动能外都是量子化的。而电磁辐射可提供能量,当辐射能恰好等于分子运动的某两个能级之差时,分子会吸收电磁辐射,用特定仪器记录分子对不同波长电磁波吸收的相应谱图为吸收光谱(absorption spectra)。

不同波长的电磁辐射作用于被测物质的分子,可引起分子内不同运动方式能量的改变,即产生不同的能级跃迁。若分子吸收了紫外-可见光能后,引起电子能级跃迁,则产生紫外-可见光谱;如吸收红外光能,引起分子振动和转动能级跃迁,则产生红外光谱;而自旋的原子核在外加磁场作用下,可吸收无线电波,引起核的自旋能级跃迁而产生核磁共振谱。上述不同的吸收光谱从不同角度反映出分子的结构特征,所以可以通过测定吸收光谱获取有机分子结构方面的相关信息。电磁波包括的光波区域如表 3-1 所示。

表 3-1 电磁波与光谱

电磁波	光谱	波长（波数或频率）	激发能/(kJ·mol⁻¹)	跃迁类型
远紫外线	真空紫外光谱	10~200nm	11 960~598	σ 电子跃迁
近紫外线	近紫外光谱	200~400nm	598~299	n 及 π 电子跃迁
可见光线	可见光谱	400~800nm	299~150	n 及 π 电子跃迁
近红外线	近红外光谱	0.8~2.5μm	150~47	
中红外线	中红外光谱	2.5~25.0μm（4 000~400cm⁻¹）	47.0~4.7	振动键的变形
远红外线	远红外光谱	25~100μm（400~100cm⁻¹）	4.7~1.2	分子振动与转动
无线电波	磁共振谱	（10⁷~10⁸Hz）		核自旋

第三节 │ 紫外光谱

紫外光谱（ultraviolet spectra, UV）是有机分子的价电子吸收一定波长的紫外光发生跃迁所产生的电子光谱。紫外光区域的波长范围为 10~400nm，分为远紫外区（10~200nm）和近紫外区（200~400nm）。远紫外光易被空气中的 O_2 和 CO_2 吸收，需要在真空条件下测定，研究其光谱比较困难。因此，通常所说的紫外光谱是指近紫外区的吸收光谱。有些有机分子特别是共轭体系分子的价电子跃迁往往也出现在可见光区（400~800nm）。目前常用的分光光度仪包括紫外和可见两个光区（紫外-可见光谱）的测定。

一、紫外光谱的基本原理

1. **紫外光谱图** 紫外光谱图的横坐标通常为波长 λ；纵坐标为吸收强度，用吸光度 A、摩尔吸收系数 ε 表示。吸收强度遵守 Lambert-Beer 定律：

$$A = \lg \frac{I_0}{I} = \varepsilon \cdot c \cdot l$$

式中，A 为吸光度；I_0 为入射光的强度；I 为透过样品的光的强度；c 为溶液的物质的量浓度（mol·L⁻¹）；l 为液层的厚度（cm）；ε 为摩尔吸光系数，数值较大，故常用其对数值表示。图 3-1 为香芹酮的紫外光谱图。

紫外光谱一般用峰顶的位置（λ_{max}，也称最大吸收波长）及其吸收强度（ε，也称摩尔吸收系数）来描述，λ_{max} 和 ε 都是化合物紫外光谱的特征常数。例如：香芹酮有两个吸收峰，分别为 239nm（ε=39 800）和 320nm（ε=60）。

2. **电子跃迁** 在电子光谱中，价电子吸收一定波长的电磁辐射发生跃迁。有机分子中价电子有 σ 电子、π 电子和非键电子（n）三种类型。这些电子吸收紫外可见光后，由稳定的基态（成键轨道或非键轨道）向激发态（反键轨道）跃迁，各级轨道的能级示意图见图 3-2。

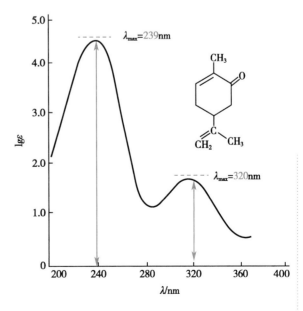

图 3-1 香芹酮的紫外光谱图

跃迁规律决定有机分子最常见的跃迁主要有 σ→σ*、n→σ*、π→π* 和 n→π* 四种方式。σ→σ* 跃迁需要较高的能量,在近紫外区无吸收;n→σ* 跃迁所需能量比 σ→σ* 低,但仅少量吸收出现在近紫外区;孤立 π 电子的 π→π* 吸收在远紫外区,但共轭多重键 π 电子跃迁的 π→π* 吸收可红移至近紫外区,吸收较强;n→π* 跃迁所需能量较少,产生的紫外吸收波长最长,但吸收强度弱。跃迁所需能量顺序为:σ→σ*>n→σ*>π→π*>n→π*,其中,π→π* 和 n→π* 跃迁所需的能量较低,且吸收光的波长都在近紫外区内,所以它们对阐明有机化合物的结构最有意义。

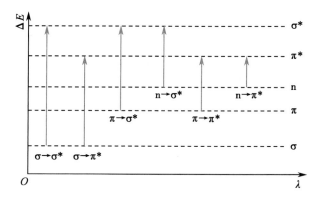

图 3-2　分子轨道能级及主要的电子跃迁类型

　　丙烯醛(H$_2$C=CHCHO)的紫外光谱(图 3-3)中,π→π* 吸收在较短波长一端,吸收强度较大,而 n→π* 吸收峰在较长波长一端,为弱吸收。

　　3. 生色团、助色团、红移和蓝移　分子中能吸收紫外光或可见光导致价电子跃迁的基团称为生色团。生色团一般具有不饱和键的结构,如 C=C、C=O、C=N 和 NO$_2$等,主要产生 π→π* 和 n→π* 跃迁。不饱和程度的增加或共轭链的增长,可使紫外吸收峰向长波方向移动。

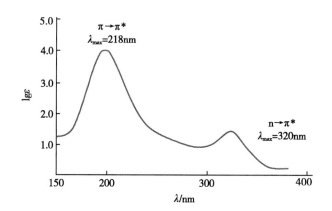

图 3-3　丙烯醛的紫外光谱图

　　含非键电子的且具有未共用电子对的基团,如−NH$_2$、−NR$_2$、−OH、−OR、−SR 和卤素等,虽然它们本身无紫外吸收,但当与生色团连接时,非键电子与 π 电子的共轭,使电子活动范围增大,常可增加生色团的吸收波长及强度,故称为助色团。以苯酚为例,当生色团苯环连上助色团−OH 后,则 λ$_{max}$ 可从原来 255nm 移至 270nm,ε 则从 230 增至 1 450。

　　吸收峰因取代基或溶剂的影响而向长波方向移动的现象为红移;反之,向短波方向移动的现象则称为蓝移。

二、紫外谱图解析

　　紫外光谱常用来分析有机分子中的共轭体系,包括不饱和基团的共轭关系以及共轭体系中取代基的位置、种类和数目等。若分子在 200~800nm 内无吸收峰,表明该化合物不存在双键或环状共轭体系。具有共轭双键的化合物,由于存在 π-π 共轭效应,各能级间的差别较小,电子易被激发,电子跃迁所需能量低,结果吸收峰向长波移动。共轭程度越大,λ$_{max}$ 越大,且强度增大(π→π*)。几种长链共轭烯烃的紫外光谱如图 3-4 所示。

　　若两个有机化合物有相同的共轭体系,分子的其他部分结构不同,它们的紫外图谱也非常相似。因而,紫外光谱需与其他波谱学方法结合确定有机分子结构。

　　3-1　环己-1,3-二烯和环己-1,4-二烯中哪一个在 200nm 以上有紫外吸收?

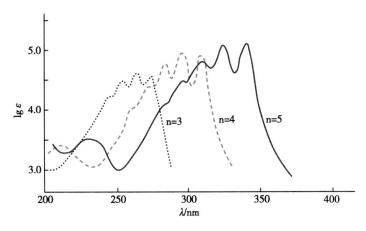

图 3-4　H—(CH=CH)$_n$—H 的紫外光谱图

第四节 │ 红外光谱

红外光谱(infrared spectra,IR)是由分子振动能级的跃迁(同时伴随转动能级跃迁)而产生的,故红外光谱也称为振动光谱。通常红外光谱仪使用的波数是 4 000~400cm^{-1},属中红外区。几乎所有的有机化合物在红外光区都有吸收,因此,红外光谱在有机化合物结构的表征上应用广泛。

一、红外光谱的基本原理

(一) 红外光谱图

典型的红外光谱图的横坐标为波数 σ/cm^{-1} 或波长 λ/μm,表示吸收峰位置;纵坐标为透光率 T/%,表示吸收峰的强度;吸收峰朝向谱图的下方。图 3-5 为十二烷的红外光谱。红外光谱图中出现一些吸收峰的信号,各种吸收峰的位置和强度主要取决于分子振动的方式以及参与振动的原子种类与连接方式。

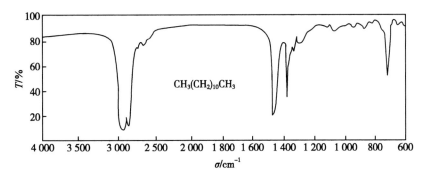

图 3-5　十二烷的红外光谱图

(二) 分子振动形式

有机分子中的原子是通过化学键相互连接的。在研究分子振动时,可把原子看成小球,化学键视为弹簧,分子中的原子像用弹簧连接起来的一组小球,整个分子在不停地振动着。分子振动主要有化学键的伸缩振动(stretching vibration)和键角的弯曲振动(bending vibration)两种形式。现以甲叉基为例加以说明。

伸缩振动为只改变键长的振动,用符号 υ 表示。依据振动的偶合方式又分对称伸缩振动(υ_s)和不对称伸缩振动(υ_{as})两种。

弯曲振动为只改变键角的振动,用符号 δ 表示。弯曲振动包含面内弯曲振动(δ_{ip})和面外弯曲振动(δ_{oop})两种。

式中⊕表示原子向纸平面前方运动,⊖表示原子向纸平面后方运动。

(三) 分子振动与红外光谱

1. 吸收峰的位置 由化学键连接的两个原子之间的伸缩振动可以近似地看作是简谐振动,根据虎克定律可得其振动频率为:

$$\nu = \frac{1}{2\pi}\sqrt{k\left(\frac{1}{m_1}+\frac{1}{m_2}\right)}$$

波数 $\sigma = \nu/c$,因此,

$$\sigma = \frac{1}{2\pi c}\sqrt{k\frac{(m_1+m_2)}{m_1 m_2}}$$

式中,k 为键的力常数,单位为 N·cm^{-1}。m_1、m_2 为成键原子的相对质量,单位为 g。知道了组成化学键原子的质量和该化学键的力常数,就能计算出该振动的吸收位置。组成化学键的原子的质量和力常数不同,其振动对应的频率也不一样,故而产生特征的红外吸收光谱。构成化学键原子的质量越小,振动越快,频率或波数越高。所以与氢原子构成的 O—H、N—H、C—H 等键的伸缩振动吸收峰出现在高波数区域(3 650~2 500cm^{-1})。键长越短,键能越大,键的力常数 k 越大,则频率或波数越高。单键(与 H 的单键除外)、双键和叁键的力常数依次增加,所以在红外光谱图上,叁键、双键、单键伸缩振动吸收区分别位于 2 260~2 100cm^{-1}、1 800~1 390cm^{-1} 和 1 360~1 030cm^{-1}。

2. 峰数 理论上每一种振动在红外光谱中将产生一个吸收峰,但实际上化合物红外图谱中吸收峰的数目往往少于分子振动数目。其原因是:首先部分未引起分子偶极矩变化的振动不产生红外吸收;其次频率完全相同的振动所产生的吸收峰发生简并;另外强而宽的吸收峰往往覆盖与之频率相近的弱而窄的吸收峰。

3. 峰强 红外吸收峰的强度取决于振动时偶极矩变化大小。化学键的极性越强,振动时引起偶极矩变化越大,吸收峰强度越强;伸缩振动对应的红外吸收峰都强于弯曲振动的吸收峰。C=O、C=N、C—N、C—O 和 C—H 等吸收峰都较强,而 C—C 的吸收峰则较弱。另外吸收峰也会随样品浓度的增大而增强。

一般将吸收峰强度分为五种:vs(很强),s(强),m(中强),w(弱),vw(很弱)。峰形用 br(宽),sh(尖),v(可变)等描述。

二、基团的特征吸收波数

为了便于了解红外光谱与分子结构的关系,常把红外光谱分为官能团区(functional group region)和指纹区(fingerprint region)两大区域。

官能团区(4 000~1 350cm^{-1})为红外光谱的特征区,出现一些伸缩振动的吸收峰,它们受分子中其他结构的影响较小,彼此间很少重叠,容易辨认。因此,根据官能团区吸收峰的位置,可以推测未知化合物中所含的官能团,官能团区又分为以下特征区。

（1）Y—H键伸缩振动区（3 700~2 500cm⁻¹）：主要是O—H、N—H和C—H等单键的伸缩振动吸收峰的波数范围。

（2）叁键和累积双键伸缩振动区（2 400~2 100cm⁻¹）：主要是C≡C、C≡N等叁键和C=C=C、C=N=O等累积双键的伸缩振动吸收峰的波数范围，吸收峰通常较弱。

（3）双键伸缩振动区（1 800~1 600cm⁻¹）：主要是C=C，C=O，C=N，N=O等双键伸缩振动吸收峰的波数范围。

指纹区（1 350~400cm⁻¹）主要是C—C、C—N、C—O等单键的伸缩振动和各种弯曲振动吸收峰，这一区域的吸收峰对分子的结构十分敏感，分子结构的细微变化会引起吸收峰的位置和强度明显改变，犹如人的指纹因人而异。每个化合物都有自己的特征光谱，这对于结构相似化合物的鉴定或不同化合物细微结构差别的推测都极为有用。常见有机化合物的红外光谱特征吸收波数范围见表3-2。

表3-2　常见有机化合物的红外光谱特征吸收波数范围

键	化合物类型	波数范围/cm⁻¹	强度
C—H（伸缩）	烷烃	3 000~2 850	s
C—H（弯曲）	烷烃	1 470~1 350	s
=C—H（伸缩）	烯烃	3 100~3 000	m
=C—H（弯曲）	烯烃	1 000~675	s
≡C—H	炔烃	3 300	m
Ar—H（伸缩）	芳烃	3 100~3 000	m
Ar—H（弯曲）	芳烃	1 000~650	s
C=C	烯烃	1 680~1 640	v
C≡C	炔烃	2 250~2 100	v
C⸬C	芳烃	1 600；1 500	v
C—O	醇、醚、羧酸、酯	1 300~1 000	s
C=O	醛	1 740~1 720	s
	酮	1 725~1 705	s
	羧酸	1 725~1 700	s
	酸酐	1 810；1 760	s
	酯	1 750~1 730	s
	酰胺	1 700~1 640	s
O—H	醇、酚（游离）	3 650~3 600	sh，v
	醇、酚（氢键）	3 600~3 200	br，s
	羧酸	2 500~2 300	br，v
N—H	胺	3 500~3 300	m
C—N	胺	1 360~1 180	s
C≡N	腈	2 260~2 210	v

有机分子内各化学键的振动还会受到其他因素的影响，如分子内部的电子效应、空间效应或氢键的形成等因素都会影响峰位的移动。所以各种化学键的峰位波数值只是在某一范围内，而不是一个定值。例如，C=O的伸缩振动吸收峰在酮、酯、酰胺等不同化合物中就有差别；醇、酚、羧酸类由于氢键的形成，v_{O-H}向低波数位移，谱带变宽。

3-2　下列化合物在红外光谱中有何特征吸收峰?

（1）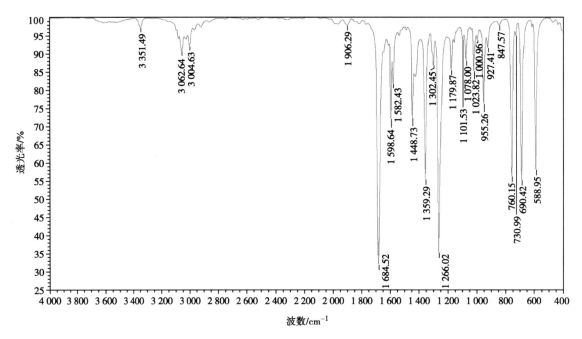—CH₂OH　　（2）$CH_3CH_2CH{=}CH_2$　　（3）$CH_3CH_2C{\equiv}CH$

三、红外谱图解析

谱图的解析一般从高波数移向低波数采用如下步骤：①根据官能团区域中的特征吸收峰的位置，判别可能存在的官能团；②找出该官能团的相关峰，以确证该官能团的存在；③根据以上信息确定化合物的类别；④查对指纹区，此区除用以与标准品或标准图谱对照外，还可通过C—H弯曲振动来区分不同类别的烯烃或不同取代的苯环。

例如：化合物 C_8H_8O 的红外光谱如图3-6所示，试推测其可能的构造式。

图3-6　化合物 C_8H_8O 的红外光谱图

解：在 3 500~3 000cm⁻¹ 无强峰，说明不含羟基，在 1 684cm⁻¹ 附近有一强吸收峰，说明有羰基，又因在 2 720cm⁻¹ 附近无醛基的C—H伸缩振动峰，故知该化合物可能是酮。根据 3 000cm⁻¹ 以上，1 600cm⁻¹、1 580cm⁻¹、760cm⁻¹ 和 690cm⁻¹ 等处特征吸收，判断为单取代芳香化合物。从分子式 C_8H_8O 去掉羰基和苯基后还剩下 CH_3，只能是甲基。在 1 360cm⁻¹ 处的吸收进一步显示含有甲基。综上，将分子式 C_8H_8O 和结构碎片（单取代苯基 $C_6H_5{-}$、$C{=}O$、$CH_3{-}$）综合考虑，该化合物结构式可能为：

第五节 | 核磁共振谱

1946 年美国物理学家珀塞尔（E. Purcell）和布洛齐（F. Bloch）发现核自旋量子数 I ≠ 0 的原子核有自旋现象，其自旋运动将产生磁矩。将具有自旋磁矩的原子核放入强磁场并采用电磁波进行辐射时,这些原子核会吸收特定波长的电磁波而发生核磁共振(nuclear magnetic resonance,NMR)现象。不同的化学环境会影响原子核在磁场中对电磁波的吸收,因此利用核磁共振谱可确定不同的分子结构。有机化合物中的 ^1H、^{13}C、^{15}N、^{31}P 等原子具有磁矩,都能产生核磁共振。组成有机化合物的元素中,氢和碳都是不可缺少的元素,本节仅简要讨论核磁共振氢谱(^1H-NMR)和核磁共振碳谱(^{13}C-NMR)。

一、核磁共振的基本原理

(一)原子核的自旋与核磁共振

核磁共振是由电磁波与处于磁场中的自旋核相互作用,引起核自旋能级跃迁而产生的。无外磁场时,自旋氢核磁矩取向是任意的。但处于外加磁场(强度为 B_0)中,对于 $I=1/2$ 的质子,会出现($2I+1=2$)两个自旋取向(图 3-7),即一个与外磁场同向(α 自旋态),处于低能级状态 E_1;另一个与外磁场反向(β 自旋态),为高能级状态 E_2,两种自旋态的能量差为 ΔE。ΔE 与外磁场磁感性强度成正比,其关系为:

$$\Delta E = \gamma \frac{h}{2\pi} B_0 = h\nu \qquad \nu = \frac{\gamma B_0}{2\pi}$$

式中,γ 为磁旋比,是原子核的特征常数;B_0 为外加磁场强度。如果用电磁波照射处于外加磁场中的氢核,当电磁波辐射所提供的能量 $h\nu$ 恰好与跃迁所需能量 ΔE 相等时,处于低能级态的质子就会吸收电磁辐射的能量跃迁至高能级态,发生核磁共振。因为只有吸收频率为 ν 的电磁波才能产生核磁共振,所以上式为产生核磁共振的条件。

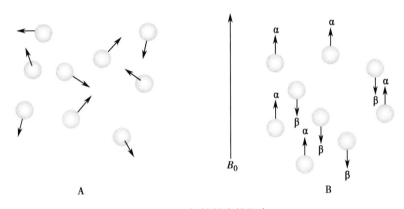

图 3-7　氢核的自旋取向

A.无外加磁场　B.置于外加磁场中

(二)核磁共振仪和核磁共振谱

核磁共振仪主要由超导磁体、磁场控制器、核磁管、信号检测器和记录显示器等组成,见图 3-8。

测量核磁共振谱时,有两种方式:一种是固定外加磁场强度,用连续变换频率的电磁波照射样品以达到共振条件,称为扫频;另一种是固定电磁波的频率,连续不断改变外加磁场强度进行扫描以达到共振条件,称为扫场。这两种方式均为连续扫描,其相应仪器称为连续波核磁共振谱仪。若用固定频率电磁波照射试样,在扫描发生器的线圈中通直流电流,产生一个微小磁场,使总磁场强度逐渐增加,当磁场强度达到一定的 B_0 值时,样品中某一类型的质子发生能级跃迁,这时产生吸收,信号检测器就会收到信号,由记录显示器记录下来,得到核磁共振谱。如图 3-9 所示。

现在普遍使用的脉冲傅里叶变换核磁共振仪,则是固定磁场,用能够覆盖所有磁性核的短脉冲无线电波照射试样,让所用磁性核同时发生跃迁,信号经计算机处理得到傅里叶变换核磁共振谱。其

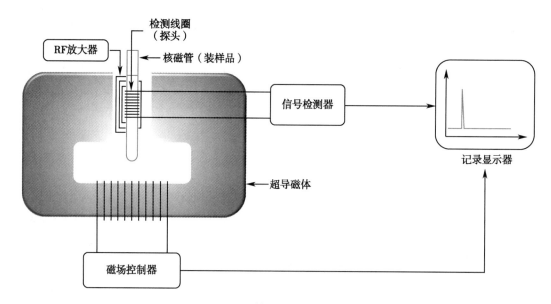

图 3-8　核磁共振仪示意图

优点是可以短时间内进行多次脉冲信号叠加,使用较少试样就可以得到更加清晰的图谱。脉冲傅里叶变换核磁共振仪的频率可以达到 200~1 200MHz。

一张核磁共振谱图,如图 3-10 为 3-溴丙炔的 ^{1}H-NMR 谱图,通常从图中可以提取如下信息:"信号的位置" ——化学位移(δ),"信号的强度" ——积分曲线,"信号的裂分" ——偶合常数等。

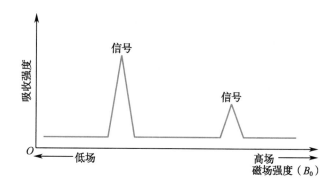

图 3-9　核磁共振谱示意图

二、化学位移

(一)化学位移

质子的共振频率不仅取决于外加磁场与核的磁旋比,而且受质子周围的分子环境的影响。氢核周围的电子在外加磁场作用下,引起电子环流,在与外加磁场垂直的平面上绕核旋转并产生感应磁

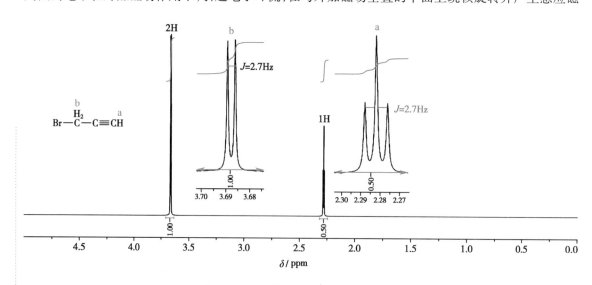

图 3-10　3-溴丙炔的 ^{1}H-NMR 谱图

场。假若感应磁场的方向与外加磁场方向相反,这时氢核实际受到的磁场强度将比外加磁场略小,外加磁场的强度要略为增加才能使氢核发生自旋跃迁,这种现象称为屏蔽效应(shielding effect)。氢核周围的电子云密度越大,屏蔽效应亦越大,要在更高的磁场强度中才能发生核磁共振,其信号在较高磁场出现。相反,假若感应磁场的方向与外加磁场方向相同,就相当于在外加磁场下再增加一个小磁场,氢核实际受到的磁场强度增加,外加磁场的强度要略为减少就能使氢核发生自旋跃迁,这种现象称为去屏蔽效应(deshielding effect)。氢核外的电子云密度越低,屏蔽效应则越小,其信号在较低磁场出现。

电子的屏蔽和去屏蔽效应所引起的核磁共振吸收峰位置的变化称为化学位移(chemical shift),它反映了质子所处的化学环境。不同氢核共振时的外磁场强度的差别极其微小,只有百万分之几(ppm),这种小的差别在实验上是很难精确测定的。因此,通常采用四甲基硅烷$(CH_3)_4Si$ (tetramethylsilane,TMS)作为参照物,将TMS的信号位置定为原点,其他氢核信号的位置相对于原点的距离定义为化学位移,用符号δ表示,即:

$$\delta = \left(\frac{v_{样品} - v_{TMS}}{v_0} \right) \times 10^6$$

式中,$v_{样品}$、v_{TMS}和v_0分别表示样品、TMS和核磁共振仪电磁波辐射的频率,单位均为Hz。TMS作为标准物质具有以下优点:分子中12个完全相同的氢质子只产生1个高强度信号;它的屏蔽效应比一般的有机化合物大很多,故一般有机化合物中质子的化学位移均在它的左侧,信号不会重叠。

在^1H-NMR谱图中,横坐标为化学位移δ,$\delta_{TMS}=0$在谱图的右端,TMS信号左侧的δ为正,右侧的δ为负。从右至左δ增大,而相应的磁场强度逐渐减小;纵坐标为吸收峰的相对强度。

(二)影响化学位移的因素

化学位移取决于核外电子云的密度,电子云密度受诱导效应,各向异性效应,氢键及溶剂效应等因素。

吸电子诱导效应使氢核周围的电子云密度降低,屏蔽效应减少,信号向低场位移,δ增大。例如,1,1,2-三溴乙烷中CH_2因邻接一个Br,δ增至4.2,而CH因邻近两个Br,诱导效应增强,δ则升高至5.7。邻近原子或基团的电负性越大,δ也越大。卤甲烷中,氟甲烷的δ最大,氯甲烷次之,碘甲烷最小。

在外加磁场作用下,芳环、烯烃等化合物中的π电子环流产生感应磁场。从图3-11A可以看出:感应磁场在苯环的中心及环平面的上下方与外加磁场对抗,此区域称为屏蔽区;而苯环上的质子处于磁力线的回路中,该区域的感应磁场方向与外加磁场相同,称为去屏蔽区,故苯环质子在外加磁场强度还未达到B_0时,就能发生能级的跃迁,故吸收峰移向低场,δ增大($\delta \approx 7.2$)。与芳香环相同,碳碳双键的π电子分布在双键平面的上下方,如图3-11B所示,使烯氢处于去屏蔽区,共振吸收移向低场,δ增大($\delta \approx 5.3$)。

乙炔也有π电子环流,但炔氢的位置不同,处在屏蔽区(处在感应磁场与外加磁场对抗区),在高场产生共振吸收,δ约为2.5(图3-12)。这种由感应磁场的方向性,造成对分子不同部位氢核在屏蔽

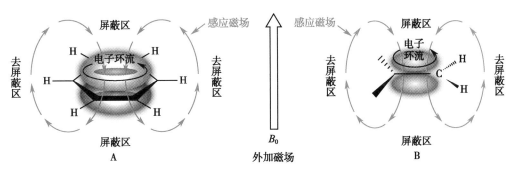

图3-11 苯环和乙烯质子的去屏蔽效应示意图
A. 苯环质子 B.乙烯质子

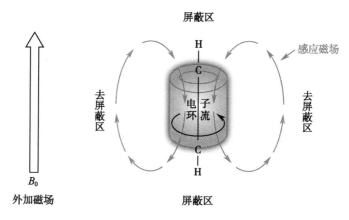

图 3-12 乙炔质子的屏蔽效应

程度上的差异,称为磁各向异性效应。

氢键本身是去屏蔽效应,形成氢键的质子比没有形成氢键的质子受到的屏蔽作用小,其信号移向低场,氢键越强,δ 越大。例如,醇分子间氢键 $\delta_{OH}=3.5\sim5.5$,酸分子间氢键 $\delta_{OH}=10\sim13$。

溶剂对化学位移的影响大小不一,含有活泼质子($-OH$、$-COOH$、$-NH_2$、$-SH$ 等)的样品溶剂效应更为明显。因此,在 ^1H-NMR 的测定中,一般使用氘代溶剂,以避免普通溶剂分子中质子的干扰。为了确定活泼质子的 δ,可先用一般方法测定谱图,然后加入几滴重水(D_2O),再测定谱图,在后一张谱图中信号消失的质子,便是活泼质子。

(三) 常见质子的化学位移

有机化合物中不同环境的质子,具有不同的化学位移,而确定质子类型对于推断分子结构是十分重要的。表 3-3 列出了常见的各种质子的化学位移(δ)。从表中可以看出,与质子相连基团的诱导效应和各向异性效应对各类质子化学位移影响较大。

表 3-3　常见各类氢核的化学位移　　　　　　　　　　　　　　　　　单位:ppm

氢的类型	δ	氢的类型	δ
$F-C\underline{H}_3$	4.26	$\underline{H}-C-O-$(醇或醚)	$5.5\sim0.5$
$Cl-C\underline{H}_3$	3.05	$R_2NC\underline{H}_3$	$2.6\sim2.2$
$Br-C\underline{H}_3$	2.68	$RC\underline{H}_2COOR$	$2.2\sim2$
$I-C\underline{H}_3$	2.16	$RC\underline{H}_2COOH$	$2.6\sim2$
$RC\underline{H}_3$	$1.2\sim0.8$	$RCOC\underline{H}_2R$	$2.7\sim2.0$
$R_2C\underline{H}_2$	$1.5\sim1.1$	$RC\underline{H}O$	$10.4\sim9.4$
$R_3C\underline{H}$	~1.5	$R_2N\underline{H}$	$5\sim0.5$
$ArC\underline{H}_3$	$2.5\sim2.2$	$ArO\underline{H}$	$7.7\sim4.5$
$Ar\underline{H}$	$8.5\sim6.0$	$RCO_2\underline{H}$	$12\sim10$
$R_2C=C\underline{H}R$	$5.9\sim4.9$	$RCOOC\underline{H}_2R$	$4\sim3.7$
$RC\equiv C\underline{H}$	$3.5\sim1.7$	$RO\underline{H}$	$4\sim3.4$
$R_2C\underline{H}CR=CR_2$	~1.7		

三、质子的数目与峰面积

各类质子信号的强度与其数目有关。在核磁共振谱中,每组峰的面积与产生该组信号的质子数目成正比。比较各组信号的峰面积比值,可以确定各种不同类型质子的相对数目。核磁共振的积分曲线是一条从低场到高场的阶梯式曲线,曲线的每个阶梯的高度与其相对应的一组吸收峰的峰面积成正比。因此,从积分曲线起点到终点的总高度与分子中质子的总数目成正比,每一阶梯的高度则与相应质子的数目成正比。例如,图 3-13 是 1,3,5-三甲苯的 ^{1}H-NMR 谱。两类质子信号(a 和 b)的积分曲线高度之比为 3∶1,总质子数为 12,因此可知,a 峰为 9 个质子,b 峰为 3 个质子。

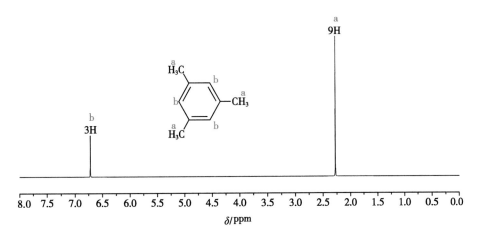

图 3-13 1,3,5-三甲苯的 ^{1}H-NMR 谱

四、自旋偶合与自旋裂分

(一)等性质子和不等性质子

分子中两个相同化学环境的质子为等性质子,其化学位移值相同,在谱图上峰位置相同。如四甲基硅烷、苯和环己烷等分子中的氢原子均为等性质子,其谱图中只有一个峰。1,3,5-三甲苯中氢原子有两类等性质子("a"和"b"),其共振信号是两个单峰(singlet)。而化学环境不同的质子为不等性质子,其化学位移值不同,其共振信号并不都是单峰,也可以裂分成两重峰(doublet)、三重峰(triplet)、四重峰(quartet)或复杂的多重峰(multiplet)等。通常以 s、d、t、q、m 等字母分别表示裂分度。例如,1,1,2-三溴乙烷中的 H_a 和 H_b 属于不等性质子,在 ^{1}H-NMR 谱图上出现两组峰,分别是两重峰和三重峰(图 3-14)。

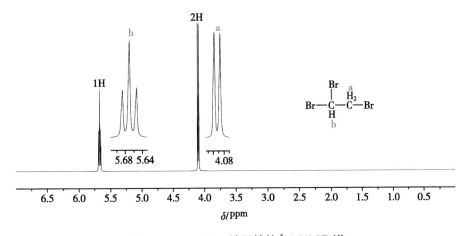

图 3-14 1,1,2-三溴乙烷的 ^{1}H-NMR 谱

(二)自旋偶合-裂分

在 1,1,2-三溴乙烷的 ^{1}H-NMR 谱中,δ 为 4.1 的信号 a(含 2 个 H)裂分成强度比为 1∶1 的两重峰;δ 为 5.7 的信号 b(含 1 个 H)则裂分成强度比为 1∶2∶1 的三重峰。信号裂分是由于相邻不等性质

子的自旋而引起的相互干扰,称为自旋-自旋偶合,简称自旋偶合。由自旋偶合所引起的信号吸收峰裂分而使峰增多的现象,称为自旋-自旋裂分,简称自旋裂分。这种现象的产生是因为处在外加磁场中的每一个氢核都有与外加磁场同向或异向两种自旋取向,由氢核自旋产生的感应磁场可使邻近氢核感受到的外加磁场强度加强或减弱,从而引起信号裂分。

裂分信号中各小峰之间的距离称为偶合常数(coupling constant),用 J 表示,单位为 Hz。它反映核之间相互偶合的程度,J 越大,核间自旋偶合作用越强。两组相互偶合而引起峰裂分的信号应具有相同的 J,因此利用信号裂分度和参数 J 可找出各氢核之间的偶合关系,进而确定各氢核的归属,对结构鉴定极为有用。某一化合物的 J 为常数,与外磁场强度无关,也不因所用测定仪而改变。

当两类质子的化学位移差与偶合常数之比($\Delta\nu/J$)大于 6 时,一般可用下面规律来判别信号裂分情况:

(1)自旋偶合主要发生在相邻碳上的不等性质子之间。当一组质子的"相邻"碳上的等性质子数为 n 时,该组质子的信号裂分为($n+1$)重峰,称为($n+1$)规律。例如:1,1,2-三溴乙烷中的 H_a 与 H_b 彼此之间有自旋偶合作用。H_b 的"相邻"碳上有两个等性质子(H_a),$n=2$,故裂分成(2+1=3)三重峰,而 H_a 则裂分成(1+1=2)两重峰。

(2)各裂分峰的强度比等于二项式($a+b$)^n 展开式的各项系数,n 为邻接氢质子的数目。如二重峰、三重峰、四重峰的强度比分别为 1:1、1:2:1、1:3:3:1。

(3)分子中的活泼质子通常由于发生快速交换而不与相邻的氢核偶合,例如,乙醇$CH_3\overset{a}{}\ CH_2\overset{b}{}\ OH\overset{c}{}$的 ^{1}H-NMR 谱中的 H_c 虽邻接甲叉基,却仅表现为单峰,H_b 也仅与甲基相接表现为四重峰。

除峰的裂分外,偶合常数的大小还受到分子结构的影响。自旋偶合主要发生在相邻碳原子上的不等性质子之间,一般两个不等性质子相隔三个单键以上时,偶合作用极弱,偶合常数趋于零。

3-3 丙烷的 ^{1}H-NMR 谱中会出现几组信号?各组信号裂分为几重峰?

五、^{1}H-NMR 谱图解析

核磁共振谱信息量丰富,提供了化学位移、偶合常数和积分面积等信息。解析核磁共振谱,主要是从其中寻找信号的位置、数目、强度及裂分情况的信息,正确地推断出化合物的结构。

解析 ^{1}H-NMR 谱图,通常采用如下步骤:①根据谱图中有几组吸收峰,确定化合物可能有多少种不同类型的质子;②从各吸收峰占有的相对面积推测各类质子的相对数目,结合分子式,确定各组峰所含的具体质子数目;③由吸收峰的位置(即化学位移 δ),大致判断各组峰的质子类别;④根据裂分情况可知邻近基团结构的信息;⑤对于简单化合物,综合上述因素就可推断结构并对结论进行核对。对于较复杂的化合物,还需结合红外光谱、紫外光谱和质谱等,推测化合物的结构。

例如:已知某一化合物的分子为 C_8H_9Br,试根据其 ^{1}H-NMR 谱(图 3-15)推断结构。

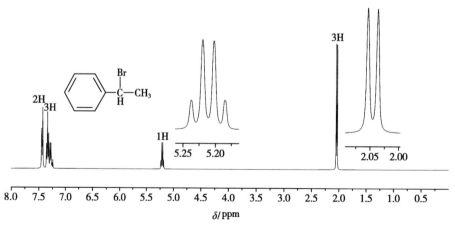

图 3-15 C_8H_9Br 的 ^{1}H-NMR 谱

解:(1)该化合物的 ^{1}H-NMR 谱中,TMS 信号除外,共有 3 组峰,从低场到高场积分曲线高度比为 25:5:15,可知各组吸收峰 H 的个数比为 5:1:3。由分子式共有 9 个氢可推知各组峰代表的氢核数分别为 5、1、3。

（2）δ 在 7.3 的多重峰,表明分子中含有苯环,且为单取代苯。

（3）δ 为 5.2 的四重峰(1H)应是被邻近的甲基所裂分,δ 为 2.0 双重峰(3H)应被邻近的 —CH— 所裂分。

（4）综合上述分析,该化合物的结构为 α-溴乙苯,即:

六、^{13}C-NMR 谱简介

有机化合物骨架都是由碳原子组成的,与 ^{1}H 类似,^{13}C 也是磁性核(I=1/2),^{13}C-NMR 也可以提供很有用的结构信息。但 ^{13}C 的自然丰度仅为 1.1%,其磁矩也比 ^{1}H 小,因此,^{13}C 信号的灵敏度仅为 ^{1}H 的 1/5 700。再加上 ^{1}H-^{13}C 之间的偶合分裂,使得信号更弱,谱图更加复杂、解析困难。不过 20 世纪 70 年代后,由于去偶技术及脉冲傅里叶变换技术等一系列技术的应用,使得 ^{13}C-NMR 成为常用的鉴定复杂有机化合物结构的重要手段。

如前所述,解析 ^{1}H-NMR 谱图时常根据化学位移、积分面积、峰的裂分情况和偶合常数等信息,与之相对比,解析 ^{13}C-NMR 图谱则主要根据以下几个方面。

（1）^{13}C-NMR 的化学位移比 ^{1}H-NMR 大得多。^{13}C-NMR 的化学位移范围很广（0~250ppm）,因而其分辨能力远高于 ^{1}H-NMR 谱,其碳信号很少有重叠。表 3-4 是一些常见碳原子 ^{13}C-NMR 化学位移的范围。

表 3-4　常见碳原子的 ^{13}C-NMR 化学位移　　　　　单位:ppm

碳的类型	δ	碳的类型	δ
RCH_3	0~30	$Br{-}CH_2R$	20~40
R_2CH_2	25~45	$Cl{-}CH_2R$	25~50
R_3CH	30~60	RCH_2NH_2	40~60
R_4C	35~70	RCH_2OH 和 RCH_2OR	40~85
$RC{\equiv}CR$	65~90	$RC{\equiv}N$	110~125
$R_2C{=}CR_2$	100~150	RCO_2H 和 $RCOOR$	160~185
C_6H_6	128.5	$RCHO$ 和 $RCOR$	190~220

（2）^{13}C-NMR 存在 ^{1}H 和 ^{13}C 之间的偶合,图谱相当复杂,需做去偶处理。去偶谱有宽带去偶谱、偏共振去偶谱等。当宽带去偶测谱时,以一定频率范围的另一个射频场照射,使分子中所有 ^{1}H 核都处于饱和状态,消除了所有 ^{1}H 对 ^{13}C 的偶合,使每种碳原子都表现为单峰,可以从图谱中直接得到分子中磁不等价的碳核组数和它们的化学位移。但观察不到偶合信息,无法区分伯、仲、叔碳。偏共振去偶测定碳谱时,也另外加一个照射射频,其中心频率不在 ^{1}H 的共振区中间,与各种质子的共振频率偏离,结果使碳谱仅保留一键偶合产生的裂分,使 CH_3、CH_2、CH 和 C 分别对应四重峰、三重峰、双峰和单峰,从图谱可以推断碳原子的类型。

（3）在 ^{13}C-NMR 中,由于去偶,积分面积比与碳原子数目之间没有定量关系,因此图中没有积分曲线。

综上,在解析复杂有机分子结构方面,^{13}C 核磁共振谱比 ^{1}H 核磁共振谱具有更显著的优点。

磁共振成像

磁共振成像（magnetic resonance imaging, MRI）是 20 世纪 80 年代以 ^{1}H-NMR 的基本原理为基础发展的一种先进的影像检查技术,已经成为医学临床诊断的重要手段之一。人体的每个细胞都含有相当量的水,MRI 可观察到水分子中的质子共振图像。依据人体正常细胞的质子与病变细胞的质子的分布等差异,MRI 图像可识别病变组织,同时可判断病变的不同发展阶段,为临床诊断提供分子水平的直接信息。磁共振所获得的图像清晰、精细、分辨率高,对比度好,信息量大,提高了诊断效率。这种技术优于 X-CT 技术,因它不产生辐射损伤,也不需要摄入可能引起过敏的造影剂,它也可得到很清晰的软组织图像。

美国科学家保罗·劳特布尔（P. Lauterbur）和英国科学家彼得·曼斯菲尔德（P.Mansfield）对磁共振成像技术起到了奠基性的作用,在此领域做出了突出性成就,因此获得了 2003 年度诺贝尔生理学或医学奖。近年来,超高强 MRI 系统发展迅速,其临床应用完成了从形态学到功能学的结合,应用先进的生物制剂,可以使医学影像进入到基因分子成像的领域,是医学影像技术的一次重大革命。

第六节 | 质 谱

质谱（mass spectroscopy, MS）是基于化合物分子破坏后所得的碎片离子按质荷比（质量与所带电荷之比 m/z）排列而成的一种谱图,质谱不属于吸收光谱。质谱主要用来精确测定化合物的相对分子质量,还可以通过碎片离子的质荷比以及强度推测化合物的结构。质谱分析具有样品用量少（$<10^{-5}$mg）、灵敏度高等优点。特别是色谱与质谱联用技术以及一些新的质谱技术的发展,为有机混合物的分离以及生物大分子的研究和鉴定提供了快速、有效的分析方法。

一、质谱的基本原理

质谱仪主要由离子源、磁分离器、离子捕集器和记录器等组成（图 3-16）。目前使用的磁偏转质谱仪有单聚焦质谱仪和双聚焦质谱仪,前者为低分辨质谱仪,后者为高分辨质谱仪。此外还有四级杆质谱仪和飞行时间质谱仪等。

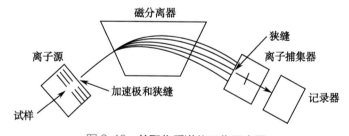

图 3-16 单聚焦质谱仪工作示意图

在离子源部分,当化合物分子（M）进入高真空电离室,受高能电子束轰击,失去一个外层电子而生成带正电荷的分子离子 M^{+}（·表示一个未成对的孤电子,+ 表示正离子）,同时还会发生某些化学键的断裂而形成各种碎片离子,分子离子和碎片离子被加速后进入分析器,不同 m/z（质荷比,离子的相对质量 m 与其所带的电荷数 z 的比值）的正离子在磁场的作用下按相对质量和所带电荷以不同弯曲轨道运动,不同 m/z 的正离子按照质量大小的顺序通过狭缝进入离子捕集器,转变为电信号,经放大得质谱图。

质谱图是不同 m/z 的正离子的条图,每条竖线代表一种 m/z 正离子的峰。通常质谱图横坐标为质荷比 m/z,纵坐标为离子相对强度(relative intensity,RI)。谱图中最强离子峰(基峰)的强度为 100%,其他峰的强度则用相对于基峰的相对强度的百分数表示。例如,图 3-17 是丁酮的质谱图, m/z=43 峰为基峰,而 m/z=29 和 m/z=72 峰的相对强度分别为 25% 和 18%。根据分子离子和各种碎片离子的 m/z 及其相对强度,可进行结构分析。

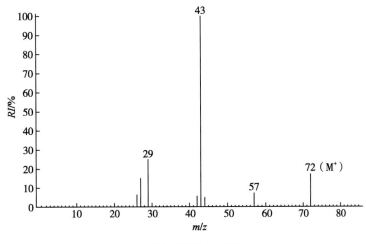

图 3-17　丁酮的质谱图

二、质谱解析

利用质谱中出现的分子离子、碎片离子、同位素离子、重排离子以及亚稳离子等,可分析、确定有机化合物的相对分子质量和分子式。进一步可根据分子结构的裂解方式及经验规律,鉴定化合物的官能团,给出分子的结构信息。

(一) 分子离子

在质谱解析过程中,分子离子为有机化合物的相对分子质量确定提供了可靠的信息。分子经电子束轰击后失去一个价电子生成分子离子,该分子离子的质谱峰通常出现在谱图的最右端。由于 z 的电荷数常为 +1,分子离子与分子相比,仅差一个电子,故一般情况下分子离子峰的 m/z 值可近似表示该分子的相对分子质量。如果能够指认质谱图上的分子离子峰,再根据分子离子和相邻质荷比较小的碎片离子的关系,可以判断出化合物的类型及可能含有的基团。

有机化合物的分子离子峰相对强度取决于其分子结构和稳定性。例如,含有 π 电子的芳环、杂环或脂环化合物的分子离子峰强度较大;若碳链长或含有羟基、氨基等时,则分子离子峰的强度一般较弱。

(二) 碎片离子

碎片离子是由分子离子开裂或由碎片离子进一步开裂生成。离子碎片提供分子结构信息。开裂形式主要有单纯开裂和重排开裂。

单纯开裂主要是由正电荷的诱导效应或自由基强烈的电子配对倾向所引起的,其特点是开裂的产物系分子中原已存在的结构单元。例如,丁酮的分子离子(m/z 72)经单纯开裂脱去甲基或乙基自由基,分别得到 m/z 57, m/z 43 碎片离子。 m/z 57 碎片离子进一步脱去 CO 而得 m/z 29 碎片离子。丁酮的开裂方式可表达如下:

$$
\begin{array}{c}
\text{CH}_3\text{COCH}_2\text{CH}_3\rceil^{+\cdot} \\
m/z\ 72(\text{M}^+)
\end{array}
\Big\langle
\begin{array}{l}
\cdot\text{CH}_3 + \text{CH}_3\text{CH}_2\text{CO}^+ \longrightarrow \text{CO} + \text{CH}_3\text{CH}_2^+ \\
\qquad m/z\ 57(\text{M}^+\text{-}15) \qquad\qquad\qquad m/z\ 29(\text{M}^+\text{-}15\text{-}28) \\
\\
\cdot\text{CH}_2\text{CH}_3 + \text{CH}_3\text{CO}^+ \\
\qquad m/z\ 43(\text{M}^+\text{-}29)
\end{array}
$$

重排开裂一般伴随着多个键的断裂,往往在脱去一个中性分子的同时,产生分子的重排,生成在原化合物中不存在的结构单元的离子。如常见 Mclafferty 重排往往是经过六元环迁移,涉及两个键的断裂和一个 γ-氢的转移。例如,4-甲基戊-2-酮的 m/z 58 的碎片离子就是经 Mclafferty 重排开裂而成。凡具有 γ-氢原子的醛、酮、羧酸、酯、酰胺、链烯、侧链芳烃等都易发生这类重排。

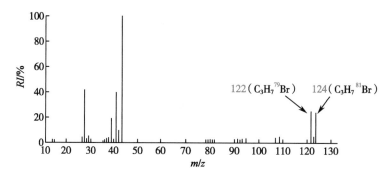

(三) 同位素离子

有机分子中的一些元素如 C、H、O、S、Cl、Br 等元素均有重同位素。在质谱中,分子离子峰或碎片离子峰往往相邻有较其质量多 1 或 2 的峰,表示为 M+1 和 M+2 峰,这些峰称为同位素峰。同位素峰的强度与分子中含该元素原子的数目以及该重同位素的天然丰度有关。质谱中几种常见同位素(强度比％)为 $^{34}S/^{32}S$(4.40),$^{37}Cl/^{35}Cl$(32.5),$^{81}Br/^{79}Br$(98.0)。通常对于一氯代烃 M+2 峰的相对强度一般是相应分子离子峰的三分之一。而对于单溴代烃的 M+2 峰一般与其相应分子离子峰的相对强度相同。质谱图中,如果在高质荷比处有两个相对强度相等的 M 和 M+2 峰时,可以推测分子中含一个溴原子。图 3-18 为 1-溴丙烷的质谱图。

图 3-18　1-溴丙烷的质谱图

三、质谱在生物大分子研究中的应用

质谱的电离过程中,生物大分子的结构很容易被破坏,所以以往质谱主要用于分析相对分子质量小于 1 000Da(道尔顿)的有机分子。20 世纪 80 年代以来,质谱技术在离子源和质量分析器方面取得了突破性进展。美国科学家芬恩(J.B.Fenm)和日本科学家田中耕一分别发明了电喷雾电离(electrospray ionization, ESI)方法和基质辅助激光解吸电离(matrix-assisted laser desorption ionization, MALDI)方法,ESI 源因容易使样品带上多个电荷,而适用于多肽、蛋白质等生物大分子的分析;MALDI 通过引入基质分子,使待测分子不产生碎片,解决了非挥发性和热不稳定生物大分子解析离子化问题,这种方法已成为检测和鉴定多肽、蛋白质、多糖等生物大分子的有力工具。飞行时间质谱(TOF-MS)、磁质谱、傅里叶变换离子回旋共振质谱(FT-ICR-MS)等高分辨质谱相继问世,它们具有质量分辨率高、灵敏度高、相对分子量精确、质量范围宽等优点,对生物大分子的分析具有重要意义。借助于这些技术,质谱分析可用于测定多肽、蛋白质、核苷酸和多糖等生物分子的相对分子质量,并提供分子结构信息。也可运用于探讨蛋白质分子的折叠和非共价键的相互作用,获取蛋白质中二硫键、糖基化、磷酸化连接点的有关信息等。

第七节 ｜ 多谱联用

解析结构较为复杂的有机化合物,往往需要同时利用多种波谱法进行综合分析,从不同的角度获

取有关结构的信息,相互补充,相互印证,从而推断出正确的结论,即所谓多谱联用。多谱联用解析步骤一般如下:①分子量及分子式的确定,一般可根据质谱法确定有机物的相对分子质量或通过各种谱学相结合的方法推测其可能的分子式。②分子不饱和度的计算,推测出该化合物的大致类型。③结构片段的确定和连接,通过核磁共振氢谱提供的化学位移和偶合裂分情况推测结构片段的合理连接,核磁共振碳谱提供的化学位移和出峰情况判断分子对称性及取代位置;通过红外光谱提供的特征官能团出峰位置的偏移或裂分信息判断相邻基团的性质及连接方式;由紫外光谱确定该化合物中是否具有共轭结构;再考察质谱中的特征峰,确定该化合物可能的结构式。

在有机分子结构的推测过程中,要注意将各种波谱的数据互相对照比较,确保推测结构的一致性。如果是对已知物进行分析,可将其纯品的波谱图与之对照,或在标准图谱手册查核,看两者是否一致。

例如:某化合物沸点221℃,仅含C、H和O。MS测得其分子离子峰的 m/z 为148,UV在 λ_{max}=240nm、λ_{max}=280nm 处有吸收峰,λ_{max}=319nm 处有极弱吸收峰。IR、^{1}H-NMR 分别见图3-19A、B,试解析其结构。

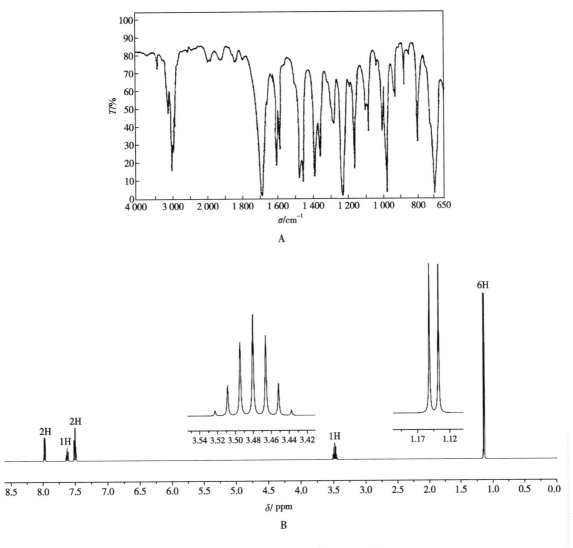

图3-19 未知物的IR和 ^{1}H-NMR谱

A. IR谱 B. ^{1}H-NMR谱

解：根据该化合物仅含 C、H 和 O，质谱给出的分子量，可知该化合物的分子式为 $C_{10}H_{12}O$。

根据分子式计算化合物的不饱和度（U）的公式为：

$$U = 1 + n_4 + \frac{1}{2}(n_3 - n_1)$$

式中，n_1、n_3 和 n_4 分别表示分子式中一价、三价和四价原子的数目。因此，本题中，$U = 1 + 10 + (0-12)/2 = 5$，可能为芳香族化合物。

UV 中，$\lambda_{max} = 240nm$ 和 $\lambda_{max} = 280nm$ 为取代苯 $\pi \rightarrow \pi^*$ 跃迁所引起的，其 λ_{max} 值红移提示苯基片段与 C=O 片段相连，使共轭体系有所延长；318~320nm 处的极弱吸收为酮的 $n \rightarrow \pi^*$ 跃迁所造成的。

IR 中，1 690cm^{-1} 处强峰表明有羰基；在 1 600cm^{-1} 和 1 480cm^{-1} 处有两个峰是苯环的 C=C 骨架振动，3 100cm^{-1} 处为芳基 C—H 的伸缩振动，证实为芳香族化合物。

再看 ^{1}H-NMR，$\delta 3.47$（1H）的七重峰和 $\delta 1.17$（6H）的两重峰彼此偶合，表明存在异丙基—CH(CH$_3$)$_2$ 片段，$\delta 7.3$~7.9 处的 5H 多重峰，表示有一个苯基片段。

综合以上分析，该化合物的结构式为 2-甲基-1-苯基丙-1-酮，即：

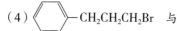

与标准品的物理常数和已知波谱数据对照，两者一致，证实以上推论无误。

习题

3-4 下列各组化合物中，何者吸收的紫外光波较长？

（1）O=⟨环⟩—CH$_3$ 与 O=⟨环⟩=CH$_2$

（2）⟨苯⟩ 与 ⟨苯⟩—NH$_2$

（3）CH$_3$CH=CH$_2$ 与 CH$_3$CH=CHOCH$_3$

3-5 利用红外光谱可鉴别下列哪几对化合物？并说明理由。

（1）CH$_3$CH$_2$CH$_2$OH 与 CH$_3$CH$_2$NHCH$_3$

（2）CH$_3$C≡CCH$_3$ 与 CH$_3$CH$_2$C≡CH

（3）CH$_3$CH$_2$CH$_2$OCH$_3$ 与 CH$_3$CH$_2$COCH$_3$

3-6 根据下列红外光谱数据，试推测分子中所存在的官能团。

（1）在 1 700cm^{-1} 有强吸收 （2）在 2 100cm^{-1} 处有弱吸收。

3-7 应用红外光谱或 ^{1}H-NMR 谱快速而有效地鉴别下列各对化合物。

（1）CH$_3$CH$_2$CH$_2$CH$_2$CHO 与 CH$_3$COCH$_2$CH$_3$

（2）⟨环⟩—OH 与 ⟨环⟩=O

（3）CH$_3$CH$_2$CHCH$_3$（带 OH） 与 ⟨环氧四氢呋喃⟩

（4）⟨苯⟩—CH$_2$CH$_2$CH$_2$Br 与 ⟨苯⟩—CBr(CH$_3$)$_2$

3-8 预测下列化合物有几种不等性质子。

（1）ClCH$_2$CH=CH$_2$　　（2）CH$_3$CONHCH$_2$CH$_3$　　（3）顺-1,3-二甲基环丁烷

（4）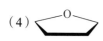　　（5）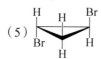　　（6）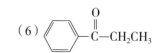

3-9　下列各组化合物中用下划线标记的质子,哪个 δ 最大?

（1）a. ——CH_3　　　b. 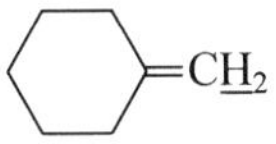 ＝CH_2　　　c. 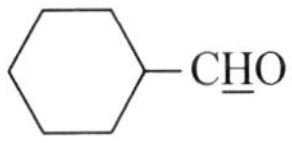 ——CHO

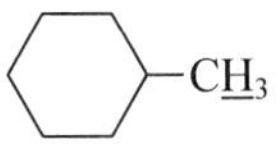

（2）a. $CH_3C\underline{H}_3$　　　b. CH_3CH_2Cl　　　c. $CH_3C\underline{H}_2I$

3-10　具有下列各分子式的化合物,在 ^1H-NMR 谱中均只出现 1 个信号,其可能的结构式是什么?

（1）C_5H_{12}　　　　（2）$C_3H_6Br_2$　　　　（3）C_2H_6O

（4）C_3H_6O　　　　（5）C_4H_6　　　　　（6）C_8H_{18}

3-11　二甲基环丙烷的 3 个异构体分别给出 2、3、4 个核磁共振信号,写出与其相符的结构式。

3-12　分子式为 $C_8H_{18}O$ 的化合物只在 ^1H-NMR 谱中 δ 为 1.0 左右显示 1 个很尖的单峰,试推测其结构式。

3-13　化合物 $C_{10}H_{12}O$ 的 MS 中有 m/z 为 15、43、57、91、105、148 的峰,试推出此化合物的结构式。

3-14　在一种蒿科植物中分离出分子式为 $C_{12}H_{10}$ 的化合物"茵陈烯",UV 在 $\lambda_{max}=239nm$ 处有吸收峰;IR 只在 $2\ 210cm^{-1}$ 及 $2\ 160cm^{-1}$ 处出现强吸收峰;^1H-NMR:$\delta=1.8(s,3H),\delta=2.3\sim2.5(s,2H),\delta=6.8\sim7.5(m,5H)$。试推测"茵陈烯"的可能结构式。

3-15　某化合物 A 的波谱数据如下:MS:88（M^+）;IR:$3\ 600cm^{-1}$;^1H-NMR:1.41（2H,q,$J=7Hz$）,1.20（6H,s）,1.05（1H,s,加 D_2O 后消失）,0.95（3H,t,$J=7Hz$）,试推测 A 的结构式。

（李发胜）

本章思维导图　　　　本章目标测试

第二篇

有机化学各论

第四章 | 烷 烃

由碳和氢两种元素组成的化合物称为烃(hydrocarbon),其中烷烃的通式为 C_nH_{2n+2}。其他各类有机化合物可视为烃的衍生物(derivative),如甲醇 CH_3OH 可视为 CH_4 分子中的一个 H 原子被羟基 —OH 取代的衍生物。

本章介绍烷烃的结构、命名法、构象异构、物理和化学性质等内容,是后续各章的基础;烷烃的自由基反应是有机化学的典型反应,也是从分子水平理解和研究生物自由基化学过程的基础。

第一节 | 烷烃的结构和命名

一、结构

烷烃(alkane)分子的所有碳原子均为 sp^3 杂化,以单键(σ 键)与其他 4 个原子相连。甲烷是最简单的烷烃分子,其碳原子的 4 个 sp^3 杂化轨道分别与 4 个氢原子的 s 轨道沿键轴方向重叠,形成 4 个碳氢 σ 键,分子中的键角均为 109°28′,在空间呈正四面体排布,见图 4-1。

从乙烷开始,分子中除具有碳氢(sp^3-s)σ 键外,还存在碳碳(sp^3-sp^3)σ 键,电子云沿键轴近似于圆柱形对称分布,如图 4-2 所示。当成键原子绕键轴旋转时,不会改变成键轨道的重叠程度,即两个成键原子可绕键轴自由旋转。由于 σ 键的轨道重叠程度大,所以键强度大,对化学试剂很稳定。

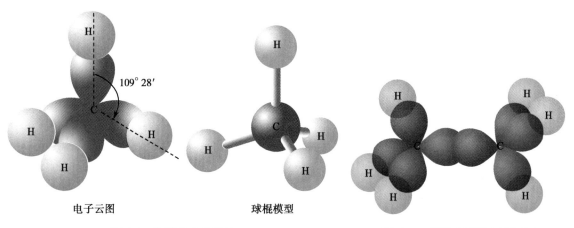

图 4-1 甲烷分子的结构

图 4-2 乙烷分子的电子云图

烷烃的碳原子均为饱和碳原子,按照与它直接连接的碳原子的数目不同,可分为伯、仲、叔、季碳原子,又称为一、二、三、四级碳原子,分别用 1°、2°、3° 和 4° 表示。例如:

$$CH_3-CH_2-\overset{2°}{C}H-CH_2-\overset{4°}{C}-\overset{1°}{C}H_3$$

伯、仲、叔碳原子上的氢原子,分别称为伯(1°)氢原子、仲(2°)氢原子和叔(3°)氢原子。不同类型氢原子的相对反应活性不同。

分子结构特征相同,组成上相差一个或多个 CH_2 的一系列化合物属同系列(homologous series),同系列中各化合物互为同系物(homolog),CH_2 叫系列差。甲烷和乙烷即互为同系物。同系物是有机化学化合物的普遍现象,不仅存在于烷烃中。同系物化学性质相近,物理性质随碳原子数的递增有规律地变化。

分子式相同的不同化合物彼此互为同分异构体,简称异构体(isomer)。分子中原子间相互连接的次序和方式称为构造。构造异构是指分子式相同,分子中原子间相互连接的次序和方式不同而形成不同化合物的现象。

甲烷、乙烷和丙烷分子只存在一种碳原子连接方式,无异构体。随着碳原子数的增加,烷烃可以有多种碳原子连接方式。具有相同的分子式,由于碳链结构不同而产生的同分异构现象称为碳链异构。碳链异构属于构造异构。

C_4H_{10}　　　$CH_3CH_2CH_2CH_3$　　　CH_3CHCH_3
　　　　　　　　　　　　　　　　　　　　　　$|$
　　　　　　　　　　　　　　　　　　　　　CH_3

　　　　　　　　　　丁烷　　　　　　　　　异丁烷

C_5H_{12}　　　$CH_3CH_2CH_2CH_2CH_3$　　$CH_3CHCH_2CH_3$　　$H_3C-\overset{\overset{\displaystyle CH_3}{|}}{\underset{\underset{\displaystyle CH_3}{|}}{C}}-CH_3$
　　　　　　　　　　　　　　　　　　　　　$|$
　　　　　　　　　　　　　　　　　　　　CH_3

　　　　　　　正戊烷　　　　　　　异戊烷　　　　　　新戊烷

烷烃同分异构体的数目随着其碳原子数增加而迅速增加。例如:己烷 C_6H_{14} 有 5 个异构体,庚烷 C_7H_{16} 有 9 个异构体,十二烷 $C_{12}H_{26}$ 有 355 个异构体,二十烷则有 366 319 个异构体。

二、命名

烷烃的名称主要有两种,一种是采用系统命名法得到的名称,另一种是俗名。中国化学会有机化合物命名审定委员会依据国际纯粹与应用化学联合会(International Union of Pure and Applied Chemistry,IUPAC)推荐的有机化合物命名原则,结合中文的构词习惯制定了《有机化合物命名原则》(2017)。本书的系统命名按此原则进行,适用于所有烷烃。俗名通常用于结构简单的烷烃。烷烃的命名是各类有机化合物命名的基础。

(一)系统命名

1. 直链烷烃　碳原子的数目在 10 以下的直链烷烃,用天干(甲、乙、丙、丁、戊、己、庚、辛、壬、癸)表示碳原子的个数,含 10 个以上碳原子的烷烃用中文数字表示,称为"某碳烷","碳"字通常可省略,称为"某烷"。烷烃名称的后缀词"烷"对应的英文后缀为-ane,一些常见烷烃的中英文名称见表 4-1。

表 4-1　一些常见烷烃的中英文名称

中文名	英文名	结构式	中文名	英文名	结构式
甲烷	methane	CH_4	庚烷	heptane	$CH_3(CH_2)_5CH_3$
乙烷	ethane	CH_3CH_3	辛烷	octane	$CH_3(CH_2)_6CH_3$
丙烷	propane	$CH_3CH_2CH_3$	壬烷	nonane	$CH_3(CH_2)_7CH_3$
丁烷	butane	$CH_3(CH_2)_2CH_3$	癸烷	decane	$CH_3(CH_2)_8CH_3$
戊烷	pentane	$CH_3(CH_2)_3CH_3$	十一烷	undecane	$CH_3(CH_2)_9CH_3$
己烷	hexane	$CH_3(CH_2)_4CH_3$	十二烷	dodecane	$CH_3(CH_2)_{10}CH_3$

烷烃分子中失去一个氢原子,所剩下带 1 根游离键的基团叫作烷基,用 R— 表示。命名烷基时,在相应的烷烃名加上后缀"基"字,并在"基"字前用阿拉伯数字标明游离键的位次,10 个碳以下的,

"烷"字可省略。烷基的英文命名是将烷烃词尾的-ane改为-yl。烷烃同一个碳上失去2个氢原子后形成带2根游离键的基团,当这2根游离键与同1个原子相连时称为亚基,而与2个原子相连时称为叉基。例如:

—CH₃	—CH₂CH₃	—CH₂(CH₂)₃CH₃	=CH₂	—CH₂—
甲基	乙基	戊-1-基	甲亚基	甲叉基(俗名亚甲基)
methyl(缩写 Me)	ethyl(缩写 Et)	pentan-1-yl	methylidene	methylene

一些常见的烷基结构和名称见附录一。

2. 支链烷烃 支链烷烃的系统命名以直链烷烃的命名为基础,采用取代命名法,即将支链烷烃看作是直链烷烃上的氢原子被支链烷基取代得到的衍生物。支链烷烃的名称由母体和取代基组成,以最长碳链(主链)对应的烷烃为母体,支链烷基为取代基。命名时需要确定主链,还需要确定取代基及其位次、数目等。支链烷烃系统命名的要点如下:

(1)选主链:选择最长碳链为主链,并按主链所含碳原子数命名为某烷,以此作为"母体烷烃"。如果最长碳链不止一种选择时,应该选择含取代基最多的碳链为主链。

(2)对主链碳原子编号:从靠近取代基的一端开始编号,以使取代基的位次编号最低(小)。取代基的位次编号用阿拉伯数字表示。

$$\overset{1}{C}H_3\overset{2}{C}H\overset{3}{C}H_2\overset{4}{C}H_2\overset{5}{C}H\overset{6}{C}H_2\overset{7}{C}H_3$$
$$\underset{CH_3}{|} \quad\quad\quad \underset{CH_3}{|}$$

对于含多个取代基的烷烃,则采用"**最低位次组**"原则进行编号。当有多个取代基时,对主链的编号会出现多种组合。每1种组合中代表取代基位次的数字构成1个"数字位次组",应当选取使取代基具有"最低数字位次组"的那种编号,"最低数字位次组"常常简称"最低位次组"。"最低位次组"原则是指将每个数字位次组中的数字由小到大进行排列,再将不同组相互比较,从首位开始,依次比较至分出大小,最先出现小编号的位次组即为"最低位次组"。例如,以下烷烃主链编号有2个数字位次组(2,3,6,6)和(2,2,5,6),由于(2,2,5,6)中先出现较小编号,所以是"最低位次组"。

$$CH_3\quad\quad CH_3$$
$$CH_3CHCHCH_2CH_2CCH_3 \quad 取代基所在碳原子编号$$
$$\quad\quad CH_3\quad\quad CH_3$$

1 2 3 4 5 6 7	2,3,6,6(错误)
7 6 5 4 3 2 1	2,2,5,6(正确,2比3小)

对于开链烷烃,上述"最低位次组"原则在实施时可以进一步简化:当两个取代基与主链端头等距离时,编号应使下一个取代基的位次尽可能小。例如:

$$\quad\quad\quad\quad\quad\quad\quad\quad CH_3$$
$$\overset{8}{C}H_3\overset{7}{C}H\overset{6}{C}H_2\overset{5}{C}H_2\overset{4}{C}H\overset{}{C}H_2\overset{}{C}H\overset{}{C}H_3$$
$$\quad\quad CH_3\quad\quad\quad CH_3$$

在符合"最低位次组"原则的前提下,如果还有不止一种编号选择,则按照取代基英文名称首字母排列次序,先列出的取代基给予较小编号。例如,下面化合物两个不同的取代基分别位于距离主链两端等距离位置,按取代基英文名称的首字母依次排序,给予排在前面的乙基较小编号。

$$\quad\quad\quad\quad\quad\quad\quad\quad\quad (ethyl)$$
$$\quad\quad\quad\quad\quad\quad\quad\quad\quad CH_2CH_3$$
$$\overset{8}{C}H_3\overset{7}{C}H_2\overset{6}{C}H\overset{5}{C}H_2\overset{4}{C}H_2\overset{}{C}H\overset{}{C}H_2\overset{}{C}H_3$$
$$\quad\quad\quad\quad CH_3$$
$$\quad\quad\quad\quad (methyl)$$

（3）正确写出名称:把取代基的位次编号和名称依次写在母体名称之前,其位次编号与名称之间用半字线连接起来。若有多个不同取代基,按取代基英文名称的首字母排列次序先后列出取代基名称;若有多个相同取代基,依次写出取代基的位次,用",",隔开,用二、三、四等中文数字表明取代基的数目(英文名称中分别用词头 di、tri 和 tetra 表示二个、三个和四个,这些表示取代基数目的英文不参与取代基首字母排序),写在取代基名称之前。

$$
\begin{array}{c}
\overset{\displaystyle CH_2CH_3}{\underset{1\quad 2\quad 3\quad 4\,|\,5\quad 6\quad 7\quad 8}{CH_3CHCH_2CCH_2CHCH_3}} \\
\underset{CH_3\quad CH_3\quad CH_2CH_3}{}
\end{array}
$$

4-乙基-2, 4, 6-三甲基辛烷
4-ethyl-2, 4, 6-trimethyloctane

（二）俗名

有些结构简单的烷烃,常使用俗名。命名时通常以"正""异"和"新"等前缀区别不同的构造异构体。"正"表示具有直链结构的烷烃,"正"字可省略;"异"表示仅在一端有$(CH_3)_2CH-$结构,而链的其他部位无支链的烷烃;"新"表示仅在一端有$(CH_3)_3C-$结构,而链的其他部位无支链的烷烃。例如:

$$CH_3CH_2CH_2CH_2CH_3 \qquad \underset{\underset{CH_3}{|}}{CH_3CHCH_2CH_3} \qquad H_3C-\underset{\underset{CH_3}{|}}{\overset{\overset{CH_3}{|}}{C}}-CH_3$$

正戊烷　　　　　　　　异戊烷　　　　　　　　　新戊烷
n-pentane　　　　　　isopentane　　　　　　　neopentane

一些烷基也有对应的俗名,同样以"正""异"和"新"等前缀区别不同的构造异构体;英文名中"正""异"和"新"则分别在名称中加前缀"*n-*""iso"和"neo"表示。此外,还用"仲"和"叔"等词头来标示烷烃分子中失去 2°H 和 3°H 后所得的烷基。英文名中"仲"和"叔"则分别在名称中加前缀 "*sec-*"和"*tert-*"表示。一些常见烷基的中文和英文俗名见附录一。

一些有俗名的取代基,如异丙基、叔丁基等,在系统命名中经常优先使用俗名。例如:

5-乙基-8-异丙基-2, 11-二甲基十二碳烷
5-ethyl-8-isopropyl-2, 11-dimethyldodecane

4-1　写出化合物的名称,并指出各碳原子的类型。

(1) $\underset{\underset{CH_3}{|}\quad \underset{CH_3}{|}}{\overset{\overset{C_2H_5}{|}}{H_3C}\ \underset{}{}\overset{}{}\ CH_3}$ 　　　　(2) $(CH_3)_3CCH_2CH_2C(CH_3)_3$

第二节 ｜ 烷烃的构象

碳碳单键可自由旋转,导致分子中原子或原子团在空间表现出不同的排列方式,称为构象(conformation)。由此产生的异构体称为构象异构体(conformational isomer)。构象异构体的分子构造相同,但其空间排列取向不同,因此构象异构是立体异构中的一种。

一、乙烷的构象

乙烷是最简单的含有碳碳单键的化合物,如果固定乙烷分子中的一个碳原子,另一个碳原子围绕

碳碳 σ 键旋转时,则该碳原子上的三个氢原子相对另一个碳原子上的三个氢原子,可以有无数种空间排列,即有无数种构象异构体,其中重叠式(eclipsed)和交叉式(staggered)是两种典型的构象。

常用锯架式(sawhorse formula)和纽曼投影式(Newman projection formula)表示烷烃的构象。锯架式是从分子模型的侧面观察分子立体结构的表达方式,能直接反映碳原子和氢原子在空间的排列情况。图 4-3 为乙烷构象的锯架式图。

纽曼投影式是沿着碳碳键轴观察分子模型所得的平面的表达方式,用圆圈表示离观察者远的碳原子,圆圈中心表示离观察者近的碳原子,从圆圈中心伸出的三条直线,表示离观察者近的碳原子上的价键,而从圆周向外伸出的三条短线,表示离观察者远的碳原子上的价键(图 4-4)。

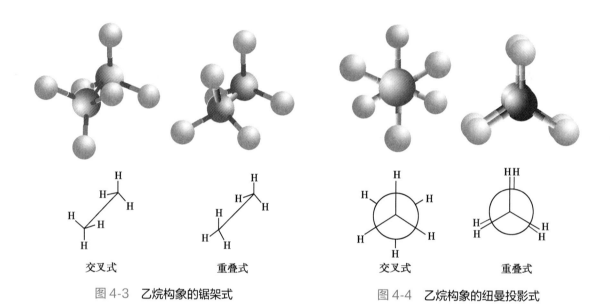

| 交叉式 | 重叠式 | 交叉式 | 重叠式 |

图 4-3　乙烷构象的锯架式　　　　　图 4-4　乙烷构象的纽曼投影式

在乙烷分子的各种构象中,交叉式构象能量最低,是最稳定构象,称为优势构象。乙烷交叉构象通过绕着碳碳键轴旋转 60°,可以得到重叠式构象,其能量最高,最不稳定(图 4-5)。分子一旦在结构上偏离优势构象形成非稳定构象,就会有恢复成稳定构象的力量,这种力量称为扭转张力(torsional strain)。

在化合物分子中非键合的原子之间存在着相互作用力,其作用力的大小与原子间的距离有关,当该距离等于或大于它们的范德华(van der Waals)半径之和时,就相互吸引;当该距离小于范德华半径之和,它们就彼此排斥,从而产生范德华斥力,又称为空间张力。当乙烷分子处于交叉式构象时,两个碳原子上的氢原子之间相距最远,相互间斥力最小,分子的能量最低;随着分子中碳碳键的旋转,碳上氢原子之间的距离越来越近,相互之间的斥力逐渐增大,分子的内能逐渐升高,当碳原子上的

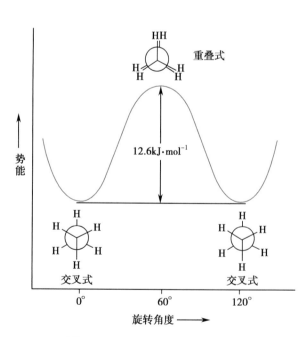

图 4-5　乙烷分子构象的能量曲线

氢原子距离最近时，分子的内能达到最高，此时乙烷分子处于重叠式；随着碳碳键的继续旋转，碳上氢原子之间的距离越来越远，相互之间的斥力逐渐增减小，分子的内能逐渐降低，最终乙烷分子的构象又回复到交叉式。乙烷分子的构象变化及能量变化曲线见图 4-5。

新的研究发现，影响乙烷构象稳定性的主要原因是分子轨道之间的相互作用：一个碳原子上的碳氢键的成键轨道与相邻碳原子上居于交叉位的碳氢键的反键轨道具有一定程度的重叠，这种相互作用导致乙烷分子的能量降低。当乙烷分子处于交叉构象时，这种相互作用最强，乙烷分子的能量最低；随着分子碳碳键的旋转，这种轨道重叠程度逐渐减弱，乙烷分子的能量逐渐升高，稳定性降低，当旋转至 60° 到达全重叠构象时，其分子能量最高，最不稳定。当碳碳键继续旋转 60° 时，这种成键轨道与反键轨道的重叠效应又达到最大，分子的能量最低，最终乙烷分子的构象又回复到稳定的交叉式。

乙烷的交叉式构象较重叠式构象稳定，二者的能量相差约 $12.60kJ \cdot mol^{-1}$，分子间的这一能垒并不难以逾越，因为室温下分子间的碰撞即可产生 $83.80kJ \cdot mol^{-1}$ 的能量，足以使碳碳键"自由"旋转，致使各构象间迅速互变，因此，乙烷分子体系成为无数个构象异构体的动态平衡混合物，无法分离出其中某一构象异构体，但大多数乙烷分子是以最稳定的交叉式构象状态存在。许多有机化学反应取决于其转变成一种特殊构象的能力，构象分析是通过研究分子不同构象的能量变化，帮助我们预测其优势构象和发生化学反应的可行性。我们可将构象分析的方法用于丙烷、丁烷及环烷烃的构象研究。

二、丁烷的构象

正丁烷分子可看作是乙烷分子的两个碳原子上各有 1 个氢原子被甲基取代的化合物，存在 3 个碳碳键，可分别绕着碳碳键旋转，因此，正丁烷分子具有比乙烷分子更为复杂的构象。在此仅讨论当 C_2 和 C_3 原子围绕 $C_2-C_3\sigma$ 键旋转时，丁烷分子会出现以下 4 种典型的构象异构体，即对位交叉式、邻位交叉式、部分重叠式和全重叠式。

| 对位交叉式 | 邻位交叉式 | 部分重叠式 | 全重叠式 |

对位交叉式中，两个体积较大的甲基处于对位，相距最远，基团间的相互斥力最小，分子的能量最低，这是正丁烷分子的优势构象，大多数正丁烷分子以这种优势构象存在；邻位交叉式中的两个甲基处于邻位，相互距离比对位交叉式近，两个甲基间的相互斥力使这种构象的能量较对位交叉式高，因而，较对位交叉式不稳定；全重叠式中的两个甲基及氢原子都各处于重叠位置，相互间的斥力最大，故分子的能量最高，是最不稳定的构象；部分重叠式中，甲基和氢原子的重叠使其能量较高，但比全重叠式的能量低。因此 4 种典型构象的稳定性次序为：对位交叉式 > 邻位交叉式 > 部分重叠式 > 全重叠式。

正丁烷各种构象之间的能量差别不太大，在室温下分子碰撞的能量足以引起各构象间的迅速转化，因此正丁烷实际上是构象异构体的混合物。从正丁烷分子绕 C_2-C_3 键旋转时的能量曲线图（图 4-6）可知，室温下正丁烷主要以对位交叉式和邻位交叉式的构象存在，其他两种构象所占的比例很小。

随着正烷烃碳原子数的增加，它们的构象也随之而复杂，但其优势构象都类似正丁烷的能量最低的对位交叉式。因此，直链烷烃的碳链在空间的排列，绝大多数是锯齿形（图 4-7），而不是一条真正的直链。通常只是为了书写方便，才将结构式写成直链的形式。

分子的构象不仅影响化合物的物理和化学性质，而且还对一些生物大分子（如蛋白质、酶、核酸）的结构和性能产生影响。许多药物分子的构象异构与药物生物活性密切相关，药物受体一般与药物

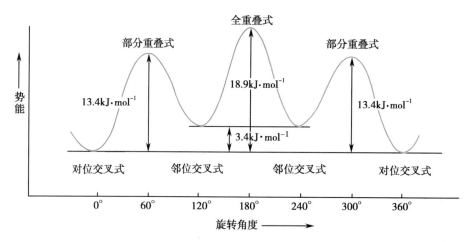

图 4-6　正丁烷 C_2—C_3 旋转时各种构象的能量曲线

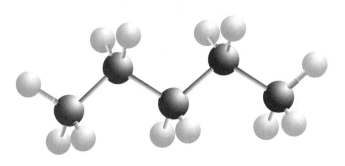

图 4-7　戊烷分子结构球棍模型

多种构象中的一种结合,这种构象称为药效构象。药物的非药效构象异构体较难与药物的受体结合,通常低效或无药效。例如,抗震颤麻痹药物多巴胺作用于受体的药效构象是对位交叉式。

4-2　用 Newman 投影式表示正丁烷以 C_1—C_2 键轴旋转的优势构象。

第三节 | 烷烃的性质

一、物理性质

有机化合物的物理性质,一般是指状态、沸点、熔点、密度、溶解度、折光率等。烷烃同系物的物理性质通常随碳原子数的增加而呈现规律性的变化。

在室温和常压下,正烷烃中 C_1~C_4 是气体,C_5~C_{17} 是液体,C_{18} 以上的高级正烷烃是固体。正烷烃的沸点随着碳原子的增多而呈现出有规律地升高(图 4-8)。除了很小的烷烃外,链上每增加 1 个碳原子,沸点升高 20~30℃。这是由于烷烃的碳原子数增多,分子间作用力增大,使之汽化就必须提供更多的能量,所以沸点就越高。但在同分异构体中,支链越多,沸点越低。这是因为随着支链的增多,分子的形状趋于球形,减少了分子间有效接触的程度,使分子间的作用力变弱而降低沸点。直链烷烃的熔点也随着碳原子数的增加而升高,但变化的规律性与沸点的变化有所不同:含偶数碳的直链烷烃的熔点升高幅度比奇数碳的大一些(图 4-8)。这是由于熔点不仅与分子间的作用力有关,还与分子在晶格中排列的紧密度有关。分子越对称,其在晶格中排列得越紧密,熔点越高。

正烷烃的密度随着碳原子数的增多而增大,但在 $0.8g \cdot cm^{-3}$ 时趋于恒定。烷烃是密度最小的一类

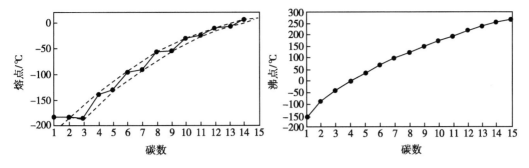

图 4-8　直链烷烃的熔点和沸点与分子中碳原子数的关系

有机化合物,其密度都小于 1g·cm⁻³。烷烃是非极性或弱极性的化合物。根据"极性相似者相溶"的经验规律,烷烃易溶于非极性或极性较小的苯、氯仿、四氯化碳、乙醚等有机溶剂,而难溶于水和其他强极性溶剂。

二、化学性质

(一)稳定性

烷烃分子中只有稳定的碳碳 σ 键和碳氢 σ 键,所以烷烃具有高度的化学稳定性。在室温下,烷烃与强酸、强碱、强氧化剂、强还原剂一般都不发生反应,烷烃常用作溶剂和药物基质。烷烃在适宜的反应条件(如光照、高温或存在催化剂)下,也能进行一些化学反应,如卤代反应。

(二)卤代反应

有机化合物分子中的氢原子(或其他原子)或基团被另一原子或基团取代的化学反应称为取代反应(substitution reaction)。烷烃分子中的氢原子被卤素原子取代的反应称为卤代反应(halogenation reaction)。

1. 甲烷的卤代反应　在紫外光照射或加热至 250~400℃的条件下,甲烷和氯气的混合物可剧烈地发生氯代反应,反应一般情况下较难限定在一元取代的阶段,得到氯化氢和一氯甲烷、二氯甲烷、三氯甲烷(氯仿)及四氯甲烷(四氯化碳)的取代混合物。但可以通过控制反应条件,利用各自不同的沸点将其分离。

$$CH_4 + Cl_2 \xrightarrow{\text{紫外光}} CH_3Cl + HCl$$
$$\xrightarrow{Cl_2} CH_2Cl_2 + HCl$$
$$\xrightarrow{Cl_2} CHCl_3 + HCl$$
$$\xrightarrow{Cl_2} CCl_4 + HCl$$

2. 卤代反应的机制　反应机制是对某个化学反应逐步变化过程的详细描述。它是以大量的实验事实为依据,做出的理论推导。烷烃的卤代反应机制可分为链引发、链增长和链终止三个阶段,下面是甲烷卤代形成一氯甲烷的反应机制:

链引发阶段(chain-initiating step)氯分子从光或热中获得能量,发生化学键的均裂,生成高能量的氯自由基。自由基是带有单电子的原子或基团,非常活泼,只能瞬间存在,有很强的获取一个电子形成稳定的八隅体结构的倾向,因而具有很强的反应活性。

$$Cl \overset{\frown}{\longrightarrow} Cl \xrightarrow{\text{均裂}} 2Cl\cdot \qquad \Delta H = +243kJ\cdot mol^{-1} \qquad ①$$

链增长阶段(chain-propagating step)氯自由基夺取甲烷分子中的一个 H 原子,形成氯化氢分子和一个新的甲基自由基。紧接着活泼的甲基自由基再夺取氯分子中的一个氯原子,形成一氯甲烷和一个新的氯自由基。

$$\text{Cl} \cdot + \text{H}\overbrace{}\text{—CH}_3 \xrightarrow{\text{光或热}} \text{HCl} + \cdot \text{CH}_3 \quad \Delta H = +4\text{kJ} \cdot \text{mol}^{-1} \qquad ②$$

$$\overbrace{\text{Cl}}\text{—Cl} + \cdot \text{CH}_3 \xrightarrow{\text{光或热}} \text{CH}_3\text{Cl} + \text{Cl} \cdot \quad \Delta H = -108\text{kJ} \cdot \text{mol}^{-1} \qquad ③$$

甲烷的氯代反应,每一步都消耗一个活泼的自由基,同时又为下一步反应产生另一个活泼的自由基,所以这是自由基的链反应(free radical chain reaction)。

反应式③是放热反应,所放出的能量足以补偿反应②所需吸收的能量,因而反应可以不断地进行,将甲烷转变为一氯甲烷。新生成的氯自由基又可重复上述②和③步的反应。

链终止(chain-terminating step)在反应后期,随着反应物的量逐渐减少,自由基与反应物碰撞的机会减少,而自相碰撞的机会增多,自由基一旦相互碰撞结合成分子,取代反应就逐渐终止。例如:

$$\text{Cl} \cdot + \text{Cl} \cdot \longrightarrow \text{Cl}_2$$
$$\cdot \text{CH}_3 + \cdot \text{CH}_3 \longrightarrow \text{CH}_3\text{CH}_3$$
$$\text{Cl} \cdot + \cdot \text{CH}_3 \longrightarrow \text{CH}_3\text{Cl}$$

在自由基的链反应中,加入少量能抑制自由基生成或降低自由基活性的抑制剂,可使反应速率减慢或终止反应,这是一个自由基消除的过程。

甲烷的氯代反应是自由基反应,其机制既适用于甲烷的溴代反应,也适用于其他烷烃的卤代反应。卤素与烷烃的反应活性顺序为:$F_2 > Cl_2 > Br_2 > I_2$。甲烷的氟代反应十分剧烈,难以控制,强烈的放热反应所产生的热量可破坏大多数的化学键,以致发生爆炸。碘最不活泼,碘代反应难以进行。因此,卤代反应一般是指氯代反应和溴代反应。

3. 烷烃卤代反应的取向 碳链较长的烷烃含有不同类型的氢原子,发生氯代反应,生成多种氯代烃异构体的混合物。不同类型的氢原子的解离速率不同,导致反应活性不同,形成各氯代产物的比例也不同。例如:

$$\text{CH}_3\text{CH}_2\text{CH}_3 + \text{Cl}_2 \xrightarrow[25\text{℃}]{\text{光照}} \text{CH}_3\text{CH}_2\text{CH}_2\text{Cl} + \underset{\underset{\text{Cl}}{|}}{\text{CH}_3\text{CHCH}_3}$$

氯丙烷　　　　　　2-氯丙烷
（43%）　　　　　　（57%）

$$\underset{\underset{\text{CH}_3}{|}}{\text{CH}_3\text{CHCH}_3} + \text{Cl}_2 \xrightarrow[25\text{℃}]{\text{光照}} \underset{\underset{\text{CH}_3}{|}}{\text{CH}_3\text{CHCH}_2\text{Cl}} + \underset{\underset{\text{Cl}}{|}}{\overset{\overset{\text{CH}_3}{|}}{\text{CH}_3\text{CCH}_3}}$$

1-氯-2-甲基丙烷　　　2-氯-2-甲基丙烷
（63%）　　　　　　（37%）

由上述两个实例可知:碳链较长的烷烃与卤素发生自由基取代反应时,烷烃分子中不同类型氢的反应活性支配着卤素取代的"主""次"产物。烷烃分子中不同类型的氢对卤素的自由基取代反应活性次序是:叔氢 > 仲氢 > 伯氢。

由于氯的活泼性较大,选择性较差,在氯代反应中,各种产物间的相对比例相差不大;溴的活泼性较小,选择较强,以一种产物占优势,例如:

$$\text{CH}_3\text{CH}_2\text{CH}_3 + \text{Br}_2 \xrightarrow[127\text{℃}]{\text{光照}} \text{CH}_3\text{CH}_2\text{CH}_2\text{Br} + \underset{\underset{\text{Br}}{|}}{\text{CH}_3\text{CHCH}_3}$$

1-溴丙烷　　　　　2-溴丙烷
（3%）　　　　　　（97%）

$$\underset{\underset{\text{CH}_3}{|}}{\text{CH}_3\text{CHCH}_3} + \text{Br}_2 \xrightarrow[25\text{℃}]{\text{光照}} \underset{\underset{\text{CH}_3}{|}}{\text{CH}_3\text{CHCH}_2\text{Br}} + \underset{\underset{\text{Br}}{|}}{\overset{\overset{\text{CH}_3}{|}}{\text{CH}_3\text{CCH}_3}}$$

1-溴-2-甲基丙烷　　　2-溴-2-甲基丙烷
（痕量）　　　　　　（>99%）

上述例子说明,烷烃卤代反应的取向取决于烷烃的结构及卤素的活性。

4-3 标出下列化合物中氢的类型,写出发生单溴代反应的优势产物。

（1）丁烷 （2）异丁烷 （3）异戊烷

---

4. 烷基自由基的稳定性与构型 烷基自由基形成过程中涉及碳氢共价键的均裂,共价键均裂成自由基所需的能量称为共价键的键离解能（bond dissociation energy）。共价键的离解能可衡量共价键的强度,化学键越牢固,越不易断裂,需要的离解能越大,反之,化学键越易断裂,需要的离解能越小,不同类型的碳氢键的键离解能是不同的。例如:

	$CH_3—H$	$CH_3CH_2—H$	$(CH_3)_2CH—H$	$(CH_3)_3C—H$
键离解能/($kJ·mol^{-1}$)	435	410	397	385

碳氢键的离解能越小,键发生均裂需要的能量越低,自由基越容易形成,也就相对越稳定,有利于进一步形成卤代产物。根据不同碳氢键离解能的不同,烷烃的自由基相对稳定性次序如下:

$$\dot{C}H_3 \qquad R—\dot{C}H_2 \qquad R—\underset{R}{\dot{C}}H \qquad R—\underset{R}{\overset{}{\dot{C}}}—R$$

稳定性 →

自由基的稳定性次序对反应的取向和反应的活性起着支配作用,尤其是碳链较长的烷烃与溴发生自由基取代反应更为明显。甲基自由基是最简单的有机自由基,光谱分析已证实其碳原子为 sp^2 杂化,3 个 sp^2 杂化轨道与 3 个氢原子的 $1s$ 轨道形成的 3 个碳氢 σ 键处于同一平面,未成对的单电子处于未参与杂化的 p 轨道中,且垂直于 σ 键所在平面（图 4-9）。其他烷基自由基的结构与甲基自由基的结构类似。

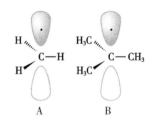

图 4-9　甲基自由基（A）及叔丁基自由基（B）的结构

习题

4-4 命名下列化合物。

（1）$(CH_3CH_2)_4C$

（2）

（3）

（4）

4-5 写出下列化合物的结构。

（1）4-乙基-2,2-二甲基庚烷

（2）3,3-二乙基-6-异丙基-5-甲基壬烷

（3）4-异丙基-2,4,7-三甲基壬烷

（4）3-乙基-5-甲基庚烷

4-6 标出化合物 2,2,4-三甲基己烷分子中的碳原子的类型。

4-7 写出下列烷烃的结构式。

（1）不含有仲碳原子的 4 碳烷烃。

（2）具有 12 个等性氢原子、分子式为 C_5H_{12} 的烷烃。

（3）分子中各类氢原子数之比为:$1°H$: $2°H$: $3°H$＝6 : 1 : 1,分子式为 C_7H_{16} 的烷烃。

4-8 将下列化合物按沸点降低的顺序排列。

（1）丁烷 　　　　　　　　　　　　（2）己烷

（3）3-甲基戊烷 　　　　　　　　　　（4）2-甲基丁烷

（5）2,3-二甲基丁烷

4-9 用 Newman 投影式表示 2,3-二甲基丁烷以 C_2—C_3 键为轴旋转的 4 种典型构象，并按稳定性从大到小的排序。

4-10 用 Newman 投影式表示己烷围绕 C_3—C_4 化学键旋转时的最稳定构象。

4-11 将下列自由基按稳定性从大到小的次序排列。

（1）

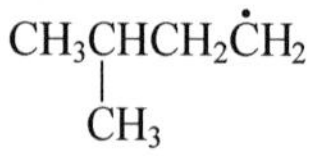

（2）

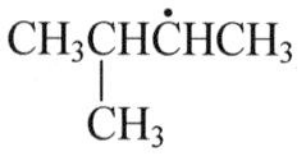

（3）$CH_3\dot{C}CH_2CH_3$　　　　　　　　（4）$\dot{C}H_3$
　　　|
　　　CH_3

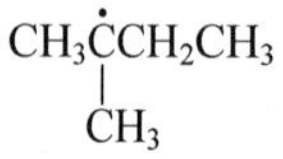

4-12 元素分析得知含碳 84.2%、含氢 15.8%,相对分子质量为 114 的烷烃分子中,所有的氢原子都是等性的。写出该烷烃的分子式和结构式,并用系统命名法命名。

（张静夏）

本章思维导图　　　　本章目标测试

第五章 | 烯烃和炔烃

烯烃（alkene）和炔烃（alkyne）均为含有 π 键的不饱和烃（unsaturated hydrocarbon），它们的官能团分别为碳碳双键（C═C）和碳碳叁键（C≡C）。烯烃和炔烃的化学性质比烷烃活泼。无论是合成的还是天然的不饱和烃，在化学工业和生命科学中都有着十分重要的地位。本章将讨论烯烃和炔烃中 π 键的结构和特点，烯烃和炔烃的主要化学性质——亲电加成反应及其反应机制，电子效应对亲电加成反应的影响等。

第一节 | 烯　烃

一、结构

烯烃是一类含有碳碳双键（C═C）的碳氢化合物。含有一个碳碳双键的开链烯烃比碳原子数相同的烷烃少两个氢原子，通式为 C_nH_{2n}。

最简单的烯烃是乙烯，其分子结构如图 5-1。乙烯的碳原子发生 sp^2 杂化，各键角均接近 120°（图 5-1A）。乙烯的两个碳原子各用 1 个 sp^2 杂化轨道相互重叠，形成碳碳 σ 键，再各用 2 个 sp^2 杂化轨道分别与 2 个氢原子的 $1s$ 轨道形成 2 个碳氢 σ 键。碳碳 σ 键和碳氢 σ 键均处于同一个平面。同时，每个 sp^2 杂化的碳原子上还各有 1 个未参与杂化的 p 轨道，这 2 个 p 轨道的对称轴都垂直于 sp^2 杂化轨道所在的平面，它们彼此平行，侧面互相重叠形成 π 键，π 键电子云对称分布于 σ 键所在平面的上下，见图 5-1B。烯烃的碳碳双键是由一个 σ 键和一个 π 键构成的。

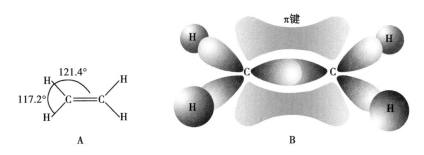

图 5-1　乙烯分子的结构示意图

A. 结构式　B. 电子云图

碳碳双键的平均键能是 611kJ·mol⁻¹，是碳碳单键键能（347kJ·mol⁻¹）的 1.76 倍左右；碳碳双键的平均键长（134pm）比碳碳单键的键长（154pm）短。碳碳双键不能自由旋转。

5-1　试比较 σ 键和 π 键的主要特征。

由于碳碳双键不能自由旋转，烯烃不仅存在构造异构，还有构型异构。

（1）构造异构：与含有相同碳原子数的烷烃相比，烯烃的构造异构体更多。例如，戊烯有五个构造异构体：

63

$$H_2C=CHCH_2CH_2CH_3 \qquad\qquad CH_3CH_2CH=CHCH_3$$

$$(1) \qquad\qquad\qquad\qquad (2)$$

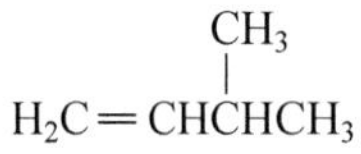

$$H_2C=CHCHCH_3 \qquad H_3CC=CHCH_3 \qquad H_2C=CCH_2CH_3$$

（3） 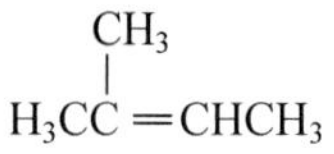　　　　　　　（4） 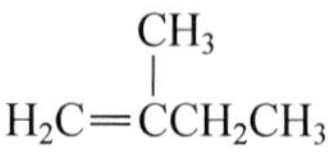　　　　　　　（5）

（1）（2）与（3）（4）（5）的碳链骨架不同,属于碳链异构。而（1）与（2）之间或（3）（4）（5）之间的碳链骨架相同,只是双键的位置不同,这种异构现象称为官能团位置异构。

（2）构型异构:烯烃分子的构型异构是由于分子中碳碳双键不能自由旋转而产生的。当双键碳原子上分别连接不同的原子或基团时,这些原子或基团在双键碳原子上就有着不同的空间排列方式,从而产生异构现象。以丁-2-烯为例,其双键碳原子上的氢原子和甲基在空间上有如下两种排列方式。

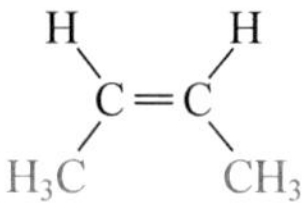

顺式（cis） 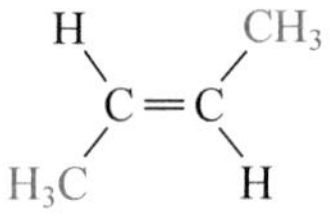　　　　　　　　　　反式（trans）

二、命名

烯烃的系统命名与烷烃相似,其命名原则为:

（1）选择最长碳链为主链,其他支链作为取代基。根据主链是否含有碳碳双键来确定母体为烯烃或烷烃。当主链中包含碳碳双键时,按主链碳原子的数目命名为"某烯";若主链碳原子的数目大于10,用中文数字表示主链碳数并在其后加上"碳烯"。

（2）当烯烃作为母体时,编号优先使碳碳双键具有最低位次,其次兼顾取代基具有较低位次。双键的位次以两个双键碳原子中编号较小的一个表示。

（3）按取代基英文名称的首字母次序排列,将取代基的位次和名称写在母体名称之前,书写原则和烷烃相似。当烯烃作为母体时,将碳碳双键的位次数字写在"烯"前,数字前后分别用半字线隔开。烯烃英文名称的词尾为"-ene"。例如:

$$H_2C=CHCH_2CH_3 \qquad CH_3CH=CHCH_3 \qquad H_2C=CH(CH_2)_{15}CH_3$$

丁-1-烯　　　　　　　丁-2-烯　　　　　　十八碳-1-烯

but-1-ene　　　　　　but-2-ene　　　　octadec-1-ene

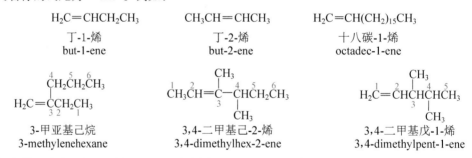

3-甲亚基己烷　　　　3,4-二甲基己-2-烯　　　　3,4-二甲戊-1-烯

3-methylenehexane　　3,4-dimethylhex-2-ene　　3,4-dimethylpent-1-ene

烯烃去掉一个氢原子后剩下的基团称为烯基,下面是几个常见的烯基:

$$H_2C=CH- \qquad CH_3CH=CH- \qquad H_2C=CH-\overset{\alpha}{CH_2}-$$

乙烯基　　　　　　　丙-1-烯基　　　　　　丙-2-烯基（烯丙基）

ethenyl（vinyl）　　　prop-1-enyl　　　　prop-2-enyl（allyl）

碳碳双键是烯烃的官能团,表示与官能团的相对位置常用希腊字母进行编号。与官能团直接相连的碳原子标记为 α,依次为 β,γ 等,所以烯丙基游离键所在的烯丙基碳也称为 α-C,其上的 H 称为 α-H。

5-2　请写出下列化合物的结构,并指出哪些名称不符合系统命名法,并加以改正。

（1）4,4-二甲基戊-2-烯　　　　（2）1,1-二甲基丙-2-烯

（3）4-甲基-3-乙基庚-2-烯　　　（4）2-甲基环己烯

（4）对于双键碳上各有一个取代基的双取代烯烃,顺反异构体的命名可在烯烃名称前加上顺（cis）或反（trans）表示构型。两个取代基分布在双键键轴同侧的构型为顺式,分布在双键键轴异侧的构型为反式。

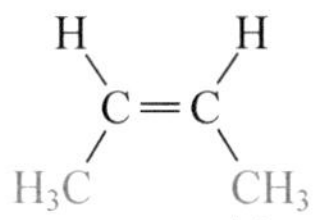

顺-丁-2-烯
cis-but-2-ene

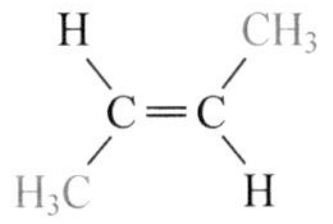

反-丁-2-烯
trans-but-2-ene

对于三或四取代烯烃化合物,若用顺或反表达其构型,可能会含糊不清,此时需要用 Z/E 构型命名法。应用 Z/E 构型命名法时,首先按"次序规则"（见第二章立体化学）分别排列每个双键碳原子上所连的两个原子或基团的优先次序,然后观察每个双键碳原子上两个优先基团的位置。两个优先基团位于双键键轴的同侧为 Z-构型,位于双键键轴的异侧为 E-构型。例如,2-溴-1-氯-1-氟乙烯有如下两个异构体:

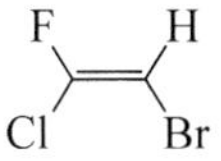

（a） 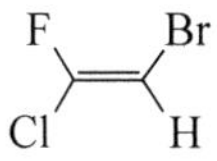   （b）

将 2-溴-1-氯-1-氟乙烯的两个碳原子所连原子按"次序规则"排列分别为 Cl>F 和 Br>H。因此,按照 Z/E 构型命名法,（a）为（Z）-2-溴-1-氯-1-氟乙烯,（b）为（E）-2-溴-1-氯-1-氟乙烯。例如,3-甲基庚-3-烯中两个双键碳上取代基的优先次序为—CH$_2$CH$_3$>—CH$_3$ 和—CH$_2$CH$_2$CH$_3$>—H,则两个异构体的命名如下:

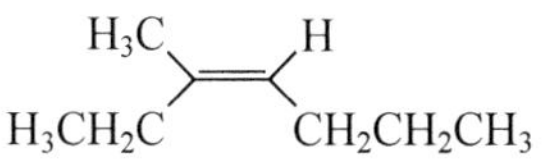

（Z）-3-甲基庚-3-烯

（Z）-3-methylhept-3-ene

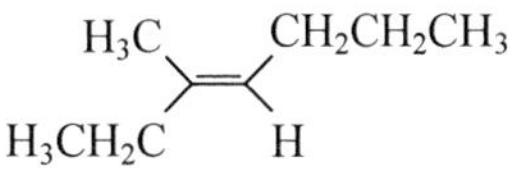

（E）-3-甲基庚-3-烯

（E）-3-methylhept-3-ene

5-3　试写出分子式为 C$_4$H$_8$ 的烯烃的所有构造异构体及顺反异构体并命名之。

一些简单烯烃常用俗名,例如:

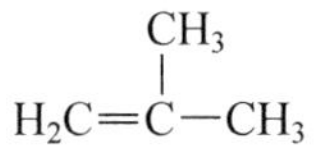

异丁烯
isobutylene

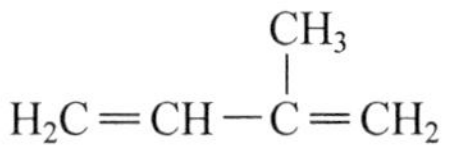

异戊二烯
isoprene

一些含碳碳双键的生理活性物质常常具有特定的构型。例如,油脂中不饱和脂肪酸分子的双键全部为顺式构型。顺反异构体不仅理化性质不同,还往往有不同的生理活性。顺反异构体性质的差异,主要由于分子的刚性导致双键碳上的原子或基团空间距离不同,造成在生物体中与生物大分子作用的强弱不同,引起生理活性的差别。

三、物理性质

烯烃与烷烃的物理性质相似,在室温下,含有 2~4 个碳原子的烯烃为气体,含有 5~18 个碳原子的烯烃为液体,含有 19 个以上碳原子的烯烃为固体。烯烃的熔点和沸点随碳原子数的增加而升高。由于顺式异构体的偶极矩比反式异构体的大,液态下,偶极矩大的分子之间引力较大,故顺式异构体的沸点比反式异构体的高;而反式异构体比顺式异构体在晶格中排列更紧密,因此,反式异构体的熔点较高。部分烯烃的物理常数见表 5-1。

表 5-1 部分烯烃的物理常数

中文名	英文名	结构式	熔点/℃	沸点/℃	液态密度/(g·cm⁻³)
乙烯	ethene	$H_2C{=}CH_2$	−169.1	−103.7	0.610
丙烯	propene	$H_2C{=}CHCH_3$	−185.2	−47.4	0.610
丁-1-烯	but-1-ene	$H_2C{=}CHCH_2CH_3$	−185.3	−6.1	0.625
顺-丁-2-烯	*cis*-but-2-ene		−139.0	3.7	0.621
反-丁-2-烯	*trans*-but-2-ene		−105.5	0.9	0.604
2-甲基丙-1-烯	2-methylprop-1-ene	$H_2C{=}C(CH_3)_2$	−140.3	−6.9	0.600

四、化学性质

烯烃的主要化学性质体现在碳碳双键上,有亲电加成反应、氧化反应和催化氢化等。由于双键的 π 电子受原子核的束缚力较弱、流动性较大、容易发生极化,烯烃的化学性质比烷烃活泼。

(一)亲电加成反应

烯烃的 π 键受到亲电试剂的进攻很容易发生断裂,两个双键碳原子分别与相应的原子或基团间生成 σ 键,即通过碳碳双键的亲电加成反应,生成各种加成产物。烯烃可与卤素、卤化氢、硫酸和水等亲电试剂发生亲电加成反应。

1. 与卤素加成 烯烃与卤素(Br_2、Cl_2)在四氯化碳中进行反应,生成邻二卤代烷。例如:

$$(CH_3)_2CHCH{=}CHCH_3 + Br_2 \xrightarrow[0℃]{CCl_4} (CH_3)_2CHCHCHCH_3$$

Br Br

4-甲基戊-2-烯　　　　　　　　　2,3-二溴-4-甲基戊烷

烯烃与溴的加成产物二溴代烷为无色化合物。因此,反应后溴的四氯化碳溶液的棕色褪去,所以此反应常用于鉴别烯烃。

烯烃与氟的反应太剧烈,反应过程中放出大量的热,容易使烯烃分解,烯烃与氟的加成需要在特殊的条件下完成;而碘的活泼性低,通常烯烃不能直接与其进行加成反应。烯烃与氯、溴的加成反应通常具有很强的立体选择性,生成反式产物。例如,环己烯与溴发生加成反应,只生成反-1,2-二溴环己烷。

环己烯　　　　　　　　　　　反-1,2-二溴环己烷

大量实验研究证明烯烃的加成反应分两步进行。乙烯在水溶液中与溴发生加成反应时,如果溶液中存在氯化钠,反应产物为二溴加成产物①和溴氯加成产物②的混合物。由于氯化钠并不能与烯烃发生加成反应,这说明两个溴原子不是同时加到双键碳原子上的,而是分步加上去的。

$$H_2C{=}CH_2 + Br_2 \xrightarrow{NaCl} H_2C{-}CH_2 + H_2C{-}CH_2$$

Br Br　　　Br Cl
①　　　　②

溴与烯烃的加成分为两步:首先是烯烃与极化的溴分子($\overset{\delta^+}{Br}{-}\overset{\delta^-}{Br}$)中带部分正电荷的溴($\overset{\delta^+}{Br}$)加成生成三元环状的溴正离子,同时生成溴负离子($Br^-$),这一步速率较慢,是决速步;接着 Br^- 从背面

进攻溴正离子中间体的碳原子,生成反式加成产物。

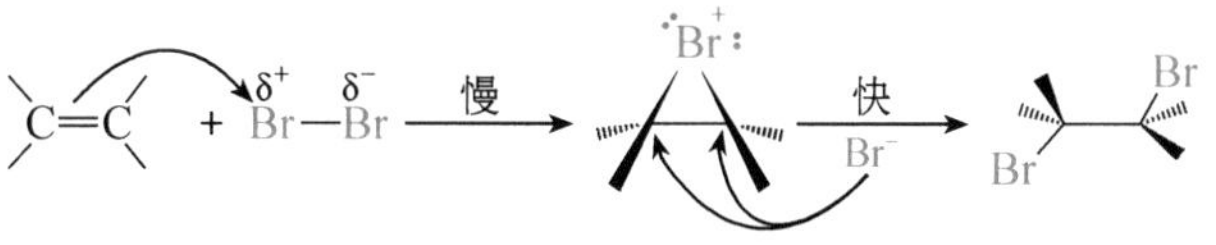

溴正离子中间体　　反式加成产物

在大多数情况下,氯与烯烃的加成同样是通过环状正离子中间体的两步反应生产反式加成产物。

2. 与卤化氢加成　烯烃与卤化氢发生亲电加成反应,生成卤代烷。为避免水与烯烃双键的加成,通常将干燥的卤化氢气体通入烯烃,有时也使用中等极性的无水溶剂。

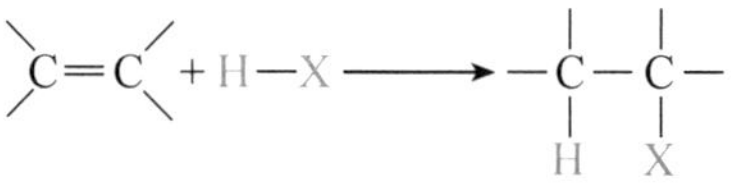

$$H_3C-CH=CH-CH_3 + HBr \longrightarrow CH_3CHCHCH_3$$
$$\underset{Br\ H}{|\ \ |}$$

丁-2-烯　　　　　　　　　　　　　　2-溴丁烷

烯烃与卤化氢加成的活性次序为 HI>HBr>HCl>HF,HI 和 HBr 很容易与烯烃加成,HCl 与烯烃反应的速率较慢,HF 一般不能直接与烯烃加成。

烯烃与卤化氢的加成反应是分步进行的。首先,质子作为亲电试剂进攻碳碳双键的 π 电子,使 π 键打开,形成碳正离子(carbocation)中间体,这一步速率较慢,是整个反应的决速步;然后,卤素负离子与碳正离子结合生成加成产物。

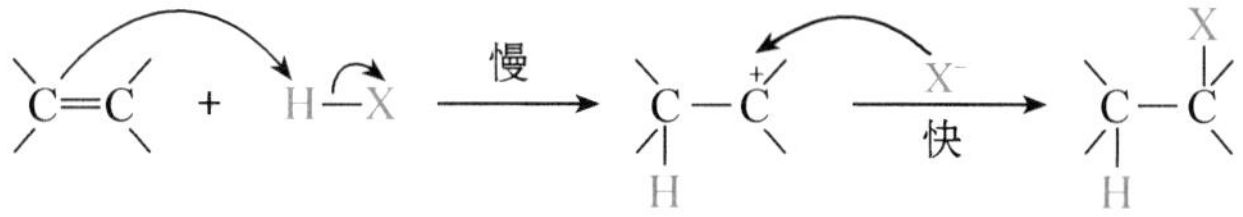

碳正离子中间体

结构不对称的烯烃(如丙烯)与卤化氢发生加成反应,可生成两种不同的加成产物,实验证实一般是以其中一种产物为主。19 世纪 60 年代末,俄国化学家马尔科夫尼科夫(V. V. Markovnikov)总结了这类反应的规律:不对称烯烃与 HX 等极性试剂加成时,试剂中带正电荷的部分(如 H$^+$)总是加到含氢较多的双键碳原子上,带负电荷的部分(如 X$^-$)加到含氢较少的双键碳原子上。此规律称为马尔科夫尼科夫规则(Markovnikov Rule),简称马氏规则。

$$H_2C=CHCH_3 + HBr \longrightarrow CH_3CHCH_3 + CH_3CH_2CH_2Br$$
$$\underset{Br}{|}$$

丙烯　　　　　　　　　　主要产物

$$CH_3CH_2CH=CH_2 + HBr \xrightarrow{CH_3COOH} CH_3CH_2CHCH_3 + CH_3CH_2CH_2CH_2Br$$
$$\underset{Br}{|}$$

丁-1-烯　　　　　　　　　　2-溴丁烷　　　　　　1-溴丁烷
　　　　　　　　　　　　　　（80%）　　　　　　　（20%）

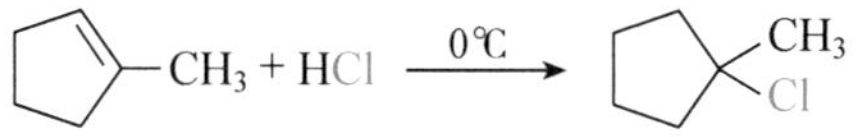

1-甲基环戊-1-烯　　　　　　1-氯-1-甲基环戊烷
　　　　　　　　　　　　　　　　（100%）

5-4　某烯烃 C$_5$H$_{10}$ 与 HBr 加成,生成 2-溴-2-甲基丁烷,请写出此烯烃可能的结构式。

上述反应的选择性主要是受电子效应影响的结果。有机化学中的电子效应主要有诱导效应、共

轭效应和超共轭效应。

诱导效应(inductive effect)是指由分子中原子或基团的电负性不同而产生的沿着共价键传递的成键电子向一定方向偏移的效应,用 I 表示。吸电子基团引起的诱导效应称为吸电子诱导效应($-I$ 效应);给电子基团引起的诱导效应称为给电子诱导效应($+I$ 效应)。诱导效应的大小和方向与成键的原子或基团及其电负性有关。以与碳原子相连的原子或基团为例。若 X 的电负性大于 C,C—X 键的电子云偏向 X,X 具有吸电子性,称为吸电子基;相反,若 Y 的电负性小于 C,C—Y 键的电子云偏向 C,Y 具有给电子性,称为给电子基团。

$$-\overset{|}{\underset{|}{C}}\longrightarrow X \qquad\qquad -\overset{|}{\underset{|}{C}}\longleftarrow Y$$
$$\text{X吸电子} \qquad\qquad\qquad \text{Y给电子}$$

例如,在 1-氯丁烷分子中,由于氯原子的电负性大于碳,具有吸电子诱导效应,使 C_1 上带有部分正电荷 δ^+,继而影响 C_1—C_2 共价键的电子偏向 C_1,使 C_2 也带有较少的部分正电荷,依次下去,又使 C_3 或多或少带有部分正电荷。诱导效应是静态的电子效应,这种效应沿着分子链传递,并逐渐减弱,一般经过 3 个碳原子后,诱导效应可忽略不计。

$$\underset{4}{CH_3}\longrightarrow\underset{3}{\overset{\delta\delta\delta^+}{CH_2}}\longrightarrow\underset{2}{\overset{\delta\delta^+}{CH_2}}\longrightarrow\underset{1}{\overset{\delta^+}{CH_2}}\longrightarrow\overset{\delta^-}{Cl}$$

当具有诱导效应的基团与碳碳双键相连时,情况则有所不同。这是因为 π 电子具有较强的可极化性,在诱导效应的影响下,π 电子云发生明显变形,在双键碳上的分布不均匀。例如,在 3,3,3-三氟丙-1-烯分子中,三氟甲基有较强的吸电子诱导效应,使相邻的 π 电子云的分布向三氟甲基偏移,其结果是与三氟甲基相邻的碳反而带有部分负电荷。

$$\overset{\overset{\overset{\delta^-}{F}}{|}}{\overset{\delta^-}{F}-\overset{\delta^+}{\underset{\underset{\delta^-}{\underset{|}{F}}}{C}}\longleftarrow\overset{\delta\delta^-}{CH}=\!\!=\!\!=\overset{\delta^+}{CH_2}}$$

有机化合物中常见的一些吸电子基团和给电子基团及其作用效应的相对大小次序如下:

吸电子基团—NO_2>—CN>—COOH>—X
给电子基团—$C(CH_3)_3$>—$CH(CH_3)_2$>—C_2H_5>—CH_3

超共轭效应(hyperconjugation effect)是指当 C—H 的 σ 键与 π 键或 p 轨道接近时,C—H 的 σ 键电子云向 π 键或 p 轨道偏移而产生的电子离域现象。在超共轭效应中,C—H 的 σ 键是给电子的;超共轭效应比共轭效应(见本章后文中"共轭烯烃"内容)要小得多。常见的超共轭体系主要有 σ-π 和 σ-p 超共轭体系。例如,丙烯分子中存在 σ-π 超共轭(图 5-2A),乙基碳正离子中存在 σ-p 超共轭(图 5-2B)。

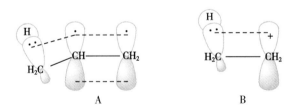

图 5-2 丙烯分子的 σ-π 超共轭效应和乙基碳正离子的 σ-p 超共轭效应
A. σ-π 超共轭 B. σ-p 超共轭

值得注意的是,当氨基、羟基、烷氧基等 N 或 O 上带有孤对电子的基团与碳碳双键相连时,由于其给电子共轭效应强于吸电子诱导效应,它们的总电子效应仍是给电子的。

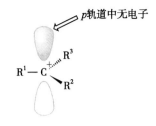

碳正离子(图 5-3)是某些化学反应过程中产生的活泼中间体,其碳原子上带正电荷。烷基碳正离子为 sp^2 杂化,其构型与烷基自由基的构型相似,区别为碳正离子 p 轨道中无电子。

图 5-3 碳正离子

按碳正离子所连烃基的数目,碳正离子可分为伯、仲、叔和甲基碳正离子。与碳正离子相连的烷基具有给电子诱导效应和超共轭效应,可以分散碳正离子上的正电荷,分散程度越高,稳定性越强。不同碳正离子的稳定性次序为:

$$R_3\overset{+}{C} > R_2\overset{+}{CH} > R\overset{+}{CH_2} > \overset{+}{CH_3}$$
叔(3°)　仲(2°)　伯(1°)　甲基碳正离子

碳正离子中间体越稳定,相应的反应越容易进行。

马氏规则可以从电子效应和中间体碳正离子稳定性两个方面来解释。以丙烯和卤化氢的加成为例:丙烯中甲基是给电子基团,使碳碳双键的 π 电子云发生偏移,导致碳碳双键上含氢较多的碳原子上带部分负电荷 δ⁻,而含氢较少的双键碳原子上带部分正电荷 δ⁺。当卤化氢与丙烯亲电加成时,HX 中的 H⁺首先加到带 δ⁻的双键碳原子上,形成碳正离子中间体,然后卤素负离子很快与碳正离子结合。

$$CH_3 \longrightarrow \overset{\delta^+}{CH}=\overset{\delta^-}{CH_2} + \overset{\delta^+}{H}-\overset{\delta^-}{X} \xrightarrow{慢} CH_3\overset{+}{CH}CH_3$$

$$CH_3\overset{+}{CH}CH_3 + X^- \xrightarrow{快} CH_3\underset{X}{CH}CH_3$$

另外,从中间体碳正离子的稳定性考虑:烯烃与 HX 发生亲电加成反应,决速步是碳正离子中间体的生成。因此,碳正离子中间体的稳定性决定了加成反应的主产物。

$$H_3C-CH=CH_2 + H-Br \longrightarrow$$
CH_3\overset{+}{CH}CH_3 仲碳正离子(相对较稳定) → CH_3CHCH_3 | Br 主要产物
CH_3CH_2\overset{+}{CH_2} 伯碳正离子(不稳定) → CH_3CH_2CH_2 | Br 次要产物

因为仲碳正离子比伯碳正离子稳定,所以反应的主产物是氢离子加到含氢多的双键碳原子上,卤素负离子加到含氢较少的双键碳原子上。

马氏规则主要适用于双键碳上连接给电子原子或基团的烯烃。如果双键碳上连接吸电子基团(如−NO₂、−CN、−CF₃、−COOH 等)时,其加成方向通常是反马氏规则的,这同样可以通过电子效应和中间体碳正离子稳定性两个方面来解释。

无论是"马氏规则"还是"反马氏规则",其描述的都是不对称烯烃发生加成反应时不同产物的相对生成量,并不涉及反应速率的快慢。比较烯烃发生亲电加成的反应速率,只需考虑碳碳双键上的取代基是给电子的还是吸电子的。若取代基的总电子效应是给电子的,由于双键上总电子云密度增加,亲电加成反应速率会加快;反之,若取代基的总电子效应是吸电子的,由于双键上总电子云密度降低,亲电加成反应速率减慢。

5-5　写出下反应的主产物,并简单解释之。

$$H_2C=CHCF_3 + HCl \longrightarrow$$

3. 与硫酸加成　将烯烃与硫酸在低温下(0℃左右)混合,即可生成加成产物硫酸氢烷基酯。将硫酸氢烷基酯在水中加热可以水解生成醇。例如:

$$H_2C\!=\!CH_2 + H_2SO_4(98\%) \longrightarrow CH_3CH_2OSO_2OH \xrightarrow[\triangle]{H_2O} CH_3CH_2OH + H_2SO_4$$

乙烯　　　　　　　　　　　硫酸氢乙酯　　　　　　　乙醇

　　硫酸氢烷基酯水解是工业上制备醇的方法之一,称为间接水合法。由于生成的硫酸氢烷基酯可溶于硫酸,实验室中还可用此法除去烷烃等化合物中少量烯烃杂质。烯烃双键上连接烷基的给电子作用使 π 键电子云密度增加,与硫酸的加成反应更加容易,在稀硫酸条件下即可反应。烯烃双键上连接的烷基越多,加成反应越容易进行。不对称烯烃与硫酸的加成也按马氏规则进行。

$$H_2C\!=\!CHCH_3 + H_2SO_4(80\%) \longrightarrow \underset{\underset{OSO_2OH}{|}}{CH_3CHCH_3} \xrightarrow[\triangle]{H_2O} \underset{\underset{OH}{|}}{CH_3CHCH_3} + H_2SO_4$$

丙烯　　　　　　　　　　　硫酸氢异丙酯　　　　　　异丙醇

　　4. 与水加成　在硫酸、磷酸等酸催化下,烯烃也可直接与水加成生成醇。除乙烯外,其他烯烃的水合产物为仲醇或叔醇。工业上常用此方法制备低相对分子质量的醇。酸催化下,烯烃与水的加成反应也属于亲电加成。不对称烯烃与水加成也遵循马氏规则。

$$H_2C\!=\!CH_2 + H_2O \xrightarrow[300℃]{H_3PO_4} CH_3CH_2OH$$

乙烯　　　　　　　　　　　　　　乙醇

$$H_2C\!=\!C(CH_3)_2 + H_2O \xrightarrow{H_2SO_4(65\%)} (CH_3)_3COH$$

2-甲基丙-1-烯　　　　　　　　　叔丁醇

(二) 催化加氢

　　在 Pt、Pd、Ni 等金属催化剂的条件下,烯烃与氢气发生加成反应,生成相应的烷烃。烯烃催化加氢主要生成顺式加成产物。

1,2-二甲基环己-1-烯　　　顺-1,2-二甲基环己烷
（86%）

　　催化加氢反应是放热反应,每一个双键大约放出 $125.5kJ\cdot mol^{-1}$,加氢所放出的热量称为氢化热。一般而言,氢化热越高,烯烃分子的内能越高,相对稳定性越差。部分烯烃的氢化热数据见表5-2。

表5-2　部分烯烃的氢化热数据

中文名	英文名	结构式	氢化热/($kJ\cdot mol^{-1}$)
乙烯	ethene	$H_2C\!=\!CH_2$	136
丙烯	propene	$H_2C\!=\!CHCH_3$	125
丁-1-烯	but-1-ene	$H_2C\!=\!CHCH_2CH_3$	126
顺-丁-2-烯	cis-but-2-ene		120
反-丁-2-烯	trans-but-2-ene		116

　　通过比较不同烯烃加氢的氢化热数值可知,碳碳双键上连接两个取代基的丁-2-烯的稳定性大于双键上只连接一个取代基的丁-1-烯,说明碳碳双键上连接的取代基越多越稳定。反-丁-2-烯的稳定性又大于顺-丁-2-烯,这是因为顺式结构中,位于双键同侧的两个甲基比较拥挤,其内能较高;而反式结构中的两个甲基距离较远,其内能较低。随着双键碳原子上取代基增多,空间位阻加大,催化加氢

的速率降低。不同烯烃加氢的相对速率为:

$$乙烯 > 一烷基取代烯烃 > 二烷基取代烯烃 > 三烷基取代烯烃 > 四烷基取代烯烃$$

(三) 自由基加成反应

1. 过氧化物存在下加溴化氢　当有过氧化物($R-O-O-R$)存在时,不对称烯烃与溴化氢加成主要生成反马氏规则的产物。例如:

$$CH_3CH=CH_2 + HBr \xrightarrow{ROOR} CH_3CH_2CH_2Br$$

这种现象称为过氧化物效应(peroxide effect)。美国科学家 M. S. Kharasch 于 1933 年发现这一现象。研究表明:有过氧化物存在时,烯烃与溴化氢发生的反应不是离子型的亲电加成反应,而是自由基加成反应。其反应机制为:

链引发:
$$ROOR \longrightarrow 2RO\cdot$$
$$RO\cdot + HBr \longrightarrow ROH + Br\cdot$$

链增长:
$$CH_3CH=CH_2 + Br\cdot \longrightarrow CH_3\dot{C}HCH_2Br$$
(仲碳自由基)
$$CH_3\dot{C}HCH_2Br + HBr \longrightarrow CH_3CH_2CH_2Br + Br\cdot$$

链终止:
$$2Br\cdot \longrightarrow Br_2$$
$$CH_3\dot{C}HCH_2Br + Br\cdot \longrightarrow CH_3CHBrCH_2Br$$
$$2CH_3\dot{C}HCH_2Br \longrightarrow Br\diagup\diagdown\diagup Br$$

由于自由基稳定性的次序为:$R_3\dot{C} > R_2\dot{C}H > R\dot{C}H_2 > \dot{C}H_3$,所以溴自由基与丙烯加成时,溴加到含氢较多的双键碳原子上,生成较稳定的仲碳自由基中间体,最终生成了反马氏规则的产物。

HF 和 HCl 的键较牢固,不能形成自由基;HI 虽可以形成碘自由基,但其活性较低,难以与碳碳双键发生自由基加成反应。因此,只有 HBr 与烯烃的加成才观察到过氧化物效应。

2. α-H 的卤代反应　烯烃分子中的 α-氢原子受双键的影响,变得比较活泼,在高温或光照下比分子中其他饱和碳上的氢原子更易与卤素发生自由基取代反应,生成烯丙位卤代的烯烃。例如:

$$\overset{\alpha}{CH_3}CH=CH_2 + Cl_2 \xrightarrow[\text{气相}]{500℃} \overset{\displaystyle Cl}{\underset{\displaystyle |}{CH_2}}CH=CH_2$$
烯丙基氯(3-氯丙-1-烯)

3. 自由基聚合反应　在一定条件下,烯烃分子中的 π 键打开,双键所在的碳原子彼此以 σ 键结合生成长链的大分子。这种反应称为聚合反应(polymeric reaction),形成的大分子称为高分子化合物或者聚合物(polymer),发生聚合反应的烯烃叫作单体(monomer)。下式中的 n 称为高分子化合物的聚合度。根据反应条件,烯烃的聚合可以有不同的反应机制,自由基加成反应是生成聚烯烃的反应机制之一。例如:

$$nH_2C=CH_2 \xrightarrow{ROOR} \begin{bmatrix} \overset{\displaystyle H}{\underset{\displaystyle H}{C}} - \overset{\displaystyle H}{\underset{\displaystyle H}{C}} \end{bmatrix}_n$$
乙烯　　　　　　　聚乙烯

此反应的自由基引发剂为过氧化物 ROOR,反应也经过链引发、链增长和链终止的过程。一些双键上有取代基的烯烃也可以在自由基引发剂的存在下聚合成各种有用的高分子化合物。例如:

$$\overset{\displaystyle Cl}{\underset{\displaystyle |}{n}CH}=CH_2 \longrightarrow \begin{bmatrix} \overset{\displaystyle Cl}{\underset{\displaystyle |}{CH}} - CH_2 \end{bmatrix}_n$$
氯乙烯　　　　　　聚氯乙烯
(可用于塑料制品及人工关节)

$$nF_2C=CF_2 \longrightarrow \left[\begin{array}{c} F \ F \\ | \ | \\ C-C \\ | \ | \\ F \ F \end{array} \right]_n$$

四氟乙烯　　　　聚四氟乙烯
（可用于人工食管）

（四）氧化反应

在有机化学中,氧化反应通常指有机化合物分子加氧或去氢的反应。烯烃的双键极易被氧化。常见的氧化剂有高锰酸钾、重铬酸钾、过氧化物及臭氧等,空气中的氧也可使烯烃氧化。

1. 高锰酸钾氧化　烯烃与中性(或碱性)高锰酸钾的冷、稀溶液反应,碳碳双键被氧化生成邻二醇,$KMnO_4$ 溶液的紫红色褪去,生成黑色的 MnO_2 沉淀。

$$\begin{array}{c} R \quad\quad R \\ C=C \\ R \quad\quad R \end{array} + KMnO_4 \xrightarrow{H_2O} \begin{array}{c} R \ R \\ | \ | \\ R-C-C-R \\ | \ | \\ OH \ OH \end{array} + MnO_2\downarrow$$

利用 $KMnO_4$ 溶液的颜色变化,可鉴别分子的不饱和键。此氧化反应是先形成环酯中间体,然后水解得到氧化产物——邻二醇(两个羟基从同侧连接到双键碳原子上)。

$$\begin{array}{c} H_3C \quad\quad CH_3 \\ C=C \\ H \quad\quad H \end{array} + KMnO_4 \longrightarrow \left[\begin{array}{c} H_3C \quad\quad CH_3 \\ H-C-C-H \\ O \quad\quad O \\ \diagdown \quad \diagup \\ Mn \\ \| \quad\backslash \\ O \quad O^- \end{array} \right] \xrightarrow{H_2O} \begin{array}{c} H_3C \quad\quad CH_3 \\ H-C-C-H \\ HO \quad\quad OH \end{array} + MnO_2\downarrow$$

环酯中间体

若用酸性 $KMnO_4$ 溶液或在加热条件下氧化烯烃,反应很难停留在邻二醇的阶段。在此情况下,烯烃的碳碳双键发生断裂,生成酮、羧酸、二氧化碳或它们的混合物,而紫红色的 $KMnO_4$ 溶液褪为无色溶液,同时生成黑色的 MnO_2 沉淀。通过分析氧化产物的结构可以推断原来烯烃的结构。

$$CH_3CH_2CH=CH_2 \xrightarrow[H_3O^+]{KMnO_4} CH_3CH_2COOH + CO_2 + H_2O$$

丁-1-烯　　　　　　　　丙酸

$$\begin{array}{c} CH_3CH_2C=CHCH_3 \\ | \\ CH_3 \end{array} \xrightarrow[H_3O^+]{KMnO_4} \begin{array}{c} O \\ \| \\ CH_3CH_2C-CH_3 \end{array} + CH_3COOH$$

3-甲基戊-2-烯　　　　　　丁-2-酮　　　乙酸

2. 臭氧氧化　将含有臭氧的氧气在低温下通入液态烯烃或烯烃的非水溶液,臭氧能迅速而且定量地与烯烃反应生成臭氧化物,并进一步水解为醛或酮以及过氧化氢。为了防止生成的醛被进一步氧化,常在水解过程中加入锌粉等还原剂。因此,可根据臭氧化物还原水解的产物来推断烯烃的结构。

$$\begin{array}{c} \diagup \quad\quad \diagdown \\ C=C \\ \diagdown \quad\quad \diagup \end{array} + O_3 \longrightarrow \begin{array}{c} \diagup \quad O \quad \diagdown \\ C \quad\quad C \\ \diagdown \ O-O \ \diagup \end{array} \xrightarrow[Zn]{H_2O} \begin{array}{c} \diagdown \\ C=O \\ \diagup \end{array} + \begin{array}{c} \diagdown \\ O=C \\ \diagup \end{array} + H_2O_2$$

臭氧化物　　　　　　　　醛或酮

3. 环氧化反应　烯烃与过氧酸作用,可被氧化为环氧化合物,此反应称为环氧化反应。环氧化合物是化学性质非常活泼的一类重要化合物。

$$RCH=CH_2 + \begin{array}{c} O \\ \| \\ R-COOH \end{array} \longrightarrow \begin{array}{c} O \\ \diagup \diagdown \\ RCH-CH_2 \end{array} + RCOOH$$

烯烃　　　过氧酸　　　　环氧化合物

5-6　写出下面反应的主要产物。

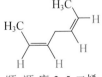 + KMnO₄(冷、稀) ⟶

五、共轭烯烃

含有两个或两个以上碳碳双键的不饱和烃称为多烯烃,其中含有两个碳碳双键的不饱和烃称为二烯烃(diene)。开链二烯烃的通式为 C_nH_{2n-2}。

(一)二烯烃的分类与命名

根据二烯烃中碳碳双键的相对位置不同,将其分为如下三种类型:

$$二烯烃\begin{cases} 隔离二烯烃(isolated\ diene)如戊-1,4-二烯\ H_2C{=}CHCH_2CH{=}CH_2 \\ 累积二烯烃(cumulated\ diene)如丙二烯\ H_2C{=}C{=}CH_2 \\ 共轭二烯烃(conjugated\ diene)如丁-1,3-二烯\ H_2C{=}CH{-}CH{=}CH_2 \end{cases}$$

隔离二烯烃也称孤立二烯烃,其两个碳碳双键被两个或两个以上的单键隔开,如戊-1,4-二烯。隔离二烯烃的两个碳碳双键距离较远,彼此互相影响很小。因此,其化学性质与单烯烃类似。

累积二烯烃的两个碳碳双键共用一个碳原子,如丙二烯,其中间的碳原子为 sp 杂化,两端的碳原子为 sp^2 杂化。由于两个 sp^2 杂化的平面互相垂直,因此,两个 π 键也互相垂直。

共轭二烯烃是指两个双键被一个单键隔开的二烯烃,这样的两个双键称为共轭双键。共轭二烯烃除了具有单烯烃的性质外,还具有一些特殊的性质。本节主要以丁-1,3-二烯为例,讨论共轭二烯烃的结构特点和特殊性质。

二烯烃的命名选择最长碳链为主链,其他支链作为取代基。当主链中包含两个双键时,母体称为"某二烯"。二烯烃的编号及命名原则与单烯烃相似。例如:

$$\overset{1}{H_2C}{=}\overset{2}{C}H{-}\overset{3}{C}H{=}\overset{4}{C}H_2 \qquad \overset{1}{H_2C}{=}\overset{2}{C}{=}\overset{3}{C}H{-}\overset{4}{C}H_2\overset{5}{C}H_3 \qquad \overset{1}{H_2C}{=}\overset{2}{C}H{-}\overset{3}{C}H_2{-}\overset{4}{C}H{=}\overset{5}{C}H{-}\overset{6}{C}H{-}\overset{7}{C}H_3$$
$$\underset{CH_3}{|}$$

丁-1,3-二烯　　　　　　　戊-1,2-二烯　　　　　　　6-甲基庚-1,4-二烯
buta-1,3-diene　　　　penta-1,2-diene　　　6-methylhepta-1,4-diene

随着双键数目的增加,顺反异构体的数目也增加,如庚-2,5-二烯有 3 个顺反异构体:

顺,顺-庚-2,5-二烯　　　　顺,反-庚-2,5-二烯　　　　反,反-庚-2,5-二烯
cis,*cis*-hepta-2,5-diene　　*cis*,*trans*-hepta-2,5-diene　　*trans*,*trans*-hepta-2,5-diene

(二)共轭二烯烃的结构与共轭效应

1. 丁-1,3-二烯的结构　最简单的共轭二烯烃是丁-1,3-二烯,其碳原子都是 sp^2 杂化,碳原子之间以 sp^2 杂化轨道形成碳碳 σ 键,同时碳原子又以 sp^2 杂化轨道和氢原子的 $1s$ 轨道形成六个碳氢 σ 键,分子中所有的 σ 键都在同一个平面上。四个碳原子上的四个未杂化的 p 轨道均垂直于该平面,并且互相平行,以"肩并肩"的方式侧面重叠形成了 π 键(图 5-4)。

丁-1,3-二烯的 C_1—C_2 及 C_3—C_4 之间存在 π 键,C_2—C_3 之间的 p 轨道亦可发生重叠,也具有 π 键的性质。实际上,丁-1,3-二烯分子中 4 个 π 电子的运动范围已经不再局限于 C_1—C_2 及 C_3—C_4 之间,而是扩展到 4

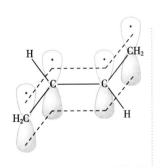

图 5-4　丁-1,3-二烯的大 π 键示意图

个碳原子的范围,这样的π键称为共轭π键、大π键或离域π键,以区别单烯烃及隔离二烯烃的定域π键。

2. 共轭烯烃的特点 具有共轭π键的结构体系称为π-π共轭体系。具有单双键交替的多烯烃属于共轭烯烃,丁-1,3-二烯是最简单的共轭烯烃。

共轭体系的π电子离域使电子云密度发生平均化,键长也发生平均化,即连接两个双键的碳碳单键比烷烃的碳碳单键短,而碳碳双键比单烯烃的双键长。如丁-1,3-二烯的碳碳双键键长(137pm)比乙烯的碳碳双键键长(134pm)长;碳碳单键键长(146pm)比烷烃的碳碳单键键长(154pm)短。

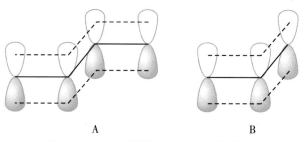

共轭体系的π电子的离域使得电子可以在更大的空间运动,这样可以降低体系的内能,使分子稳定。

3. 共轭效应 当共轭体系受到外电场的影响(如试剂进攻等)时,外电场的影响可以通过π电子的运动、沿着整个共轭链传递,这种电子效应称为共轭效应(conjugation effect),通常用C表示。

常见的共轭体系主要有π-π共轭体系和p-π共轭体系。单键、重键(双键或叁键)交替出现的共轭体系称为π-π共轭体系(图5-5A)。例如,最简单的π-π共轭体系是丁-1,3-二烯。与双键碳相连的原子上有p轨道的体系称为p-π共轭体系(图5-5B)。例如,由三原子组成的烯丙基碳正离子、烯丙基自由基、烯丙基碳负离子以及氯乙烯等。

图 5-5　π-π 共轭体系和 p-π 共轭体系

A.π-π 共轭　B.p-π 共轭

当含有π键的$-NO_2$、$-CN$、$-COOH$、$-CHO$等基团与碳碳双键相连时,取代基与碳碳双键之间形成π-π共轭;又因为N、O等原子具有较大的电负性,导致这类基团能够降低与之相邻共轭体系中的π电子密度,具有吸电子共轭效应,用$-C$表示。例如,在下列不饱和醛分子中,由于醛基的吸电子共轭效应,一方面使碳碳双键上的π电子云密度降低,另一方面也使π电子云的分布发生变化,出现正负电荷交替极化。

$$\overset{\delta^+}{H_2C}=\overset{\delta^-}{CH}-\overset{\delta^+}{CH}=\overset{\delta^-}{CH}-\overset{\delta^+}{CH}=\overset{\delta^-}{O}$$

当含有孤对电子的$-NH_2$、$-NR_2$、$-OH$、$-OR$等基团与碳碳双键相连时,取代基与碳碳双键之间形成p-π共轭。由于具有孤对电子的p轨道上电子云密度更高,其电子会向相邻的π键转移,故此类基团能够增加共轭体系中的π电子密度,具有给电子共轭效应,用$+C$表示。又因为氮与氧的电负性均大于碳,使此类基团同时具有吸电子诱导效应,但是总的结果是给电子共轭效应强于吸电子诱导效应。因此,此类基团的总电子效应为给电子。例如,在下列分子中,甲氧基的给电子共轭效应使碳碳双键上π电子密度增加,同时也使π电子的分布出现正负电荷交替。

$$\overset{\delta^-}{H_2C}=\overset{\delta^+}{CH}-\overset{\delta^-}{CH}=\overset{\delta^+}{CH}-\overset{..}{O}-CH_3$$

当含有孤对电子的卤素原子与碳碳双键相连时,卤素原子产生的给电子共轭效应弱于吸电子诱导效应,因此卤素原子往往是吸电子基团。

(三) 共轭二烯烃的化学性质

共轭二烯烃具有单烯烃的化学性质,如发生加成反应、氧化反应和聚合反应等。此外,共轭二烯烃还能发生一些特殊反应,例如,1,4-加成等反应。

丁-1,3-二烯发生亲电加成反应,除了生成在一个碳碳双键上加成(1,2-加成)的产物外,还生成在共轭体系两端加成(1,4-加成)的产物。例如:

$$H_2C=CH-CH=CH_2 + HCl \longrightarrow H_2C=CH-\underset{Cl}{CH}-\underset{H}{CH_2} + H_2C-CH=CH-CH_2$$

1,2-加成产物   1,4-加成产物

$$H_2C=CH-CH=CH_2 + Br_2 \longrightarrow H_2C=CH-\underset{Br}{CH}-\underset{Br}{CH_2} + H_2C-CH=CH-CH_2$$

1,2-加成产物   1,4-加成产物

此反应是分步进行的。以加氯化氢为例,反应的第一步是 H^+ 进攻丁-1,3-二烯,当 H^+ 接近共轭链上 π 电子云时,π 电子出现交替极化现象。H^+ 优先进攻共轭碳链末端的碳原子,生成比较稳定的烯丙基型碳正离子中间体。

$$H_2C=CH-CH=CH_2 + H^+ \longrightarrow H_2C=CH-\overset{+}{CH}-CH_3$$

烯丙基型碳正离子

烯丙基型碳正离子可用下列两个共振式或者其共振杂化体表示:

$$H_2C=CH-\overset{+}{CH}-CH_3 \longleftrightarrow H_2\overset{+}{C}-CH=CH-CH_3$$

$$\underset{4}{H_2C}=\overset{\delta^+}{\underset{3}{CH}}=\overset{\delta^+}{\underset{2}{CH}}-\underset{1}{CH_3}$$

反应的第二步是氯负离子(Cl^-)分别进攻共振杂化体中带部分正电荷的碳原子(2位和4位),得到1,2-加成产物和1,4-加成产物。

$$\underset{4}{H_2C}=\overset{\delta^+}{\underset{3}{CH}}=\overset{\delta^+}{\underset{2}{CH}}-\underset{1}{CH_3} + Cl^-$$

共振杂化体

$$\longrightarrow H_2C=CH-\underset{Cl}{CH}-\underset{H}{CH_2}$$ 1,2-加成产物

$$\longrightarrow \underset{Cl}{H_2C}-CH=CH-\underset{H}{CH_2}$$ 1,4-加成产物

如果 H^+ 进攻的不是共轭碳链末端碳原子,则生成不稳定的伯碳正离子中间体 $H_2C=CH-CH_2-\overset{+}{CH_2}$,不利于加成反应的进行。在烯丙基碳正离子中,正电荷所在的碳原子为 sp^2 杂化,有一个空的 p 轨道,这个 p 轨道与 π 键侧面重叠形成 3 个原子 2 个电子的缺电子大 π 键。因此,烯丙基碳正离子中间体可用前面两个共振式或者其共振杂化体表示。这种由 π 键和 p 轨道组成的大 π 键体系称为 p-π 共轭体系。p-π 共轭使烯丙基碳正离子更加稳定,有利于亲电加成反应的进行。

1,2-加成产物和1,4-加成产物的比例,取决于反应的条件。一般情况下,在较低温度时以1,2-加成产物为主,在较高温度时以1,4-加成产物为主。例如:

$$H_2C=CH-CH=CH_2 + Br_2 \longrightarrow H_2C=CH-\underset{Br}{CH}-\underset{Br}{CH_2} + H_2C-CH=CH-CH_2$$

−15℃	55%	45%
60℃	10%	90%

第二节 | 炔 烃

炔烃是一类含有碳碳叁键的不饱和烃。链状单炔烃比相应的链状单烯烃少两个氢原子,其通式为 C_nH_{2n-2}。

一、结构

最简单的炔烃是乙炔。乙炔分子的 4 个原子在同一直线上,为线性分子。乙炔分子中的 2 个叁键碳原子均为 sp 杂化,2 个碳原子各用 1 个 sp 杂化轨道重叠形成 1 个碳碳 σ 键,再各用另 1 个 sp 杂化轨道分别与 2 个氢的 $1s$ 轨道重叠成 2 个碳氢 σ 键。每个叁键碳原子还各有 2 个未参与杂化的且互相垂直的 p 轨道,它们彼此分别从侧面重叠形成 2 个 π 键。这 2 个 π 键互相垂直,对称分布在 σ 键的周围,围绕着 2 个碳原子之间的 σ 键呈椭圆柱形分布。乙炔分子的结构及成键方式如图 5-6 所示。

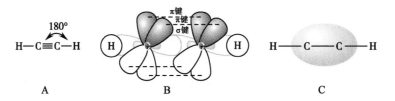

图 5-6 乙炔的结构及成键示意图
A. 结构式　　B. σ 键 π 键　　C. π 键绕 σ 键呈椭圆柱形分布

由于 sp 杂化轨道的长度比 sp^2 杂化轨道和 sp^3 杂化轨道短,因此碳碳叁键的键长比碳碳双键及碳碳单键都短,为 120pm;叁键碳上的碳氢键的键长也比烷烃和烯烃碳氢键的键长短,为 106pm。叁键的键能为 $836kJ \cdot mol^{-1}$,比碳碳双键及碳碳单键更稳定。

炔烃叁键碳原子处不能形成支链,无顺反异构现象。与含有相同碳原子数的烯烃相比,炔烃的异构体数目相对较少。例如,丁炔只有下面两个位置异构体:

$$HC{\equiv}C-CH_2CH_3 \qquad\qquad H_3C-C{\equiv}C-CH_3$$
丁-1-炔　　　　　　　　　　　丁-2-炔

二、命名

炔烃的系统命名方法与烯烃相似。当主链包含碳碳叁键时,母体称为"某炔"。炔烃的编号与烯烃相似,从离碳碳叁键最近的主链一端开始编号。炔烃的英文名称词尾为-yne。例如:

$$\overset{1}{H_3C}-\overset{2}{C}{\equiv}\overset{3}{C}-\overset{4}{C}H_2\overset{5}{C}H_3$$
戊-2-炔
pent-2-yne

$$\overset{1}{H_3C}-\overset{2}{C}{\equiv}\overset{3}{C}-\overset{4}{C}H-\overset{5}{C}H_2\overset{6}{C}H_3$$
$\underset{CH_3}{|}$
4-甲基己-2-炔
4-methylhex-2-yne

当主链同时含有双键和叁键时,按"最低位次组"原则从靠近不饱和键的主链一端开始编号;若双键和叁键距离主链末端的位次相同,按先烯后炔的次序编号。命名时,双键总是写在叁键的前面。例如:

$$\overset{5}{H_3C}-\overset{4}{C}H{=}\overset{3}{C}H-\overset{2}{C}{\equiv}\overset{1}{C}H$$
戊-3-烯-1-炔
pent-3-en-1-yne

$$\overset{5}{H}C{\equiv}\overset{4}{C}-\overset{3}{C}H_2-\overset{2}{C}H{=}\overset{1}{C}H_2$$
戊-1-烯-4-炔
pent-1-en-4-yne

$$\overset{1}{H_2C}{=}\overset{2}{C}H-\overset{3}{C}H{=}\overset{4}{C}H-\overset{5}{C}{\equiv}\overset{6}{C}H$$
己-1,3-二烯-5-炔
hexa-1,3-dien-5-yne

三、物理性质

炔烃的物理性质与烯烃类似,常温下乙炔、丙炔和丁-1-炔为气体。炔烃难溶于水,易溶于丙酮、石油醚及苯等有机溶剂。部分炔烃的物理常数见表 5-3。

表 5-3 部分炔烃的物理常数

中文名	英文名	结构式	熔点/℃	沸点/℃	液态密度/(g·cm^{-3})
乙炔	ethyne	$HC{\equiv}CH$	−81.5	−75	0.618 1
丙炔	propyne	$HC{\equiv}CCH_3$	−102.7	−23.2	0.671 4
丁-1-炔	but-1-yne	$HC{\equiv}CCH_2CH_3$	−125.7	8.7	0.678 4
丁-2-炔	but-2-yne	$H_3CC{\equiv}CCH_3$	−32.2	27.0	0.691 0
戊-1-炔	pent-1-yne	$HC{\equiv}CCH_2CH_2CH_3$	−106.5	39.7	0.690 1
戊-2-炔	pent-2-yne	$H_3CC{\equiv}CCH_2CH_3$	−109.5	56.1	0.710 7

* 在 118.7kPa 的压力下。

四、化学性质

炔烃的碳碳叁键比较活泼,其化学性质与烯烃相似,可以发生加成、氧化等反应。但炔烃的叁键碳原子是 sp 杂化,使其化学性质与烯烃又有一些区别,能发生一些烯烃不能发生的反应。

(一) 酸性

炔烃中与叁键碳原子连接的氢原子具有弱酸性,可以被一些金属离子取代。乙炔、乙烯和乙烷的 pK_a 如下:

$$HC{\equiv}CH \quad H_2C{=}CH_2 \quad H_3C{-}CH_3$$
$$pK_a \quad {\sim}25 \quad\quad {\sim}44 \quad\quad {\sim}50$$

乙炔及末端炔烃($RC{\equiv}CH$)在液氨溶液中与氨基钠反应,叁键碳原子上的氢被取代生成相应的炔化钠:

$$RC{\equiv}CH + NaNH_2 \xrightarrow{NH_3(l)} RC{\equiv}CNa + NH_3$$
$$\text{炔化钠} \quad (pK_a{=}34)$$

乙炔及 $RC{\equiv}CH$ 类型的炔烃与硝酸银或氯化亚铜的氨溶液反应,可生成白色的炔化银沉淀或红棕色的炔化亚铜沉淀:

$$HC{\equiv}CH + 2Ag(NH_3)_2NO_3 \longrightarrow AgC{\equiv}CAg{\downarrow} + 2NH_4NO_3 + 2NH_3$$
$$\text{乙炔} \quad\quad\quad \text{乙炔银(白色)}$$

$$HC{\equiv}CH + 2Cu(NH_3)_2Cl \longrightarrow CuC{\equiv}CCu{\downarrow} + 2NH_4Cl + 2NH_3$$
$$\text{乙炔} \quad\quad\quad \text{乙炔亚铜(红棕色)}$$

上述反应的灵敏度很高,常用于乙炔及 $RC{\equiv}CH$ 类型炔烃的鉴别,叁键上无氢的炔烃不能发生此反应。干燥的金属炔化物在受热或受震动时易发生爆炸,因此,实验结束后应及时加入稀 HNO_3 将其分解。

(二) 亲电加成反应

炔烃与烯烃一样,可以进行亲电加成反应。

1. 与卤素加成 炔烃与烯烃一样,也可以和卤素(Br_2 或 Cl_2)发生亲电加成反应,但炔烃的亲电加成反应速率比烯烃略慢。只要有足够量的卤素就可以将两个 π 键打开,直接得到四卤代烷烃。例如:

$$HC{\equiv}CCH_3 + 2Br_2 \xrightarrow{CCl_4} H{-}\underset{\underset{Br}{|}}{\overset{\overset{Br}{|}}{C}}{-}\underset{\underset{Br}{|}}{\overset{\overset{Br}{|}}{C}}{-}CH_3$$
$$\text{丙炔} \quad\quad\quad \text{1, 1, 2, 2-四溴丙烷}$$

炔烃与溴的加成产物也是无色化合物,其反应现象为溴的四氯化碳溶液的红棕色褪去。因此,此反应也可用于炔烃的鉴别。

当分子内同时存在碳碳叁键和碳碳双键时,碳碳双键优先与卤素发生加成反应。例如:

$$HC\equiv C-CH_2-CH=CH_2\,(1mol)+Br_2\,(1mol)\longrightarrow HC\equiv C-CH_2-\underset{Br}{\overset{}{CH}}-\underset{Br}{\overset{}{CH_2}}$$

戊-1-烯-4-炔   4,5-二溴戊-1-炔

> **5-7** 试用简单的化学方法鉴别戊烷、戊-1-烯、戊-1-炔。

2. 与卤化氢加成 炔烃与卤化氢(HCl、HBr、HI)加成生成相应的卤代烃,反应速率也比烯烃慢。首先,加一分子卤化氢生成卤代烯烃,过量卤化氢存在下继续加卤化氢生成二卤代烷。此加成反应也遵循马氏规则。例如:

$$HC\equiv CCH_3 + HCl \longrightarrow H_2C=\underset{Cl}{\overset{}{C}}CH_3 \xrightarrow{HCl} H_3C-\underset{Cl}{\overset{Cl}{C}}CH_3$$

丙炔   2-氯丙烯   2,2-二氯丙烷

炔烃加溴化氢反应也存在过氧化物效应,反应机制也是自由基加成,生成反马氏规则的产物。

3. 与水加成 在汞盐(如硫酸汞)的催化下,炔烃在稀硫酸溶液中,能与水发生加成反应,首先生成不稳定的烯醇,然后烯醇会异构化为更稳定的羰基化合物,此反应也称为炔烃的水合反应。不对称炔烃加水遵守马氏规则。

$$RC\equiv CH + H_2O \xrightarrow[H_2SO_4]{HgSO_4} R-\overset{OH}{\underset{}{C}}=CH_2 \rightleftharpoons R-\overset{O}{\underset{}{C}}-CH_3$$

炔烃   烯醇   酮
（羰基化合物）

乙炔加水的最终产物是乙醛,这是工业上制备乙醛的方法之一;其他炔烃加水的产物都是酮。

> **5-8** 写出下面反应的产物。
>
> $$CH_3CH_2CH_2C\equiv CCH_2CH_3 + H_2O \xrightarrow[H_2SO_4]{HgSO_4}$$

(三) 还原反应

1. 催化加氢 炔烃和烯烃一样,在铂或钯等催化剂的存在下,可以发生加氢反应。此反应通常不能停留在烯烃阶段,而是直接生成烷烃。

$$HC\equiv CH \xrightarrow[H_2]{Pt} H_2C=CH_2 \xrightarrow[H_2]{Pt} H_3C-CH_3$$

乙炔   乙烯   乙烷

若用特殊方法制备的催化剂,如 Lindlar Pd(将金属钯的细粉末沉淀在碳酸钙上,再用醋酸铅溶液处理以降低其活性),可使反应产物为顺式烯烃。例如:

$$CH_3(CH_2)_2C\equiv C(CH_2)_7CH_3 \xrightarrow[H_2]{Lindlar\ Pd} \underset{H}{\overset{CH_3(CH_2)_2}{}}C=C\underset{H}{\overset{(CH_2)_7CH_3}{}}$$

顺-十三碳-4-烯

2. 用碱金属还原 在液氨中,可用碱金属钠、钾或锂还原炔烃,主要生成反式烯烃。例如:

$$CH_3(CH_2)_2C\equiv C(CH_2)_7CH_3 \xrightarrow[NH_3(l)]{Na} \underset{H}{\overset{CH_3(CH_2)_2}{}}C=C\underset{(CH_2)_7CH_3}{\overset{H}{}}$$

反-十三碳-4-烯

（四）氧化反应

炔烃的碳碳叁键在高锰酸钾等氧化剂的作用下可发生断裂,生成羧酸、二氧化碳等产物。例如：

$$3HC{\equiv}CH + 10KMnO_4 + 2H_2O \longrightarrow 6CO_2 + 10KOH + 10MnO_2$$

$$CH_3(CH_2)_2C{\equiv}CCH_2CH_3 \xrightarrow[H^+]{KMnO_4} CH_3(CH_2)_2COOH + CH_3CH_2COOH$$

根据生成产物的种类和结构可推断炔烃的结构。

与烯烃相似,炔烃与高锰酸钾溶液反应使其褪色的现象,也可作为鉴别分子中可能存在碳碳叁键的依据。

习题

5-9　写出 C_5H_8 的所有同分异构体(不包括立体异构体和环状化合物),并用系统命名法命名。

5-10　用系统命名法命名下列化合物。

（1）

（2）
$$CH_3CH_2\underset{\overset{|}{CH=CH_2}}{CH}CH_2CH_3$$

（3）
$$CH_3CH_2\underset{\overset{\|}{CHCH_2CH_3}}{\overset{\overset{CH_3}{|}}{C}}CHCH_2CH_2CH_3$$

（4）
$$CH_3-\underset{\overset{|}{CH_3}}{C}=CH-C{\equiv}CH$$

（5）

（6）
$$CH_2=CHCH_2\underset{\overset{|}{CH_3}}{CH}C{\equiv}CH$$

5-11　写出下列化合物的结构式。

（1）顺-4-甲基戊-2-烯

（2）(Z)-3,4-二甲基己-2-烯

（3）3-氯环己-1-烯

（4）环戊-1,3-二烯

（5）2,2-二甲基己-3-炔

（6）己-2-烯-4-炔

5-12　写出下列反应的主要产物。

（1）
$$CH_3CH_2\underset{\overset{|}{CH_3}}{C}=CH_2 + HBr \longrightarrow$$

（2）$CCl_3CH=CH_2 + HCl \longrightarrow$

（3）$(CH_3)_2CHC{\equiv}CH + HCl \longrightarrow$

（4）
$$CH_3\underset{\overset{|}{CH_3}}{C}=CH_2 \xrightarrow[H^+]{KMnO_4}$$

（5）$CH_3CH=CH_2 + H_2SO_4 \longrightarrow$

（6）$CH_3CH_2C{\equiv}CH + Ag(NH_3)_2NO_3 \longrightarrow$

（7）$CH_3CH_2C{\equiv}CH + H_2O \xrightarrow[H_2SO_4]{HgSO_4}$

5-13　指出下列反应是否正确,不正确的请加以改正并说明原因。

（1）
$$CH_3\underset{\overset{|}{CH_3}}{C}=CHCH_3 \xrightarrow{HBr} CH_3\underset{\overset{|}{CH_3}}{CH}\underset{\overset{|}{Br}}{CH}CH_3$$

（2）

（3）
$$CH_3CH_2\underset{\overset{|}{CH_3}}{CH}CH_2C{\equiv}CH \xrightarrow[HgSO_4]{H_2O,H_2SO_4} CH_3CH_2\underset{\overset{|}{CH_3}}{CH}CH_2CH_2CHO$$

5-14 用简便的化学方法区别下列各组化合物。

（1）己烷、己-1-炔、己-3-炔

（2）戊-1-烯、戊-2-烯、戊烷

5-15 下面是单烯烃经高锰酸钾氧化所得的产物，试根据这些产物写出烯烃的结构。

（1）$(CH_3)_2CHCOOH$ 和 CO_2　　　　　　（2）$HOOCCH_2CH_2CH_2COOH$

（3）$(CH_3)_2CO$ 和 CH_3COOH

5-16 比较下列各对烯烃加硫酸反应的活泼性大小。

（1）丙烯和丁-2-烯　　　　　　　　　　（2）戊-1-烯和 2-甲基丁-1-烯

（3）丁-2-烯和 2-甲基丙-1-烯　　　　　　（4）丙烯和 3,3,3-三氯丙-1-烯

5-17 指出下列化合物有无构型异构现象，若有，则写出它们的异构体，并用顺、反法或 Z、E 法表示其构型。

（1）丁-2-烯酸　　　　　　　　　　　　（2）3-溴-2-甲基己-2-烯

（3）2-苯基丁-2-烯　　　　　　　　　　（4）1,2-二溴-1-氯乙烯

5-18 排列下列碳正离子的稳定性次序。

（1）$CH_3\overset{+}{C}HCH=CH_2$　　　　　　　　（2）$H_2C=CHCH_2\overset{+}{C}H_2$

（3）$H_3C-CH=CH-\overset{+}{C}H_2$　　　　　（4）

5-19 分子式为 C_4H_6 的链状化合物 A 和 B，A 能使高锰酸钾溶液褪色，也能与硝酸银的氨溶液发生反应，B 能使高锰酸钾溶液褪色，但不能与硝酸银的氨溶液发生反应，写出 A 和 B 可能的结构式。

（龚少龙）

本章思维导图　　　　　　　　　本章目标测试

第六章 | 环烷烃

环烷烃（cycloalkane）是一类重要的有机化合物，其中单环烷烃的通式为 C_nH_{2n}。环烷烃的结构不同于链状烷烃，具有烷烃的部分化学性质，同时也具有环状烷烃的特殊性质。环烷烃可根据分子中环的数目分为单环、双环和多环烷烃。本章主要介绍单环烷烃的结构、命名、构象、物理和化学性质等内容。环烷烃的开环反应是有机化学的典型反应，环己烷的构象异构是有机化学立体化学的重要内容。

第一节 | 环烷烃的命名和结构稳定性

一、命名

环烷烃的命名与烷烃相似，只是在同数碳原子的链状烷烃的名称前加"环"字。英文命名则加词头 cyclo。

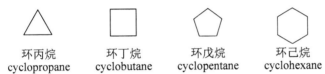

| 环丙烷 | 环丁烷 | 环戊烷 | 环己烷 |
| cyclopropane | cyclobutane | cyclopentane | cyclohexane |

环碳原子的编号，应使环上取代基的位次最小。有多个取代基时，按照"最低位次组"原则进行编号。书写名称时按照取代基的英文名称首字母顺序依次列出。例如：

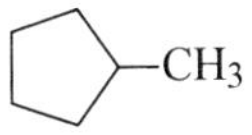

甲基环戊烷
methylcyclopentane

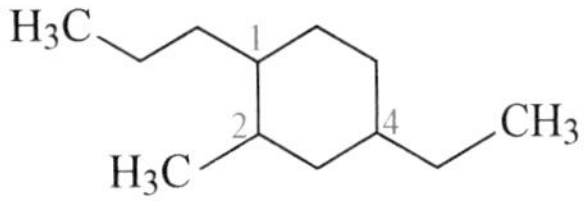

4-乙基-2-甲基-1-丙基环己烷
4-ethyl-2-methyl-1-propylcyclohexane

如果在遵守"最低位次组"原则的情况下，还有多种编号选择，则按照取代基英文名称首字母次序排列，先列出的取代基给予较小编号。

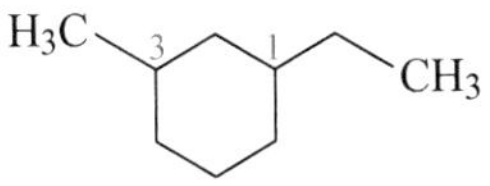

1-乙基-3-甲基环己烷
1-ethyl-3-methylcyclohexane

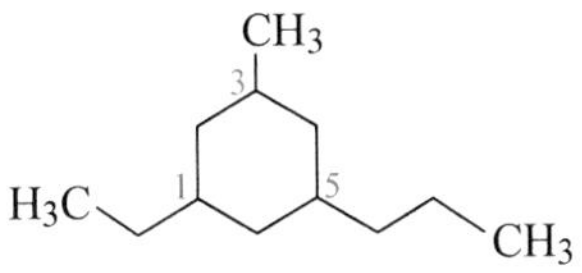

1-乙基-3-甲基-5-丙基环己烷
1-ethyl-3-methyl-5-propylcyclohexane

对于分子中既有环又有链的烷烃，通常是通过比较两个部分所含碳原子的数目来确定母体，以所含碳原子数多者对应的烷烃为母体。如果是链对应的烷烃作为母体，则环烷烃部分为取代基，称为环烷基（cycloalkyl），它是环烷烃分子去掉一个氢原子剩下的基团。环烷基作为取代基参与命名时其词头"环（cyclo）"字要参与取代基英文名称首字母排序。例如：

—CH₂CH₂CH₂CH₂—

1,4-二环丙基丁烷
1,4-dicyclopropylbutane

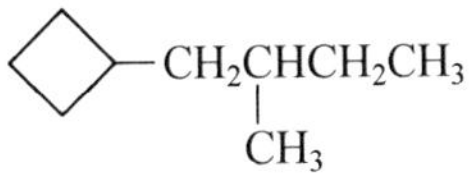

—CH₂CHCH₂CH₃
      |
      CH₃

1-环丁基-2-甲基丁烷
1-cyclobutyl-2-methybutane

环烷烃碳环的碳碳单键因受环的限制而不能自由旋转,所以当成环的两个碳原子各连有一个取代基时,可产生顺、反两种构型异构体,两个取代基位于环平面同侧的,称为顺式异构体(*cis*-isomer);位于环平面异侧的,则称为反式异构体(*trans*-isomer)。例如1,3-二甲基环戊烷,具有顺式和反式两种构型异构体。

顺-1,3-二甲基环戊烷　　　　　反-1,3-二甲基环戊烷
cis-1,3-dimethylcyclopentane　　　*trans*-1,3-dimethylcyclopentane

二、结构与稳定性

两个原子形成共价键时,其键角与成键原子轨道的角度匹配越好,重叠程度才越大,键越牢固。与 sp^3 杂化碳原子相匹配的键角为 $109°28'$,如果环烷烃中 C—C—C 键角偏离此角度将导致环上 C—C—C 键角产生力图恢复正常键角的张力,称为角张力(angle strain)。键角与成键原子轨道的角度偏差越大,则角张力越大,环越不稳定。

在环丙烷分子中,环内键角均为 $60°$,导致 sp^3 杂化轨道彼此不能沿键轴方向重叠,重叠方式介于 σ 键和 π 键之间,形成弯曲的碳碳单键(图6-1),这种弯曲的碳碳单键与一般的碳碳单键比,存在很大的角张力,导致分子不稳定,易发生开环反应。

环丁烷的情况与环丙烷类似,只是环内键角比环丙烷大一些,原子轨道的角度和成键角度偏差小一些,角张力相对较小,比环丙烷稳定些,但仍易发生开环反应。

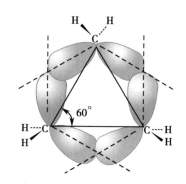

图 6-1　环丙烷分子中的"弯曲键"

为减少角张力,构成环烷烃的碳原子并不固定在同一平面,实际上除了环丙烷中的三个原子在一个平面外,其他环烷烃的碳原子都不在一个平面,通过改变环的几何形状(详见本章第二节中"环己烷的构象"内容),环内键角可接近 sp^3 杂化轨道的角度,减小张力,增大环的稳定性。一般环戊烷和环己烷较稳定,不发生开环反应,化学性质稳定。环烷烃稳定性的顺序是:环己烷 > 环戊烷 > 环丁烷 > 环丙烷。

第二节 | 环烷烃的构象

一、环戊烷的构象

通常环戊烷的四个碳原子处在一个平面上,一个碳原子离开平面,时而在上,时而在下,呈动态平衡。环戊烷环上每一个碳原子在构象动态转换时,依次轮流离开平面。环戊烷的优势构象是离开平面的碳原子上的氢原子与相邻碳上的氢原子呈近似交叉式构象(图6-2)。

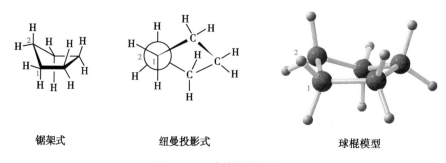

锯架式　　　　　　纽曼投影式　　　　　　球棍模型

图6-2　环戊烷的优势构象

二、环己烷的构象

（一）椅式构象和船式构象

若环己烷分子中碳原子在同一平面上时，其碳碳键角为 120°，存在较大的角张力。实际上分子自动折曲而形成非平面的构象，在一系列构象的动态平衡中，椅式构象（chair conformation）和船式构象（boat conformation）是两种典型的构象。在常温下，由于分子的热运动可使船式和椅式两种构象互相转变，因此不能分离出环己烷的船式或椅式中的某一种构象异构体。可以用锯架式、纽曼投影式和球棍模型表示环己烷的椅式构象（图 6-3）。

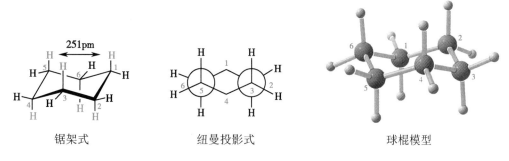

椅式构象　　　　　　船式构象

环己烷的两种典型构象

锯架式　　　　　纽曼投影式　　　　　球棍模型

图 6-3　环己烷的椅式构象

（二）构象稳定性分析

环己烷椅式构象（图 6-3）环内的碳碳键角均接近 $109°28'$，基本消除了角张力的影响；C_1、C_3、C_5 或 C_2、C_4、C_6 上的三个竖氢原子间的距离均为 251pm，大于氢原子的范德华半径之和（240pm），无范德华斥力，即没有空间张力；环上相邻碳处于交叉式构象，扭转张力较低。因椅式构象的环己烷既无角张力，又无空间张力，扭转张力也较小，所以是一种广泛存在于自然界的稳定性极高的优势构象。

船式构象的环己烷虽然也无角张力，但 C_1 与 C_4 两个船头碳上的氢原子伸向环内侧，彼此间相距 183pm，远小于两个氢原子的范德华半径之和，相互间斥力较大，存在因空间拥挤而产生的空间张力；此外，同处"船底"的 C_2 与 C_3、C_5 与 C_6 两对碳上均处于全重叠式构象，具有较大的扭转张力。由于这两种张力的存在，分子内能较高，船式构象的能量比椅式构象高 29.7kJ·mol^{-1}。在室温下，99.9% 的环己烷分子是以椅式构象存在。

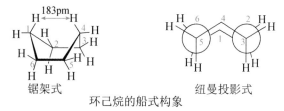

锯架式　　　　　　　　纽曼投影式

环己烷的船式构象

在椅式环己烷分子中有 12 根碳氢键，它们可分为两组：垂直于 C_1、C_3、C_5（或 C_2、C_4、C_6）碳原子所组成平面的 6 根碳氢键，称为竖键（axial bond）或直立键，用 a 键表示，其中 3 根竖键相间分布于环平面之上，另外 3 根竖键则相间分布于环平面之下。其余 6 根碳氢键与垂直于环平面的对称轴成 $109°28'$ 的夹角，称为横键（equatorial bond）或平伏键，用 e 键表示。环上的每个碳原子都有 1 根 a 键和 1 根 e 键，通过环内碳碳键的转动，可进行环的翻转（C_1 向下，C_4 向上），使原来环上的 a 键全部变为 e 键,而原来的 e 键则全部变为 a 键。

这种从一种椅式构象转变为另一种椅式构象的过程称为翻环作用。翻环作用需要 $46kJ \cdot mol^{-1}$ 的能量,在常温下可迅速地进行。

6-1 根据 A、B、C 三个基团所在的位置朝向,标出经过翻转后它们各自的位置朝向,其中 A 基团已标出。

(三) 单取代环己烷的构象

环己烷分子中的一个氢原子被其他原子或基团取代时,取代基可处于横键或竖键,故取代环己烷可以两种不同的椅式构象存在,其中竖键上的取代基与 C_3 和 C_5 位上的竖键氢原子距离较近,相互间斥力较大,该构象较不稳定;横键取代的构象能量较低,是较稳定的优势构象。在甲基环己烷分子中,甲基在横键的构象比竖键的构象能量低 $7.5kJ \cdot mol^{-1}$,室温下,横键取代的甲基环己烷在两种构象的平衡混合物中占 95%(图 6-4)。

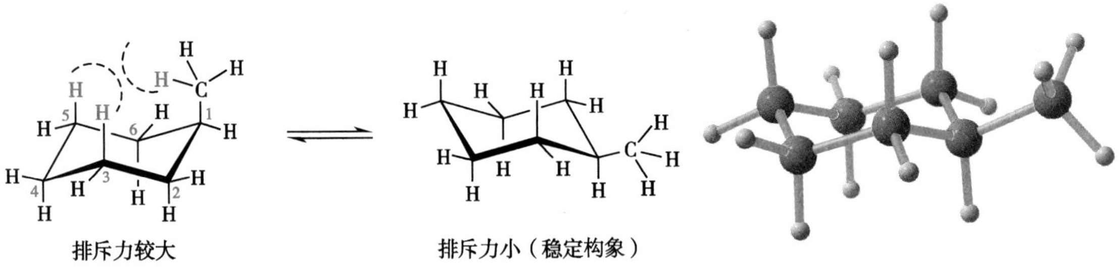

图 6-4 甲基环己烷的椅式构象

取代基的体积越大,取代基在横键和在竖键的两种构象的能量差也越大,横键取代构象所占的比例就越高。例如,在室温下,叔丁基环己烷的叔丁基几乎 100% 处于横键。总之,一取代环己烷的最稳定的椅式构象是取代基在横键的构象。

(四) 二取代环己烷的构象

环己烷分子中两个碳原子上的氢原子被其他原子或基团取代时,就形成了二取代环己烷。由于二取代环己烷存在顺反异构体,其构象问题较单取代环己烷的构象问题复杂。二取代环己烷的构象变化不会影响其顺反构型。

顺-1,2-二甲基环己烷的两种椅式构象(图 6-5)中,均有一个甲基在 a 键,另一个甲基在 e 键(ea 键或 ae 键)。两种构象的能量相等,稳定性相同。

反-1,2-二甲基环己烷也有两种椅式构象,一种是两个甲基都处于横键(ee 键),另一种则都处于竖键(aa 键)。显然 ee 键构象是比 aa 键构象稳定的优势构象(图 6-6)。

反-1,2-二甲基环己烷的优势构象中,两个甲基都处于 e 键,而在顺-1,2-二甲基环己烷的任一构象中,只有一个甲基处于 e 键,所以反-1,2-二甲基环己烷的优势构象比顺-1,2-二甲基环己烷稳定。其稳定性次序是:

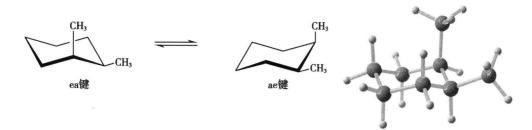

图 6-5 顺-1,2-二甲基环己烷的椅式构象

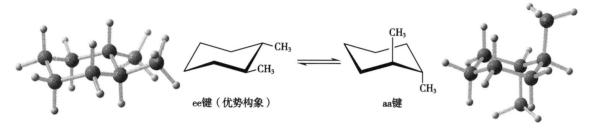

图 6-6 反-1,2-二甲基环己烷的椅式构象

6-2 分析 1,3-二甲基环己烷构象,并由大到小排列各构象异构体的稳定性。

6-3 分析 1,4-二甲基环己烷构象,并由大到小排列各构象异构体的稳定性。

当环己烷环上的取代基不同时,大基团位于 e 键的构象为优势构象,如:在顺-1-叔丁基-4-甲基环己烷中,由于庞大的叔丁基倾向于占据 e 键的位置,叔丁基位于 e 键的构象为优势构象。

顺-1-叔丁基-4-甲基环己烷　　优势构象

在反-1-叔丁基-4-甲基环己烷中,甲基和叔丁基均位于 e 键上的构象为优势构象。

反-1-叔丁基-4-甲基环己烷

1-叔丁基-4-甲基环己烷的四种构象的稳定性为:

判断取代环己烷的优势构象,一般应把握以下要点:椅式构象是最稳定的构象;单取代时,取代基位于 e 键上为稳定构象;多个取代基时,e 键取代基最多的构象是稳定构象;有不同取代基时,较大取代基处于 e 键的构象是稳定构象;双取代时,优先满足顺反构型的基础上,讨论其构象稳定性,应注意不同位置的取代,对稳定性带来的差异。

第三节 │ 环烷烃的性质

一、物理性质

环烷烃的物理性质与烷烃相似。环烷烃都不溶于水,易溶于苯、四氯化碳、氯仿等低极性的有机溶剂。由于环烷烃分子中单键旋转受到一定的限制,分子运动幅度较小,并具有一定的对称性和刚性。因此,环烷烃的沸点、熔点和密度都比同碳原子数的开链烷烃略高。

二、化学性质

五元环和六元环等较大环的环烷烃与链状烷烃的化学性质很相似,与酸、碱、氧化剂和还原剂(如金属钠)等一般都不起反应;在光照、高温加热或者在过氧化物(R—O—O—R)存在的条件下,也能发生像链状烷烃那样的自由基取代反应。例如:

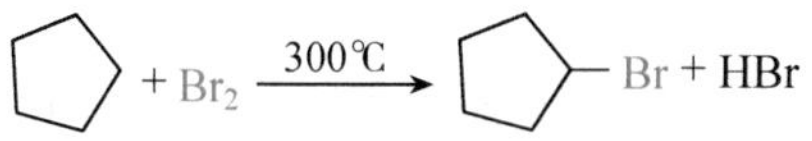

$$\text{环戊烷} + Br_2 \xrightarrow{300℃} \text{1-溴环戊烷} + HBr$$

由于三元、四元环烷烃的 σ 键具有一定程度的 π 键特征,可以发生开环反应,生成开链化合物。例如:

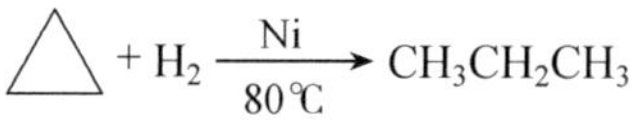

$$\text{环丙烷} + H_2 \xrightarrow[80℃]{Ni} CH_3CH_2CH_3 \ (\text{丙烷})$$

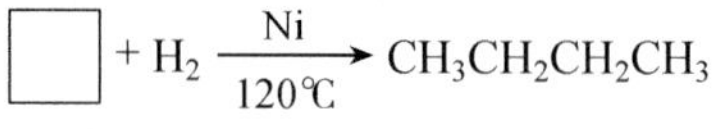

$$\text{环丁烷} + H_2 \xrightarrow[120℃]{Ni} CH_3CH_2CH_2CH_3 \ (\text{丁烷})$$

环丙烷在常温下即能与卤素或氢卤酸发生开环反应,生成链状化合物。

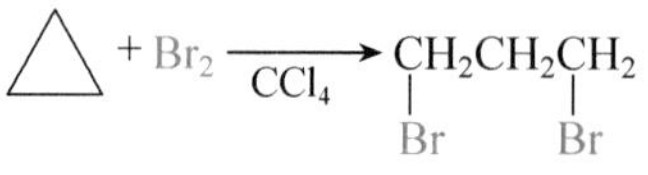

$$\text{环丙烷} + Br_2 \xrightarrow{CCl_4} \underset{\underset{Br}{|}}{CH_2}CH_2\underset{\underset{Br}{|}}{CH_2} \ (\text{1,3-二溴丙烷})$$

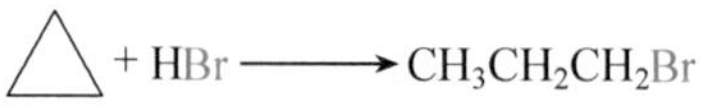

$$\text{环丙烷} + HBr \longrightarrow CH_3CH_2CH_2Br \ (\text{1-溴丙烷})$$

当烷基取代的环丙烷与氢卤酸作用时,碳环开环发生在氢原子最多和氢原子最少的两个碳原子之间,氢卤酸中的氢原子加在连氢原子较多的碳原子上,而卤原子则加在连氢原子较少的碳原子上。

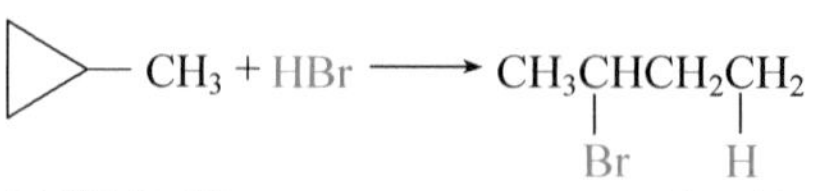

$$\text{甲基环丙烷} \;—CH_3 + HBr \longrightarrow CH_3\underset{\underset{Br}{|}}{CH}\underset{\underset{H}{|}}{CH_2}CH_2 \ (\text{2-溴丁烷})$$

环丁烷的反应活性比环丙烷略低,常温下环丁烷与卤素或氢卤酸不发生开环反应,在加热条件下才能发生反应。

习题

6-4　命名下列化合物。

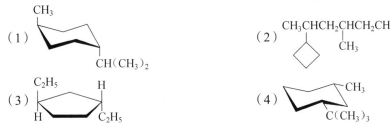

6-5　写出下列化合物的结构。

（1）顺-1-氯-2-甲基环己烷　　　　（2）顺-1-异丙基-3-甲基环己烷

（3）2-环丙基-4-叔丁基辛烷　　　　（4）反-1-异丙基-4-甲基环己烷

6-6　写出化合物顺-1-叔丁基-3-甲基环己烷及反-1-叔丁基-3-甲基环己烷的最稳定的构象。

6-7　写出下列化合物的优势构象。

（1）叔丁基环己烷　　　　　　　　（2）顺-1-氯-3-甲基环己烷

（3）反-1-氯-3-甲基环己烷　　　　（4）顺-1-乙基-2-甲基环己烷

注：—Cl 的共价半径约为 0.99Å，—CH_3 的共价半径约为 1.46Å。

6-8　写出 1-异丙基-2-甲基环己烷的 4 种典型构象，并排列其稳定性。

6-9　分子式为 C_7H_{14} 的环烷烃，只有 1 个伯碳原子，写出可能的环烷烃的结构式。

6-10　完成下列反应式。

（张静夏）

第七章 | 芳香烃

芳香烃(aromatic hydrocarbon)是芳香族碳氢化合物的简称,最简单的芳香烃是苯。在早期研究中人们发现许多苯的衍生物具有芳香气味,如桂皮醛(cinnamaldehyde)、β-苯乙醇(β-phenylethanol)等,因此将此类化合物称为"芳香化合物"。随着研究的深入,"芳香"一词已失去原有的含义,"芳香性"(aromaticity)现被用于描述化合物所具有的特殊理化性质。具有芳香性的化合物被称为芳香化合物(aromatic compound)。

第一节 | 苯及其同系物

一、苯的结构

苯(benzene)于1825年由英国科学家Michael Faraday从煤焦油中分得,当时仅确定碳氢比为1∶1,之后苯的分子式被确定为C_6H_6。在当时的条件下人们通过研究还知道苯中的六个H完全相同,且具有难氧化、难加成的化学性质。同时已知苯有一个单取代物,二、三、四取代物各有三种,五、六取代物各有一种。苯的高碳氢比及特殊的化学性质曾困扰了化学家们很多年,多种苯的可能结构相继被提出、否定,再提出、再否定。直到现代键价理论建立,苯的结构才被确定下来。现在已知苯中的6个碳原子均为sp^2杂化,其杂化轨道彼此通过"头对头"重叠形成平面六元环,未参与杂化的p轨道彼此"肩并肩"重叠形成完全离域的大π键,因此苯中的碳碳键并无单、双键之分。其碳碳平均键长为140pm,介于单键(154pm)和双键(134pm)之间。碳氢平均键长为108pm,碳碳键和碳氢键的键角均为120°(图7-1)。

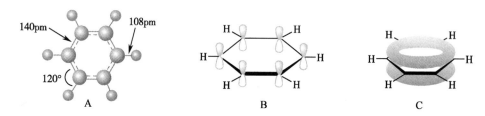

图 7-1 苯中的键长、键角、p 轨道及大 π 键
A. 键长、键角 B. 碳的 p 轨道 C. 大 π 键

对于苯的结构书写,人们仍习惯使用边长相等的单、双键交错形式来表示(Kekulé式),两种不同方式书写的Kekulé式完全等同。也可以用正六边形加一个圆圈来表示苯的结构(Pauling式),这种书写方式的缺点是不能显示苯环上π电子的数目。

二、苯同系物及取代苯的命名

苯的同系物是指苯中的H被烷基取代的产物,命名时通常选择苯为母体,如甲(基)苯、乙(基)苯、异丙(基)苯。

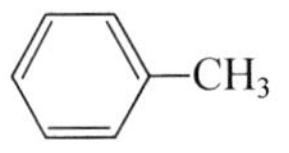

甲苯
toluene

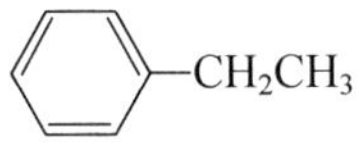

乙苯
ethylbenzene

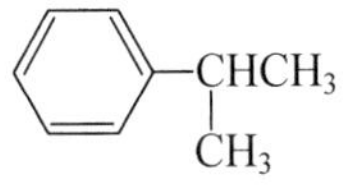

异丙苯
isopropylbenzene

苯环上有多个烃基取代时,取代基编号按照"最低位次组"原则。在符合"最低位次组"原则的前提下,如果还有多种编号选择,则取代基英文名首字母排序靠前者编号最小。例如:

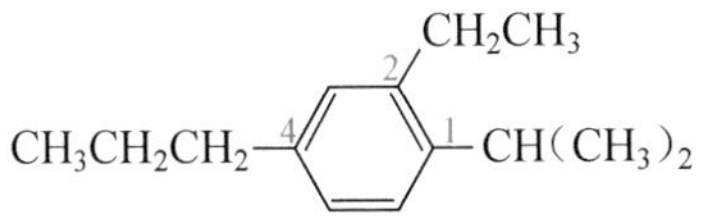

2-乙基-1-异丙基-4-丙基苯
2-ethyl-1-isopropyl-4-propylbenzene

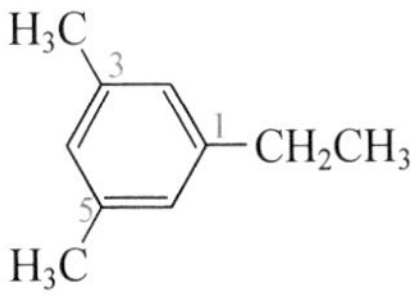

1-乙基-3,5-二甲基苯
1-ethyl-3,5-dimethylbenzene

当苯环侧链烃基的碳数超过 6 个时将苯环作为取代基,烃基作为主链,编号方式与烷、烯、炔相同(IUPAC 命名不论烃基链长短均选择苯环为命名母体)。苯环作为取代基时称为"苯基"(phenyl,缩写为 Ph)。苯甲基作为取代基时称为"苄基"(benzyl,缩写为 Bn)。苯基或取代的苯基统称为"芳基"(aryl,缩写为 Ar)。当苯环侧链含有羟基、氨基、磺酸基、羧基等官能团(见附录二)时,则无论侧链烃基碳原子是多少苯环均作为取代基。例如:

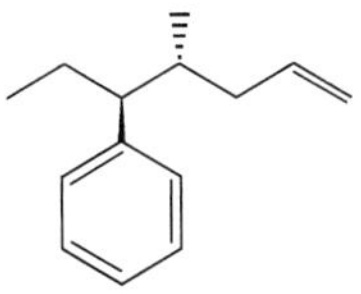

(4R,5S)-4-甲基-5-苯基庚-1-烯
((3S,4R)-4-methylhept-6-en-3-yl) benzene

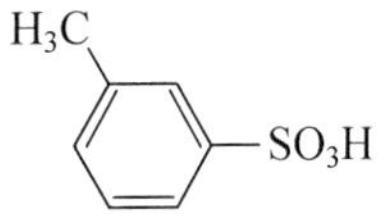

3-甲基苯磺酸
3-methylbenzenesulfonic acid

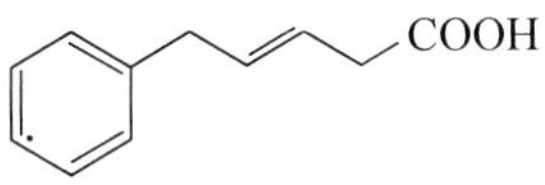

(E)-5-苯基戊-3-烯酸
(E)-5-phenylpent-3-enoic acid

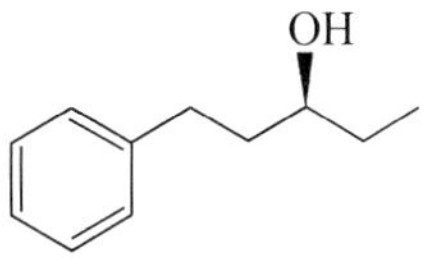

(S)-1-苯基戊-3-醇
(S)-1-phenylpentan-3-ol

二取代苯衍生物的俗名可使用邻-(o-)、间-(m-)、对-(p-)作为前缀,例如:

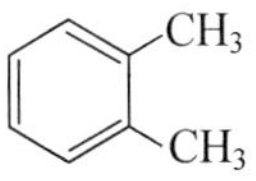

邻二甲苯
o-xylene

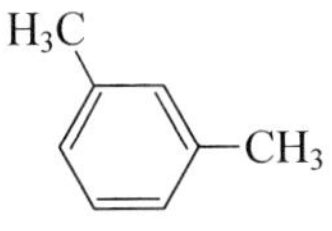

间二甲苯
m-xylene

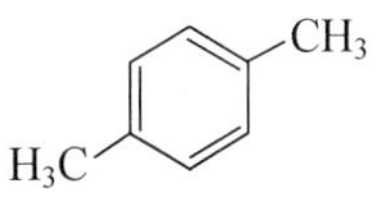

对二甲苯
p-xylene

三、苯及其同系物的物理性质

苯为无色、有芳香气味的液体,密度比水小,难溶于水,可溶于醚、醇等有机溶剂,苯也常作为低极性溶剂使用。苯具有致癌性,可通过皮肤和呼吸道进入人体。简单芳烃在常温下一般为液体,具有特殊的气味,也具有不同程度的毒性。苯及其同系物的物理常数见表 7-1。

表 7-1　苯及其同系物的物理常数

名称	英文名	熔点/℃	沸点/℃	密度/(g·cm⁻³)
苯	benzene	5.5	80	0.879
甲苯	toluene	-95	111	0.866

续表

名称	英文名	熔点/℃	沸点/℃	密度/(g·cm⁻³)
乙苯	ethylbenzene	-95	136	0.867
邻二甲苯	*o*-xylene	-25	144	0.881
间二甲苯	*m*-xylene	-48	139	0.864
对二甲苯	*p*-xylene	13	138	0.861

四、苯及烃基苯的化学性质

由于苯的大 π 键具有相当的电子稳定性,因此苯较难发生加成反应和氧化反应,而较易发生亲电取代反应(electrophilic substitution reaction)。

(一)亲电取代反应

由于 π 键的存在,苯可与亲电试剂(E⁺)结合,反应后苯环上的 H 被取代,生成一系列苯的衍生物。常见的亲电取代反应包括卤代(halogenation)反应、硝化(nitration)反应、磺化(sulfonation)反应、Friedel-Crafts 烷基化(alkylation)反应、Friedel-Crafts 酰基化(acylation)反应等,其中磺化反应为可逆反应。

苯的亲电取代反应分两步进行。首先苯与亲电试剂结合,形成环碳正离子。这一步反应活化能高,是限速步骤。然后反应体系中的负离子作为碱夺取环碳正离子上的 H,形成取代产物。这一步是从不稳定的环碳正离子重新恢复到稳定的大 π 键结构,活化能小、反应速度快。

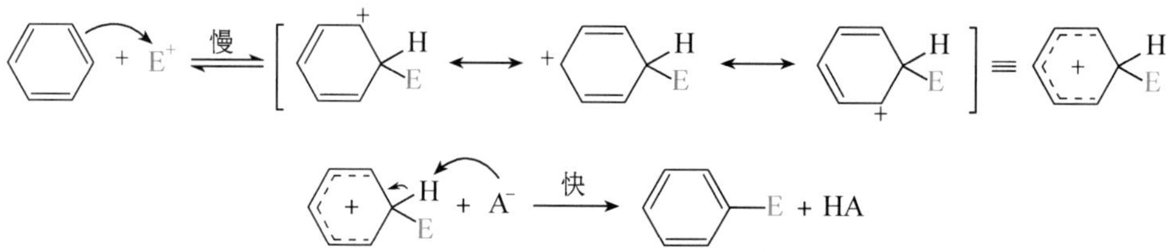

$$\text{机制反应图}$$

如果在反应的第二步环碳正离子与体系中的负离子结合生成加成产物,因该产物不具有大 π 键结构,稳定性较差,反应活化能高,且产物较起始物能量高,为吸热反应,不利于反应进程。

1. 卤代反应 苯在 Fe 或 FeX₃ 催化作用下与氯或溴反应可生成氯苯(chlorobenzene)或溴苯(bromobenzene)。

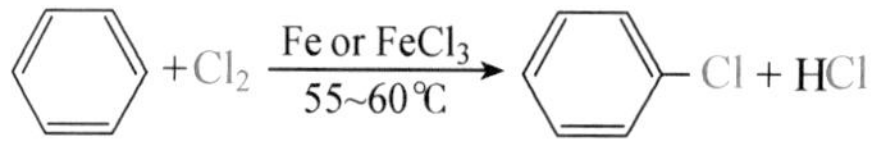

$$\text{氯苯反应图}$$
氯苯

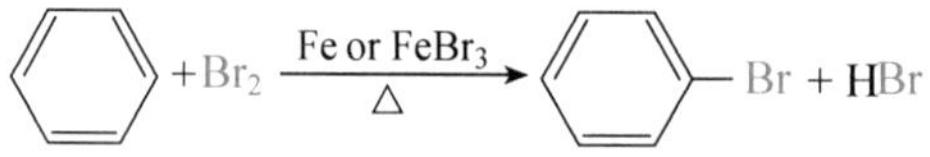

$$\text{溴苯反应图}$$
溴苯

苯与溴的反应机制为:

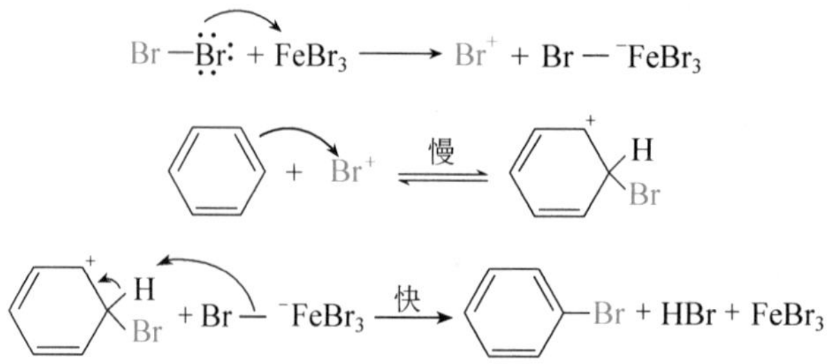

$$\text{Br—\ddot{B}r: + FeBr_3 \longrightarrow Br^+ + Br—^-FeBr_3}$$

$$\text{反应机制图}$$

2. 硝化反应 苯在浓硫酸催化作用下与浓硝酸反应生成硝基苯(nitrobenzene)。

$$\text{\Large$\bigcirc$} + HONO_2 \xrightarrow[30\sim40℃]{H_2SO_4} \text{\Large$\bigcirc$}-NO_2 + H_2O$$

硝基苯

在硝化反应中,HNO$_3$ 在浓硫酸作用下先脱水生成硝酰基正离子($^+NO_2$),然后苯与 $^+NO_2$ 结合再失 H$^+$ 得到取代产物。

$$H\ddot{O}-NO_2 + H-\overset{\cdot\cdot}{O}-SO_3H \rightleftharpoons H-\overset{+}{\underset{\cdot\cdot}{O}}-NO_2 \rightleftharpoons {}^+NO_2 + H_2O$$

3. 磺化反应　苯与浓硫酸或发烟硫酸(H$_2$SO$_4$ 和 SO$_3$ 的混合物)反应生成苯磺酸(benzene sulfonic acid)。这一反应是可逆反应,苯磺酸与稀酸共热时,可脱去磺酸基转变为苯。

$$\text{\Large$\bigcirc$} + SO_3 \xrightarrow[H^+,100℃]{H_2SO_4} \text{\Large$\bigcirc$}-SO_3H$$

苯磺酸

磺化反应中的亲电试剂是 SO$_3$:

苯磺酸易溶于水,可通过磺化反应在难溶于水的苯衍生物中引入磺酸基,增强其水溶性。

4. Friedel-Crafts 烷基化、酰基化反应　苯在无水 AlCl$_3$ 等 Lewis 酸催化下,与卤代烃或酰卤反应生成烷基苯或酰基苯(芳香酮)。该反应是由法国化学家 Charles Friedel 和美国化学家 James Mason Crafts 共同发现的,因此被称为傅-克(Friedel-Crafts)反应。

$$\text{\Large$\bigcirc$} + CH_3CH_2Cl \xrightarrow{AlCl_3} \text{\Large$\bigcirc$}-CH_2CH_3 + HCl$$

$$\text{\Large$\bigcirc$} + H_3C-\overset{O}{\overset{\|}{C}}-Cl \xrightarrow{AlCl_3} \text{\Large$\bigcirc$}-\overset{O}{\overset{\|}{C}}-CH_3 + HCl$$

在烷基化反应中,卤代烃首先在 Lewis 酸催化作用下生成碳正离子,然后再与苯环结合。

$$H_3CH_2C-\overset{\frown}{Cl} + AlCl_3 \longrightarrow H_3C-\overset{+}{C}H_2 + Cl-{}^-AlCl_3$$

由于碳正离子形成后可能会发生重排,因此用卤代烃作为烷基化试剂可能会在苯环上引入与卤代烃中不同的烷基。

> **7-1**　试解释:(1)为什么芳香族化合物的亲电取代反应需要催化剂? (2)为什么环碳正离子中间体是脱去 H 形成取代产物而不是结合亲核基团生成加成产物?

(二) 还原反应

苯较烯烃难还原,可以用催化活性更高的铂或铑将苯还原成环己烷。

$$\text{\Large$\bigcirc$}\!\!-\!\!CH\!=\!CH\!-\!CH_3 \xrightarrow[EtOH]{H_2,\ Pd} \text{\Large$\bigcirc$}\!\!-\!\!CH_2CH_2CH_3$$

$$\text{\Large$\bigcirc$} + 3H_2 \xrightarrow[2\sim3atm,30℃]{Pt/AcOH} \text{\Large$\bigcirc$}$$

（三）烷基苯的自由基取代反应

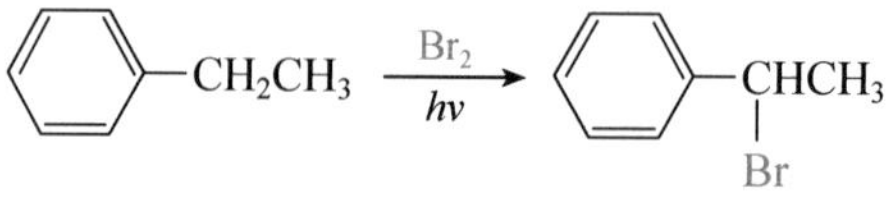

烷基苯在光照或加热条件下可与氯或溴发生烷基的自由基取代反应。由于苄自由基稳定性较高,因此反应时主要得到 α-取代产物。氯的反应活性比溴高,但选择性比溴低。烃基自由基相对稳定性顺序如下:

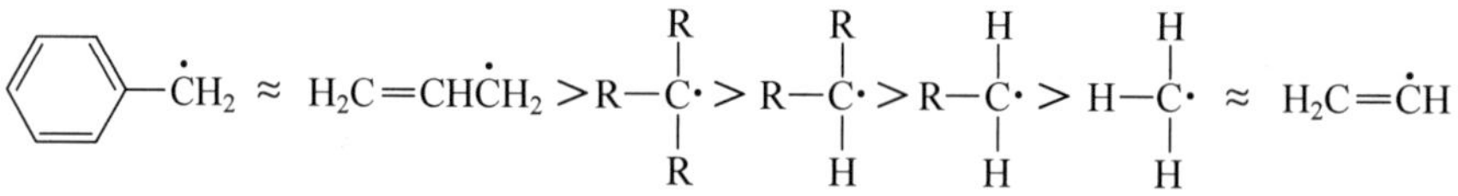

（四）烯基苯的亲电加成反应

苯环上有烯基取代时,可与卤素、HX 等发生亲电加成反应。由于苄基碳正离子的稳定性较高,因此丙烯基苯与 HBr 反应的主产物是 1-溴丙基苯。

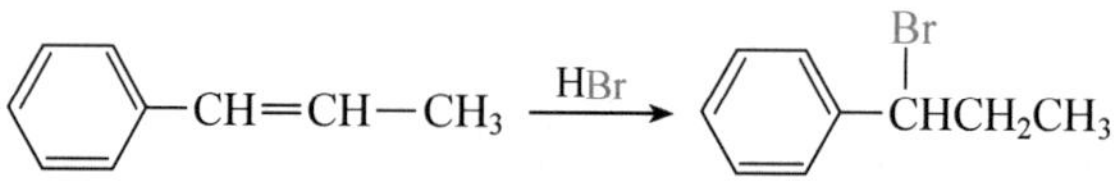

（五）烃基苯的氧化反应

苯环不被 $KMnO_4$、$Na_2Cr_2O_7$ 等强氧化剂氧化。如果烃基苯中位于 α 位的碳原子上有 H,可被氧化为苯甲酸,如果没有 α-H 则不能被氧化。

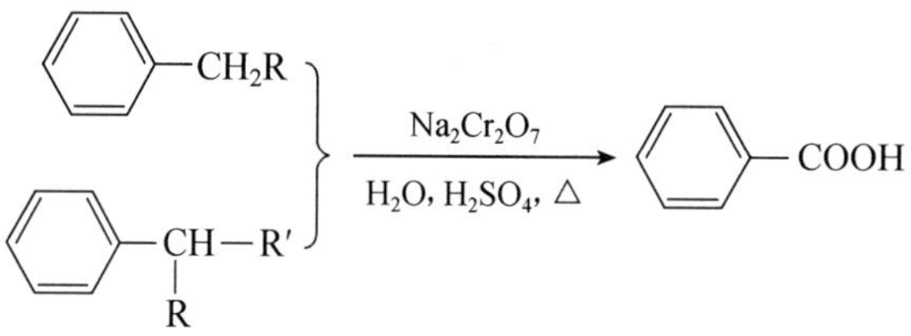

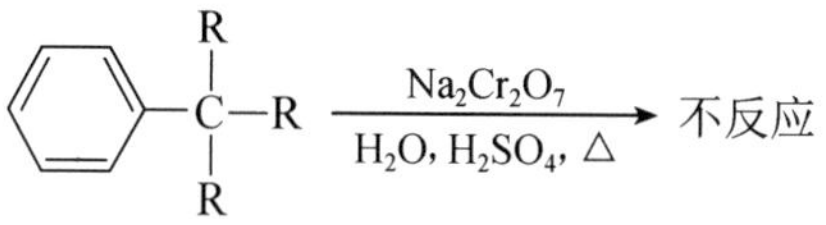

五、取代苯亲电取代反应的定位规律

（一）单取代苯的亲电取代反应

取代苯在发生亲电取代反应时,苯环上已有的取代基将影响反应速度,并决定新引入基团进入苯环的位置。如甲苯硝化时反应温度 25℃即可,主产物为邻硝基甲苯和对硝基甲苯。而硝基苯硝化时,须提高温度、增加硝酸的浓度,主产物为间二硝基苯。

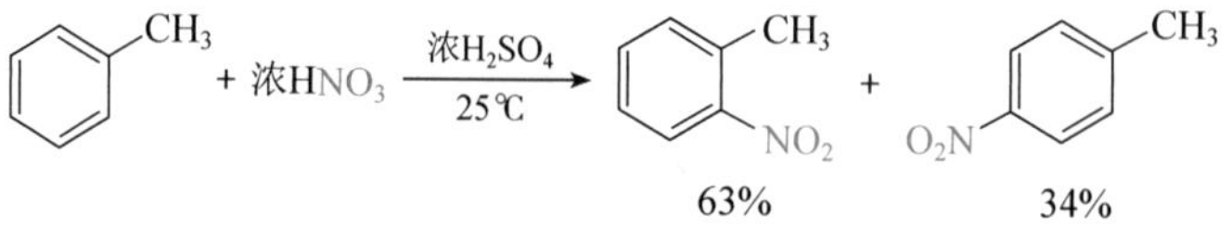

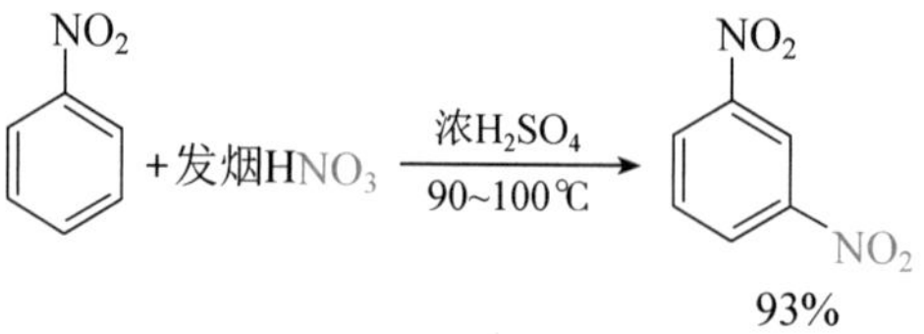

以苯的反应速率为标准,能使苯环亲电取代反应速率提高的取代基称为活化基团(activating group),使苯环亲电取代反应速率降低者称为钝化基团(deactivating group)。取代反应中使新基团主要进入原取代基邻位和对位的原取代基称为邻、对位定位基(ortho-para directing group),使新基团主

要进入间位的原取代基称为间位定位基（*meta*-directing group），原有取代基的这种导向作用称为定位效应（orienting effect）。取代基对苯衍生物取代反应速率的影响及定位效应见表 7-2。

表 7-2 取代基对苯衍生物取代反应速率的影响及定位效应

对反应速率的影响	基团	定位结果
强活化	$-NH_2$、$-NHR$、$-NR_2$、$-OH$	邻、对位
中等活化	$-NHCOR$、$-OR$、$-OCOR$	邻、对位
弱活化	$-R$、$-Ar$、$-CH=CHR$	邻、对位
强钝化	$-CF_3$、$-NO_2$、$-^+NH_3$、$-^+NR_3$	间位
中等钝化	$-SO_3H$、$-CHO$、$-COOH$、$-COR$、$-CN$、$-COOR$、$-CONH_2$	间位
弱钝化	$-X$	邻、对位

1. 活化基团   苯环的亲电取代反应速率与苯环上电子云密度正相关，活化基团是给电子基团，可使苯环电子云密度增大，反应变得更容易。例如：当苯环被 $-OH$、$-NH_2$ 取代后，苯环上发生溴代反应可不需要 $FeBr_3$ 催化，直接与溴反应即可。取代基的存在使苯环上碳的相对电子云密度不再均一。由于电子效应（见第五章）的影响，活化基团邻、对位碳的相对电子云密度更高，也更容易与亲电试剂结合，所以活化基团均为邻、对位定位基。

由于邻位碳有 2 个，被取代的概率更高，因此在空间位阻效应不明显时邻位取代产物较多。而当空间位阻效应较大时，如苯环上连接叔丁基，或亲电试剂为 SO_3 时，主要产物即为对位取代产物。

2. 钝化基团   使苯环电子云密度下降的吸电子基团为钝化基团，$-NO_2$、$-CHO$、$-COOH$ 等为具有吸电子诱导效应和共轭效应的基团，$-CF_3$ 为强吸电子诱导效应的基团，这些基团均使苯环的电子密度降低；同时使其间位的相对电子云密度升高，因此是间位定位基。碳卤键为极性共价键，卤原子的电负性比碳强，卤素的吸电子诱导效应强于给电子的共轭效应而使苯环电子云密度下降，是钝化基团；但是卤原子给电子的共轭效应使苯环邻、对位碳的相对电子云密度较高，所以为邻、对位定位基。

由于 $-CF_3$、$-NO_2$、$-COOH$、$-CHO$、$-SO_3H$ 等基团的钝化作用，苯环发生亲电取代反应的难度增大，因此这些苯衍生物通常不能发生 Friedel-Crafts 反应。

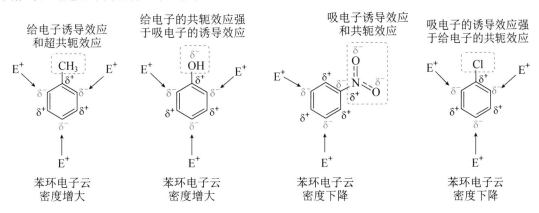

亲电取代反应的定位效应对芳香族化合物的合成有重要的意义。应用取代基的定位效应,可以预测取代反应的主要产物、设计合成方案。例如,用苯合成间硝基溴苯,应先硝化、再溴代:

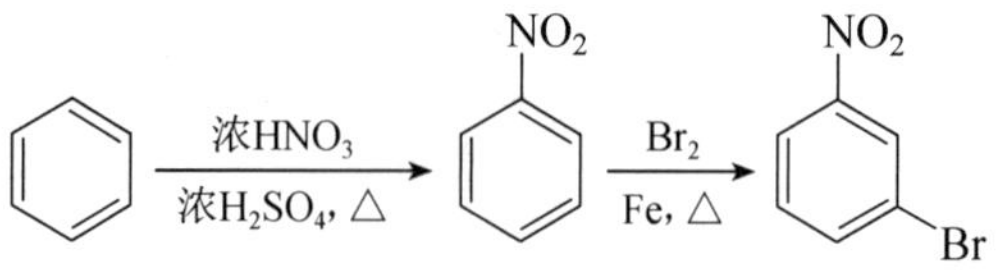

而合成邻或对硝基溴苯,则应先溴代、再硝化:

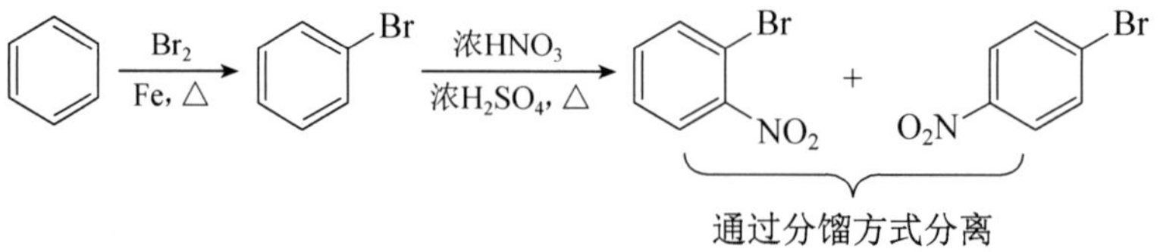

通过分馏方式分离

(二)二取代苯的亲电取代反应

当苯环上已有两个取代基,再次发生亲电取代反应时,若两个取代基的定位效应不一致则情况会较为复杂。如果一个是强活化基团、另一个是钝化基团或弱活化基团,或者一个是活化基团、另一个是强钝化基团,则第三个取代基进入的位置由活化基团决定。如果两个取代基的活化或钝化能力差异不大,则第三个基团进入的位置可由任一个取代基决定,没有主要产物。当有空间位阻效应存在时,第三个取代基优先进入空间位阻效应较小的位置。

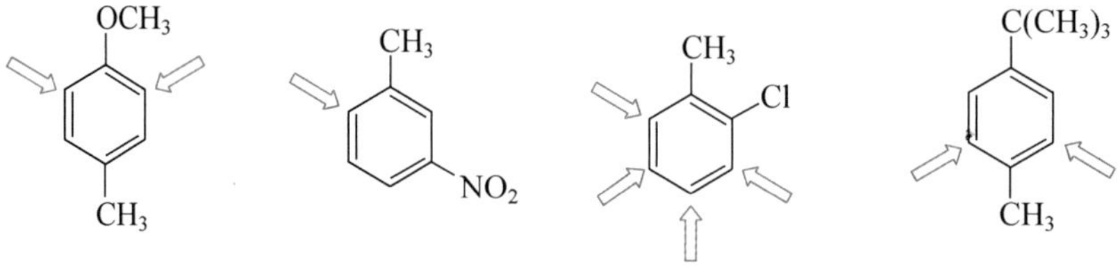

> 7-2 以甲苯为原料合成间溴苯甲酸和对溴苯甲酸。

第二节 | 稠环芳香烃

稠环芳香烃(condensed aromatics)是由两个或两个以上苯环共用碳碳键稠合形成的多环芳香烃,如萘、蒽、菲等。

一、萘

(一)结构

两个苯环稠和而成的化合物称为萘(naphthalene)。萘为无色结晶,熔点80℃、沸点218℃,可升华,不溶于水,能溶于乙醇、乙醚、苯等有机溶剂,在煤焦油中的含量约为4%~10%。萘环上碳原子的编号是固定的,其中 C_1、C_4、C_5、C_8 也称为 α 位,C_2、C_3、C_6、C_7 也称为 β 位。单取代萘有 α-取代和 β-取代两种异构体。

萘与苯类似,也是平面结构。碳中未参与杂化的 p 轨道垂直于分子平面,形成大 π 键(图7-2)。但萘环上的电子云密度不是完全平均化,α 位电子云密度较 β 位略高,其分子中有四种不等长的碳碳键。

(二)化学性质

1. 亲电取代反应 萘的亲电取代反应活性比苯大。单卤代及单硝化反应主产物均为 α-取代产物。

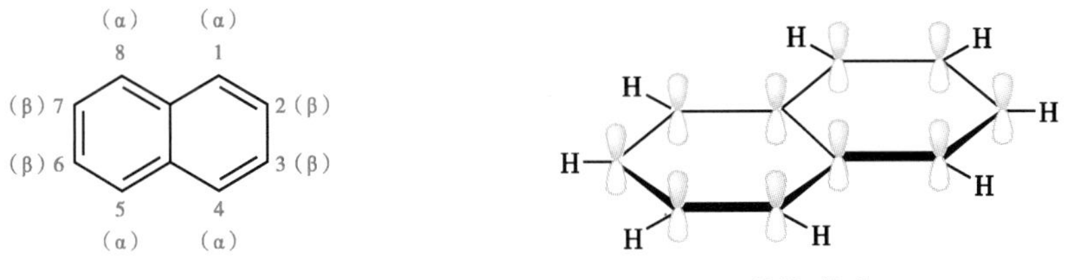

萘　　　　萘的p轨道

图 7-2　萘的结构及 *p* 轨道

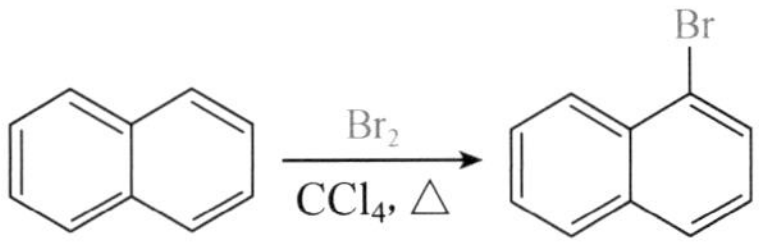

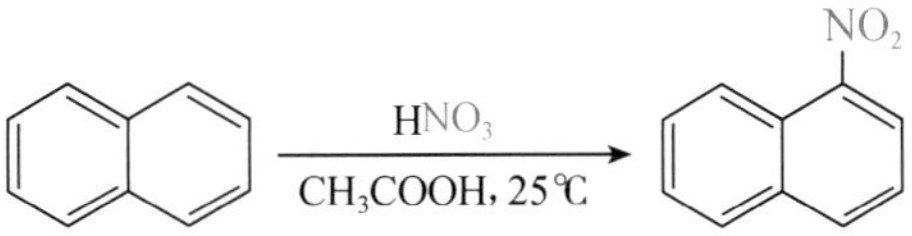

萘的磺化反应在较低加热温度下受动力学控制，主产物为 α-萘磺酸；在高温加热条件下反应受热力学控制，主产物是 β-萘磺酸。

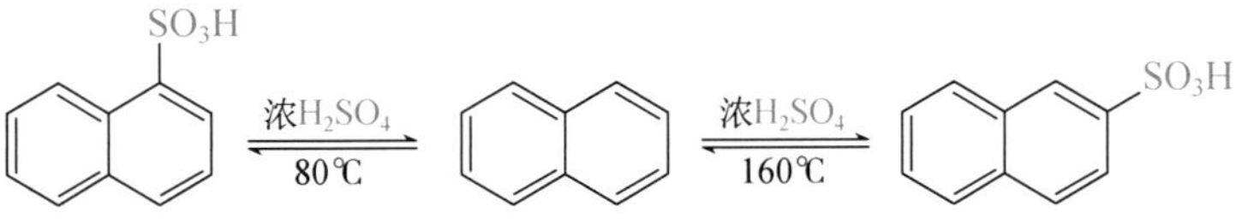

α-萘磺酸　　　　β-萘磺酸

2. 氧化反应　萘较苯容易发生氧化反应，温和氧化生成醌。

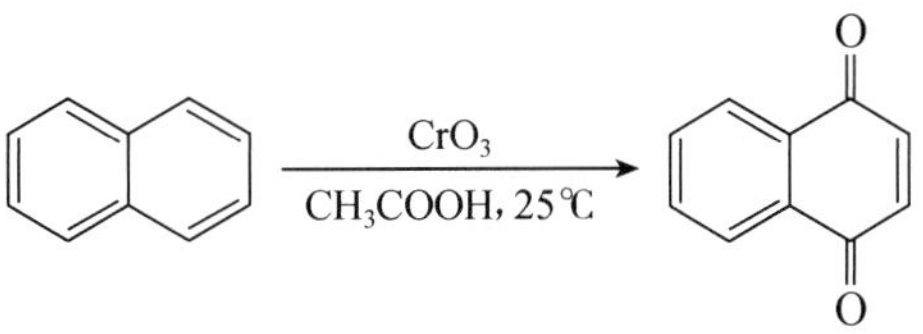

1, 4-萘醌

3. 还原反应　萘比苯容易发生加氢还原反应。在不同条件下，萘可以部分加氢得到四氢萘或完全氢化得到十氢萘。

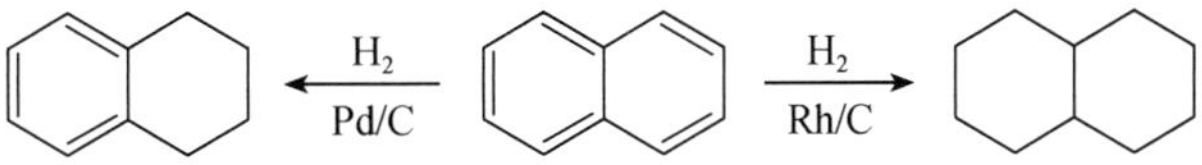

四氢萘　　　　十氢萘

二、蒽和菲

蒽（anthracene）和菲（phenanthrene）都存在于煤焦油中。蒽为无色片状晶体，熔点 217℃、沸点 354℃。菲为具有光泽的无色晶体，熔点 101℃、沸点 340℃。蒽和菲均由三个苯环稠合而成，与萘类似，蒽和菲的电子云密度也不均匀，环上碳原子的编号也是固定的。

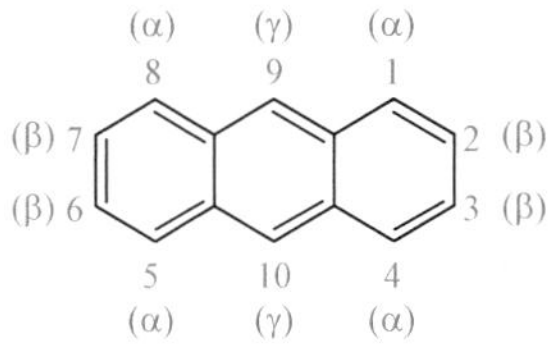

蒽

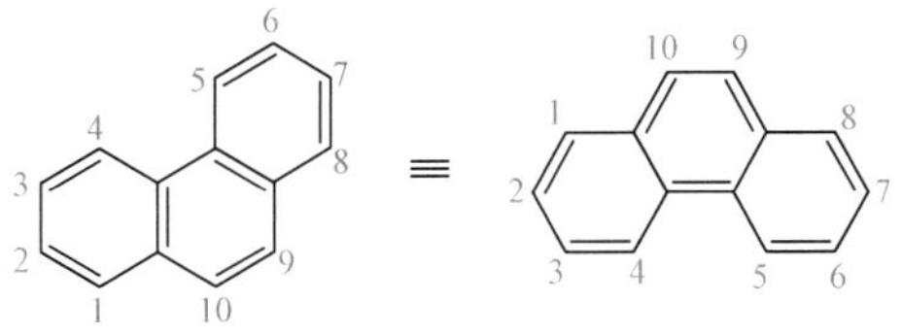

菲

与苯相比,蒽、菲的化学性质更活泼,可发生加成、氧化、还原等反应,反应主要发生在 C_9、C_{10} 位。

菲完全氢化后在 7、8 位与环戊烷稠合的结构称为环戊烷并氢化菲(cyclopenta noperhydro-phenanthrene),是甾族化合物的骨架(见第十六章)。

三、致癌芳香烃

致癌芳香烃(carcinogenic aromatic hydrocarbon)中大多数是蒽和菲的衍生物。例如:

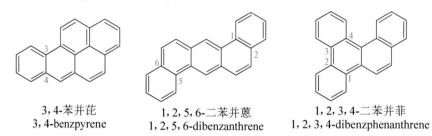

3,4-苯并芘
3,4-benzpyrene

1,2,5,6-二苯并蒽
1,2,5,6-dibenzanthrene

1,2,3,4-二苯并菲
1,2,3,4-dibenzphenanthrene

其中 3,4-苯并芘的致癌作用最强。在煤焦油和烟熏食物中都含有少量的致癌芳香烃。

第三节 | 芳香性:Hückel 规则

一、Hückel 规则

除含有苯环的化合物外还有一些与苯结构或性质类似的化合物也被称为芳香化合物。传统芳香性的概念大致包括:电子离域、分子具有相当的稳定性、键长平均化、环上的 H 在外加磁场中受到环电流效应影响从而具有特殊的光谱特征、难加成、难氧化、易取代等。芳香性的判断方法于 1931 年由德国的物理化学家 Erich Hückel 提出,即 Hückel(休克尔)规则:由 p 轨道共轭形成的平面单环系统,若具有 $4n+2$ 个 π 电子($n \geq 0$,为整数),则与苯类似,具有特别的电子稳定性,即芳香性。按照这一规则,具有 Hückel 芳香性的除含有苯环的化合物外,还包括一些非苯型化合物、正离子和负离子。

二、非苯型芳香烃

(一) 轮烯

具有交替单、双键结构的单环多烯烃称为轮烯。例如,[18]-轮烯([18]- annulene)为平面单环结构,π 电子数为 18,具有芳香性。全顺式 [10]-轮烯因环张力过大,无法稳定存在。稳定的顺,反,顺,顺,反-[10]-轮烯(cis,trans,cis,cis,trans-[10]-annulene)的 π 电子数虽然符合 $4n+2$,但由于 H 之间的位阻效应,导致该化合物中的碳无法共平面,因此不具有芳香性。

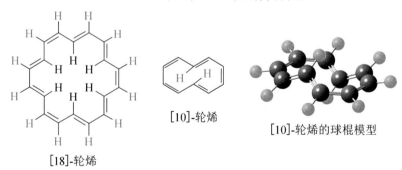

[18]-轮烯

[10]-轮烯

[10]-轮烯的球棍模型

(二) 具有芳香性的环烯离子

一般的碳正离子和碳负离子均为活泼中间体,只在反应过程中存在,但某些特殊的离子因具有 Hückel 芳香性从而可以形成稳定的离子型化合物。

环庚三烯正离子为平面结构，π电子数为 6，具有芳香性，可与 Br^- 形成稳定的盐，熔点 203℃。环戊二烯负离子中带有负电荷的碳为 sp^2 杂化，五个碳原子共平面使其电子可以离域，π电子数为 6，也具有芳香性。由于环戊二烯负离子具有的特殊稳定性，环戊二烯甲叉基碳上的氢具有一定的酸性，较易在强碱性条件下转变为负离子，还可与 Fe^{2+} 结合形成稳定的二茂铁。

此外，环丙烯正离子、环辛四烯二负离子也具有 Hückel 芳香性。

（三）薁

薁（azulene）又称为蓝烃，是天蓝色固体，熔点 99℃，具有抗菌和镇痛等作用。薁是一个极性分子，偶极矩为 $3.335 \times 10^{-30} C \cdot m$，原因是七元环带正电荷，五元环带负电荷，可以看成是环庚三烯正离子和环戊二烯负离子稠合而成，具有芳香性。

三维球型芳香分子——富勒烯

1985 年多位科学家在氦气流中用激光气化蒸发石墨的实验中获得了碳的第三种同素异形体富勒烯（fullerene）C_{60}。此后人们陆续发现了地下矿石及宇宙星云中 C_{60} 及 C_{70} 存在的证据。

C_{60} 是由 60 个碳原子组成的中空 32 面体，包含 12 个五元环和 20 个六元环，为直径 0.71nm 的球形分子。因其稳定性可用美国著名的建筑设计师 R. B. Fuller 发明的短程线圆顶结构加以解释，故命名为富勒烯。球面弯曲效应和五元环的存在，引起碳原子轨道的杂化方式改变，C_{60} 分子中的杂化轨道介于石墨的 sp^2 和金刚石的 sp^3 杂化之间，σ 键沿球面方向，而 π 键则垂直分布在球的内外表面，形成了三维球状芳香分子。五边形环为单键，两个六边形环的共用边则为双键。单键长 146pm，双键长 139pm。

富勒烯（C_{60}）独特的三维结构具有特殊的物理和化学性质，在医药学和材料学等领域得到广泛应用。C_{60} 表面有大量的共价双键，极易与自由基反应，可以作为生物系统中的自由基清除剂；C_{60} 的体积与人类免疫缺陷病毒（HIV）活性中心的孔穴大小相匹配，有可能堵住洞口，切断病毒的营养供给；C_{60} 通过光诱导产生单重态氧（$^1O_2$），可以杀死癌细胞；高碘化的 C_{60} 分子，为血管造影创造了一种全新技术；等等。一系列的研究表明，富勒烯及其衍生物在清除自由基、抗艾滋病、抑制酶活性、光动力学治疗、疾病诊疗等方面具有独特应用，随着研究的深入，将展示出其潜在的应用价值。

习题

7-3 写出下列化合物的结构式。

（1）2-乙基-4-甲基-1-丙基苯 　　（2）(*E*)-1,2-二苯基乙烯

（3）间二硝基苯 　　（4）2-氯-3-硝基苯磺酸

（5）反-十氢萘(优势构象) 　　（6）2,6-二甲基萘

7-4 在下列化合物中，哪一个苯环更容易发生硝化反应？

（1）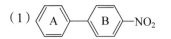 　　（2）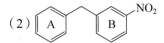

7-5 比较下列各组化合物发生氯代反应时的相对速率。

（1）溴苯、苯、硝基苯 　　（2）苯甲酸、苯胺、三氟甲苯

（3）甲苯、甲氧基苯、苯、苯甲醛 　　（4）苯乙酮、氯苯、苯乙烯

7-6 以箭头表示下列化合物硝化时，硝基主要进入的位置。

（1）〔苯〕—NO₂ 　　（2）〔苯〕—CHO

（3）〔苯〕—C(CH₃)₃ 　　（4）〔苯〕—CH=CH₂

（5）〔苯〕—⁺NH₃ 　　（6）〔苯〕—O—C(=O)—CH₃

7-7 写出下列反应的主要产物。

（1）(H₃C)₃C—〔苯〕—CH₃ $\xrightarrow[\text{H}^+,\triangle]{\text{KMnO}_4}$ 　　（2）H₃C—〔苯〕—COOH $\xrightarrow[\text{浓H}_2\text{SO}_4,\triangle]{\text{浓HNO}_3}$

（3）H₃C—〔苯〕—〔苯〕—NO₂ $\xrightarrow[\text{Fe}]{\text{Br}_2}$ 　　（4）H₃C—〔苯〕—OCH₃ $\xrightarrow[\text{浓H}_2\text{SO}_4,\triangle]{\text{浓HNO}_3}$

（5）〔苯〕 $\xrightarrow[\text{AlCl}_3]{\text{CH}_3\text{CH}_2\text{Cl}}$（　）$\xrightarrow[\text{H}_2\text{SO}_4]{\text{SO}_3}$ $\xrightarrow[\triangle]{\text{Br}_2/\text{Fe}}$（　）$\xrightarrow[hv]{\text{Br}_2}$ $\xrightarrow[\triangle]{\text{H}_3\text{O}^+}$（　）

（6） $\xrightarrow[\text{Pt}]{\text{1mol H}_2}$ 　　（7） $\xrightarrow[\text{浓H}_2\text{SO}_4,\triangle]{\text{浓HNO}_3}$

7-8 由苯或甲苯及其他合适的试剂制备下列化合物，写出制备过程涉及的反应式。

（1）间溴苯磺酸 　　（2）间硝基苯甲酸 　　（3）4-溴-3-硝基苯甲酸

7-9 判断下列结构是否具有 Hückel 芳香性。

（1） 　　（2）〔Ph 取代的环丙烯正离子〕

（3）〔环辛四烯二负离子〕 　　（4）

（5） 　　（6）〔环辛四烯〕

（7）〔薁类结构〕 　　（8）〔环戊二烯自由基〕

（9）〔结构〕

7-10　某化合物 A（C_9H_{12}）能被高锰酸钾氧化为化合物 B（$C_8H_6O_4$）。A 与浓硝酸、浓硫酸的混酸在加热条件下反应只得到两种一硝基取代产物。试推测化合物 A 和 B 的结构。

（杨若林）

本章思维导图

本章目标测试

第八章 卤代烃

烃分子中的一个或多个氢原子被卤素原子取代生成的化合物称为卤代烃（halohydrocarbon）。卤代烃一般用 $R-X$ 表示，卤原子 X（F、Cl、Br、I）是卤代烃的官能团。

卤代烃应用广泛，目前商品卤代烃达数万种，绝大多数卤代烃为合成产物。不同卤代烃的化学性质差别很大，有些卤代烃的性质稳定，可用作溶剂；而有些卤代烃的性质活泼，可作为有机合成原料或试剂。卤代烃中的卤原子可转变为其他官能团，通过这种转变可以制备多种类型的化合物。卤代烃的卤原子转变为其他官能团时所发生的反应及其机制在有机化学中有重要地位。

本章将在介绍卤代烃化学性质的基础上讨论亲核取代反应和消除反应及其机制。

第一节 | 分类和命名

一、分类

按卤原子的种类，卤代烃可分为氟代烃（$R-F$）、氯代烃（$R-Cl$）、溴代烃（$R-Br$）和碘代烃（$R-I$）；按分子中卤原子的数目，卤代烃可分为一卤代烃（如 CH_3Cl）和多卤代烃（如 $CHCl_3$）；按烃基的种类，卤代烃可分为饱和卤代烃、卤代烯烃、卤代炔烃和卤代芳烃等；根据卤原子与 π 键的位置，卤代烯烃可分为乙烯基卤代烃（见下式 $n=0$）、烯丙基卤代烃（$n=1$）和孤立型卤代烯烃（$n \geqslant 2$）：

$$R-CH=CH(CH_2)_nX$$

按卤原子连接的饱和碳原子的类型，卤代烃可分为伯（1°）卤代烃、仲（2°）卤代烃和叔（3°）卤代烃。

$$
\begin{array}{ccc}
\underset{\text{伯卤代烃}}{R-\overset{\displaystyle H}{\underset{\displaystyle H}{C}}-X} &
\underset{\text{仲卤代烃}}{R-\overset{\displaystyle R'}{\underset{\displaystyle H}{C}}-X} &
\underset{\text{叔卤代烃}}{R-\overset{\displaystyle R'}{\underset{\displaystyle R''}{C}}-X}
\end{array}
$$

二、命名

卤代烃的系统命名多采用取代法，即以相应的烃为母体，把卤原子作为取代基，其他命名原则与烃相同。例如：

$$\underset{\underset{\text{1-溴-2-甲基丙烷}}{\text{1-bromo-2-methylpropane}}}{H_3C-\underset{\underset{CH_3}{|}}{CH}-CH_2Br}$$

$$\underset{\underset{\text{3-氯-5-甲基庚烷}}{\text{3-chloro-5-methylheptane}}}{CH_3CH_2-\underset{\underset{CH_3}{|}}{CH}-CH_2-\underset{\underset{Cl}{|}}{CH}-CH_2CH_3}$$

$$\underset{\underset{\text{4-氯戊-2-烯}}{\text{4-chloropent-2-ene}}}{H_3C-\underset{\underset{Cl}{|}}{CH}-CH=CHCH_3}$$

$$\underset{\underset{\text{1-氯丁-2-烯}}{\text{1-chlorobut-2-ene}}}{CH_3CH=CHCH_2Cl}$$

一些简单的卤代烃也采用官能团（卤化物，halide）类别法命名，称为"某基卤"。例如：

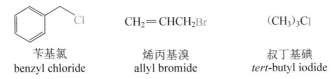

| 苄基氯 | 烯丙基溴 | 叔丁基碘 |
| benzyl chloride | allyl bromide | *tert*-butyl iodide |

有些卤代烃有俗名，例如：三氯甲烷（$CHCl_3$）俗称氯仿，三碘甲烷（CHI_3）俗称碘仿。

第二节 ｜ 卤代烃的性质

一、物理性质

室温下，少数低级卤代烃（如：CH_3Cl）是气体，一卤代烃多为液体，15 个碳以上的卤代烷烃为固体。卤代烃难溶于水，绝大多数卤代烃的密度比水大。许多卤代烃具有强烈的气味。二氯甲烷、氯仿、四氯化碳等简单的卤代烃是常用的有机溶剂，可与醇、乙酸乙酯、乙醚和烃类等有机溶剂混溶，可用于从水溶液中提取有机物或用作层析展开剂。三氯乙烯可用作衣物的干洗剂。多数卤代烃难燃或不燃。一些卤代烃的物理数据见表 8-1。

表 8-1　常见卤代烃的沸点和密度

名称	英文名	结构式	沸点/℃	密度/(g·mL^{-1})，(20℃)
氯甲烷	chloromethane	CH_3Cl	-24.2	0.936
溴甲烷	bromomethane	CH_3Br	3.6	1.676
碘甲烷	iodomethane	CH_3I	42.4	2.279
氯乙烷	chloroethane	CH_3CH_2Cl	12.3	0.898
溴乙烷	bromoethane	CH_3CH_2Br	33.4	1.460
氯乙烯	chloroethylene	$CH_2=CHCl$	-14	
溴乙烯	bromoethylene	$CH_2=CHBr$	15.6	
氯苯	chlorobenzene	C_6H_5Cl	132	1.106
溴苯	bromobenzene	C_6H_5Br	155.5	1.495
二氯甲烷	dichloromethane	CH_2Cl_2	40	1.336
三氯甲烷	chloroform	$CHCl_3$	61	1.489
四氯化碳	tetrachloromethane	CCl_4	77	1.595

碘代烃久置后，因光解产生游离的 I_2，其颜色由无色转变为棕色。因此碘代烃应保存在避光的棕色瓶内。卤代烃蒸气有毒，应避免吸入。卤代烃在铜丝上灼烧，产生绿色火焰，这是鉴定含卤素有机物的简便方法。

二、化学性质

（一）卤代烷的亲核取代反应

卤代烃的许多化学性质取决于卤原子。卤原子的电负性（F 4.0，Cl 3.2，Br 3.0，I 2.7）比碳原子的电负性（C 2.6）大，卤代烷碳卤键的电子云偏向卤原子，碳原子带部分正电荷，卤原子带部分负电荷，因此，碳卤键容易发生异裂，并由此引发一系列反应。卤代烷（haloalkane）能与许多试剂反应，生成其卤原子被其他原子或基团取代的产物。卤代烷与氢氧化钠(钾)的水溶液共热,卤原子被羟基取代生成醇。卤代烷与氰化钠(钾)在醇溶液中反应,卤原子被氰基(—CN)取代生成腈。卤代烷与醇钠(NaOR)或与氨反应生成醚或胺。卤代烷可与硝酸银的乙醇溶液作用,生成卤化银沉淀。利用此性质可鉴别卤代烷。

$$R-X \begin{cases} \xrightarrow{\text{NaOH/H}_2\text{O}} ROH(醇) + NaX \\ \xrightarrow{\text{NaCN/醇}} RCN(腈) + NaX \\ \xrightarrow{\text{NaOR'}} ROR'(醚) + NaX \\ \xrightarrow{\text{HNH}_2} RNH_2(胺) + HX \\ \xrightarrow{\text{AgNO}_3} RONO_2(硝酸酯) + AgX\downarrow \end{cases}$$

上述反应的特点是:卤代烷分子中与卤原子直接相连的带部分正电荷的碳原子受到带负电荷的试剂(如$^-$OH、$^-$CN、$^-$OR、$^-$ONO$_2$)或含有未共用电子对的试剂(如:NH$_3$)的进攻。上述进攻卤代烷正电荷部位的试剂称为亲核试剂(nucleophilic reagent),由亲核试剂对正电性碳原子进攻而引起的取代反应称为亲核取代反应(nucleophilic substitution),以 S$_N$ 表示。反应通式如下:

$$Nu^- + RCH_2 \overset{\delta^+}{-} \overset{\delta^-}{X} \longrightarrow RCH_2Nu + X^-$$

式中,Nu$^-$ 为亲核试剂;X$^-$ 为反应中被取代的基团,又称为离去基团。受亲核试剂进攻的卤代烷称为反应底物;卤代烷中与卤原子相连的 α 碳原子是反应的中心,又称为中心碳原子。上述亲核取代反应中,碳卤键断裂的难易程度为 C—I>C—Br>C—Cl,氟代烷难以发生取代反应。

卤代烷与 NaOH 水溶液反应生成醇的动力学研究表明,卤代烷与碱的反应存在两种机制。一些卤代烷(如叔丁基溴)与碱反应生成醇的速率仅取决于卤代烷的浓度,即决定反应速率的反应步骤是单分子反应,属于单分子反应机制,用 S$_N$1 表示(1 代表单分子);而另一些卤代烷(如氯甲烷)的反应速率不仅取决于卤代烷的浓度,还与碱的浓度有关,决定反应速率的反应步骤和两种分子均有关,属于双分子反应机制,用 S$_N$2 表示(2 代表双分子)。

1. S$_N$1 机制 实验证明,叔丁基溴在碱性溶液中生成醇的反应速率(v)仅与叔丁基溴的浓度成正比。

$$(CH_3)_3C-Br + {}^-OH \longrightarrow (CH_3)_3C-OH + Br^-$$

$$v = k\left[(CH_3)_3CBr\right]$$

式中 k 为速率常数。该反应在动力学上属一级反应,反应分两步进行:

$$(CH_3)_3C-Br \xrightarrow{\text{慢}} \underset{\text{叔丁基碳正离子}}{(CH_3)_3C^+} + Br^-$$

$$(CH_3)_3C^+ + {}^-OH \xrightarrow{\text{快}} \underset{\text{叔丁醇}}{(CH_3)_3C-OH}$$

反应的第一步是叔丁基溴的碳溴键异裂,生成活性中间体——叔丁基碳正离子和溴离子,这一步反应较慢,决定整个反应速率;反应第二步是碳正离子与亲核试剂 $^-$OH 的结合,生成叔丁醇,这一步反应较快。S$_N$1 机制的反应中生成的碳正离子是反应中间体。反应中间体较活泼,通常只能用物理方法或化学方法检测,只有少数反应中间体可以被分离。

S$_N$1 机制反应过程中,反应第一步的活化能(activation energy)为 $Ea1$,第二步的活化能为 $Ea2$,反应中间体碳正离子的能量处于能量曲线峰谷(图 8-1)。$Ea1$ 过渡态的能量大于 $Ea2$ 过渡态的能量,故第一步反应较慢,决定整个反应的速率。

叔丁基溴与碱生成醇的反应为 S_N1 机制，S_N1 机制反应的特点为：单分子反应，反应速率仅与卤代烷的浓度有关；反应是分步进行的；有活泼中间体碳正离子生成，若反应物中与卤素相连的 α 碳原子为手性碳原子，则该手性中心发生外消旋化。

2. S_N2 机制　氯甲烷在碱性溶液中生成甲醇的反应速率（v）不仅与氯甲烷的浓度成正比，也与碱的浓度［^-OH］成正比，该反应在动力学上属二级反应。

$$CH_3Cl + {}^-OH \longrightarrow CH_3OH + Cl^-$$

$$v = k\,[CH_3Cl]\,[{}^-OH]$$

上式中 k 为速率常数。氯甲烷与 ^-OH 反应生成甲醇的机制可表示如下：

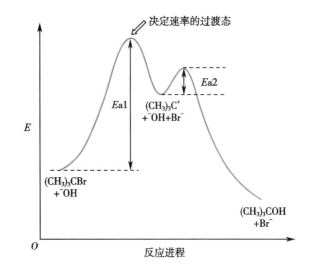

图 8-1　叔丁基溴与 ^-OH 反应（S_N1）的能量曲线

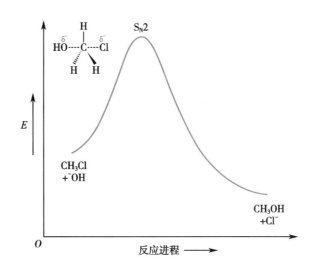

图 8-2　氯甲烷与 ^-OH 反应（S_N2）的能量曲线

反应过程中，亲核试剂 ^-OH 从碳氯键（$C-Cl$）氯原子的相反方向接近 α 碳原子（通常称为"背面"进攻），并与之逐渐结合成键，同时碳氯键逐渐伸长，三个氢原子被推向中间，形成过渡态（transition state），此时 O、C、Cl 原子在同一直线上。当体系能量达到最大值后，随着 ^-OH 继续接近碳原子，氯远离碳原子，体系能量逐渐降低。最后 ^-OH 和碳原子形成碳氧键而生成甲醇，氯则以负离子形式离去。产物甲醇中甲基上的 3 个氢原子在水解过程中完全翻转到羟基的另一侧，即原氯原子的一侧，整个过程与大风中雨伞翻转的情况相似。上述转变过程中，中心碳原子的构型发生转变，整个转变过程是连续的变化过程。图 8-2 为氯甲烷与 ^-OH 反应生成甲醇的能量变化示意图。

S_N2 机制反应的特点为：双分子反应，反应速率既与卤代烷浓度有关，也与亲核试剂 ^-OH 浓度有关；旧键的断裂和新键的形成同时进行，反应一步完成；若反应物中与卤素相连的 α 碳原子为手性碳原子，反应中该手性中心伴有"构型转化"。

3. 影响亲核取代反应机制的因素　从卤代烷的结构考虑，不同类型卤代烷发生 S_N1 机制反应和 S_N2 机制反应的相对速率通常为：

S_N1 机制反应：叔卤代烷 > 仲卤代烷 > 伯卤代烷 > 卤甲烷

S_N2 机制反应：卤甲烷 > 伯卤代烷 > 仲卤代烷 > 叔卤代烷

碳正离子的相对稳定性次序是：3°碳正离子 >2° 碳正离子 >1° 碳正离子 > 甲基碳正离子，稳定碳正离子的因素促进碳正离子的形成从而有利于 S_N1 机制反应。在 S_N1 机制反应中生成碳正离子的一步决定反应的速率，因此，从碳正离子稳定性的因素考虑，叔卤代烷最容易发生 S_N1 机制反应，而伯卤代烷和卤甲烷很难发生 S_N1 机制反应。叔卤代烷的中心碳原子上有 3 个体积大的烷基，彼此排斥，叔卤代烷的卤原子离解后可转变为平面结构的碳正离子，降低了拥挤程度，因此，从空间效应看，也可以解释叔卤代烷最易发生 S_N1 机制反应的现象。

当氯甲烷与亲核试剂反应时（S_N2 机制），亲核试剂从卤原子的背面进攻中心碳原子，如果中心碳原子连接的原子或基团体积大，亲核试剂接近中心碳原子时受到的阻碍就大，反应速率变慢。因此，从空间效应看，不同类型卤代烷发生 S_N2 机制反应与 S_N1 机制反应的相对速率次序相反。卤甲烷和伯卤代烷易发生 S_N2 机制反应，而叔卤代烷一般按 S_N1 机制进行反应。仲卤代烷与亲核试剂的反应机制取决于反应条件，既可按 S_N1 机制又可按 S_N2 机制进行，或两者兼有。

因为 S_N1 机制反应的速率取决于生成碳正离子的第一步，而此步反应无亲核试剂参与，所以亲核试剂的结构和性质对 S_N1 机制反应速率的影响不大。而在 S_N2 机制反应中，亲核试剂的亲核性越强，反应速率越快。空间位阻大的亲核试剂不易从背面接近中心碳原子，其 S_N2 机制的反应速率低。

在 S_N1 和 S_N2 机制反应中，都要发生碳卤键的异裂，从离去基团的性质考虑，卤素离子离去倾向越大，亲核取代反应越易进行。在烷基相同的卤代烷中，C—F、C—Cl、C—Br、C—I 键能依次减小，C—I 键最易断裂，I^- 是最好的离去基团，F^- 的离去能力较弱。因此，RI 亲核取代反应的速率最大。

极性溶剂促使卤代烷的碳卤键异裂生成碳正离子，因而有利于反应按 S_N1 机制进行。例如，苄基氯与碱反应生成苄醇的反应，在水中按 S_N1 机制进行，在丙酮中则按 S_N2 机制进行。

8-1　卤代烃的鉴别方法之一如下：①将卤代烃与过量 NaOH 溶液混合（加热），充分振荡、静置；②然后再向混合溶液中加入稀 HNO_3 以中和过量的 NaOH；③最后，向混合液中加入 $AgNO_3$ 溶液，若有白色沉淀生成则证明是氯代烃；若有浅黄色沉淀生成，则证明是溴代烃；若有黄色沉淀生成，则证明是碘代烃。试解释。

（二）卤代烷的消除反应

卤代烷中碳卤键的极性使 α 碳带部分正电荷，并通过诱导效应影响 β 氢，使其显酸性。带正电荷的 α 碳易受亲核试剂进攻，发生取代反应；而酸性的 β 氢易受碱进攻，使卤代烷失去 β 氢和卤原子而发生消除反应（elimination，简称 E），又称为 β-消除反应。

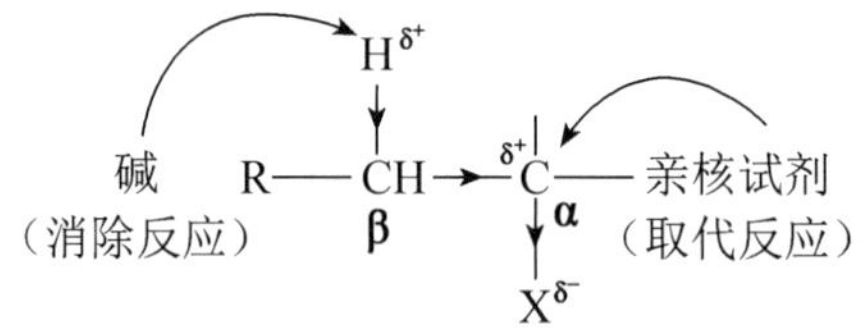

卤代烷与氢氧化钠或氢氧化钾醇溶液共热，可脱去 1 分子卤化氢生成烯烃。仲卤代烷和叔卤代烷分别有 2 个或 3 个 β 碳原子，其消除反应可能有多种产物。例如：

仲卤代烷　　丁-2-烯（81%）　　丁-1-烯（19%）

叔卤代烷　　2-甲基丁-2-烯（71%）　　2-甲基丁-1-烯（29%）

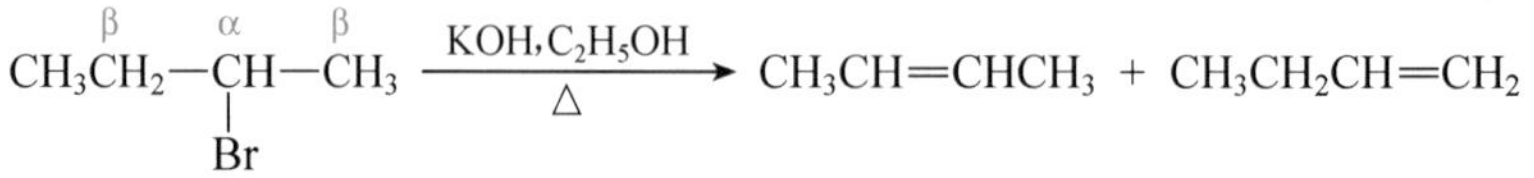

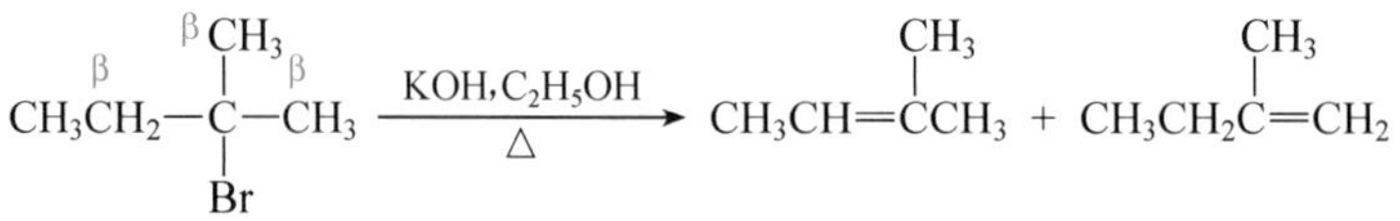

不同烯烃的稳定性为:$R_2C=CR_2>R_2C=CHR>RHC=CHR>RHC=CH_2>H_2C=CH_2$。因此,卤代烷脱卤化氢时,主要是从含氢较少的 β 碳原子上脱去氢原子,生成双键上烃基较多的相对稳定的烯烃,这一经验规则称为 Saytzeff 规则(Saytzeff rule)。

8-2 写出下列反应主要产物的结构式。

（1）2-溴-3-甲基戊烷与氢氧化钠醇溶液共热。

（2）2-溴-1-苯基丁烷与氢氧化钠醇溶液共热。

动力学研究表明,有些卤代烷消除反应的速率仅与卤代烷的浓度有关,为单分子消除（E1）反应;而有些消除反应速率与卤代烷浓度和碱浓度均有关,为双分子消除（E2）反应。

E1 机制反应也分两步进行:第一步卤代烃分子发生共价键的异裂,生成碳正离子,α 碳原子转变为 sp^2 杂化状态,此步与 S_N1 机制反应第一步相同;第二步,亲核试剂 B^-（碱）进攻 β 氢原子,失去质子后 β 碳原子也转变为 sp^2 杂化状态,α 碳原子和 β 碳原子的 p 轨道平行重叠形成 π 键,生成烯烃。上述过程中,第一步决定反应速率。

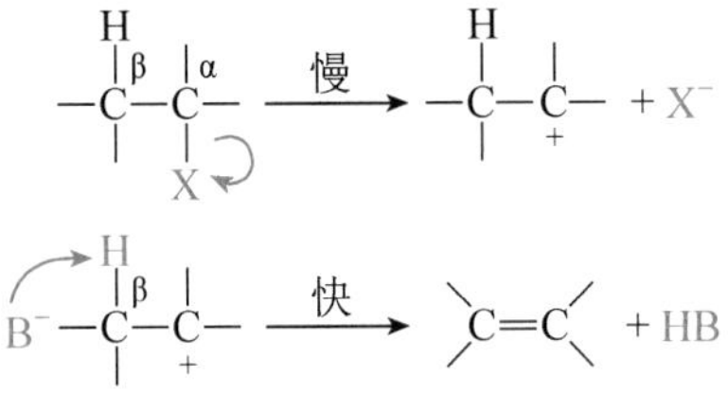

E1 和 S_N1 机制的反应往往同时发生。它们的第一步均生成碳正离子,反应第二步碳正离子消除质子或与亲核试剂结合的相对趋势决定反应为 E1 机制或 S_N1 机制。E2 与 S_N2 机制的反应都是一步完成。E2 机制的反应中,碱性亲核试剂（B^-）进攻卤代烷 β 氢,使其以质子形式脱去,同时卤原子在溶剂作用下离去,α 碳原子和 β 碳原子之间形成双键而生成烯烃。E2 机制的反应中碳氢键和碳卤键的断裂与双键的形成是同时发生的,决定反应速率的一步有卤代烷和亲核试剂两种分子参加,为双分子机制。S_N2 和 E2 机制反应的差别是:亲核试剂分别进攻 α 碳原子或 β 氢原子。

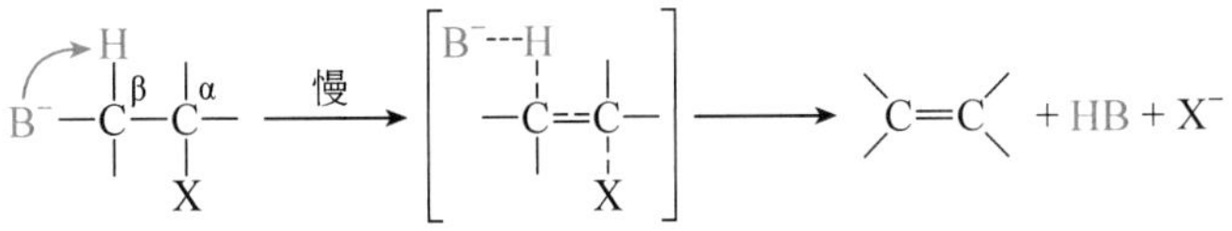

E1 和 E2 机制反应中不同卤代烷的消除反应的活性次序相同,叔卤代烷活性最高,伯卤代烷活性最低,这是由于叔卤代烷生成的烯烃稳定性高。对 E1 机制反应来说,还由于生成的叔碳正离子最稳定,伯碳正离子最不稳定。

8-3 说明卤代烷 β-消除反应与亲核取代反应有何联系,又有何不同。

在多数情况下,卤代烷的消除反应和亲核取代反应同时发生,且相互竞争(见下图,Y^- 代表碱或亲核试剂),两种反应产物的比例受卤代烷结构、试剂的碱性、溶剂的极性、反应温度等因素的影响。

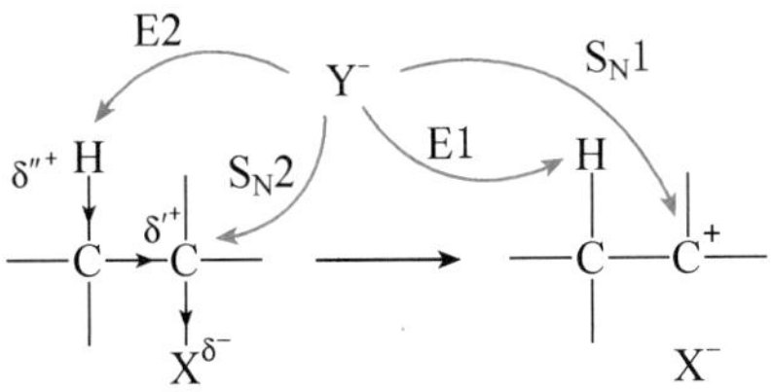

强亲核试剂(如 X^-、HO^-、RO^- 等)与无支链的伯卤代烷作用,主要发生 S_N2 机制反应;而与仲卤代烷或 β 碳原子上有支链的伯卤代烷作用时,E2 机制反应略占优势。例如:

$$CH_3CH_2CH_2Br + C_2H_5O^- \xrightarrow[25℃]{C_2H_5OH} \begin{array}{l} \xrightarrow{S_N2} CH_3CH_2CH_2OCH_2CH_3 \ (91\%) \\ \xrightarrow{E2} CH_3CH=CH_2 \ (9\%) \end{array}$$

$$\underset{CH_3}{\overset{\beta}{C}H_3}\overset{\alpha}{C}HCH_2Br + C_2H_5O^- \xrightarrow{C_2H_5OH} \begin{array}{l} \xrightarrow{E2} H_3C-\underset{CH_3}{C}=CH_2 \ (60\%) \\ \xrightarrow{S_N2} CH_3\underset{CH_3}{C}HCH_2OCH_2CH_3 \ (40\%) \end{array}$$

叔卤代烷在无强碱存在时,主要发生 S_N1 机制反应。有强碱性试剂存在时,主要发生 E2 机制反应。例如:

$$(CH_3)_3CBr + C_2H_5OH \longrightarrow (CH_3)_3COC_2H_5 + (CH_3)_2C=CH_2$$
$$(81\%) \qquad (19\%)$$

$$(CH_3)_3CBr + C_2H_5OH \xrightarrow[25℃]{C_2H_5O^-} (CH_3)_3COC_2H_5 + (CH_3)_2C=CH_2$$
$$(3\%) \qquad (97\%)$$

试剂的碱性是指其与质子结合的能力,而试剂的亲核性是指其与碳正离子结合的能力。亲核试剂一般都具有未共用电子对,所以既表现亲核性,也表现碱性。试剂的碱性强,有利于 E2 机制反应;试剂的亲核性强,则有利于 S_N2 机制反应。例如,HO^- 既是亲核试剂又是强碱,当仲卤代烷与 NaOH 水溶液反应时,往往得到取代和消除两种产物;而在 KOH 醇溶液中存在碱性更强的烷氧阴离子 RO^-,故仲卤代烷在 KOH 醇溶液中主要发生消除反应,产物为烯烃。另外,体积大的试剂不易接近 α 碳原子,而容易进攻空间位阻较小的 β 氢原子,因而有利于 E2 反应。综上所述,伯卤代烷与强亲核试剂作用主要发生 S_N2 机制反应,叔卤代烷与强碱作用主要发生 E2 机制反应。

通常,提高温度有利于消除反应。极性溶剂对 S_N1 和 E1 机制反应均有利,而对 S_N2 和 E2 机制反应都不利,因为双分子反应过渡态的电荷分布比反应物电荷分布更分散。

(三) 不饱和卤代烃的取代反应

不饱和卤代烃分子中含有碳碳双键和卤素两种不同的官能团,属于混合官能团化合物。同其他混合官能团化合物相似,不饱和卤代烃中的碳碳双键和卤素之间相互影响,使卤原子的性质发生变化。不饱和卤代烃分子中卤素的活泼性取决于卤素与 π 键的相对位置。

乙烯基卤代烃(vinyl halohydrocarbon)(H)R—CH=CHX 中,卤原子与双键碳原子直接相连,极不活泼。乙烯基卤代烃不易发生取代反应,这是因为卤原子的孤对电子与 π 键形成 p-π 共轭,碳卤键电子云密度增加,卤原子与碳原子结合得更牢固;另外,与卤原子直接相连的 sp^2 杂化碳原子比 sp^3 杂化碳原子对卤原子束缚强,卤原子不易与碳原子异裂,而生成负离子。乙烯基卤代烃与硝酸银醇溶液共热,无卤化银沉淀产生。

卤代芳烃的卤原子与乙烯基卤代烃的卤原子的反应性相似。

$$CH_2=CH-\ddot{X} \qquad \langle\text{苯环}\rangle-\ddot{X}$$

烯丙基卤代烃(allyl halohydrocarbon)的卤原子与 C=C(或苯环)相隔一个饱和碳原子,通式为 (H)RCH=CH—CH₂—X(C₆H₅—CH₂—X)。例如:

$$CH_2=CH-CH_2-Cl \qquad \langle\text{苯环}\rangle-CH_2Cl$$
烯丙基氯 苯基氯(氯化苄)

烯丙基卤代烃的卤原子与双键间不存在共轭效应,卤原子易离去。烯丙基卤代烃的卤原子离去后,转变为烯丙基碳正离子(图 8-3),其带正电荷的碳原子的 p 轨道与相邻的 π 键形成 p-π 共轭,使正电荷分散,碳正离子趋向稳定,此效应有利于取代反应。烯丙基卤代烃在室温下能与硝酸银醇溶液发生反应,生成卤化银沉淀。

苄基卤代烃(benzyl halohydrocarbon)与烯丙基卤代烃的反应性相似。这是由于反应中间体苄基碳正离子也存在着 p-π 共轭效应,正电荷分散至苯环而稳定(图 8-4)。

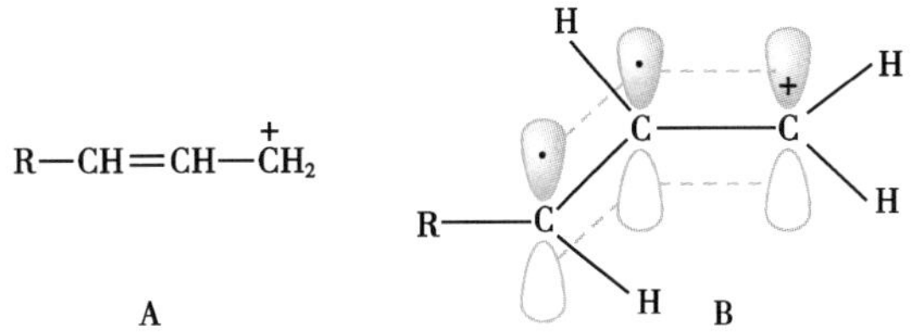

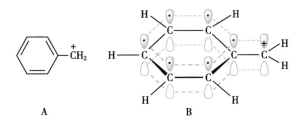

图 8-3　烯丙基碳正离子及其电子离域示意图
A. 烯丙基碳正离子　B. 烯丙基碳正离子电子离域示意图

孤立型不饱和卤代烃 $RCH=CH-(CH_2)_n-X$ 和 $C_6H_5-(CH_2)_n-X(n\geq2)$ 中,卤原子与双键(或苯环)相隔两个以上饱和碳原子,例如:

$$CH_2=CHCH_2CH_2Cl \qquad \text{苯基}-CH_2CH_2Cl$$

4-氯丁-1-烯　　　　1-氯-2-苯基乙烷

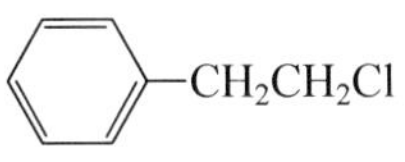

图 8-4　苄基碳正离子及其电子离域示意图
A. 苄基碳正离子　B. 苄基碳正离子电子离域示意图

此类卤代烯烃分子中,卤原子与双键(或苯环)间隔较远,相互影响很小。孤立型不饱和卤代烃中的卤素的活泼性与卤代烷中卤原子的活泼性相似。

上述 3 种不饱和卤代烃发生取代反应的活性次序为:

烯丙基卤代烃 > 孤立型不饱和卤代烃 > 乙烯基卤代烃

8-4　按与硝酸银醇溶液的反应活性大小排列下列卤代烃。
2-溴丁-2-烯;2-溴-1-苯基丁烷;3-溴丁-1-烯

(四) 卤代烃与金属反应

卤代烃可与 Li、Na、K、Mg、Al、Cd 等金属反应,生成具有不同极性 C—M 键的金属有机化合物(M 代表金属原子)。例如,卤代烃与镁在无水乙醚中反应,生成的烃基卤化镁,称为 Grignard 试剂(Grignard reagent)。

$$R-X + Mg \xrightarrow{\text{无水乙醚}} RMgX（Grignard试剂）$$

分子中的碳镁键具有较强的极性,碳原子带部分负电荷。Grignard 试剂性质活泼,是有机合成中常用的一种强亲核试剂。Grignard 试剂与二氧化碳反应生成羧酸;Grignard 试剂与醛酮反应生成各种醇(见第十二章醛和酮)。Grignard 试剂若遇到水、醇等,立即分解,生成烷烃。因此,制备 Grignard 试剂的溶剂必须绝对干燥,应用 Grignard 试剂时要采取隔绝空气中水分的措施。

$$RMgX + CO_2 \xrightarrow{\text{低温}} RCOOMgX \xrightarrow{H^+, H_2O} RCOOH + Mg(OH)X$$

$$RMgX + H_2O \longrightarrow RH + Mg(OH)X$$

$$RMgX + R'OH \longrightarrow RH + Mg(OR')X$$

氟利昂、氟烷和氮芥

氟氯代烃为一系列化合物,商品名为氟利昂(Freon),简写为 F×××。F 后第一个数字代表分子中的碳原子数减去 1(如为零,省略),第二个数字等于分子中的氢原子数加 1,第三个数字为分子中的氟原子数,如 CCl_2F_2 为 F12;$CClF_2CCl_2F$ 为 F113。氟利昂是常用的制冷剂,具有加压容易液化,汽化热大,不燃,不爆,无臭,无毒等优良性能。不同的氟利昂沸点不同,可用于不同的制冷设备,如家用冰箱用 F12,冷库用 F13($CClF_3$)和 F23(CHF_3),空调器用 F114($CClF_2CClF_2$)等。氟利昂还可用作气溶剂。将杀虫剂和除草剂与适当的氟利昂组成的混合物加压罐装,使用时氟利昂在大气压下膨胀蒸发,其中的溶质形成极为分散的粒子。氟溴代烃是灭火剂,F12B2（CBr_2F_2）和 F13B1（$CBrF_3$）用于飞机、轮机舱及图书馆的灭火装置。它们受光和高温作用后的分解物无毒性、无残留物。二氯二氟甲烷等制冷剂破坏大气臭氧层,已被限制使用。

吸入性麻醉剂——氟烷（inhaled anesthetics—flurane）。

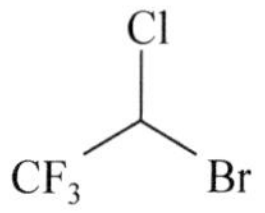

| 氟烷
fluothane | 七氟烷
sevoflurane | 地氟烷
desflurane | 异氟烷
isoflurane |

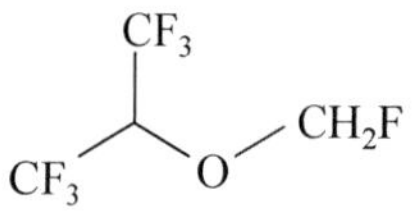

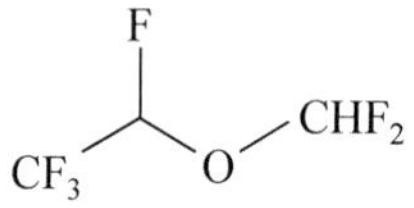

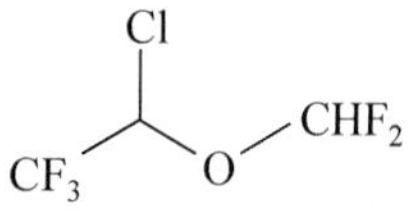

氟烷、七氟烷、地氟烷和异氟烷等是吸入式麻醉剂,各种吸入式麻醉剂各具优缺点。目前临床上常用的是七氟烷和地氟烷,它们的优点是起效迅速,代谢快,容易调节,可控性强,长时间使用不易发生蓄积,停药后可快速苏醒;另外,七氟烷还具有果味香型,刺激性小,尤其适合婴幼儿病患的使用。

氮芥类抗癌药物（nitrogen mustard anticancer drugs）。

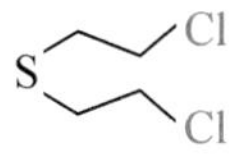

| 芥子气
mustard gas | 环磷酰胺
cyclophosphamide | 苯丁酸氮芥
chlorambucil |

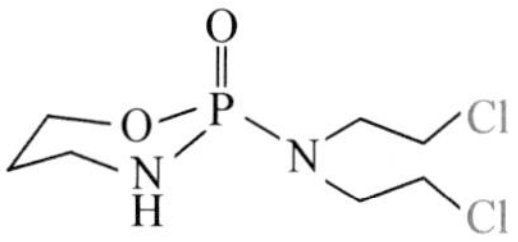

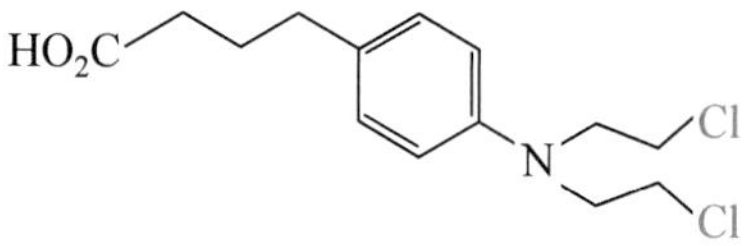

环磷酰胺、苯丁酸氮芥是临床上的氮芥类抗癌药物。氮芥类抗癌药物源自对芥子气的毒性研究。这些分子上的氯原子受 β-位硫原子或氮原子的影响比较活泼,在生物体内,很容易对DNA 碱基的氮原子、蛋白含有的氨基、巯基等发生烷基化反应,从而体现细胞毒性。

习题

8-5 命名下列化合物。

（1）$(CH_3)_3CCH(CH)_3CH_2Br$

（2）CHI_3

（3）$(CH_3)_3CCl$

（4）

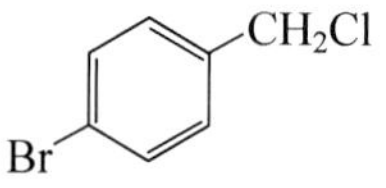

（5）$CH_3CH{=}CHCH(CH_3)CH_2I$

8-6 写出下列化合物的结构式。

（1）2-氯-3,3-二甲基戊烷

（2）苄基氯

（3）烯丙基溴

（4）1-氯-3-甲基苯

（5）3-氯环己烯

8-7 下列伯卤代烷可看作是不同烷基取代的溴甲烷衍生物,比较它们发生 S_N2 反应时的相对反应速率,总结不同烷基取代对反应的影响。

溴代烃	CH_3CH_2Br	$CH_3CH_2CH_2Br$	$(CH_3)_2CHCH_2Br$	$(CH_3)_3CCH_2Br$
相对反应速率	1	0.4	0.03	1.3×10^{-5}

8-8 陈述叔丁基碳正离子稳定的原因。

8-9 完成下列反应式(写出主要产物)。

（1）$CH_3CH_2CH(CH_3)CHBrCH_3 \xrightarrow{\text{稀NaOH/H}_2\text{O}}$

（2）$(CH_3)_2CHCHClCH_3 \xrightarrow[\triangle]{\text{KOH-乙醇}}$

（3） $\xrightarrow[\triangle]{\text{KOH-乙醇}}$ （4）$CH_3CH{=}CH_2 \xrightarrow{HBr} \xrightarrow{NaCN}$

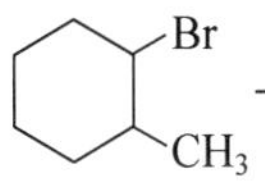

（5）$C_6H_5CH{=}CH_2 \xrightarrow{HBr} \xrightarrow[\text{无水乙醚}]{Mg} \xrightarrow[(2)\ H_3O^+]{(1)\ CO_2}$

8-10 从下列现象判断卤代烷与氢氧化钠在水-乙醇溶液中的反应,哪些属于 S_N2 机制,哪些属于 S_N1 机制?

（1）产物的构型完全转变。

（2）极性溶剂有利于反应的进行。

（3）增加氢氧化钠的浓度,反应速率明显加快。

（4）叔卤代烷反应速度明显大于仲卤代烷。

（5）反应不分阶段一步完成。

8-11 写出下列卤代烷进行 β-消除反应的主要产物。

（1）1-溴-3-甲基丁烷　　　　　　　（2）2-溴-2,3-二甲基丁烷

（3）1-溴-2,3-二甲基丁烷

8-12 判断下列化合物能否与硝酸银的醇溶液发生反应,如能发生,注明是否需要加热。

（1）2-溴戊-2-烯　　　　　　　　　（2）3-溴戊-2-烯

（3）1-溴戊-2-烯　　　　　　　　　（4）4-溴戊-2-烯

（5）5-溴戊-2-烯

8-13 用化学方法区别下列各组化合物。

（1）$CH_3CH{=}CHBr$,$CH_2{=}CHCH_2Br$,$CH_3CH_2CH_2Br$

（2）$C_6H_5{-}Cl$,$C_6H_5{-}CH_2Cl$,$C_6H_5{-}CH_2CH_2Cl$

8-14 将下列各组化合物按反应速率大小顺序排列。

（1）S_N1 机制反应:$CH_3CH_2CH_2CH_2Br$,$(CH_3)_3CBr$,$CH_3CH_2CH(CH_3)Br$

（2）S_N1 机制反应:$C_6H_5{-}CH_2CH_2Br$,$C_6H_5{-}CH_2Br$,$C_6H_5{-}CH(CH_3)Br$

（3）S_N2 机制反应:$CH_3CH_2CH_2Br$,$(CH_3)_3CCH_2Br$,$(CH_3)_2CHCH_2Br$

（4）S_N2 机制反应:$CH_3CH_2CH(CH_3)Br$,$(CH_3)_3CBr$,$CH_3CH_2CH_2CH_2Br$

（厉廷有）

本章思维导图　　　　　本章目标测试

第九章 | 醇 硫醇 酚

醇（alcohol）是羟基与饱和碳原子（sp^3 杂化）直接相连的一类化合物；硫醇（thiol 或 mercaptan）是硫原子替代醇中羟基氧原子的一类化合物；酚（phenol）是羟基与芳香环直接相连的一类化合物。例如：

$$CH_3-OH \qquad CH_3-SH \qquad \text{（苯环）}-OH$$

甲醇　　　　　　甲硫醇　　　　　　苯酚

醇、硫醇和酚不仅是重要的有机合成原料或试剂，也是从分子水平理解、研究机体生化、生理、病理变化及药物作用的重要物质。硫醇可作为重金属解毒剂，具有调节物质代谢、保护酶系统等功能，在治疗疾病方面起着十分重要的作用。

第一节 | 醇

一、结构、分类和命名

醇的结构通式为 R—OH，其中羟基（—OH）为醇的官能团，也称为醇羟基。醇类化合物的羟基与饱和碳原子直接相连。例如，结构最简单的醇——甲醇（methanol）的羟基与甲基直接相连，其中氧原子为 sp^3 杂化，外层的 6 个电子分布于 4 个 sp^3 轨道，有 2 个电子分别占据 2 个 sp^3 轨道，分别与 C 和 H 成键；余下的 4 个电子（即两对孤对电子）占据另外 2 个 sp^3 轨道。甲醇的优势构象为醇羟基与甲基的 3 个 C—H 键呈交叉式，见图 9-1。

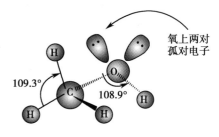

氧上两对孤对电子

109.3°　　108.9°

图 9-1　甲醇的结构

根据羟基所连碳原子的类型不同，醇可分为：伯醇（1°醇）、仲醇（2°醇）和叔醇（3°醇）。

$$R-CH_2-OH \qquad R-\overset{R'}{\underset{H}{\overset{|}{C}}}-OH \qquad R-\overset{R'}{\underset{R''}{\overset{|}{C}}}-OH$$

伯醇　　　　　　仲醇　　　　　　叔醇

根据醇分子中所含羟基的数目，醇又可分为一元醇、二元醇及三元醇等。含两个以上羟基的醇统称为多元醇。

$$CH_3-CH_2-OH \qquad \underset{OH \quad OH}{CH_2-CH_2} \qquad \underset{OH \quad OH \quad OH}{CH_2-CH-CH_2}$$

一元醇　　　　　　二元醇　　　　　　三元醇

醇的系统命名主要有取代命名法和官能团类别命名法。

取代命名法：把醇看作是烃分子中的氢原子被羟基取代得到的衍生物，即以烃为母体，羟基为取代基。命名时从靠近羟基的一端开始编号，以醇字作为后缀词（英文为-ol），在母体烃名称后面加上"醇"或"二醇"等字，并将羟基的位次标注于"醇"字前。若母体中含有重键，则应在保证羟基位次最小的情况下,让重键的位次编号尽可能小。取代基按英文名称首字母顺序排列,置于母体名称前。母体为烷烃时,在不产生误解的情况下,可省去"烷"字。例如:

CH₃—OH

甲醇
methanol

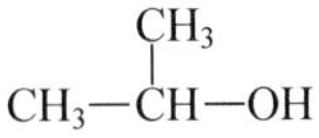

CH₃—CH—OH
　　　|
　　　CH₃

丙-2-醇
propan-2-ol

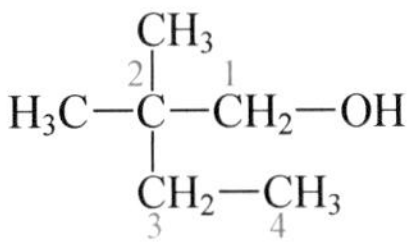

H₃C—²C—¹CH₂—OH
　　|
CH₂—CH₃

2,2-二甲基丁-1-醇
2,2-dimethylbutan-1-ol

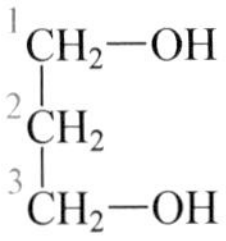

¹CH₂—OH
|
²CH₂
|
³CH₂—OH

丙-1,3-二醇
propane-1,3-diol

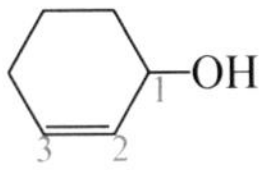

环己-2-烯-1-醇
cyclohex-2-en-1-ol

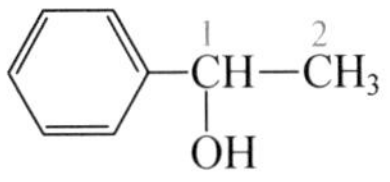

1-苯基乙-1-醇
1-phenylethan-1-ol

采用取代法命名有机化合物时,如果分子中有多种官能团,需要确定主体官能团作为化合物名称的后缀(一些常见官能团作为主体基团的优先次序见附录二),并且选择与主体官能团相连的烃作为母体,编号时应使主体基团位次最小。取代法命名时卤原子通常不作为主体基团。例如:

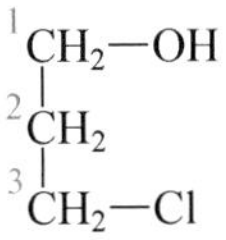

¹CH₂—OH
|
²CH₂
|
³CH₂—Cl

3-氯丙醇
3-chloropropanol

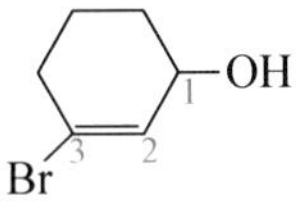

3-溴环己-2-烯-1-醇
3-bromocyclohex-2-en-1-ol

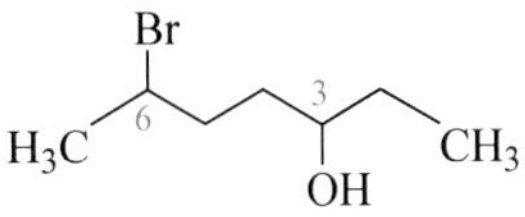

6-溴庚-3-醇
6-bromoheptan-3-ol

官能团类别命名法:对于结构比较简单的醇也常以官能团"醇(alcohol)"作为化合物类别进行命名。命名时在官能团类别名"醇"前加上烃基名,通常可省去"基"字,例如,甲醇、异丙醇、叔丁醇、苄醇等。

CH₃—OH

甲醇
methyl alcohol

CH₃—CH—OH
　　　|
　　　CH₃

异丙醇
isopropyl alcohol

　　　CH₃
　　　|
CH₃—C—OH
　　　|
　　　CH₃

叔丁醇
tert-butyl alcohol

苄醇
benzyl alcohol

一些醇常用俗名,例如下面的甘露醇和山梨醇。

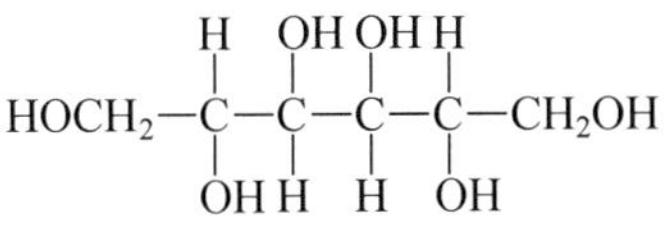

甘露醇(mannitol)

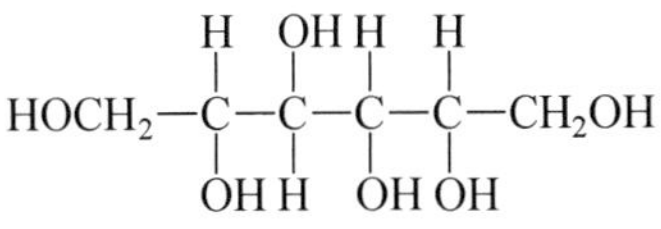

山梨醇(sorbitol)

9-1　分别用系统命名法命名下列醇类化合物或写出其结构式,并分类。

(1)(C₂H₅)₂C=CHCH₂OH　　(2)

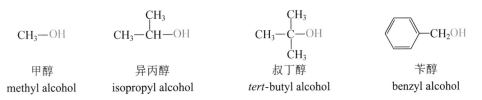

　　(3)

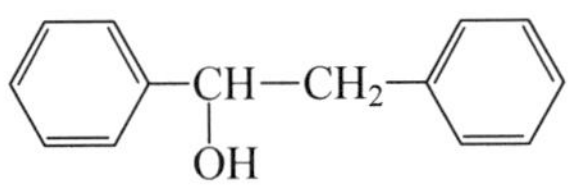

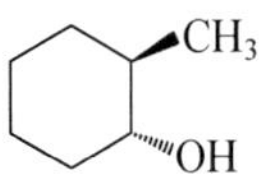

(4)2-甲基-4-苯基己-2-醇　　(5)1-甲基环戊-1-醇　　(6)2,2-二氯乙-1-醇

二、物理性质

含1~4个碳原子的醇为无色液体,含5~11个碳原子的醇为黏稠液体,含12个以上碳原子的醇则为蜡状固体。

醇在水中的溶解度取决于烃基的疏水性和羟基的亲水性。低级醇或多元醇因烃基较小,其羟基与水分子之间形成氢键(hydrogen bond)的作用力占主导地位(图 9-2),低级醇可与水互溶。随着烃基增大,醇的溶解度明显下降。

链状饱和一元醇的沸点与其碳链链长的关系与烷烃的变化规律相似。但醇的沸点比相对分子质量相近的烷烃高得多。例如,甲醇(相对分子质量 32)的沸点为 64.7℃,而乙烷(相对分子质量 30)的沸点为 -88.6℃。因为液态甲醇可通过羟基之间的氢键使分子缔合(图 9-3),要使液态的甲醇气化,必须多提供一部分能量以断裂氢键,而烷烃分子间不存在氢键,因此甲醇的沸点比乙烷的高。

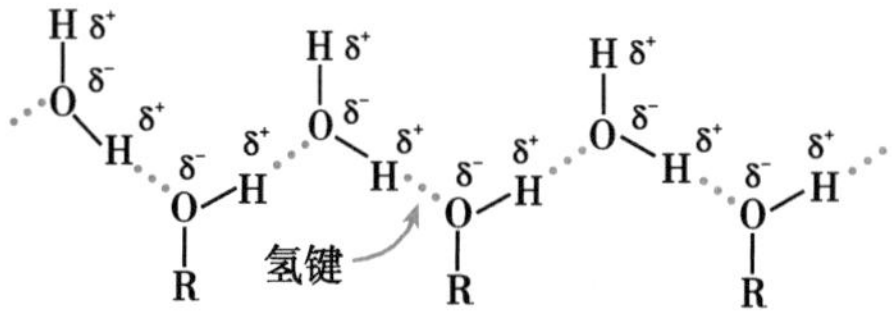

图 9-2 醇羟基与水之间形成的氢键

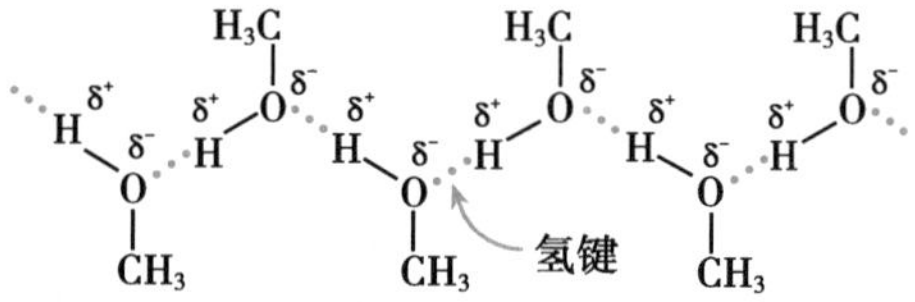

图 9-3 液态甲醇分子之间缔合的氢键

醇的直链碳增加一个 CH_2 沸点升高 18~20℃,醇的同分异构体支链越多沸点越低。例如,正丁醇沸点为 118℃,异丁醇沸点为 108℃,仲丁醇沸点为 99℃,叔丁醇沸点为 82℃。多元醇沸点随羟基数目增加而增加。例如,正丙醇的沸点 97.8℃,而丙三醇的沸点却高达 290℃。部分常见醇类化合物的物理常数见表 9-1。

表 9-1　部分常见醇的物理常数

名称	英文名	结构式	熔点/℃	沸点/℃	密度/($g \cdot mL^{-1}$)
甲醇	methanol	CH_3OH	-97.8	64.7	0.792
乙醇	ethanol	CH_3CH_2OH	-117.3	78.3	0.789
丙醇	propan-1-ol	$CH_3CH_2CH_2OH$	-126.0	97.8	0.804
异丙醇	propan-2-ol	$(CH_3)_2CHOH$	-88	82.3	0.789
正丁醇	butan-1-ol	$CH_3CH_2CH_2CH_2OH$	-89.6	117.7	0.810
环己醇	cyclohexanol	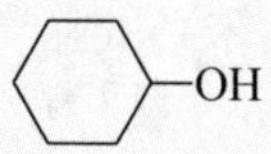 —OH	24	161.5	0.949
苯甲醇	benzyl alcohol	$C_6H_5CH_2OH$	-15	205	1.046
乙二醇	ethane-1,2-diol	$HOCH_2CH_2OH$	-12.6	197.5	1.113
丙三醇(甘油)	glycerol	$HOCH_2CH(OH)CH_2OH$	18	290	1.261

三、化学性质

由于氧原子的电负性比碳原子和氢原子的电负性大,所以醇分子中的碳氧键和氧氢键均为极性键,羟基的氧原子带部分负电荷(δ^-),与氧相连的碳原子和氢原子均带部分正电荷(δ^+)。醇羟基为醇的官能团,在不同的条件下,醇可发生羟基的氧氢键异裂,或者发生碳氧键异裂(图 9-4);醇羟基氧上有孤对电子,具有碱性和亲核性,可与酸结合生成氧正离子,进一步增大碳氧键的极性而发生异裂。

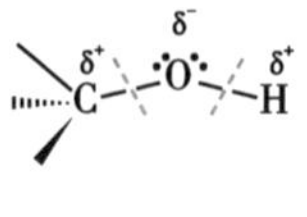

图 9-4 醇发生化学反应的主要部位

(一)与金属钠的反应

醇与水一样,能与金属钠反应,反应生成醇钠,并同时放出氢气。在无水条件下,用金属钠处理乙醇的反应式为:

$$CH_3CH_2OH + Na \longrightarrow CH_3CH_2ONa + H_2\uparrow$$

醇与钠的反应速率比与水的反应速率缓慢得多。这也表明醇具有酸性,但其酸性比水弱。金属钠与甲醇的反应相当激烈,但随着醇中烷基碳原子数的增加,反应激烈程度逐渐减弱。例如,金属钠与水的反应是爆炸性的,与乙醇的反应速度是可控制的,而与正丁醇的反应则相当缓慢。在含水的醇溶液中,金属钠优先与水反应,反应剧烈,放出的热量可使氢气燃烧。醇钠遇水立即分解生成氢氧化钠和原来的醇。

$$CH_3CH_2ONa + HOH \rightleftharpoons NaOH + CH_3CH_2OH$$

在这一反应中,较强的酸(H—OH)把较弱的酸(RO—H)从它的盐中置换出来。换而言之,较强的碱 RO^- 从 H_2O 中把质子夺过来了。RO^- 的碱性比 ^-OH 要强得多。

下面是一些分子、离子酸碱性比较:

$$酸性:H_2O>ROH>R{-}C{\equiv}CH>NH_3>RH$$

$$碱性:R^->{}^-NH_2>R{-}C{\equiv}C^->RO^->{}^-OH$$

烷氧基负离子(RO^-)的碱性很强,而它们的共轭酸的酸性很弱。叔丁醇是个弱酸,而叔丁氧基负离子则是强碱。不同烃基结构醇钠的碱性强弱次序是:叔醇钠 > 仲醇钠 > 伯醇钠。

> 9-2　按酸性由强到弱顺序排列下列各组化合物。
> （1）正丁醇、仲丁醇、叔丁醇
> （2）甲醇、乙醇、正丙醇、异丙醇
> （3）水、氨、丙烷、丙醇、乙酸

邻二醇(如乙二醇、甘油等)为多官能团化合物,由于处于相邻碳原子上两个羟基相互影响,使其酸性有所增强。在碱性溶液中,邻二醇类化合物可与 Cu^{2+} 反应生成绛蓝色的配合物。

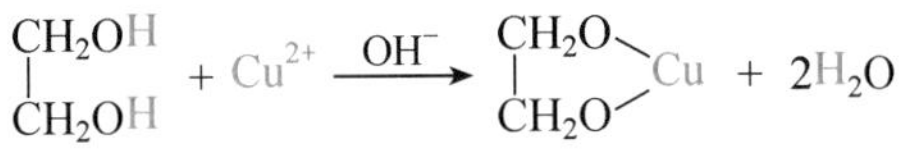

绛蓝色配合物

（二）与无机含氧酸的酯化反应

醇可与含氧无机酸(如硝酸、亚硝酸、硫酸和磷酸等)直接反应,生成相应的酯。例如,甘油(glycerin)与硝酸反应生成甘油三硝酸酯(glyceryl trinitrate),临床上作为药物称为硝酸甘油(nitroglycerin)。硝酸甘油具有扩张血管的功能,能缓解心绞痛发作,临床上用于防治心绞痛。

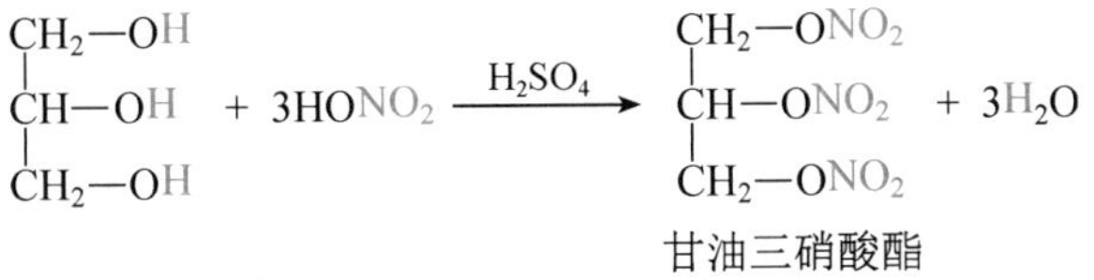

甘油三硝酸酯

硫酸是二元酸,可形成两种硫酸酯——酸性酯和中性酯。低级醇的硫酸酯(如硫酸二甲酯等)可作为烷基化试剂。高级醇($C_8{\sim}C_{18}$)的硫酸酯钠盐用作合成洗涤剂。人软骨中含有硫酸酯结构的硫酸软骨质。

硫酸氢甲酯　　　　硫酸二甲酯

磷酸是三元酸,与醇作用时可形成三种类型的磷酸酯。磷酸酯(phosphate ester)广泛存在于生物体中,具有重要的生物功能。例如,细胞的重要成分 DNA、RNA、磷脂及重要的供能物质三磷酸腺苷(adenosine triphosphate,ATP)都含有磷酸酯结构(见第十六、第十九章)。

$$
\begin{array}{ccc}
\underset{\substack{|\\OH}}{\overset{\substack{O\\\|}}{RO-P-OH}} & \underset{\substack{|\\OH}}{\overset{\substack{O\\\|}}{RO-P-OR'}} & \underset{\substack{|\\OR''}}{\overset{\substack{O\\\|}}{RO-P-OR'}} \\
\text{磷酸烷基二氢酯} & \text{磷酸二烷基氢酯} & \text{磷酸三烷基酯}
\end{array}
$$

（三）与氢卤酸的反应

醇可与氢卤酸发生亲核取代反应,羟基被卤素原子取代而生成卤代烷。

$$ROH + HX \longrightarrow RX + H_2O(X=Cl, Br, I)$$

虽然醇羟基不是一个易离去基团,但因羟基氧原子具有孤对电子,能与 H$^+$ 结合生成质子化醇,从而将羟基转化为较易离去基团——水分子,进而被卤原子取代。

$$CH_3CH_2OH + HBr \rightleftharpoons Br^- + CH_3CH_2\overset{+}{O}H_2 \longrightarrow BrCH_2CH_3 + H_2O$$
$$\qquad\qquad\qquad\qquad\qquad\qquad \text{质子化醇}$$

绝大多数仲醇、叔醇与氢卤酸的反应按 S$_N$1 机制进行,故醇与氢卤酸反应的活性顺序为:叔醇 > 仲醇 > 伯醇。此外,这一反应的速率还与氢卤酸的种类有关,活性顺序为:HI>HBr>HCl,氢氟酸一般不反应。

（四）脱水反应

1. 分子内脱水 醇在浓 H$_2$SO$_4$ 或 H$_3$PO$_4$ 催化下加热,分子内脱水生成烯烃。例如:

$$(CH_3)_2\underset{}{C}-CH_2 \xrightarrow[60℃]{\text{浓}H_2SO_4} (CH_3)_2C=CH_2 + H_2O$$

$$CH_2CHCH_3 \xrightarrow[100℃]{\text{浓}H_2SO_4} H_2C=CHCH_3 + H_2O$$

$$CH_2CH_2OH \xrightarrow[170℃]{\text{浓}H_2SO_4} H_2C=CH_2 + H_2O$$

上述反应表明,醇分子内脱水生成烯烃由易到难顺序为:叔丁醇、异丙醇、乙醇。

醇在无机酸催化下脱水反应的机制为:首先,醇羟基与质子作用形成质子化醇,然后离去 H$_2$O 分子,形成碳正离子中间体,最后,消去 β-H 而生成双键。

$$
\underset{\substack{|\\OH}}{\overset{\substack{\beta\ \ \ \alpha}}{-C-C-}} \xrightarrow[\text{快}]{+H^+} \underset{\substack{+\\ \overset{+}{O}H_2}}{\overset{\substack{\beta\ \ \ \alpha}}{-C-C-}} \xrightarrow[\text{慢}]{-H_2O} \underset{\substack{+}}{\overset{\substack{\beta\ \ \ \alpha}}{-C-C-}} \xrightarrow[\text{快}]{-H^+} C=C
$$
$$\ \ \ \text{醇}\qquad\qquad\quad \text{质子化醇}\qquad\quad \text{碳正离子中间体}\qquad \text{烯烃}$$

其中第二步为限速步骤,决定整个反应的速率,即其生成的碳正离子越稳定,脱水反应越容易进行。由于碳正离子的稳定性次序为:叔碳 > 仲碳 > 伯碳,故不同类型的醇脱水活性的顺序为:

$$\underrightarrow{\qquad\text{叔醇}\qquad\text{仲醇}\qquad\text{伯醇}\qquad}$$
$$\text{脱水由易到难的次序}$$

醇分子内脱水成烯的反应遵循 Saytzeff 规律,即主要产物是双键上连有最多烃基的烯烃。也就是说,醇脱水形成烯烃的双键位于原来醇分子连有羟基的碳原子与相邻连有较少"H"的碳之间。丁-2-醇脱水的主要产物是丁-2-烯而不是丁-1-烯。

$$CH_3CHCHCH_2-H \xrightarrow{-H_2O} CH_3C=CHCH_3 + CH_3CH_2C=CH_2$$
$$\qquad\qquad\qquad\qquad\qquad\quad \text{丁-2-烯}\qquad\qquad \text{丁-1-烯}$$
$$\qquad\qquad\qquad\qquad\qquad\ \ （\text{主要产物}）$$

2. 分子间脱水 在酸催化下,一分子醇的羟基被质子化后,受到另一分子醇的羟基氧亲核进攻,发生亲核取代反应失去一分子水生成醚。

$$R^1-\underset{\underset{R^3}{|}}{\overset{\overset{R^2}{|}}{C}}-O-H \xrightarrow{H^+} R^1-\underset{\underset{R^3}{|}}{\overset{\overset{R^2}{|}}{C}}-\overset{+}{\underset{\underset{H}{|}}{O}}-H \xrightarrow{HO-\underset{\underset{R^3}{|}}{\overset{\overset{R^2}{|}}{C}}-R^1} R^1-\underset{\underset{R^3}{|}}{\overset{\overset{R^2}{|}}{C}}-O-\underset{\underset{R^3}{|}}{\overset{\overset{R^2}{|}}{C}}-R^1 + H_2O + H^+$$

伯醇的分子间脱水是通过 S_N2 反应机制进行的；仲醇的分子间脱水通常是通过 S_N1 反应机制进行；叔醇虽较仲醇和伯醇更易失水而形成叔碳正离子，但因叔醇的氧原子周围的烃基体积较大，不易接近碳正离子，故所得的叔碳正离子更易于失去一个质子生成烯烃，而不易发生取代反应生成醚。

$$(CH_3)_3COH \rightleftharpoons (CH_3)_3C\overset{+}{O}H_2 \xrightarrow{-H_2O} (CH_3)_3\overset{+}{C} \xrightarrow{-H^+} \underset{H_3C}{\overset{H_3C}{>}}C=CH_2$$

与卤代烃类似，醇的取代和消除反应也互为竞争反应。对于低级伯醇，在温度较高时，主要发生消除反应生成烯烃，而在稍低温度下则主要发生亲核取代反应生成醚。

$$CH_3CH_2OH \xrightarrow[170℃]{浓H_2SO_4} H_2C=CH_2 + H_2O$$

$$CH_3CH_2OH \xrightarrow[140℃]{浓H_2SO_4} CH_3CH_2OCH_2CH_3 + H_2O$$

（五）氧化反应

有机反应中，脱氢或加氧的反应为氧化反应（oxidation），加氢或脱氧的反应为还原反应（reduction）。

醇类化合物的氧化，实质上是从分子中脱去两个氢原子，其中一个是羟基上的氢，另一个是与羟基相连碳上的氢（α-H）。氧化产物取决于醇的类型和反应条件。伯醇氧化生成醛，醛继续氧化生成羧酸；仲醇氧化生成酮，通常酮不会被继续氧化；叔醇没有 α-氢，一般不能被氧化。

$$CH_3\overset{\overset{OH}{|}}{C}H-H \xrightarrow{[O]} CH_3\overset{\overset{O}{||}}{C}-H \xrightarrow{[O]} CH_3\overset{\overset{O}{||}}{C}-OH$$

$$CH_3\overset{\overset{OH}{|}}{C}HCH_3 \xrightarrow{[O]} CH_3\overset{\overset{O}{||}}{C}CH_3$$

［O］代表氧化剂，常用的氧化剂有 $K_2Cr_2O_7$ 的酸性水溶液、$KMnO_4$ 溶液等。

上述反应物和产物都是无色的。若使用 $K_2Cr_2O_7$ 的酸性水溶液作为氧化剂，反应液由橙红色变成绿色；若使用 $KMnO_4$ 溶液作为氧化剂，则氧化剂的紫色可被褪去。利用此实验现象可区别伯醇、仲醇与叔醇。

酒中的乙醇与铬酸试剂反应，将会使原来橙色的试剂转变为绿色。使用呼吸分析仪检查汽车驾驶员是否酒后驾车，是利用了乙醇的氧化反应原理。

$$CH_3CH_2OH + Cr_2O_7^{2-} \longrightarrow CH_3COOH + Cr^{3+}$$
$$\text{（橙色）} \qquad\qquad\qquad \text{（绿色）}$$

如欲氧化伯醇制备醛，需避免产物醛被氧化，可采用蒸馏法将生成的醛蒸出以避免其与氧化剂接触，或使用相对温和的氧化剂，如 Collins 试剂，即三氧化铬和吡啶的混合物。

$$CH_2=CH(CH_2)_2CH=\overset{\overset{CH_3}{|}}{C}(CH_2)_3\overset{\overset{H}{|}}{C}HOH \xrightarrow[C_5H_5N]{CrO_3} CH_2=\overset{\overset{CH_3}{|}}{C}(CH_2)_2CH=\overset{\overset{CH_3}{|}}{C}(CH_2)_3\overset{\overset{H}{|}}{C}=O$$

四、甲醇、乙醇的功能与毒性

甲醇最初是通过木材干馏分离制得，故俗称木精或木醇。目前，工业上用 CO 和 H_2 在高温高压下催化制得甲醇。甲醇为无色透明液体，能与水和大多数有机溶剂混溶，是实验室常用的溶剂，也是一种重要的化工原料。甲醇有酒的气味,但毒性很强,长期接触甲醇蒸气,可使视力下降;若内服10mL甲醇可致人失明,30mL甲醇可致死。这是由于甲醇进入体内,很快被肝脏的脱氢酶氧化成甲醛,甲醛不能被同化利用,能凝固蛋白质,损伤视网膜。甲醛的氧化产物甲酸难代谢而潴留于血中,使pH下降,导致酸中毒而致命。

乙醇是酒的主要成分,俗称酒精,可通过淀粉等糖类物质发酵而得。目前利用石油裂解气中的乙烯进行加水反应制备乙醇。乙醇为无色透明液体,能与水和大多数有机溶剂混溶。乙醇是重要的有机溶剂和化工原料。由于70%或75%乙醇水溶液能使细菌的蛋白质变性,临床上使用这一浓度的乙醇作外用消毒剂。乙醇作溶剂溶解药品制成的制剂称酊剂,例如碘酊(俗称碘酒)就是将碘和碘化钾(作助溶剂)溶于乙醇制成;再如将易挥发药物溶于乙醇制成的制剂则称醑剂,例如薄荷醑等。乙醇也用于制取中草药浸膏以提取其中的有效成分。

在人体内,乙醇可被肝脏中的乙醇脱氢酶氧化成乙醛,后者可被乙醛脱氢酶氧化成机体细胞能同化的乙酸,因此人体可以承受适量的乙醇。乙醛低浓度时可引起眼、鼻及上呼吸道刺激症状及支气管炎;而高浓度时尚有麻醉作用。饮酒过度,临床上表现有嗜睡、头痛、神志不清及支气管炎、肺水肿、腹泻、蛋白尿和心肌脂肪性变,严重时可致人死亡。

不论是乙醇脱氢酶,还是乙醛脱氢酶,其催化底物的氧化能力是有限的,过量饮酒,会造成乙醇在血液中潴留,导致酒精中毒。临床实践证明,长期而过度饮酒者会引起机体某些代谢障碍,导致脂肪、游离脂肪酸等增高,可造成脂肪肝,最后导致肝纤维化和肝硬化。在脂肪肝的早期,经戒酒和治疗,脂肪肝可逐渐消除。

第二节 | 硫 醇

一、结构与命名

硫醇(thiol)的结构通式为R—SH。氢硫基(亦称巯基,—SH)为硫醇的官能团。硫醇的命名规则与醇的命名规则相似,但需以"硫醇"替换"醇"。结构较复杂的硫醇,将—SH作为取代基命名。例如:

CH_3SH	CH_3CH_2SH	$HSCH_2CH_2SH$	$HSCH_2CH_2OH$
甲硫醇	乙硫醇	乙-1,2-二硫醇	2-氢硫基乙醇
methanethiol	ethanethiol	ethane-1,2-dithiol	2-sulfanylethan-1-ol

二、物理性质

大多数硫醇易挥发,且具有特殊臭味,因此极微量的硫醇也具有非常明显的气味。工业上常将低级硫醇作为臭味剂使用,如燃气中加入少量叔丁硫醇,一旦燃气泄漏,硫醇的气味可起报警作用。

硫原子的电负性比氧原子的小,硫醇与水分子间以及硫醇分子间形成氢键的能力都比醇弱,故硫醇难溶于水,其沸点也比同碳原子数的醇低,见表9-2。

表9-2 部分同碳原子数的硫醇和醇的沸点比较表

名称	结构式	沸点/℃	名称	结构式	沸点/℃
甲硫醇	CH_3SH	6.2	甲醇	CH_3OH	64.7
乙硫醇	C_2H_5SH	37	乙醇	C_2H_5OH	78.3
丙硫醇	$CH_3CH_2CH_2SH$	67	丙醇	$CH_3CH_2CH_2OH$	97.8

三、化学性质

(一)弱酸性

与氧原子相比,硫原子半径大,氢巯基的硫氢键的键长较羟基的氧氢键的键长更长,硫氢键易被极化,异裂放出质子。硫醇在水溶液中容易电离出质子,显酸性。硫醇的 pK_a 为 9~12,其酸性比水和醇强。

$$RSH + HO^- \rightleftharpoons RS^- + H-OH$$

硫醇难溶于水,易溶于氢氧化钠溶液。这是由于硫醇酸性较强,可与氢氧化钠发生中和反应,生成溶于水的盐(硫醇钠)。例如:

$$CH_3CH_2SH + NaOH \longrightarrow CH_3CH_2SNa + H-OH$$
乙硫醇　　　　　　　乙硫醇钠

9-3　为什么乙硫醇的酸性(pK_a 约为 11)强于乙醇(pK_a 约为 17)?

(二)与重金属作用

与无机硫化物类似,硫醇可与汞、银、铝等重金属盐或氧化物作用生成难溶于水的硫醇盐。

$$2\,RSH + HgO \longrightarrow (RS)_2Hg\downarrow + H_2O$$

在人体内,许多酶(如琥珀酸脱氢酶、乳酸脱氢酶等)含有氢巯基,可与铅、汞等重金属发生上述反应,使酶变性(denaturation)失活而丧失正常的生理功能,导致重金属中毒(heavy metal poisoning)。利用硫醇的这一性质,在医药领域用某些含氢巯基的化合物作为重金属中毒的解毒剂(antidote)。例如:

CH₂—CH—CH₂	CH₂—CH—CH₂	HS—HC—COONa
OH　SH　SH	SH　SH　SO₃Na	HS—HC—COONa
2,3-二氢硫基丙-1-醇(BAL)	2,3-二氢硫基丙-1-磺酸钠	2,3-二氢硫基丁二酸钠

这些解毒剂如二氢硫基丁二酸钠(dimercaptosuccinate sodium)与金属离子的亲和力更强,不仅能与游离的重金属离子结合,以保护酶系统,而且还能夺取已经与酶结合的重金属离子,形成不易解离且水溶性大的无毒配合物,经尿液排出体外,使中毒酶的活性恢复,从而达到解毒的目的。但若酶的氢巯基与重金属离子结合过久,中毒酶则难以恢复,故重金属中毒需尽早用药抢救。重金属解毒剂的作用过程如图 9-5。

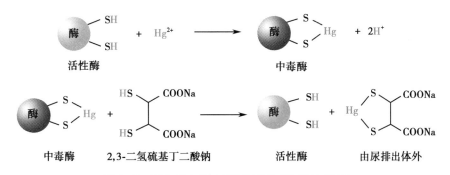

图 9-5　重金属中毒及解毒剂的作用过程示意图

(三)氧化反应

硫醇易被氧化。在稀过氧化氢或碘,甚至在空气中氧的作用下,硫醇可被氧化成二硫化物(disulfide)。硫醇的氧化反应可以定量地进行,通过测定反应剩余过氧化氢的量,可分析氢巯基化合物的含量。

$$2\ CH_3CH_2CH_2SH\ +\ H_2O_2\ \longrightarrow\ CH_3CH_2CH_2S-SCH_2CH_2CH_3\ +\ 2\ H_2O$$

丙-1-硫醇   1,2-二丙基二硫化物
(propane-1-thiol)   （1,2-dipropyldisulfide）

二硫化物与过氧化物结构类似,但更稳定。二硫化物在一定的条件下又可被还原为原来的硫醇。例如,生物氧化中的重要因子硫辛酸与二氢硫辛酸的转化也通过二硫键"—S—S—"与巯基之间的还原氧化作用。

硫辛酸   二氢硫辛酸

硫醇与二硫化物之间的氧化还原是生物体内一个非常重要的生化过程。许多多肽和蛋白质含有能形成二硫键的游离氢巯基。通过这种性质,可使肽链中相应的氢巯基连接起来,改变这些肽或蛋白质的三维结构,调整其生物活性。

在高锰酸钾、硝酸等强氧化剂作用下,甲硫醇可被氧化成甲磺酸。

$$CH_3-SH\ \xrightarrow{KMnO_4}\ CH_3-SO_3H$$

甲硫醇   甲磺酸

硫原子连有两个烃基的化合物称为硫醚,其结构通式为:R—S—R。最简单的硫醚为二甲基硫醚。

硫醚也较容易被氧化。例如,在室温条件下,二甲基硫醚就能被过氧化氢氧化成二甲亚砜(dimethylsulfoxide,DMSO)。DMSO 极性较大,毒性低,可与水以任意比例互溶,也具有良好的脂溶性,还对皮肤有很强的穿透力,因此,常用作透皮吸收药物的促渗剂,促使溶解于其中的药物快速渗入皮肤。

$$H_3C-S-CH_3\ \xrightarrow{H_2O_2}\ H_3C-\overset{\overset{\displaystyle O}{\|}}{S}-CH_3$$

二甲基硫醚   二甲亚砜(DMSO)

第三节 | 酚

一、结构、分类和命名

酚类是羟基与苯环 sp^2 杂化碳原子直接相连的一类化合物,用通式 Ar—OH 表示。酚类中的羟基称为酚羟基。苯酚(phenol)俗称石炭酸,是最简单的酚类化合物。

根据芳基种类,酚类可分为苯酚和萘酚(naphthol)等;根据芳环上羟基的数目,酚可分为一元酚、二元酚和三元酚等,含有两个以上酚羟基的酚统称为多元酚。

酚的系统命名主要采用取代法:将酚看作芳环上氢原子被羟基取代后得到的衍生物,即以芳烃为母体,羟基为取代基。命名时以 "酚" 作为后缀词(英文为-ol),在芳烃名称后面加上 "酚" 或 "二酚" 等,并将酚羟基的位次标注于 "酚" 或 "二酚" 之前,与羟基相连的碳原子的位次编号应尽可能小,其他取代基的编号应遵守 "最低位次组" 原则。取代基按照英文名称首字母顺序排列,置于母体化合物名称前。

萘-1-酚   1-溴萘-2-酚   苯-1,2-二酚(焦儿茶酚)   苯-1,3,5-三酚
naphthalen-1-ol   1-bromonaphthalen-2-ol   benzene-1,2-diol   benzene-1,3,5-triol
                                                (pyrocatechol)

对于单个羟基连在单个苯环上的酚类化合物,通常以苯酚(phenol)为母体进行命名。

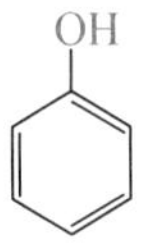

苯酚
phenol

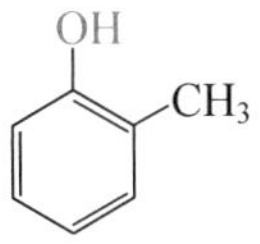

2-甲基苯酚
2-methylphenol

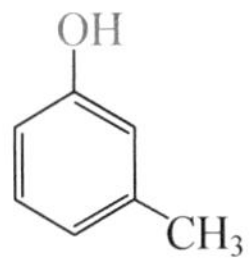

3-甲基苯酚
3-methylphenol

4-甲基苯酚
4-methylphenol

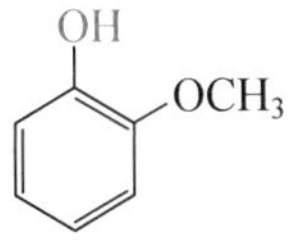

2-甲氧基苯酚(愈创木酚)
2-methoxyphenol(guaiacol)

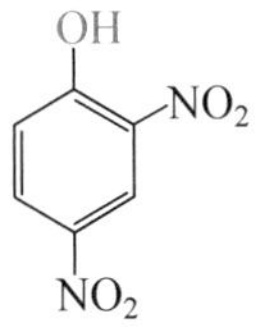

2,4-二硝基苯酚
2,4-dinitrophenol

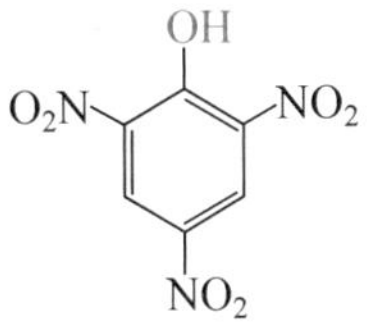

2,4,6-三硝基苯酚(苦味酸)
2,4,6-trinitrophenol(picric acid)

有些酚类化合物保留了俗名,如上面的焦儿茶酚、愈创木酚、苦味酸等。上面三种甲基苯酚异构体混合物的皂溶液俗称来苏儿(lysol),也称煤酚皂液。临床上用作消毒剂,2.5%的煤酚皂液 30 分钟可杀灭结核分枝杆菌。

二、物理性质

室温下酚类化合物大多数为结晶性固体,少数烷基酚(如甲酚)为高沸点的液体。酚羟基能与水分子之间形成氢键,但由于酚类烃基(亲脂性)部分较大,游离酚类化合物在水中的溶解度都比较小,但可溶于乙醇、乙醚、苯等有机溶剂;酚类化合物与醇一样能形成分子间氢键,一般都具有高沸点;部分常见酚类化合物的物理常数见表 9-3。

表 9-3 常见酚类化合物的物理常数表

名称(俗名)	英文名	结构式	熔点/℃	沸点/℃	溶解度/ ($g \cdot 100mL^{-1}$ 水)	pK_a
苯酚	phenol	C_6H_5OH	41	182	9.3	9.98
2-甲基苯酚 (邻甲苯酚)	2-methylphenol	o-$CH_3C_6H_4OH$	31	191	2.5	10.28
3-甲基苯酚 (间甲苯酚)	3-methylphenol	m-$CH_3C_6H_4OH$	12	202	2.6	10.01
4-甲基苯酚 (对甲苯酚)	4-methylphenol	p-$CH_3C_6H_4OH$	35	202	2.3	10.26
2-氯苯酚 (邻氯苯酚)	2-chlorophenol	o-ClC_6H_4OH	9	173	2.8	8.56
3-氯苯酚 (间氯苯酚)	3-chlorophenol	m-ClC_6H_4OH	33	214	2.6	9.12
4-氯苯酚 (对氯苯酚)	4-chlorophenol	p-ClC_6H_4OH	43	217	2.7	9.41
2-硝基苯酚 (邻硝基苯酚)	2-nitrophenol	o-$O_2NC_6H_4OH$	45	214	0.2	7.17

续表

名称(俗名)	英文名	结构式	熔点/℃	沸点/℃	溶解度/ (g·100mL^{-1}水)	pK$_a$
3-硝基苯酚 (间硝基苯酚)	3-nitrophenol	m-O$_2$NC$_6$H$_4$OH	96	194 (70mmHg)	1.4	8.28
4-硝基苯酚 (对硝基苯酚)	4-nitrophenol	p-O$_2$NC$_6$H$_4$OH	112	279	1.7	7.15
2,4-二硝基苯酚	2,4-dinitrophenol	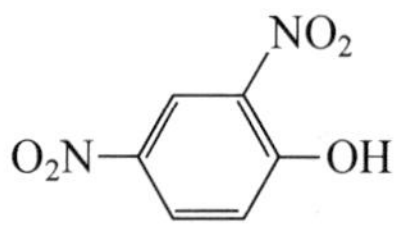	113	分解	0.56	3.96
2,4,6-三硝基苯 酚(苦味酸)	2,4,6-trinitrophenol (picric acid)	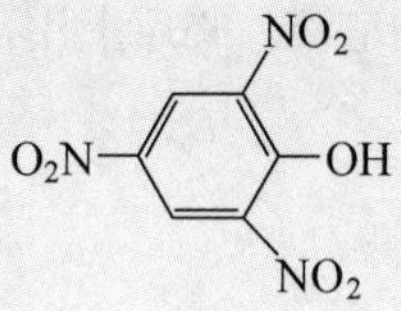	122	分解 (300℃爆炸)	1.40	0.38 (强酸)

三、化学性质

酚类化合物与醇类化合物一样均含有羟基。由于酚类化合物的羟基与苯环直接相连,即酚羟基是与sp^2杂化碳原子键合,因此酚类化合物的许多化学性质不同于醇。例如,由于羟基与芳环之间存在给电子的p-π共轭效应,苯酚的碳氧键不易断裂,而氧氢键易异裂,给出质子,具有弱酸性;苯酚的羟基能活化苯环的邻位和对位,容易在苯环的邻位和对位发生卤代、硝化和磺化等亲电取代反应。

(一) 酚的酸性

酚类化合物一般显弱酸性。例如,苯酚能与氢氧化钠反应生成易溶于水的苯酚钠。

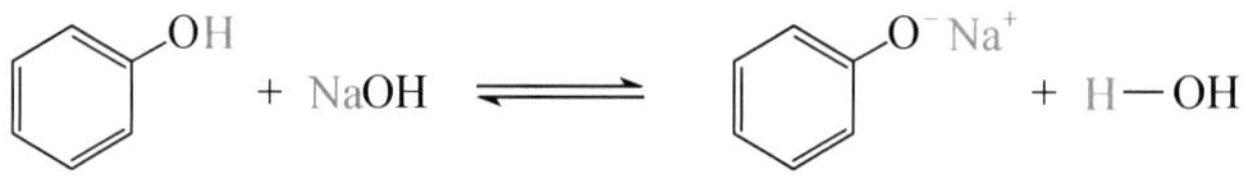

（略溶于水）　　　　　　　　　　（溶于水）

苯酚的酸性(pK$_a$ = 9.98)比碳酸的酸性(pK$_a$ = 6.35)弱,向苯酚钠溶液中通入二氧化碳,可游离出苯酚。

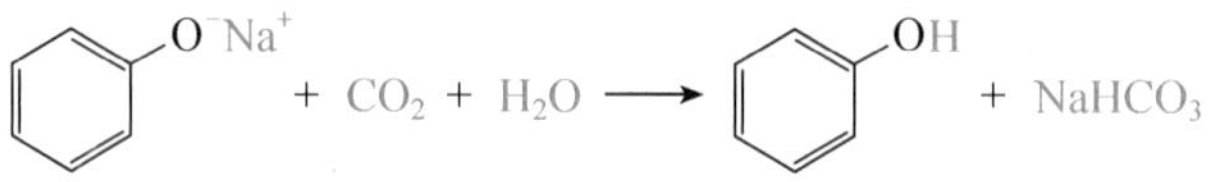

利用酚的弱酸性和成盐性质,可将酚类化合物与近中性化合物(如环己醇、硝基苯等)分离。

9-4 如何利用酸性差异分离 4-硝基甲苯与 4-甲基苯酚的混合物?

取代酚类化合物酸性的强弱与苯环上取代基的种类、位置和数目等有关。以取代苯酚为例,当取代基为吸电子基团(如—NO$_2$、—X 等)时,苯环的电子云密度降低,酚的酸性增强;当取代基为给电子基团(如—CH$_3$、—C$_2$H$_5$ 等)时,苯环的电子云密度增加,酚的酸性减弱。例如,硝基酚的酸性比苯酚强,甲基酚的酸性比苯酚弱。苯酚及其部分取代酚的 pK$_a$ 值见表 9-4。

表9-4　苯酚及其部分取代酚的 pKa 值表（25℃）

取代基（Y）	不同化合物的 pKa 值		
	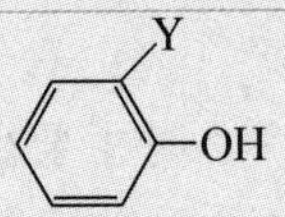 （邻位）Y—OH	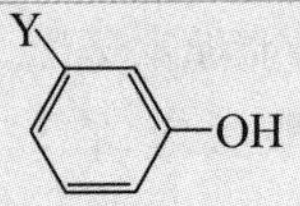 （间位）Y—OH	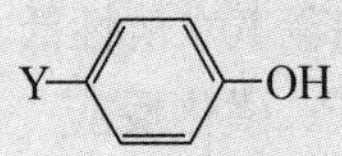 （对位）Y—OH
H	9.98	9.98	9.98
CH₃	10.28	10.01	10.26
F	8.81	9.28	9.81
Cl	8.56	8.80	9.41
Br	8.42	8.97	9.26
I	8.46	8.88	9.20
CH₃O	9.98	9.65	10.21
NO₂	7.17	8.28	7.15

9-5　试将下列化合物按酸性由强到弱顺序排列。

（1）

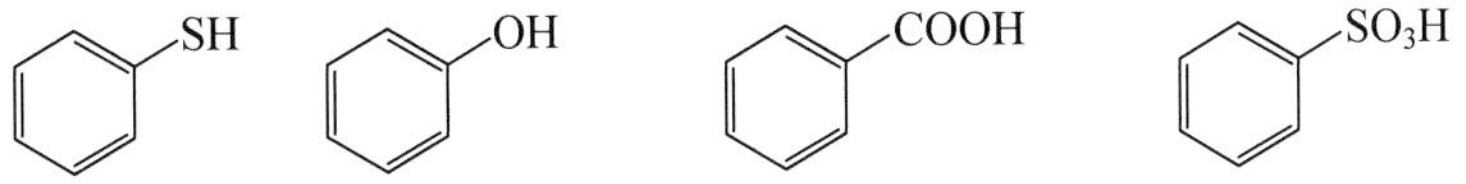

（2）

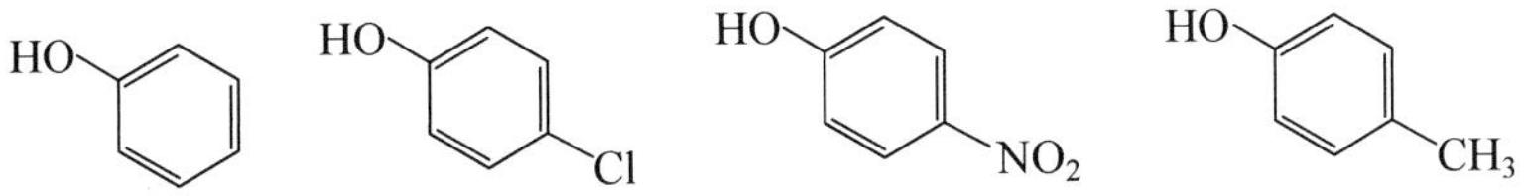

（二）亲电取代反应

苯酚中的羟基能活化苯环。苯酚很容易发生卤代、硝化和磺化等亲电取代反应。

1. 卤代反应　苯酚水溶液与溴可立即作用,生成 2,4,6-三溴苯酚的白色沉淀。

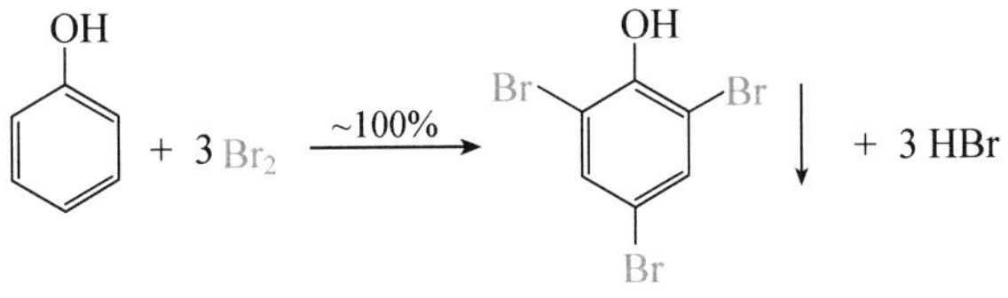

2,4,6-三溴苯酚

此反应非常灵敏,很稀的苯酚溶液（10mg·L⁻¹）也能与溴产生明显的浑浊现象,因此可用此反应检验部分酚类化合物。若使用非极性溶剂（如二硫化碳）,并在低温条件下反应,苯酚与溴反应生成一溴取代物——对溴苯酚。当苯酚对位有取代基时,如选择低极性溶剂,低温下可制得邻位取代物。

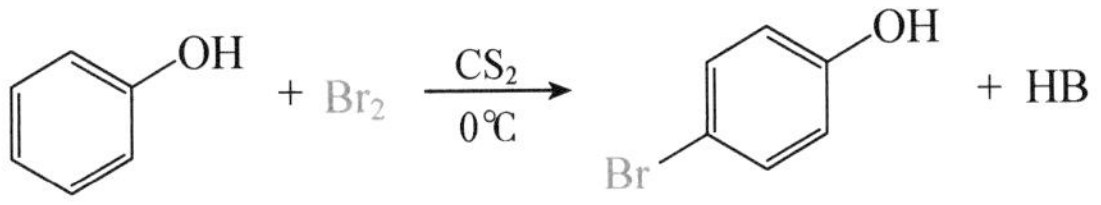

80%~84%

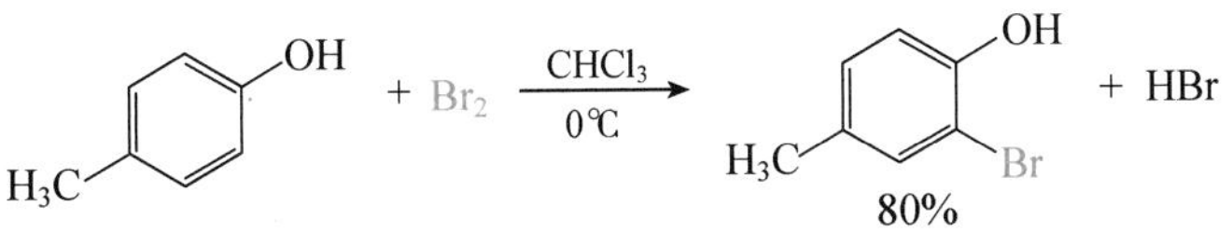

80%

2. 硝化反应　苯酚与稀硝酸反应生成 2-硝基苯酚和 4-硝基苯酚。

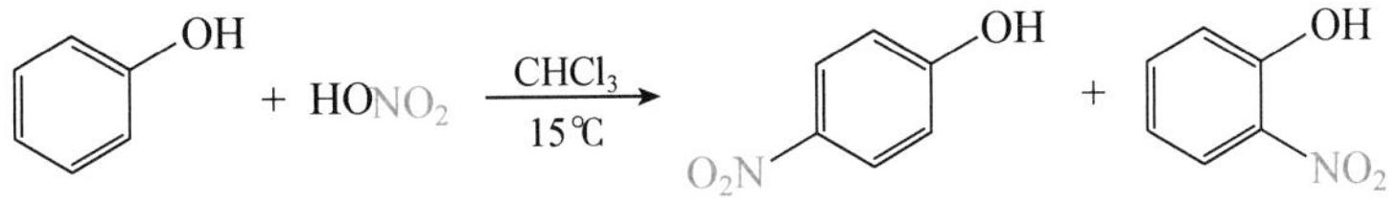

61%　　　26%

通过水蒸气蒸馏可分离2-硝基苯酚和4-硝基苯酚。这是由于4-硝基苯酚通过分子间氢键相互缔合，其挥发性小，不能随水蒸出；而2-硝基苯酚通过分子内氢键形成六元环状结构，阻碍其与水形成氢键，其水溶性低，挥发性大，能随水蒸出。

3. 磺化反应 苯酚与硫酸反应，在较低温度（25℃）时主要生成2-羟基苯磺酸（受速率控制）；在较高温度（100℃）时主要生成4-羟基苯磺酸（受平衡控制）。若采用发烟硫酸，则生成2-羟基苯-1,3,5-三磺酸。

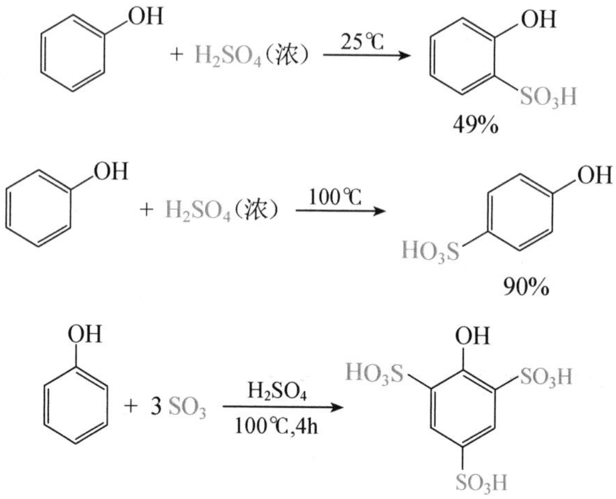

（三）与三氯化铁的显色反应

羟基连在碳碳双键碳原子上的化合物称为烯醇（enol）。酚类化合物是一种特殊的烯醇。

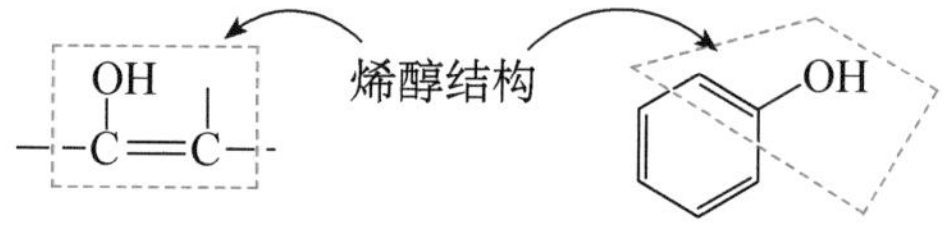

具有烯醇结构的化合物都可与三氯化铁水溶液发生呈色反应。苯酚与三氯化铁水溶液发生反应，使溶液呈蓝紫色；苯-1,3-二酚、苯-1,3,5-三酚呈紫色；甲基苯酚呈蓝色；苯-1,2-二酚和苯-1,4-二酚分别呈绿色和暗绿色；苯-1,2,3-三酚则呈红色。

（四）氧化反应

酚类化合物容易被氧化，其产物很复杂。例如苯酚为无色晶体，在空气中会被缓慢氧化，颜色逐渐变深。用重铬酸钾和硫酸作氧化剂，苯酚可被氧化成对苯醌（见第十二章 醛和酮）。多数醌类化合物有颜色。

对苯醌
p-benzoquinone

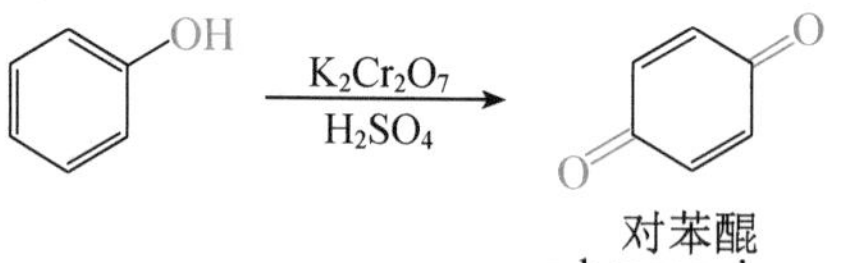

多元酚更容易被氧化为醌类化合物，例如：苯-1,2-二酚可被氧化成苯-1,2-醌；苯-1,4-二酚可被氧化成苯-1,4-醌。

苯-1,2-醌（benzo-1,2-quinone）

苯-1,4-醌（benzo-1,4-quinone）

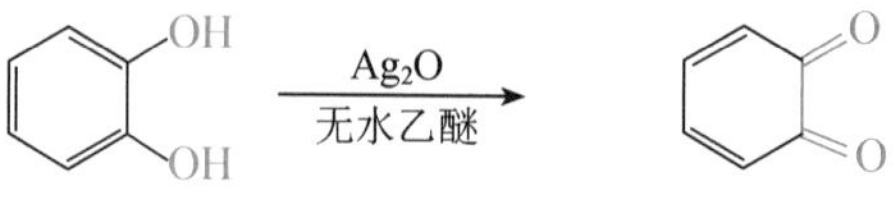

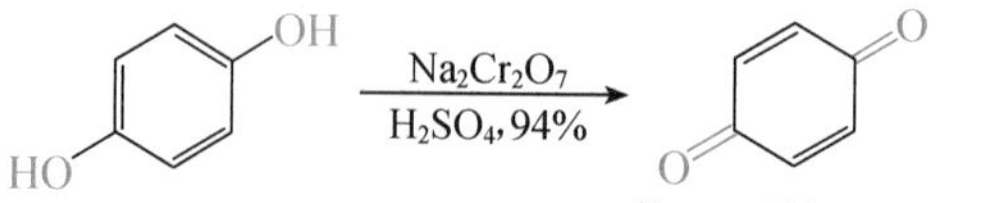

习题

9-6 命名下列化合物。

（1）C₆H₅CH₂CH₂OH

（2）H₂C=CHCH₂OH

（3）HOCH₂CH₂C（CH₃）₃

（4）HSCH₂CH₂OH

（5）HOCH₂CHCH₂OPO₃H₂
　　　　　|
　　　　　OH

（6）HOCH₂CHCH₂CH₂OH
　　　　　　|
　　　　　　CH₃

（7）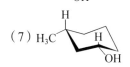

（8）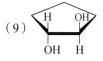

（9）
H　OH
　⏜
（9）　（五元环，两个H和OH）
OH　H

（10）
H₃CO
　　＼
HO—〈苯环〉—CH₂CH=CH₂

9-7 写出下列化合物的结构式。

（1）顺-戊-3-烯-2-醇

（2）4-甲基戊-1,2-二醇

（3）氢巯基乙酸

（4）亚硝酸异戊酯

（5）甘油三硝酸酯

（6）5-氯-6-(3-氯苯基)庚-2-烯-1-醇

（7）(1R,2R)-环己-1,2-二醇

（8）(Z)-丁-2-烯-1-醇

（9）苦味酸

（10）儿茶酚

9-8 完成下列反应式。

（1）CH₃CH₂OH + Na ⟶

（2）C₆H₅CH₂CHCH₃ + H₂SO₄ —△→
　　　　　　　　|
　　　　　　　　OH

（3）C₆H₅SH + NaOH ⟶

（4）HSCH₂CHSO₃Na + Hg²⁺ ⟶
　　　　　　　|
　　　　　　　SH

（5）
　　　　　CH₂OH
　　　　／
HO—〈苯环〉　　 + NaOH ⟶

（6）〈苯环〉—OH + Br₂ —CS₂/0℃→

（7）
　　　　　　　　　　　COOH
　　　　　　　　　／
CH₂—CH—CH₂CH₂CH₂　　 + Hg²⁺ ⟶
|　　|
SH　SH

（8）HSCH₂CHCOOH —(O)→
　　　　　　　|
　　　　　　　NH₂

9-9 请写出分子式为 C₄H₁₀O 的脂肪醇的所有异构体的结构(包括对映体)，并命名。

9-10 鉴别下列各组化合物。

（1）丁-1-醇与正戊烷

（2）溴乙烷与丁-1-醇

（3）戊-1-醇与戊-2-烯-1-醇

（4）正丁醇与叔丁醇

（5）对苯酚与苯甲醇

（6）丙-1,2-二醇与丙-1,3-二醇

9-11 写出下列各醇在酸催化下脱水可能生成的烯烃结构，并指出何者为主要产物。

（1）2-甲基戊-3-醇

（2）1-苯基丁-2-醇

（3）2,3-二甲基丁-2-醇

（4）1-甲基环己-1-醇

（5）CH₃CH₂CHCHCH₃
　　　　　　|
　　　　　　OH

（6）(CH₃)₃CCH₂CH₃
　　　　　　|
　　　　　　OH

9-12 具有 R-构型的化合物 A 的分子式为 C₈H₁₀O，A 与 NaOH 不反应；与金属钠反应放出氢气；与 KMnO₄ 的酸性溶液反应得化合物 B（分子式为 C₇H₆O₂）并放出 CO₂。A 与浓硫酸共热只生成化合物 C（分子式为 C₈H₈）。将 C 与 KMnO₄ 的酸性溶液反应也得化合物 B（分子式为 C₇H₆O₂）并放出 CO₂。试写出 A、B 和 C 的结构式，并写出有关反应式。

9-13 某化合物 A 的分子式为 C₇H₈O，A 不溶于水和 NaHCO₃ 溶液，但能溶于 NaOH 溶液，并可

与溴水反应生成化合物 B,其分子式为 $C_7H_5OBr_3$,试写出 A 和 B 的结构式。

9-14　某化合物 A 的分子式为 C_7H_8O,不溶于水和 $NaHCO_3$ 溶液,但能溶于 NaOH 溶液。在 0℃ 和 $CHCl_3$ 作溶剂的条件下与溴反应,只生成一种化合物 B,其分子式为 C_7H_7OBr,试写出 A 和 B 的结构式。

（郑学丽）

本章思维导图　　　　　本章目标测试

第十章 | 醚

醚（ether）是氧原子连接两个烃基的化合物，其化学性质比较稳定。一些醚用作有机溶剂，在医药领域用作消毒剂、灭菌剂、麻醉剂等。

第一节 | 结构、分类和命名

一、结构

醚也可视为水分子中两个氢原子被烃基取代的产物，或者醇或酚分子中羟基的氢原子被烃基取代的产物。醚的通式为 R—O—R′，C—O—C 称为醚键，是醚类化合物的官能团。

醚键中的氧原子为 sp^3 杂化，其中两个 sp^3 杂化轨道分别与两个烃基碳原子形成 σ 键，未成键的两个 sp^3 杂化轨道各有一对孤对电子。甲醚键角约 112°，甲醚的结构如图 10-1。

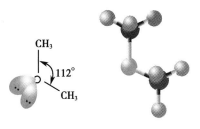

图 10-1　**甲醚分子的结构**

二、分类和命名

两个烃基相同的醚称为简单醚（simple ether），两个烃基不相同的醚称为混合醚（complex ether）。两个烃基都是脂肪烃基的称为脂肪醚（aliphatic ether），两个烃基中至少有一个芳基的称为芳香醚（aromatic ether）。一个氧原子连接到一个烃分子的两个碳原子上形成的醚称为环醚（cyclic ether）。

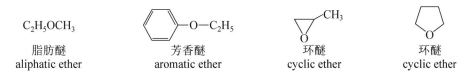

$C_2H_5OCH_3$			
脂肪醚	芳香醚	环醚	环醚
aliphatic ether	aromatic ether	cyclic ether	cyclic ether

1. 开链醚常用取代法和官能团类别法进行命名。

（1）取代法：是把醚看着烃分子（R—H）中的 H 被烃氧基（—OR′）取代后得到的衍生物，即以醚的一个烃基对应的烃为母体，另一个烃基和氧原子构成的烃氧基为取代基，其中母体烃的选择遵守烃类化合物命名过程中母体的选择原则。例如：

$CH_3OCH_2CH_2OCH_3$

1,2-二甲氧基乙烷
1,2-dimethoxyethane

$CH_3CHCH_2CH_3$
　　　|
　　OCH_3

2-甲氧基丁烷
2-methoxybutane

甲氧基环己烷
methoxycyclohexane

在取代命名法中烃氧基通常只能作为化合物名称的前缀，不能作为主体基团。例如：

$CH_3OCH_2CH_2OH$

2-甲氧基乙醇
2-methoxyethanol

4-甲氧基苯酚
4-methoxyphenol

（2）官能团类别法：是在官能团类别名"醚（ether）"前面按英文名称的首字母顺序列出两个烃基的名称。官能团类别命名法主要用于结构相对简单的醚。例如：

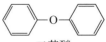

C₂H₅OC₂H₅	C₂H₅OCH₃		
二乙醚（乙醚）	乙基甲基醚	二苯醚	甲基苯基醚
diethyl ether	ethyl methyl ether	diphenyl ether	methyl phenyl ether

2. 环醚的命名方式主要有两种。

（1）以烃为母体：氧原子为取代基，称为"环氧某烷"。命名时需在"环氧（epoxy）"前用数字标明与氧原子相连的两个碳原子的位次。

（2）以环烃为母体：将环醚看作是环烃环上碳原子被氧原子置换后所得的衍生物，命名时根据成环的原子数称为"氧杂环某烃"。编号时应该使氧原子的位次尽可能小，并在"氧杂环某烃"前面写上取代基名称、数目和氧原子的位次号。例如：

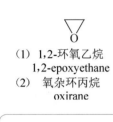

（1）1,2-环氧乙烷
　　 1,2-epoxyethane
（2）氧杂环丙烷
　　 oxirane

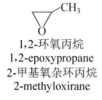

1,2-环氧丙烷
1,2-epoxypropane
2-甲基氧杂环丙烷
2-methyloxirane

1,4-环氧丁烷
1,4-epoxybutane
氧杂环戊烷
oxolane

1,4-二氧杂环己烷
1,4-dioxane

10-1　命名下列化合物

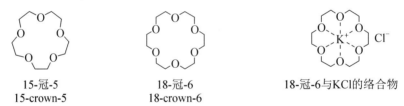

（1）　　　　　（2）　　　　　（3）　　　　　（4）

冠醚（crown ether）是一类含有多个氧原子的大环多醚。多数冠醚分子中具有—OCH₂CH₂—重复单元，因其立体结构状似王冠，故称冠醚。

冠醚可按照杂环的系统命名法进行命名，但比较复杂，通常以"m-冠-n"来表示，m代表构成环的碳原子和氧原子的总数，n代表环中氧原子数。如：18-冠-6表示是由18个碳原子和6个氧原子组成的环醚。

15-冠-5	18-冠-6	18-冠-6与KCl的络合物
15-crown-5	18-crown-6	

冠醚是一类重要的大环化合物，其结构特点使其能随环的大小不同而与不同金属离子形成络合物，从而可以选择性地识别金属离子。如 18-冠-6 的空穴直径为 260~320pm，和 K⁺ 的直径（266pm）相近，所以它能与 K⁺ 离子形成稳定的络合物，而 12-冠-4 则能与 Li⁺ 络合而不与 K⁺、Na⁺ 络合。由于冠醚与金属离子的络合具有较高的选择性，因此可用于金属离子的分离。

第二节 ｜ 性　质

一、物理性质

常温下，甲醚和乙甲醚为气体，其他大多数醚为无色液体，有特殊气味。与醇不同，醚分子不能形成分子间氢键，故醚的沸点比相同分子质量的醇要低，而与相应的烷烃接近。例如甲醚的沸点为-24.9℃，乙醇的沸点为78.3℃；乙醚的沸点为34.6℃，正丁醇的沸点为117.7℃，正戊烷的沸点为36.1℃。低级醚易挥发，所形成的蒸气易燃，使用时要特别注意安全。

醚在水中的溶解度与相对分子质量相近的醇接近,这是由于醚中的氧原子能与水形成分子间氢键的缘故。如:20℃时,乙醚和正丁醇在水中的溶解度均为80g·L⁻¹。环醚由于氧原子成环以后突出向外,如四氢呋喃(tetrahydrofuran)和1,4-二氧杂环己烷(1,4-dioxane)等环醚易与水形成氢键,因此它们能以任意比例与水互溶。一些常见醚的物理常数见表10-1。

表10-1　一些醚的部分物理常数

名称(俗名)	沸点/℃	密度/(g·mL⁻¹)	名称(俗名)	沸点/℃	密度/(g·mL⁻¹)
甲醚	-24.9	0.67	二苯醚	259	1.075
乙基甲基醚	10.8	0.725(0℃)	甲基苯基醚(茴香醚)	155	0.994
乙醚	34.6	0.713	1,4-环氧丁烷(四氢呋喃)	66	0.889
丙醚	90.5	0.736	1,4-二氧杂环己烷	101	1.034
异丙醚	69	0.735	1,2-环氧乙烷	14	0.882(10℃)
正丁醚	142	0.769	1,2-环氧丙烷	34	0.83

二、化学性质

醚的化学性质较稳定,一般不与氧化剂、还原剂、稀酸、强碱、活泼金属等反应,常用作有机溶剂。但由于醚分子中氧原子上有孤对电子,可以接受质子,故在强酸条件下,醚的碳氧键也可发生断裂。

(一)醚的质子化:氧正离子的形成

醚键上的氧原子有孤对电子,可以作为 Lewis 碱接受质子形成氧正离子。醚接受质子的能力很弱,必须在浓强酸的作用下才能生成氧正离子,因此,醚能溶于浓盐酸和浓硫酸等强酸。氧正离子不稳定,遇水立即分解,恢复成原来的醚。利用此特性可以区别醚与烷烃或卤代烃。

$$C_2H_5-\ddot{O}-C_2H_5 + H_2SO_4 \longrightarrow C_2H_5-\overset{+}{\underset{H}{\ddot{O}}}-C_2H_5\ HSO_4^-$$

$$C_2H_5-\overset{+}{\underset{H}{\ddot{O}}}-C_2H_5\ HSO_4^- + H_2O \longrightarrow C_2H_5-\ddot{O}-C_2H_5 + H_3O^+ + HSO_4^-$$

(二)醚键的断裂

加热可使醚和氢碘酸所生成的氧正离子发生碳氧键的断裂,生成碘代烃和醇。生成的醇还能进一步与过量的氢碘酸反应生成碘代烃。高温下,浓氢溴酸和盐酸也可以发生类似反应。

$$CH_3CH_2-O-CH_2CH_3 + HI \xrightarrow{\triangle} CH_3CH_2OH + ICH_2CH_3$$
$$\xrightarrow{HI} CH_3CH_2I + H_2O$$

醚键的断裂反应属于亲核取代反应。首先是醚与酸作用发生质子化,生成氧正离子,然后亲核试剂(X⁻)对氧正离子的α-碳亲核进攻,生成卤代烷和醇。烷基的结构决定了反应机制,通常伯烷基醚易按 S_N2 机制进行,仲烷基和叔烷基醚易按 S_N1 机制进行。例如:

$$H_3C-O-CH_3 \underset{}{\overset{H^+}{\rightleftharpoons}} H_3C-\overset{+}{\underset{H}{O}}-CH_3 \xrightarrow{S_N2} CH_3I + CH_3OH$$

$$(H_3C)_3C-O-CH_3 \overset{H^+}{\rightleftharpoons} (H_3C)_3C-\overset{+}{\underset{H}{O}}-CH_3 \xrightarrow[S_N1]{慢} (CH_3)_3C^+ + CH_3OH$$
$$\xrightarrow{快} (CH_3)_3CI$$

对于混合醚,碳氧键断裂的先后次序是:叔烷基 > 仲烷基 > 伯烷基 > 芳基。芳基烷基醚与氢碘酸反应时总是生成酚和碘代烷。氢卤酸不能使二芳基醚的醚键断裂。

$$C_6H_5-O-CH_3 + HI \xrightarrow[120\sim130\ ℃]{57\%\ HI} C_6H_5-OH + CH_3I$$

（三）过氧化物的生成

一般的氧化剂,如 $KMnO_4$、$K_2Cr_2O_7$ 不能氧化醚,但含有 α-氢原子的醚在空气中久置或光照,则缓慢发生氧化反应,生成不易挥发的过氧化物（peroxide）。例如:

$$C_2H_5-O-C_2H_5 \xrightarrow{O_2} \underset{\underset{\underset{O-O-H}{\mid}}{}}{CH_3CH-O-CH_2CH_3}$$

醚的过氧化物不稳定,受热易分解而发生爆炸,因此在蒸馏醚时应避免蒸干,以防发生爆炸。检查醚中是否有过氧化物的一种简便方法是:取少量醚与碘化钾的酸性溶液一起振摇,如有过氧化物存在,则无色的 I^- 被氧化成棕色的 I_2,它遇到淀粉试纸呈蓝色。在蒸馏醚之前,可用硫酸亚铁或亚硫酸钠溶液洗涤以除去醚中的过氧化物。保存醚时应将其置于深色瓶内,避免暴露于空气中。

（四）1,2-环氧化合物的开环反应

1,2-环氧化合物是指一个氧原子与相邻的两个碳原子相连所构成的三元环醚及其取代产物,最简单的 1,2-环氧化合物是 1,2-环氧乙烷。由于三元环结构具有较大的环张力,因此,1,2-环氧乙烷与一般的醚不同,化学性质比较活泼。1,2-环氧乙烷在酸或碱的作用下,易受亲核试剂的进攻,发生 C—O 键断裂的开环反应（ring opening reaction）。非对称取代的 1,2-环氧乙烷也能发生类似的开环反应,但反应的取向随反应条件不同而不同。

1. 酸催化开环反应　在稀酸条件下,1,2-环氧乙烷易与多种亲核试剂发生反应,生成相应的开环产物。例如:

$$\begin{array}{c} \text{（环氧乙烷）} \end{array} \begin{cases} \xrightarrow{H_2O,H^+} HO\diagdown\diagup OH \quad \text{乙二醇} \\ \xrightarrow{HCl} HO\diagdown\diagup Cl \quad \text{2-氯乙醇} \\ \xrightarrow{CH_3OH,H^+} HO\diagdown\diagup OCH_3 \quad \text{2-甲氧基乙醇} \end{cases}$$

酸性条件下 1,2-环氧化合物开环倾向于按 S_N1 机制进行。首先 1,2-环氧乙烷的氧原子质子化,使碳氧键变弱,有形成较稳定的氧正离子的倾向,即开环反应具有 S_N1 机制的性质。因此,对于非对称取代的 1,2-环氧乙烷,在酸催化下发生开环反应时,亲核试剂优先进攻取代基较多的环氧碳原子。

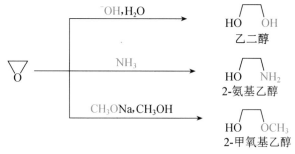

2. 碱性条件下的开环反应　1,2-环氧乙烷在强碱的作用下,环被打开,生成相应的开环产物。

$$\begin{array}{c} \text{（环氧乙烷）} \end{array} \begin{cases} \xrightarrow{^-OH,H_2O} HO\diagdown\diagup OH \quad \text{乙二醇} \\ \xrightarrow{NH_3} HO\diagdown\diagup NH_2 \quad \text{2-氨基乙醇} \\ \xrightarrow{CH_3ONa,CH_3OH} HO\diagdown\diagup OCH_3 \quad \text{2-甲氧基乙醇} \end{cases}$$

碱性条件下 1,2-环氧化合物开环属于 S_N2 反应,亲核试剂进攻空间位阻较小的环氧碳原子。因此对于非对称取代的环氧化合物,亲核试剂主要进攻取代基较少的环氧碳原子。

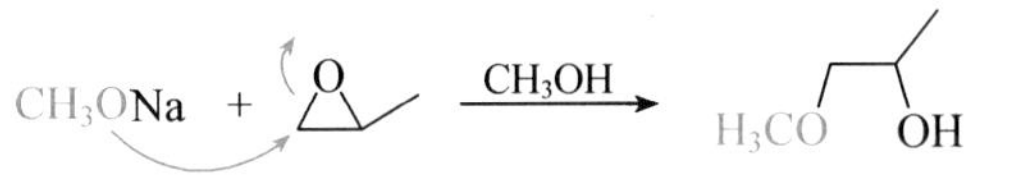

1-甲氧基丙-2-醇

10-2 写出 2-乙基氧杂环丙烷与下列试剂反应生成的主要产物。

（1）甲醇钠/甲醇 （2）甲醇和硫酸 （3）甲胺

环氧化与黄曲霉素和稠环芳烃的致癌性

在机体细胞中的细胞色素 P450 单加氧酶（细胞色素 P450 里 I 相代谢酶亚族包括 IA1、IA2）作用下，黄曲霉素 B$_1$（aflatoxin B$_1$，AFB$_1$）的烯醚双键发生环氧化反应，生成环氧化合物，该环氧化合物与 DNA 分子中的氨基结合，从而引起细胞的变异。

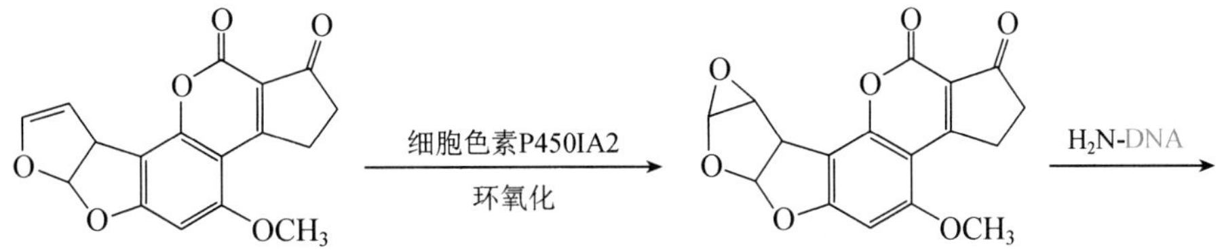

AFB$_1$ AFB$_1$-8,9-环氧化物

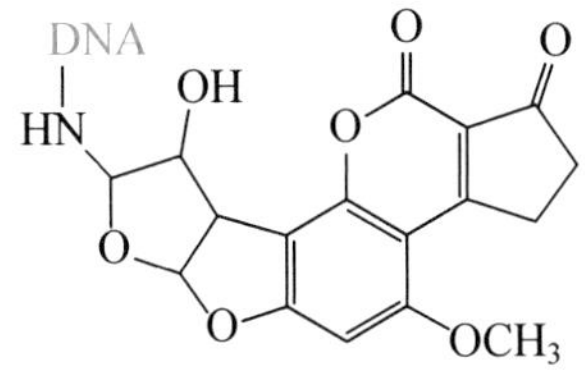

AFB$_1$-DNA

稠环芳烃 3,4-苯并芘有类似的致癌机制。

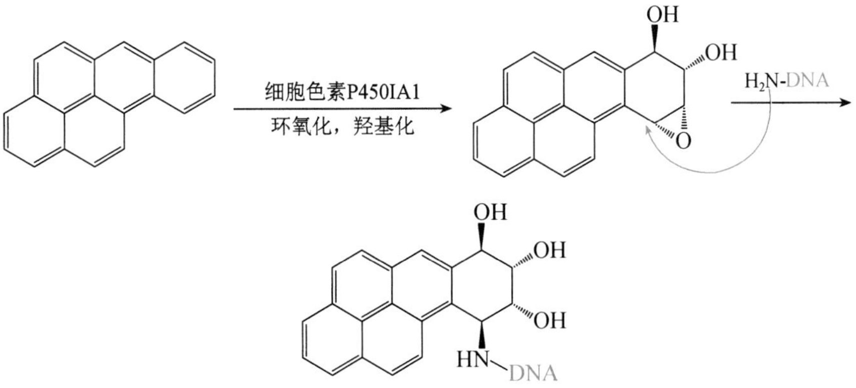

习题

10-3 命名下列化合物。

（1）

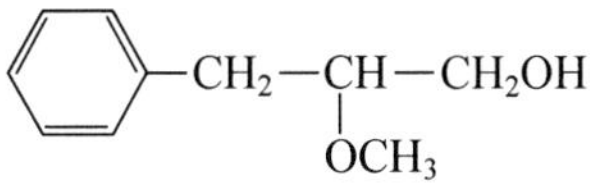

（2）

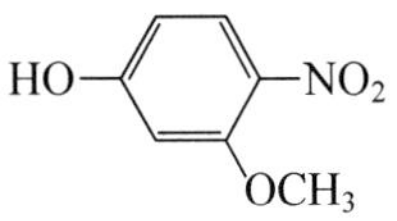

（3）

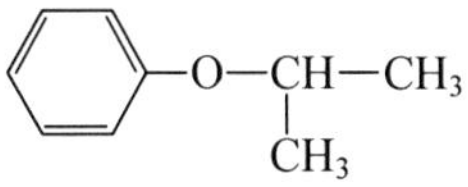

（4）

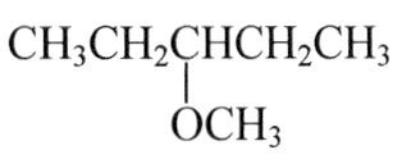

（5）O_2N—⟨苯环⟩—OCH_2CH_3

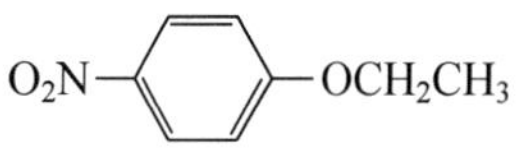

（6）$CH_3-CH\overset{\displaystyle\diagup\diagdown}{\underset{O}{\quad}}CH-CH_3$

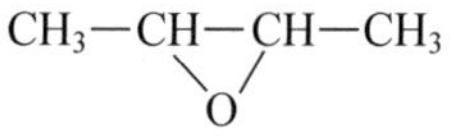

10-4 写出下列化合物的结构式。

（1）4-甲氧基萘-1-酚

（2）甲基苯基醚

（3）四氢呋喃

（4）1-氯-3-乙氧基丁-2-醇

（5）2-氯甲基氧杂环丙烷

（6）叔丁基甲基醚

10-5 写出下列反应的主要产物。

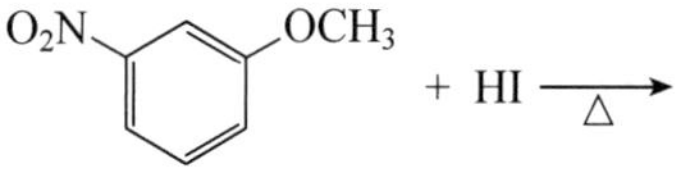

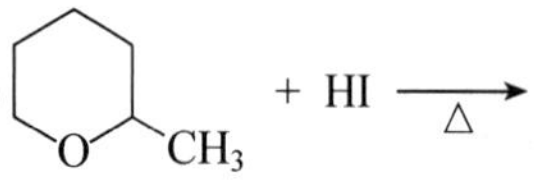

（1）$CH_3-O-\underset{\underset{\displaystyle CH_3}{|}}{CH}CH_3 + HI \xrightarrow[\triangle]{} $（过量）

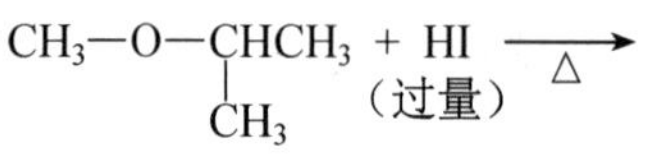

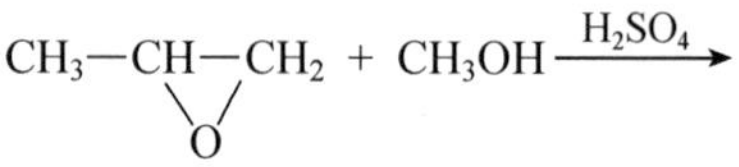

（2）O_2N—⟨苯环⟩—OCH_3 $+ HI \xrightarrow{\triangle}$

（3） $+ HI \xrightarrow{\triangle}$

（4）$CH_3-CH\overset{\displaystyle\diagup\diagdown}{\underset{O}{\quad}}CH_2 + CH_3OH \xrightarrow{H_2SO_4}$

（5）$CH_3-CH\overset{\displaystyle\diagup\diagdown}{\underset{O}{\quad}}CH_2 + $ $\xrightarrow{OH^-}$

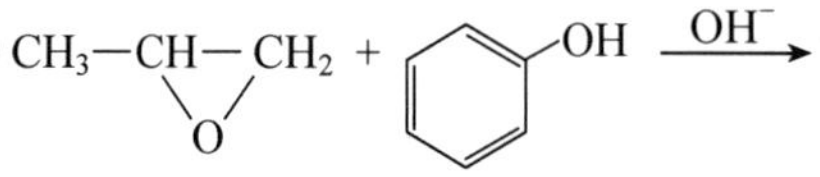

10-6 用化学方法鉴别下列各组化合物。

（1）正丁醇和正丁醚

（2）甲基苯基醚和4-甲基苯酚

10-7 A、B、C 三种化合物的分子式均为 $C_4H_{10}O$。A、B 可与金属钠反应，C 不反应。B 能使铬酸试剂变色，A、C 不能。A 和 B 与浓硫酸共热可得到相同的产物，分子式为 C_4H_8。C 与过量的氢碘酸反应，只得到一种主要产物。试推测 A、B、C 的结构，并用化学反应式表明推断过程。

10-8 某化合物 A（分子式 C_7H_8O）与金属钠不发生反应，与浓氢碘酸反应生成化合物 B 和 C。B 能溶于氢氧化钠，并与 $FeCl_3$ 作用成紫色，C 与硝酸银乙醇溶液作用生成黄色沉淀。试写出 A、B 和 C 的结构。

（郑学丽）

本章思维导图　　　　本章目标测试

第十一章 | 胺和生物碱

有机化合物中含氮的化合物包括:胺类、重氮与偶氮化合物、生物碱、含氮杂环化合物和氨基酸等,其中许多化合物都具有显著的生理活性。本章着重介绍胺类及其有关化合物的结构与性质,并简要阐述生物碱的基本概念。杂环化合物和氨基酸分别在第十五章和第十八章学习。

第一节 | 胺

一、结构

胺与氨的结构相似,其氮原子为不等性 sp^3 杂化,4 个杂化轨道中的 3 个分别与氢或碳原子形成 σ 键,整个分子呈三棱锥形结构,氮原子的另一个 sp^3 杂化轨道被一孤对电子所占用,且位于棱锥体的顶端,如同第四个基团,所以胺分子中的氮原子为四面体结构,但不是正四面体(图 11-1)。

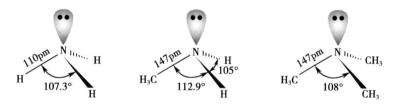

图 11-1　氨、甲胺和三甲胺的结构

苯胺的氮原子为不等性 sp^3 杂化,其中孤对电子所占据的轨道含有更多 p 轨道的成分,其 H—N—H 键角为 113.9°,H—N—H 所处平面与苯环平面间存在 39.4° 的夹角(图 11-2A)。尽管苯胺分子中氮原子的孤对电子所占据的 sp^3 杂化轨道与苯环上的 p 轨道不平行,但仍能与苯环的大 π 键互相重叠,形成共轭体系(图 11-2B),使氮上的孤对电子离域到苯环。正是这种共轭体系的形成使芳香胺与脂肪胺在性质上出现较大的差异。

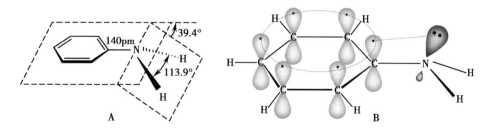

图 11-2　苯胺的结构

芳香胺可由相应的硝基化合物经催化加氢或化学还原制得:

$$CH_3-\!\!\!\!\bigcirc\!\!\!\!-NO_2 \xrightarrow[\text{或 } SnCl_2 + HCl]{3H_2,\ Ni} CH_3-\!\!\!\!\bigcirc\!\!\!\!-NH_2 + 2H_2O$$

当胺分子中氮原子连有三个不同的原子或基团时,氮原子就成为手性中心,理论上应该存在对映异构现象,但两个对映体可以通过一个平面过渡态相互转变(图 11-3)。由于这种转变的能垒较低(约 25kJ·mol^{-1}),室温下两个对映体能快速相互转化,所以在室温下不能拆分得到单一对映体。

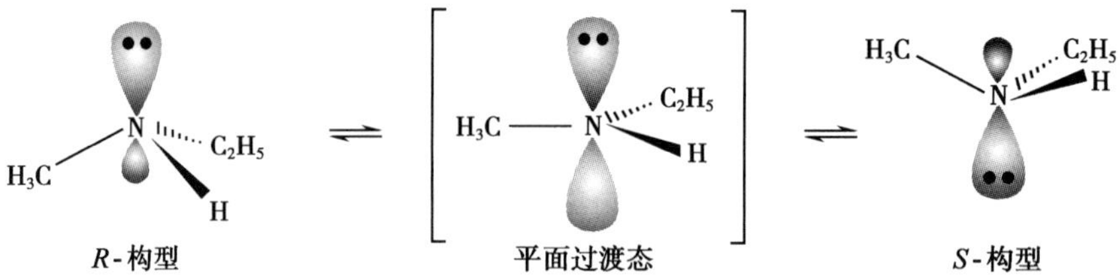

图 11-3　乙基甲基胺的一对对映体及其通过过渡态相互转化

某些氮原子位于桥头的桥环胺类存在阻碍氮原子通过平面型过渡态相互转化的因素,则可分离对映异构体。

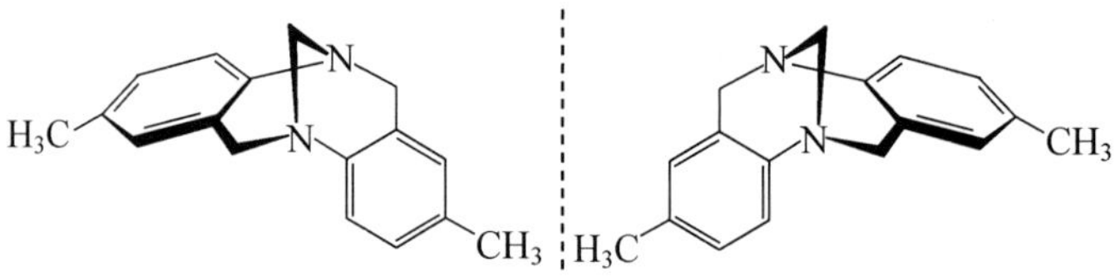

当胺的氮原子连接四个不同的基团时,则成为手性化合物,存在对映异构体。例如,碘化烯丙基苄基甲基苯基铵已经被拆分而得到其左旋体和右旋体。

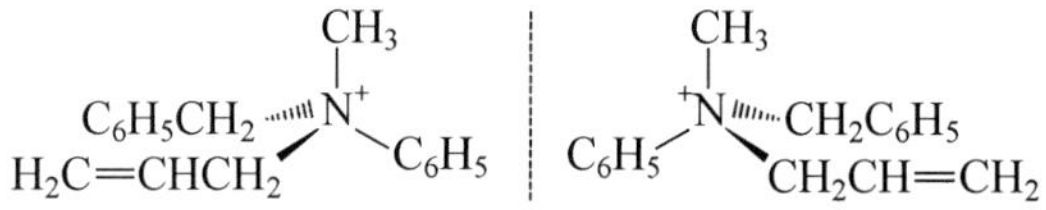

二、分类和命名

(一) 分类

胺(amine)是氨分子中的氢原子被烃基取代的产物。氮原子上连有 1 个、2 个和 3 个烃基的胺分别称为伯胺(primary amine)、仲胺(secondary amine)和叔胺(tertiary amine)。

$$NH_3 \qquad RNH_2 \qquad R_2NH \qquad R_3N$$
氨　　　　　　伯胺(1°胺)　　　仲胺(2°胺)　　　叔胺(3°胺)

与胺分子中的氮原子相连的烃基都是脂肪烃基的为脂肪胺(aliphatic amine),芳基直接与氮原子相连的胺为芳香胺(aromatic amine)。在某些仲胺或叔胺中,氮可以是环的组成原子。

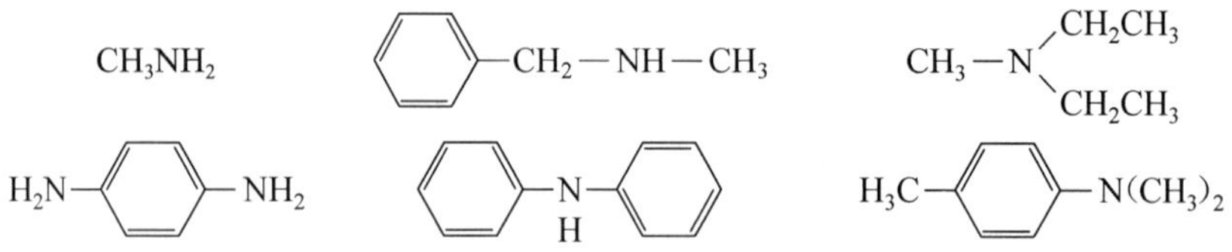

相应于氢氧化铵,氨的四烃基取代物,分别称为季铵碱和季铵盐(quaternary ammonium salt)。

$$R_4N^+OH^- （季铵碱） \qquad R_4N^+X^- （季铵盐）$$

上述分子中的 4 个 R 可以相同也可以不同,季铵盐中的 X$^-$ 可以是卤素离子也可以是其他酸根离子。

机体中最重要的季铵碱是乙酰胆碱,在神经细胞中可以由胆碱和乙酰辅酶 A 在胆碱乙酰移位酶的催化作用下合成。胆碱和乙酰胆碱的结构如下:

$$\left[CH_3 - \overset{\overset{\displaystyle CH_3}{|}}{\underset{\underset{\displaystyle CH_3}{|}}{N^+}} - CH_2CH_2OH \right] OH^-$$

胆碱(choline)

$$\left[CH_3 - \overset{\overset{\displaystyle CH_3}{|}}{\underset{\underset{\displaystyle CH_3}{|}}{N^+}} - CH_2CH_2O - \overset{\overset{\displaystyle O}{\|}}{C} - CH_3 \right] OH^-$$

乙酰胆碱(acetylcholine)

(二) 命名

氨(胺)分子中去掉氮原子上的 1 个氢原子后得到的基团称为氨基(烃氨基)。去掉氮原子上的 2 个氢原子后得到的基团称为氨叉基(—NH—)或氨亚基(=NH)。

胺的一种命名方式是以烃作为母体,氨基作为取代基。伯胺命名时是在烃的名称后面加"胺"字,并在"胺"字前标明其位次,编号时是氨基的位次尽可能小。如果母体是烷烃,称为"某烷胺",在不致引起混淆的情况下,"烷"字可省略。

$$CH_3CH_2NH_2$$

乙(烷)胺

ethanamine

$$\overset{\overset{\displaystyle NH_2}{|}}{CH_3CHCH_3}$$

丙(烷)-2-胺

propan-2-amine

$$H_2N - \overset{}{\underset{}{\bigcirc}} - NH_2$$

苯-1,4-二胺(俗名对苯二胺)

benzene-1,4-diamine

仲胺和叔胺的命名可以伯胺为基础,看作是伯胺的氮取代衍生物,用"N-"标明氮上取代基的位次。

$$(CH_3)_2CHNHCH_3$$

N-甲基丙-2-胺

N-methylpropan-2-amine

$$CH_3CH_2\overset{\overset{\displaystyle CH_3}{|}}{N}CH_2CH_2\overset{\overset{\displaystyle CH_3}{|}}{CH}CH_3$$

N-乙基-N,3-二甲基丁-1-胺

N-ethyl-N,3-dimethylbutan-1-amine

胺的另一种命名方式是以 NH_3 为母体,将与其相连的烃基名称写在"胺"字前,称为"某基胺",在不致引起混淆的情况下"基"字可省略。对于仲胺和叔胺,则需要将相同的烃基合并起来,将其数目、名称写于"胺"之前;若为不同的烃基,则按取代基名称首字母顺序依次写于"胺"之前,并用括号分开。例如:

$$CH_3CH_2NH_2$$

乙胺

ethylamine

$$\overset{\overset{\displaystyle NH_2}{|}}{CH_3CHCH_3}$$

异丙胺

isopropylamine

$$(CH_3)_2NH$$

二甲胺

dimethylamine

$$(CH_3)_2CHNHCH_3$$

异丙基(甲基)胺

isopropyl(methyl)amine

$$(CH_3CH_2)_3N$$

三乙胺

triethylamine

$$CH_3CH_2\overset{\overset{\displaystyle CH_3}{|}}{N}CH_2CH_2CH_3$$

丁基(乙基)(甲基)胺

butyl(ethyl)(methyl)amine

单个氨基与单个苯环相连的芳香胺,通常以苯胺(aniline)为母体进行命名。命名时如果氮原子上有取代基,以"N-"或"N,N-"表示其位次。例如:

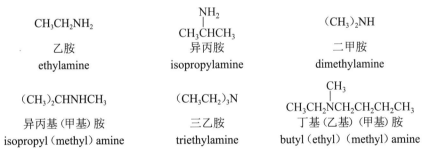

苯胺

aniline

4-甲基苯胺

4-methylaniline

N,N-二甲基苯胺

N,N-dimethylaniline

N-乙基-N,4-二甲基苯胺

N-ethyl-N,4-dimethylaniline

当分子中有更优先的基团作为主体官能团(见附录二)时,则将氨基或烃氨基(—NHR、—NR₂)作为前缀取代基进行命名。例如:

$$HOCH_2\overset{\overset{\displaystyle NH_2}{|}}{CH}CH_2\overset{\overset{\displaystyle CH_3}{|}}{CH}CH_2CH_2OH$$

2-氨基-4-甲基己-1,6-二醇

2-amino-4-methylhexane-1,6-diol

$$HO - \overset{}{\underset{}{\bigcirc}} - NHCH_3$$

4-甲氨基苯酚

4-(methylamino)phenol

季铵盐、季铵碱和胺的盐类的命名类似无机铵盐。例如：

$(CH_3CH_2)_4\overset{+}{N}Br^-$
溴化四乙铵
tetraethylammonium bromide

$HOCH_2CH_2\overset{+}{N}(CH_3)_3OH^-$
氢氧化（2-羟乙基）三甲基铵（胆碱）
(2-hydroxyethyl) trimethylaminium hydroxide (choline)

三、物理性质

低级脂肪胺如甲胺、二甲胺、三甲胺和乙胺，在常温下为无色气体，丙胺至十一胺是液体，十一胺以上均为固体。低级胺具有氨的气味（三甲胺有鱼腥气味）。胺和氨相似，为极性分子，除叔胺外，都能形成分子间氢键，所以它们的沸点比相对分子质量相近的烷烃要高。另外，由于氮的电负性比氧小，胺分子间的氢键较醇分子间的氢键弱，所以胺的沸点比相应的醇要低。

叔胺不能形成分子间氢键，其沸点与相对分子质量相近的烷烃差不多。而所有的三类胺都能与水形成氢键（$O-H\cdots\cdots N$ 和 $N-H\cdots\cdots O$），因此低级胺（6 个碳原子以下）能溶于水，但随着相对分子质量的增加，其溶解度迅速降低。

芳香胺为高沸点液体或低熔点固体，虽然气味不浓，但毒性较大。例如苯胺可通过消化道、呼吸道或经皮肤吸收而引起中毒，有些胺如 3,4-二甲基苯胺、β-萘胺、联苯胺等具有致癌作用。一些常见胺的物理常数列于表 11-1。

表 11-1　一些胺的物理常数

名称	英文名称	化学式	熔点/℃	沸点/℃	溶解度/ （g·100mL^{-1}水）	pK_b （25℃）
甲胺	methylamine	CH_3NH_2	−93.5	−6.3	易溶	3.34
二甲胺	dimethylamine	$(CH_3)_2NH$	−93	7.4	易溶	3.27
三甲胺	trimethylamine	$(CH_3)_3N$	−117	3.0	91	4.19
乙胺	ethylamine	$C_2H_5NH_2$	−81	16.6	易溶	3.36
二乙胺	diethylamine	$(C_2H_5)_2NH$	−48	56.3	易溶	3.05
三乙胺	triethylamine	$(C_2H_5)_3N$	−115	89.3	14	3.25
乙二胺	ethylenediamine	$H_2NCH_2CH_2NH_2$	8.5	117	易溶	4.0[*]
苯胺	aniline	$C_6H_5NH_2$	−6.3	184	3.7	9.28
对甲苯胺	p-methylaniline	$p-C_6H_4(CH_3)NH_2$	44	200	0.7	8.92
对硝基苯胺	p-nitroaniline	$p-C_6H_4(NO_2)NH_2$	147.5	331.7	0.05	13.00

[*]pK_{b2} = 7.2。

11-1　相对分子质量相同的伯、仲、叔三类脂肪胺的水溶性次序和沸点次序均为：伯胺 > 仲胺 > 叔胺，为什么？

四、化学性质

胺分子中氮原子上的孤对电子使胺具有碱性和亲核性,胺的化学性质主要源自这两个性质。

(一) 碱性与成盐反应

与氨相似,胺分子中氮原子上的孤对电子能接受质子,呈碱性。

$$NH_3 + H_2O \rightleftharpoons \overset{+}{N}H_4 + \overset{-}{O}H$$

$$RNH_2 + H_2O \rightleftharpoons R\overset{+}{N}H_3 + \overset{-}{O}H$$

一些常见胺的 pK_b 值见表 11-1。

胺的碱性强弱与氮上电子云密度有关。氮上电子云密度越大,接受质子的能力越强,碱性就越强。不同胺的碱性强弱为:

脂肪胺 > 氨 > 芳香胺

脂肪烃基是给电子基,能提高氮原子上的电子云密度;而芳香胺因氮上孤对电子离域到苯环,降低了氮原子的电子云密度,因此碱性显著降低。脂肪胺能使红色石蕊试纸变蓝,而芳香胺不能。胺的碱性还与氮上连接的烃基数目有关,烃基多,空间位阻大,不利于氮与质子结合。胺在水中的碱性还与水的溶剂化作用有关。故胺的碱性强弱是电子效应、立体效应和溶剂化效应综合作用的结果。

烷基是给电子基,其 $+I$ 效应使氮上电子云密度增高,使质子化后的铵离子更趋稳定。芳香胺中由于氮上的孤对电子参与苯环共轭而分散到苯环,从而使氮原子结合质子的能力降低,即碱性降低。若仅考虑电子效应影响,胺的碱性强弱顺序应为:

脂肪叔胺 > 脂肪仲胺 > 脂肪伯胺 > NH_3 > 芳香胺

胺在水溶液中的碱性主要取决于铵正离子稳定性的大小。铵正离子越稳定,胺在水溶液中的离解越偏向于生成铵正离子和 ^-OH 的一方。而铵正离子的稳定性大小又取决于它与水形成氢键的机会多少。伯胺氮上的氢最多,其铵正离子最稳定。

$$R-\overset{\overset{\textstyle H----:OH_2}{|}}{\underset{\underset{\textstyle H----:OH_2}{|}}{\overset{+}{N}}}-H----:OH_2 \quad > \quad R-\overset{\overset{\textstyle R}{|}}{\underset{\underset{\textstyle H----:OH_2}{|}}{\overset{+}{N}}}-H----:OH_2 \quad > \quad R-\overset{\overset{\textstyle R}{|}}{\underset{\underset{\textstyle R}{|}}{\overset{+}{N}}}-H----:OH_2$$

若仅考虑溶剂化效应,胺的碱性强弱顺序应为:伯胺 > 仲胺 > 叔胺。

胺的碱性表现为胺分子中氮原子上的孤对电子与质子结合,氮上连接的基团数目越多越大,则对氮上孤对电子的屏蔽作用越大,与质子的结合就越不易,碱性就越弱。例如三苯胺,三个苯基连接在氮原子上,空间位阻很大,再加上共轭效应的影响,三苯胺的水溶液是近于中性的。

水溶液中胺的碱性强弱是多种因素共同影响的结果。各类胺的碱性强弱大致表现出如下顺序:

脂肪仲胺 > 脂肪 伯胺/叔胺 > 芳香伯胺 > 芳香仲胺 > 芳香叔胺

与胺不同的是,季铵化合物分子中的氮原子已连接四个烃基并带正电荷,不能再接受质子,这类化合物的碱性由与季铵正离子结合的负离子来决定。对于季铵碱,R_4N^+ 与 OH^- 之间是典型的离子键,季铵碱的碱性就表现为 OH^- 的碱性,故季铵碱为强碱,其碱性与 NaOH 相近。季铵碱与酸作用生成季铵盐:

$$R_4N^+OH^- + HCl \longrightarrow R_4N^+Cl^- + H{-}OH$$

$R_4N^+Cl^-$ 为强酸强碱盐,与强碱作用后不会置换出游离的季铵碱,而是建立如下平衡:

$$R_4N^+X^- + NaOH \rightleftharpoons R_4N^+OH^- + NaX$$

胺类一般为弱碱,可与酸成盐,但遇强碱又重新游离析出:

$$CH_3CH_2NH_2 \underset{OH^-}{\overset{HCl}{\rightleftharpoons}} [CH_3CH_2NH_3]^+Cl^- (或写成 CH_3CH_2NH_2 \cdot HCl)$$

氯化乙铵　　　　　　　　乙胺盐酸盐

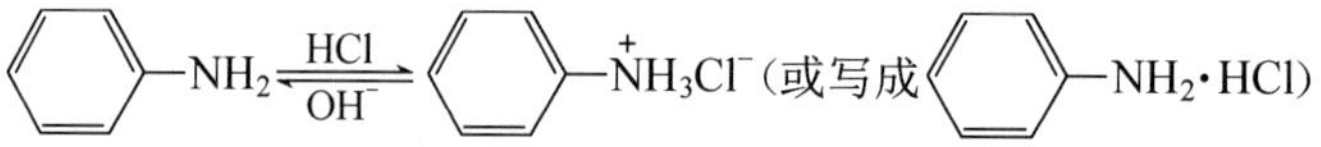

氯化苯铵　　　　　　　苯胺盐酸盐

　　胺与盐酸形成的盐一般都是易溶于水和乙醇的晶形固体。实验室中,常常利用胺的盐易溶于水而遇强碱又重新游离析出的性质来分离和提纯胺。

　　胺(特别是芳胺)易被氧化,而胺的盐则很稳定。在制药领域,常将难溶于水的胺类药物制成盐,以增加其水溶性和稳定性。例如局部麻醉药、抗心律失常药利多卡因的药用形式为盐酸利多卡因(lidocaine hydrochloride)。

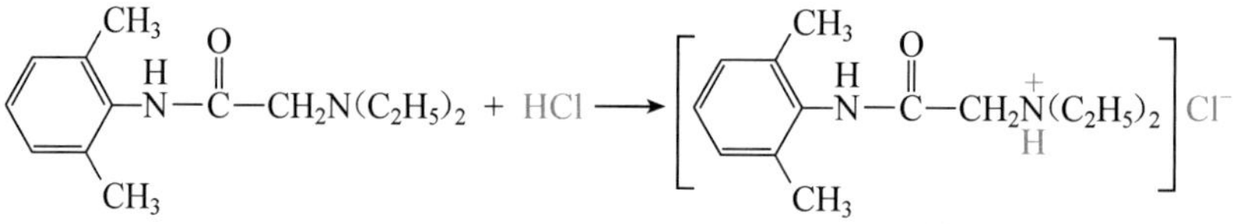

盐酸利多卡因

> 11-2　季铵盐($R_4N^+Cl^-$)与强碱在醇溶液中反应,或将季铵盐与湿的氧化银作用,均可制得季铵碱。写出反应方程式并加以解释。

(二)酰化反应

　　伯胺和仲胺仍像氨一样能与酰卤、酸酐作用生成酰胺。叔胺氮上没有可以被取代的氢原子,不能发生酰化反应。

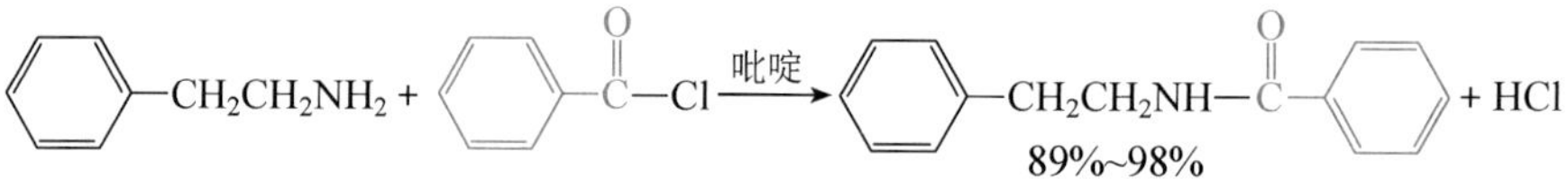

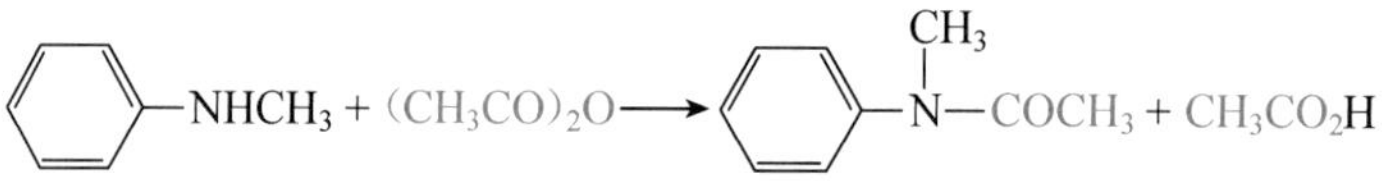

　　胺的酰化反应实际上就是羧酸衍生物的氨解反应(见第十四章)。生成的酰胺为具有一定熔点的晶形固体,利用此性质可鉴定胺类。酰胺在酸或碱催化下水解,可以脱除酰基恢复氨基,因此常用酰基化反应来保护氨基以避免芳胺在进行某些反应时氨基被氧化破坏。如对氨基苯甲酸的合成:

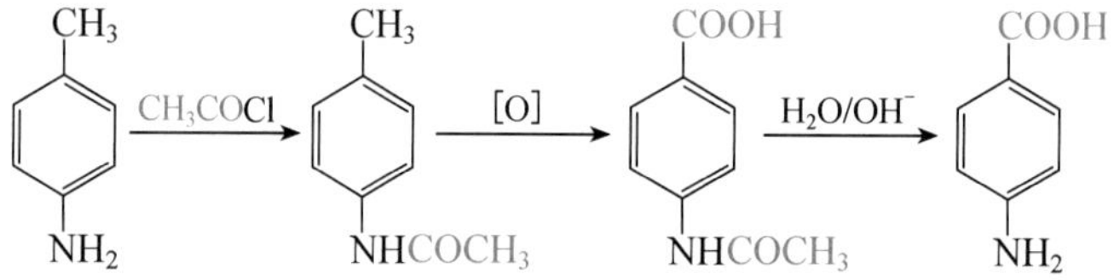

　　许多药物分子的芳氨基上引入酰基,可以降低其毒副作用,如解热镇痛药对乙酰氨基酚(paracetamol,别名扑热息痛),化学名 N-(4-羟基苯基)乙酰胺。

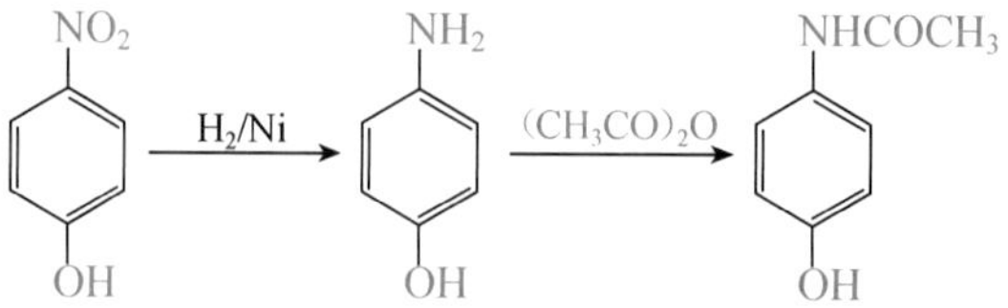

N-(4-羟基苯基)乙酰胺

> 11-3　临床上曾用于退热的药物"退热冰"的化学名称为乙酰苯胺(acetaniline)。试用苯作为原料合成之,其他试剂任选。

（三）磺酰化反应

伯胺和仲胺可与苯磺酰氯（benzenesulfonyl chloride）或对甲苯磺酰氯（tosyl chloride）反应，生成相应的磺酰胺。由伯胺生成的磺酰胺氮上的氢受磺酰基影响呈弱酸性，可与碱成盐而溶于水；仲胺形成的磺酰胺氮上无氢，不与碱成盐而在水溶液中呈固体析出；叔胺不被磺酰化，故在酸水溶液中成盐溶解。

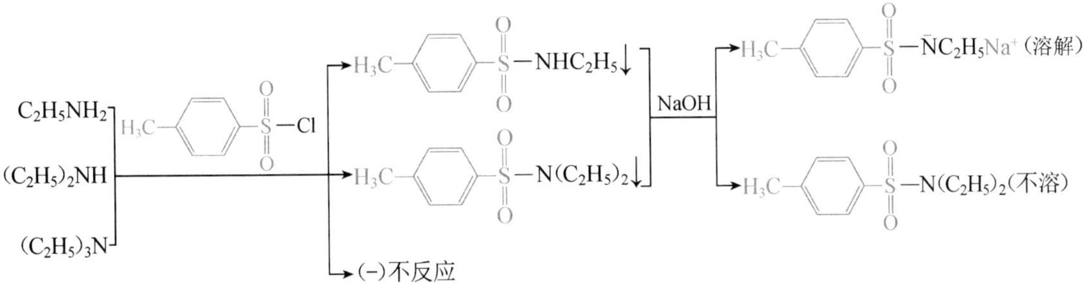

（四）与亚硝酸的反应

亚硝酸不稳定，一般与胺类化合物反应所用的亚硝酸由亚硝酸钠和盐酸或硫酸作用原位制得。伯胺、仲胺、叔胺与亚硝酸反应各不相同，脂肪胺、芳香胺与亚硝酸反应也不相同。

脂肪族伯胺与亚硝酸反应，生成极不稳定的脂肪族重氮盐。该重氮盐即使在低温下也会立即自动分解，放出氮气和生成碳正离子，碳正离子进一步反应，产物为醇、烯及卤代烃等混合物。由于产物复杂，该反应在合成上价值不大。该反应能定量地放出氮气，因此通过测定放出氮气的体积可以了解脂肪族伯胺基的量，该反应常用于氨基酸和多肽的定量分析。

$$R—NH_2 \xrightarrow{NaNO_2+HCl} [R—\overset{+}{N}\equiv NCl^-] \longrightarrow R^+ + N_2\uparrow + Cl^-$$

R^+ → 醇、烯、卤代烃等混合物

芳香伯胺与亚硝酸在低温（一般低于 5℃）及强酸水溶液中反应生成芳香重氮盐，这个反应称为重氮化反应（diazotization）。

氯化苯重氮盐

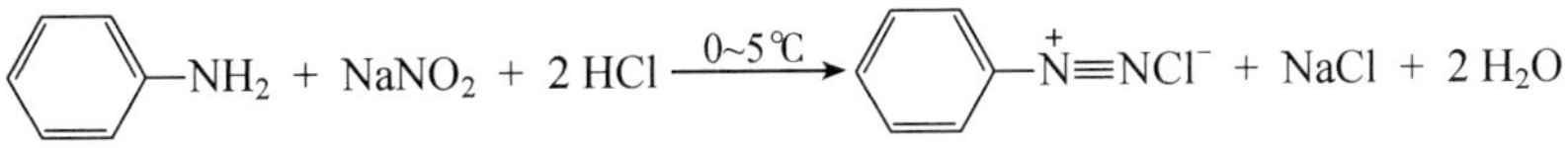

干燥的重氮盐通常不稳定，受热或受压容易发生爆炸。因此，重氮盐的制备和使用都要在温度较低的酸性介质中进行。升高温度重氮盐会逐渐分解，放出氮气。

脂肪仲胺和芳香仲胺与亚硝酸反应，都发生氮上亚硝化，生成 *N*-亚硝基化合物。*N*-亚硝基胺为中性的黄色油状物或固体，绝大多数不溶于水，而溶于有机溶剂。亚硝基胺（nitroso amine）化合物主要用于实验室、橡胶和化工生产。一系列的动物实验已证实亚硝胺化合物有强烈的致癌作用，可引起动物多种器官和组织的肿瘤，现已被列为化学致癌物。

$$(CH_3CH_2)_2N\text{-}H + HO\text{-}N=O \longrightarrow (CH_3CH_2)_2N—N=O + H_2O$$

N-亚硝基二乙胺

N-甲基-*N*-亚硝基苯胺

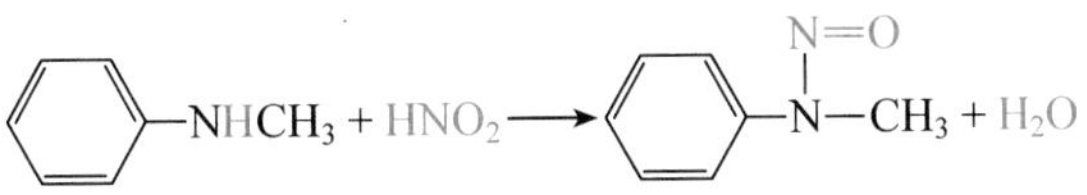

某些食品防腐剂中的亚硝酸盐，以及天然存在的硝酸盐还原为亚硝酸盐后，在胃肠道会和仲胺作用生成亚硝胺。因此，亚硝酸盐、硝酸盐和能发生亚硝基化的胺类化合物进入人体内，都将是潜在的危险因素。实验表明，维生素 C 能将亚硝酸钠还原，阻断亚硝胺在体内的合成。

脂肪叔胺与亚硝酸作用生成不稳定易水解的（弱酸弱碱）盐，若以强碱处理，则重新游离析出叔胺。

$$R_3N + HNO_2 \longrightarrow R_3\overset{+}{N}HNO_2^- \xrightarrow{NaOH} R_3N + NaNO_2 + H_2O$$

NOTES

芳香叔胺的二烷基氨基具有强活化作用,使芳环易于发生亲电取代,与亚硝酸作用生成对-亚硝基胺,如对位被占据,则亚硝基取代在邻位。

$$(CH_3)_2N\!\!-\!\!\bigcirc\!\!-\!\! + NaONO + HCl \xrightarrow{8℃} (CH_3)_2N\!\!-\!\!\bigcirc\!\!-\!\!NO + H_2O + NaCl$$

N,N-二甲基-4-亚硝基苯胺(绿色晶体,m.p. 86℃)

在强酸性条件下实际形成的是一个具有醌式结构的橘黄色的盐,只有用碱中和后才会得到翠绿色的 C-亚硝基化合物。

$$(CH_3)_2N\!\!-\!\!\bigcirc\!\!-\!\!N\!\!=\!\!O \underset{OH^-}{\overset{H^+}{\rightleftharpoons}} \left[(CH_3)_2\overset{+}{N}\!\!=\!\!\bigcirc\!\!=\!\!N\!\!-\!\!OH \right] Cl^-$$

翠绿色　　　　　　　　　　橘黄色

综上所述,可以利用亚硝酸与脂肪族及芳香族伯、仲、叔胺的不同反应来鉴别胺类。

(五) 芳香胺的亲电取代反应

氨基的给电子共轭效应使苯环上的电子云密度升高,所以芳胺的苯环上容易进行亲电取代反应。如苯胺和溴水在常温下立即定量生成2,4,6-三溴苯胺白色沉淀。利用此性质可鉴别和定量测定苯胺。

$$\bigcirc\!\!-\!\!NH_2 + 3\,Br_2 \longrightarrow Br\!\!-\!\!\bigcirc\!\!-\!\!NH_2\!\downarrow + 3\,HBr$$
（水溶液）

毒品——冰毒、摇头丸和 K 粉

常见的苯丙胺类化合物有苯丙胺(amphetamine)、甲基苯丙胺(methamphetamine,MA)、亚甲基二氧苯丙胺(methylenedioxyamphetamine,MDA)和亚甲基二氧甲基苯丙胺(ethylenedioxymethamphetamine,MDMA)等,它们都属于毒品类。

苯丙胺
(1-苯基-2-丙胺)　　　甲基苯丙胺
MA　　　MDA　　　MDMA　　　氯胺酮(K粉)

苯丙胺(amphetamine)又称"安非他明",是麻黄碱的衍生物,于1887年由人工合成得到,属于中枢神经兴奋剂,是国家严格管制的精神药品。甲基苯丙胺又称甲基安非他明或去氧麻黄碱,其盐酸盐为无味透明晶体,俗称"冰毒",属于联合国规定的苯丙胺类毒品。冰毒对人体的损害甚于海洛因,吸、食或注射0.2g即可致死。一般吸食1~2周,即产生严重的依赖性而成瘾,并对心、肺、肝、肾及神经系统等产生严重毒害作用。MDA 和 MDMA 都属于致幻剂类毒品,服用后使人产生多种幻觉,表现出摇头晃脑、手舞足蹈和乱蹦乱跳等不由自主的类似疯狂的行为。此类毒品极易成瘾,0.5g 可致死。被称为"摇头丸"的毒品中主要成分就是 MDMA,其次还有 MDA 和 MA。

氯胺酮(ketamine)俗称"K 粉",其盐酸盐为白色结晶性粉末。临床上用作手术麻醉剂或麻醉诱导剂,有精神依赖性,其致幻作用是导致被滥用的主要原因。滥用氯胺酮对人会产生很大的毒副作用,一般吸食70mg 会引起中毒,200mg 会产生幻觉,500mg 将出现濒死状态。氯胺酮与海洛因、大麻、摇头丸等一起使用,可以相互作用产生"协同"效应。我国已于2001年将氯胺酮纳入国家管制的第二类精神药品。

第二节 │ 重氮盐和偶氮化合物

重氮（diazo）和偶氮化合物（azo-compound）都含有—N_2—官能团。重氮化合物中—N_2—的一端与烃基相连,偶氮化合物中则两端都与烃基相连。例如:

CH_2N_2   〈苯环〉—$\overset{+}{N}_2Cl^-$ 〈苯环〉—N=N—SO_3Na

重氮甲烷   氯化苯重氮盐   苯重氮磺酸钠

CH_3N=NCH_3   〈苯环〉—N=N—〈苯环〉   H_3C—〈苯环〉—N=N—〈苯环〉—OH

偶氮甲烷   偶氮苯   4-甲基-4′-羟基偶氮苯

重氮和偶氮化合物在药物合成、分析及染料工业上有广泛用途。

一、芳香族重氮盐的制备及结构

通过芳香伯胺的重氮化反应制备得到芳香族重氮盐（aromatic diazo salt）。制备时,一般是先将芳香伯胺溶于过量的硫酸(或盐酸)中,在冰水浴中(0~5℃)不断搅拌的情况下逐渐加入亚硝酸钠溶液,当溶液对淀粉碘化钾试纸呈蓝色,表明亚硝酸钠过量,反应完成。

$$\langle 苯环\rangle -NH_2 + NaNO_2 + 2H_2SO_4 \xrightarrow{0\sim5℃} \langle 苯环\rangle -\overset{+}{N}_2HSO_4^- + NaHSO_4 + 2H_2O$$

重氮盐是离子化合物,具有盐的特点,易溶于水,不溶于有机溶剂。其结构式可表示为:$\left[ArN\equiv N\right]^+X^-$ 或简写成 $ArN_2^+X^-$。在重氮正离子中,$C-\overset{+}{N}\equiv N$ 是直线型结构,氮原子为 sp 杂化,芳环与重氮基中的 π 键形成共轭体系,使芳香重氮盐在低温下强酸介质中能稳定存在一段时间。苯重氮正离子的结构见图 11-4。

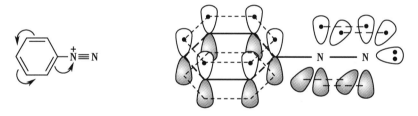

图 11-4　苯重氮正离子的结构

重氮盐的稳定性与它的酸根及苯环上的取代基有关,硫酸重氮盐比盐酸盐稳定,氟硼酸重氮盐（$Ar-N_2^+BF_4^-$）稳定性更高。苯环上连有吸电子基团如卤素、硝基、磺酸基等会增加重氮盐的稳定性。一般的重氮化反应都需要在低温酸性水溶液中进行,得到的重氮盐不需从溶液中分离,而直接用于下一步反应。

二、芳香族重氮盐的性质

重氮盐很活泼,可以发生多种化学反应,合成许多有用的产品。其主要化学反应分为放氮反应和留氮反应两类。

（一）取代反应（放氮反应）

带正电荷的重氮基—$\overset{+}{N}\equiv N$ 有较强的吸电子能力,使 $C-N$ 键极性增强,容易异裂而放出氮气。在不同条件下,重氮基可以被羟基、卤素、氰基、氢原子等取代。利用这一反应,可以从芳香烃开始合成一系列芳香族化合物。

$$
\text{C}_6\text{H}_5\overset{+}{\text{N}}_2\text{HSO}_4^-
\begin{cases}
\xrightarrow{\text{H}_2\text{O}/\text{H}^+,\ \triangle} & \text{OH} + \text{N}_2\uparrow \\
\xrightarrow{\text{CuX/HX}} & \text{X} + \text{N}_2\uparrow\ (\text{X}=\text{Cl,Br}) \\
\xrightarrow{\text{KI/H}_2\text{O}} & \text{I} + \text{N}_2\uparrow \\
\xrightarrow{\text{HBF}_4,\ \triangle} & \text{F} + \text{N}_2\uparrow \\
\xrightarrow{\text{CuCN/KCN}} & \text{CN} + \text{N}_2\uparrow \\
\xrightarrow{\text{H}_3\text{PO}_2/\text{H}_2\text{O}} & \text{H} + \text{N}_2\uparrow
\end{cases}
$$

　　重氮盐的水解,可使重氮基变成羟基。这一反应通常是用硫酸重氮盐在 40%~50% 的硫酸溶液中加热进行。强酸性条件可以防止未水解的重氮盐和生成的酚发生偶联反应。若用盐酸重氮盐,则常有副产物氯苯生成。重氮盐与碘化钾水溶液共热,不需要催化剂就能生成收率良好的芳香碘代烃。

$$
\text{Cl}-\text{C}_6\text{H}_4-\text{NH}_2 \xrightarrow[0\sim5\,℃]{\text{NaNO}_2/\text{H}_2\text{SO}_4} \text{Cl}-\text{C}_6\text{H}_4-\overset{+}{\text{N}}_2\text{HSO}_4^- \xrightarrow[\triangle]{\text{KI/H}_2\text{O}} \text{Cl}-\text{C}_6\text{H}_4-\text{I} + \text{N}_2\uparrow
$$

　　芳香氟代烃难以通过芳环的直接氟代生成,可以通过重氮盐与氟硼酸(HBF₄)作用来制备:

$$
\text{o-Br-C}_6\text{H}_4-\overset{+}{\text{N}}_2\text{Cl}^- \xrightarrow{\text{HBF}_4} \text{o-Br-C}_6\text{H}_4-\overset{+}{\text{N}}_2\text{BF}_4^-\downarrow \xrightarrow{165\,℃} \text{o-Br-C}_6\text{H}_4-\text{F} + \text{N}_2\uparrow + \text{BF}_3
$$

　　重氮盐与氰化亚铜的氰化钾水溶液作用,重氮基被氰基取代。芳香重氮盐在亚铜盐催化下生成取代苯的反应称为 Sandmeyer 反应。氰基可以通过水解而成羧基,所以可利用此反应合成芳香羧酸。例如 2,4,6-三溴苯甲酸可按如下路线合成:

$$
\text{C}_6\text{H}_5\text{NH}_2 \xrightarrow{\text{Br}_2} \text{(2,6-Br}_2\text{-4-Br)C}_6\text{H}_2\text{NH}_2 \xrightarrow[0\sim5\,℃]{\text{NaNO}_2/\text{HCl}} \overset{+}{\text{N}}_2\text{Cl} \xrightarrow[\triangle]{\text{KCN}/\text{CuCN}} \text{CN} \xrightarrow[\text{H}^+]{\text{H}_2\text{O}} \text{COOH}
$$

　　通过重氮基被氢原子取代的反应,芳胺可变成芳烃,合成某些直接通过芳环上的取代反应不能得到的化合物。例如 1,3,5-三溴苯,无法由苯溴代得到,但可由苯胺经溴代、重氮化和进一步与 H₃PO₂ 或乙醇发生还原反应(也称去氨基化)得到。

$$
\text{C}_6\text{H}_5\text{NH}_2 \xrightarrow{\text{Br}_2/\text{H}_2\text{O}} (\text{Br}_3)\text{C}_6\text{H}_2\text{NH}_2 \xrightarrow[0\sim5\,℃]{\text{NaNO}_2/\text{HCl}} (\text{Br}_3)\text{C}_6\text{H}_2\overset{+}{\text{N}}_2\text{Cl} \xrightarrow{\text{H}_3\text{PO}_2/\text{H}_2\text{O}} 1,3,5\text{-Br}_3\text{C}_6\text{H}_3
$$

(二) 偶联反应(留氮反应)

　　重氮盐与酚或芳胺等化合物反应,由偶氮基—N=N—将两个芳环连接起来,生成偶氮化合物的反应称为偶联反应(coupling reaction)。

　　重氮离子有下列两个共振式:

$$
\text{Ar}-\overset{+}{\text{N}}\equiv\text{N}: \longleftrightarrow \text{Ar}-\ddot{\text{N}}=\overset{+}{\text{N}}:
$$

　　共振结构显示重氮基的两个 N 原子都带正电荷。因此偶联反应可以看作重氮基是以 Ar—$\ddot{\text{N}}$=$\overset{+}{\text{N}}$: 参与反应,属于重氮基进攻芳环的亲电取代反应。由于重氮正离子是较弱的亲电试剂,它只能进攻酚、芳胺等活性较高的芳环,发生亲电取代反应。例如:

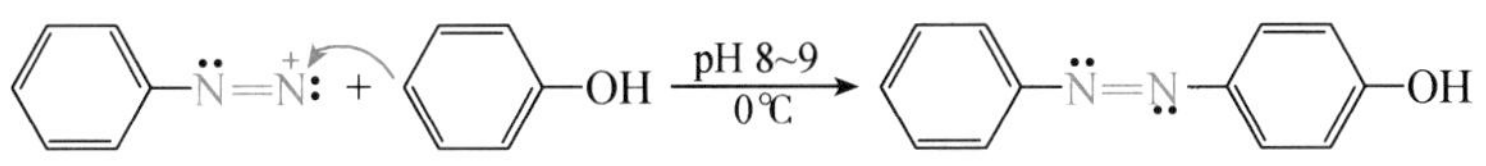

对羟基偶氮苯(橘黄色)

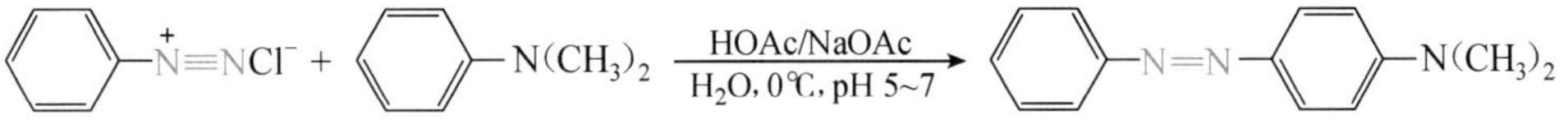

4-二甲氨基偶氮苯(黄色)

偶联反应通常发生在羟基或氨基的对位,当对位被其他取代基占据时,则发生在邻位。如下列各化合物中箭头所指的位置为偶联反应发生的位置:

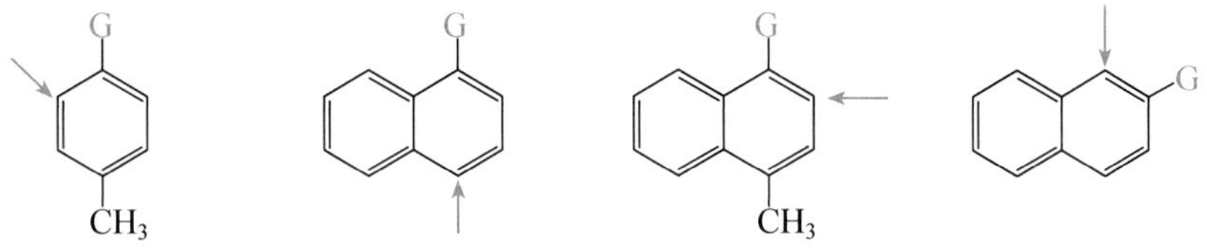

$(G=-OH, -NH_2, -NHR, -NR_2)$

反应介质的酸碱性非常重要。一般说来,重氮盐与芳胺的偶联反应最佳 pH 为 5~7。pH<5 时芳胺形成铵盐,带正电荷的基团使芳环上电子云密度降低,不利于重氮正离子的进攻。重氮盐与酚类的偶联反应则在弱碱性溶液中进行最快,因为酚在弱碱性溶液中以酚氧负离子 Ar—O⁻ 参与反应,此酚氧负离子比酚更有利于重氮离子对芳环的进攻。若在强碱性溶液中(pH>10),重氮盐转变成重氮酸及重氮酸盐(diazoate),就不能发生偶联反应了。

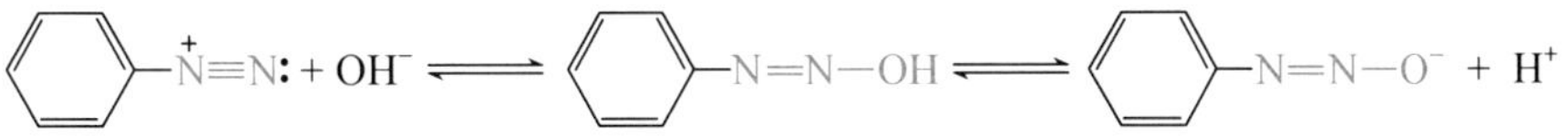

重氮酸(pH 9~10)　　重氮酸盐(pH 11~13)

偶氮化合物分子中的氮原子为 sp^2 杂化,N=N 双键存在顺反异构。如偶氮苯:

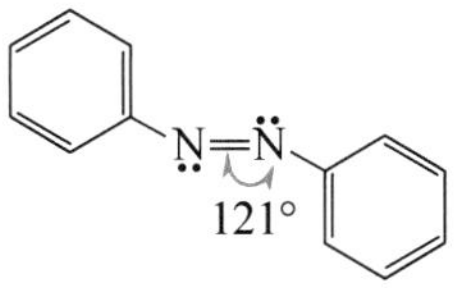

反-偶氮苯　m.p. 68℃ 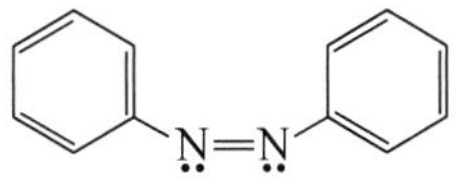　　　　顺-偶氮苯　m.p. 71.4℃

偶氮基—N=N—是一种发色基团,偶氮化合物都有颜色,其中很多被用作染料,称为偶氮染料(azo dyes)。有些偶氮染料可用作酸碱指示剂或生物切片的染色剂。如酸性橙Ⅰ(acid orangeⅠ)常用于羊毛、蚕丝织物的染色,也可用作生物染色剂;甲基橙(methyl orange)则是常用的酸碱指示剂。

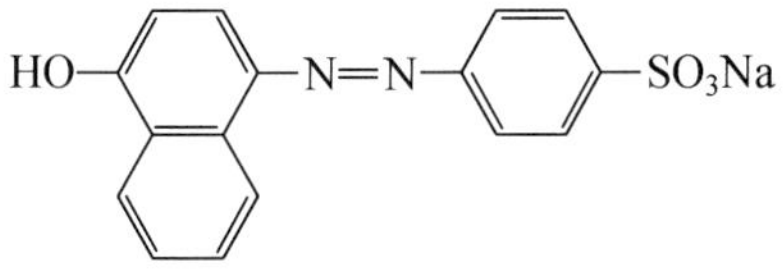

酸性橙Ⅰ 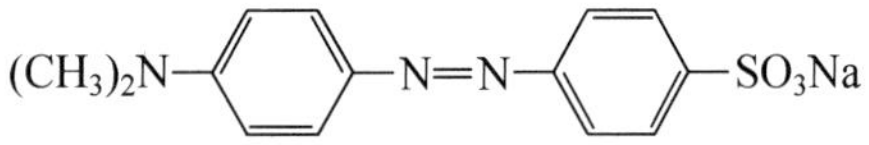　　　　　　　　　对二甲氨基偶氮苯磺酸钠(甲基橙)

第三节 │ 生物碱

一、生物碱的概念及临床应用

生物碱(alkaloid)一般是指生物体内存在的具有一定生理活性的含氮有机化合物。生物碱是植物有效成分中研究最多的一类化学成分。生物碱的分子结构多数属于仲胺、叔胺,少数为伯胺,常含有氮杂环,且大多具有碱性。生物碱主要存在于植物中,故又称植物碱。植物中的生物碱常以有机酸盐(苹果酸盐、柠檬酸盐等)形式存在。生物碱一般按它的来源命名,例如,从麻黄中提取的生物碱就叫麻黄碱(ephedrine)。

生物碱广泛应用于医药领域,目前应用于临床的生物碱有 100 种以上,如颠茄中的莨菪碱,其外消旋体就是阿托品(atropine),可用作抗胆碱药,具有散瞳、解平滑肌痉挛以及有机磷中毒的解毒等功效;黄连中的小檗碱(即黄连素)是很好的治疗胃肠炎、细菌性痢疾的药品;麻黄中的麻黄碱可用于平喘等。但也有一些生物碱具有很强的毒性,用量不当也足以致人死亡。而另有一些生物碱则容易使人产生长期的依赖性,成为严重危害人身健康的毒品。常见的生物碱见表 11-2。

表 11-2　几种常见的生物碱

名称	结构式	来源	结构特征、生理作用及功效
麻黄碱 ephedrine	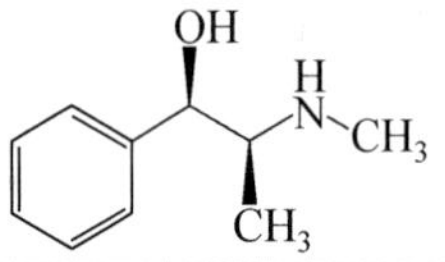	麻黄	脂肪仲胺 扩张支气管、平喘、止咳、发汗
烟碱(尼古丁) nicotine	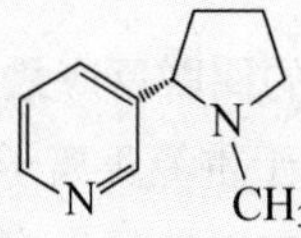	烟草	含吡啶环和四氢吡咯环 剧毒,人吸烟可发生尼古丁慢性中毒
茶碱 theophylline	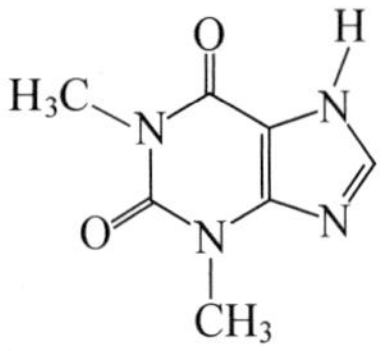	茶叶	嘌呤衍生物 收敛、利尿。嘌呤环上 7 位 N 上的 H 换为—CH₃ 即为咖啡碱,是复方阿司匹林的成分之一
可卡因 cocaine	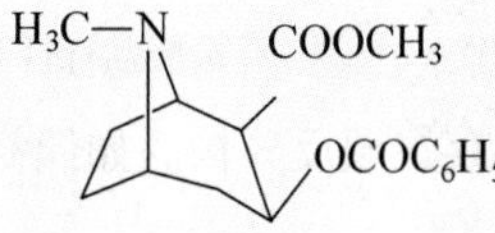	古柯	脂氮杂环、叔胺 局部麻醉、中枢兴奋,麻醉药品
莨菪碱 hyoscyamine	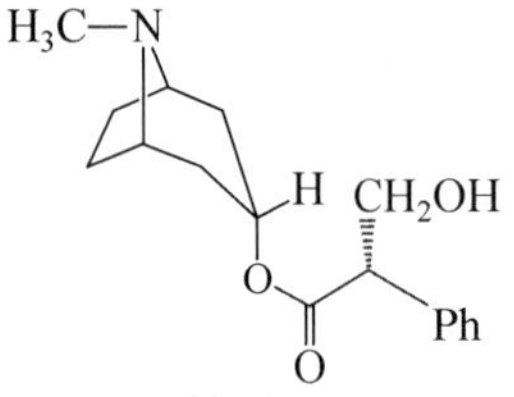	颠茄	脂氮杂环、叔胺 抗胆碱药,用于治疗平滑肌痉挛,胃及十二指肠溃疡,亦可用作有机磷中毒的解毒剂,眼科用于散瞳
小檗碱 (黄连素) berberine	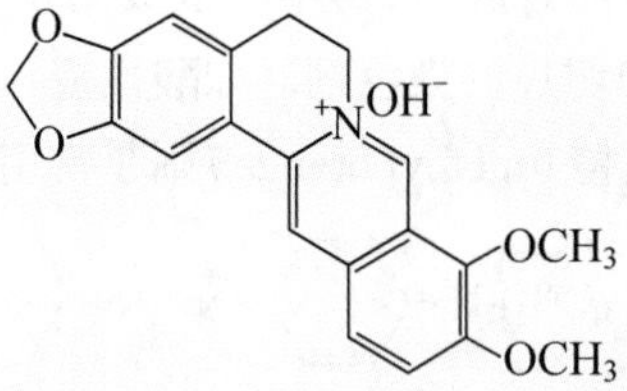	黄连	季铵碱 抗菌、消炎。治疗肠胃炎、结膜炎、化脓性中耳炎、细菌性痢疾等
奎宁 quinine	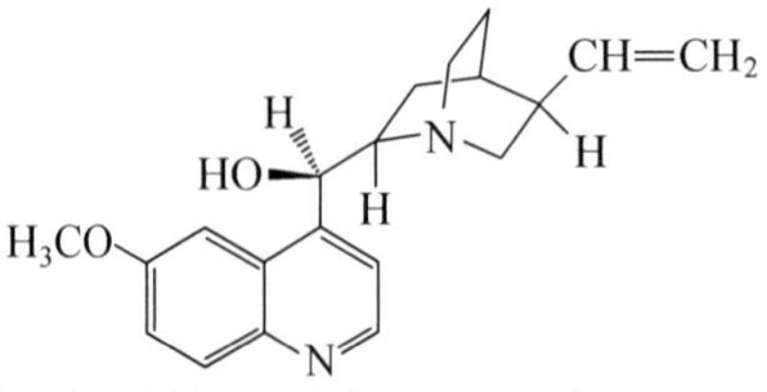	金鸡纳树	含喹啉环及脂氮杂环 抗疟疾药,并有退热作用
秋水仙碱 colchicine	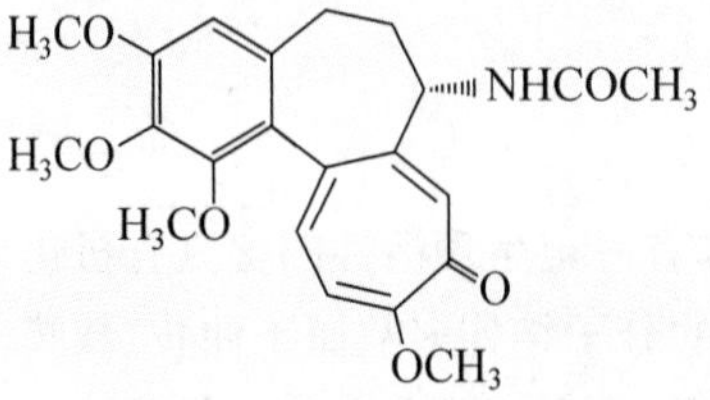	秋水仙	含酰胺结构 抗肿瘤药、抗痛风药

二、生物碱的通性

大多数生物碱为无色有苦味的晶形固体,有些为挥发性液体(如烟碱等),能随水蒸气蒸馏出来而不被破坏,多具有旋光性。绝大多数生物碱具有胺类或含氮杂环的结构,因而显碱性,分子结构类型不同,碱性强弱也不一样。

游离生物碱一般不溶于水,能溶于氯仿、乙醇、乙醚等有机溶剂,亦能与稀酸反应生成生物碱盐而溶于稀酸溶液中。生物碱盐的溶解性与生物碱恰好相反:一般易溶于水及乙醇,难溶或不溶于苯、氯仿、乙醚等低极性有机溶剂。生物碱盐遇较强的碱仍可变为不溶于水的生物碱。常利用生物碱的溶解性从植物中提取、精制生物碱。从植物中提取生物碱时,通常用稀盐酸或稀硫酸溶液,使它们转化为盐酸盐或硫酸盐而转移到提取液中,然后用 NaOH 或 Ca(OH)$_2$ 处理提取液,此时水溶性很小的生物碱就沉淀下来,最后用有机溶剂(如乙醇、乙醚、氯仿等)把游离的生物碱萃取出来。

$$\text{生物碱} \underset{OH^-}{\overset{H^+}{\rightleftharpoons}} \text{生物碱盐}$$
$$\text{(难溶于水)} \qquad\qquad \text{(易溶于水)}$$

生物碱遇一些试剂能产生不同颜色的沉淀,可利用这些试剂来检验生物碱。但由于此类反应易受杂质的干扰,一般用提纯的生物碱反应才较灵敏、准确。常用的沉淀剂有碘化汞钾(K_2HgI_4)、碘化铋钾($BiI_3 \cdot KI$)、碘-碘化钾、苦味酸、鞣酸、磷钨酸($H_3PO_4 \cdot 12WO_3 \cdot H_2O$)、硅钨酸($SiO_2 \cdot 12WO_3 \cdot 4H_2O$)等。

三、吗啡、可待因和海洛因的结构、功能与毒性

罂粟是一种一年生或两年生草本植物,其带籽的蒴果含有一种浆液,在空气中干燥后形成棕黑色黏性团块,这就是药物阿片(opium),旧称鸦片。阿片中含 20 种以上的生物碱,其中最重要的是吗啡(morphine)、可待因(codeine)和罂粟碱(papaverine)等,前两者在临床上应用较多。

吗啡(morphine)是阿片中最重要、含量最多的有效成分。其纯品为无色六面短棱锥状结晶,味苦,难溶于水、醚、氯仿等,较易溶于热戊醇及氯仿与醇的混合溶剂。因分子结构中同时含有氮原子和酚羟基,故为两性化合物。临床一般使用吗啡的盐酸盐及其制剂。它是强烈的镇痛药物,其镇痛作用能持续 6 小时,还能镇咳,但容易成瘾,一般用于解除晚期癌症患者的痛苦或大手术患者三天内小剂量镇痛。

可待因(codeine)为无色斜方锥状结晶、味苦,溶于沸水、乙醇等。它的结构中无酚羟基,故不显两性。临床一般应用其磷酸盐,主要作用于中枢性神经系统,兼有镇咳和镇痛作用,其强度较吗啡弱,比吗啡安全。长期使用易产生成瘾性。

海洛因(heroin)即二乙酰吗啡,为白色柱状结晶或结晶性粉末,难溶于水,易溶于氯仿、苯和热醇,光照或久置易变为淡棕黄色。海洛因不存在于自然界,其成瘾性为吗啡的 3~5 倍,严禁作为药用,是对人类危害最大的毒品之一。

吗啡　　　　　　　可待因　　　　　　　海洛因

习题

11-4　写出分子式为 $C_4H_{11}N$ 的所有胺的结构式,按伯、仲、叔分类并命名。

11-5 写出下列化合物的名称或结构式。

（1）$\bigcirc$—NH—CH$_2$CH$_3$

（2）$[(C_2H_5)_2N(CH_3)_2]^+Br^-$

（3）$(CH_3)_3C-C(C_2H_5)_2NH_2$

（4）$(CH_3)_2CH-\bigcirc-N_2^+Cl^-$

（5）$\bigcirc-N=N-\bigcirc-N(C_2H_5)_2$

（6）反-1,4-环己二胺

（7）苯甲酰苯胺

（8）对硝基苯胺盐酸盐

（9）氢氧化四甲铵

（10）2,4-二乙基-N,N-二甲基苯胺

11-6 写出对甲苯胺与下列试剂反应的主要产物。

（1）稀 H_2SO_4
（2）$(CH_3CO)_2O$
（3）$NaNO_2/HCl$（0~5℃）

（4）Br_2/H_2O
（5）$C_6H_5SO_2Cl$
（6）$C_6H_5N_2^+Cl^-$

11-7 写出氯化对硝基苯重氮盐与下列试剂反应的主要产物。

（1）KI
（2）H_3PO_2
（3）KCN/CuCN

（4）对甲苯酚
（5）HBr/CuBr

11-8 完成下列化学反应。

（1）$\bigcirc$—NHCH$_3$ + HNO$_2$ $\xrightarrow{H^+}$

（2）CH_3NH_2 + （丁二酸酐结构） $\longrightarrow$

（3）$H_3C-\bigcirc-N(CH_3)(C_2H_5)$ + HNO$_2$ $\xrightarrow{H^+}$

（4）$H_2N-\bigcirc-SO_3H$ $\xrightarrow[0℃]{NaNO_2/H_2SO_4}$ （　　）$\xrightarrow[pH=9]{HO-\bigcirc-\bigcirc-NH_2}$ （　　　　）

11-9 按要求完成下列各题。

（1）碱性由强到弱排序：A. 苯胺　B. 乙酰苯胺　C. 邻苯二甲酰亚胺　D. 氢氧化四甲铵

（2）酸性由强到弱排序：A. 氯化对硝基苯铵　B. 氯化对甲基苯铵　C. 苯胺盐酸盐

（3）沸点由高到低排序：A. 丙胺　B. 乙基甲基胺　C. 乙基甲基醚　D. 丙醇

（4）碱性（水溶液中）由强到弱排序：A. 秋水仙碱　B. 烟碱　C. 小檗碱　D. 麻黄碱

（5）室温下与 HNO$_2$ 作用放出 N$_2$ 的化合物。

A. $HOCH_2CH_2NH_2$
B. H_2NCONH_2

C. $C_6H_5NH_2\cdot HCl$
D. $HCON(CH_3)_2$

（6）属于季铵盐的化合物。

A. $(CH_3)_3N^+HCl^-$
B. $HOCH_2CH_2N^+(CH_3)_3Cl^-$

C. $(C_2H_5)_2N^+(CH_3)_2OH^-$
D. $C_6H_5N_2^+Cl^-$

（7）能与重氮盐发生偶联反应的化合物。

A. $\bigcirc$（对位NHCOCH$_3$，CH$_3$）
B. $\bigcirc$（N(C$_2$H$_5$)$_2$，2,4,6-三甲基）
C. $\bigcirc$（$N^+(CH_3)_3Cl^-$，间CH$_3$）
D. $\bigcirc$（COOH，邻OH）

（8）从备选项中选出能鉴别苯胺、苯酚、苯甲酸和甲苯的一组试剂并说明鉴别过程。

A. 苯磺酰氯、氢氧化钠、亚硝酸
B. 苯磺酰氯、亚硝酸、溴水

C. 碳酸氢钠、三氯化铁、溴水
D. 羰基试剂、银氨溶液、溴水

11-10　化合物 A 的分子式为 C_7H_9N,有碱性,A 的盐酸盐与亚硝酸作用生成 $C_7H_7N_2Cl(B)$,B 加热后能放出氮气而生成对甲苯酚。在弱碱性溶液中,B 与苯酚作用生成具有颜色的化合物 $C_{13}H_{12}ON_2(C)$。写出 A、B、C 的结构式。

(陈永正)

本章思维导图

本章目标测试

第十二章 | 醛和酮

醛（aldehyde）和酮（ketone）是分子中含有羰基（carbonyl group）官能团的有机化合物。醛表示为 R—CHO，其中—CHO 称为醛基；酮表示为 R—CO—R′，其羰基称为酮基。

$$\underset{\substack{\text{醛} \\ \text{R为氢，脂肪烃基} \\ \text{或芳香烃基}}}{\overset{\displaystyle O \atop \|}{R-C-H}} \qquad \underset{\substack{\text{酮} \\ \text{R,R′为脂肪烃基} \\ \text{或芳香烃基}}}{\overset{\displaystyle O \atop \|}{R-C-R'}}$$

醛和酮能发生多种化学反应，在有机合成中有广泛用途。有些天然醛、酮是植物药的有效成分，有显著生物活性。

第一节 | 结构、分类和命名

一、结构和分类

醛和酮的羰基碳原子为 sp^2 杂化，其 3 个 sp^2 杂化轨道分别与氧原子及其他 2 个原子形成处于同一平面的 3 个 σ 键，羰基碳余下的 1 个未杂化的 p 轨道与氧的 $2p$ 轨道彼此平行重叠，形成 π 键。最简单的羰基化合物甲醛（formaldehyde）的结构见图 12-1。

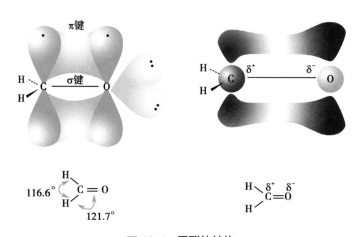

图 12-1 **甲醛的结构**

醛和酮是极性分子。氧的电负性比碳大，因此，醛和酮羰基的碳氧双键是极性不饱和键，其电子云分布偏向氧原子，这一结构特征是醛、酮具有较高化学活性的主要原因。

按照烃基的结构，醛和酮可分为脂肪醛、脂肪酮和芳香醛、芳香酮。芳香醛和芳香酮的羰基碳与芳环直接相连。

二、命名

(一) 醛的命名

醛的系统命名通常采用取代法,分为两种情况进行。

对于链状一元或二元醛,是把醛看作是烃分子中—CH₃上的 2 个氢原子被氧原子取代得到的衍生物,即选择含醛基的最长碳链(主链)对应的烃为母体,氧原子为取代基,在母体烃名称加后缀 "醛(-al)" 字,称为某醛或某二醛,并从醛基碳原子开始编号,简单的醛也可依次用 α、β、γ、δ 等希腊字母进行编号。例如:

CH₃CH₂CHO

丙醛
propanal

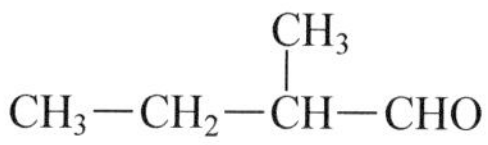

2-甲基丁醛(α-甲基丁醛)
2-methylbutanal

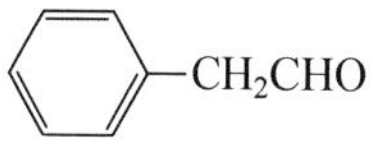

苯乙醛
phenylacetaldehyde

CH₃CH=CHCHO

丁-2-烯醛
but-2-enal

乙二醛
ethanedial(oxalaldehyde)

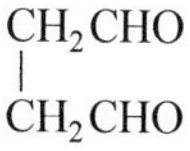

丁二醛
butanedial(succinaldehyde)

当 2 个以上的醛基与直链烃相连,或者醛基直接与环烃碳相连接时,看作母体烃氢原子被醛基所取代得到的衍生物,在母体烃名称加后缀 "甲醛(carbaldehyde)" 进行命名。例如:

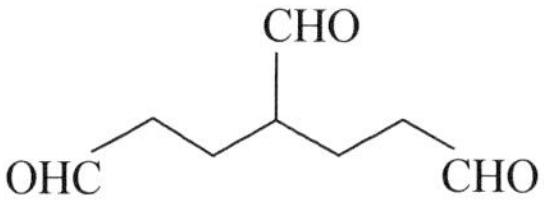

戊烷-1,3,5-三甲醛
pentane-1,3,5-tricarbaldehyde

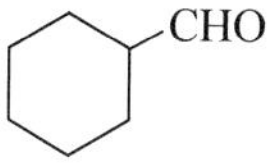

环己烷甲醛
cyclohexanecarbaldehyde

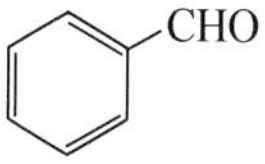

苯甲醛
benzaldehyde

一些天然的醛也常用俗名,例如:芳香油中常见的茴香醛(4-甲氧基苯甲醛),桂皮油中的肉桂醛(3-苯基丙-2-烯醛),与视觉化学有关的重要物质视黄醛等。

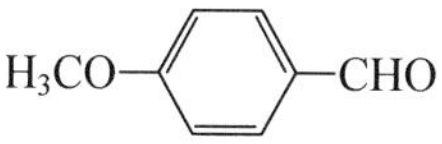

茴香醛
anisaldehyde

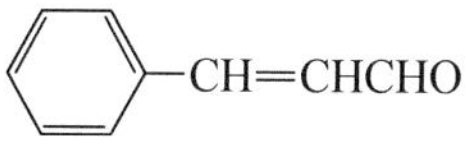

肉桂醛
cinnamaldehyde

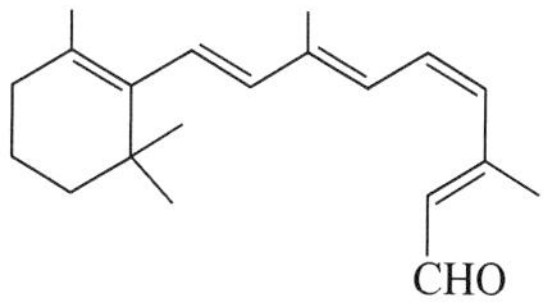

11-顺视黄醛
11-*cis*-retinal

当分子中存在更优先的基团作为主体官能团(见附录二)时,醛基作为前缀取代基以氧亚基(O=)或者甲酰基进行命名。编号时应使主体官能团位次尽可能小。例如:

OHCCH₂CH₂COOH

4-氧亚基丁酸(或3-甲酰基丙酸)
4-oxobutanoic acid(or 3-formylpropanoic acid)

4-甲酰基环己烷-1-甲酸
4-formylcyclohexane-1-carboxylic acid

(二) 酮的命名

酮的取代法命名是选择含有酮羰基碳的对应烃作为母体,加后缀 "酮(-one)" 在母体烃名称之后。选择母体烃时还应该同时遵守烃类化合物命名过程中母体的选择原则。母体烃为烷烃时,在不引起混淆的情况下 "烷" 字可省略。

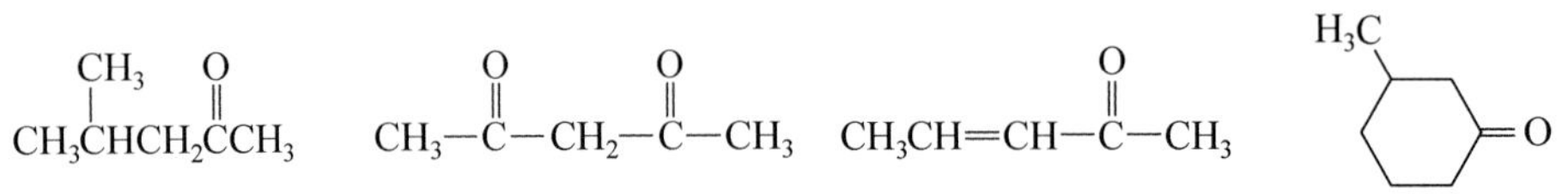

4-甲基戊-2-酮
4-methylpentan-2-one

戊-2,4-二酮
pentane-2,4-dione

戊-3-烯-2-酮
pentane-3-en-2-one

3-甲基环己酮
3-methylcyclohexanone

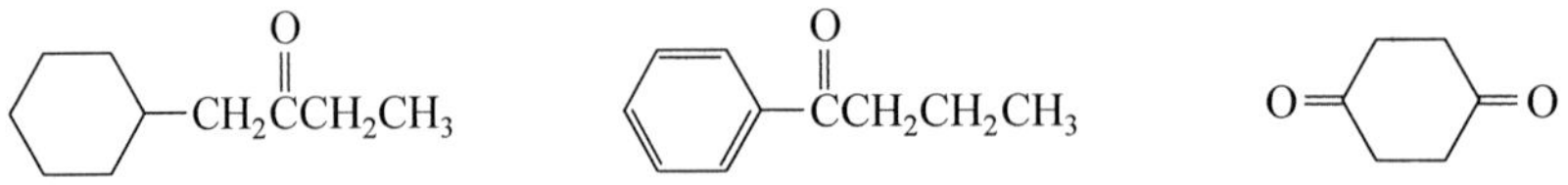

1-环己基丁-2-酮
1-cyclohexylbutan-2-one

1-苯基丁-1-酮
1-phenylbutan-1-one

环己-1,4-二酮
cyclohexane-1,4-dione

一些结构简单的酮也采用官能团类别法命名:将酮羰基上的两个烃基按其英文名的首字母顺序列于官能团类别名"酮(ketone)"之前。为了不与取代命名法中的"酮(-one)"混淆,中文名可在两个烃基名后加"甲酮"。例如:

乙基甲基酮(乙基甲基甲酮)
ethyl methyl ketone

苄基乙基二酮(苄基乙基二甲酮)
benzyl ethyl diketone

当分子中存在更优先的基团作为主体官能团(见附录二)时,酮基作为前缀取代基以氧亚基(O=)进行命名。编号时应使主体官能团位次尽可能小。例如:

4-氧亚基戊醛
4-oxopentanal

4-氧亚基环己烷-1-甲酸
4-oxocyclohexane-1-carboxylic acid

一些天然酮常用俗名,例如天然麝香的主要香气成分麝香酮,从樟树根、干、枝等提取分离得到的右旋樟脑等。

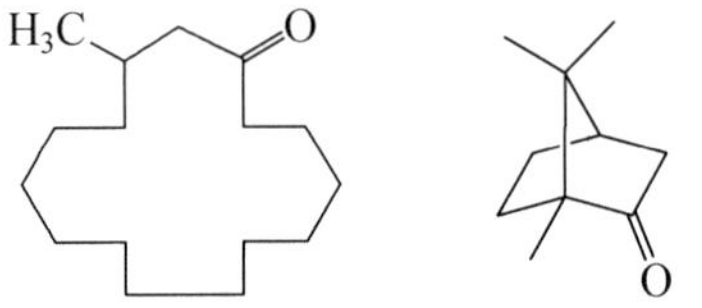

麝香酮
muscone

(+)-樟脑
camphor

第二节 │ 性 质

一、物理性质

室温下,甲醛是气体;其他 12 个碳以下的脂肪醛、酮是液体;高级脂肪醛、酮和芳香酮多为固体。许多低级醛有刺鼻臭味。某些天然醛、酮具有特殊芳香气味,可用于化妆品及食品工业。

由于醛、酮不能形成分子间氢键,所以其沸点比相对分子质量相近醇的沸点要低。羰基的极性使得醛、酮分子间偶极-偶极吸引作用大,因而其沸点高于相应的烷烃和醚类。常见醛、酮的熔点和沸点见表 12-1。醛、酮羰基的氧能与水分子形成氢键,因此低级醛、酮易溶于水,随着醛、酮分子中烃基增大,其水溶性迅速降低。含 6 个碳以上的醛、酮几乎不溶于水,但可溶于乙醚、甲苯等有机溶剂。

表 12-1 常见醛酮的熔点和沸点

名称	英文名	结构式	熔点 /℃	沸点 /℃
甲醛	methanal；formaldehyde	HCHO	−117	−19
乙醛	ethanal	CH₃CHO	−123	21
丙烯醛	propenal；acrolein	CH₂=CHCHO	−87	53
苯甲醛	benzaldehyde	C₆H₅CHO	−56	179
丙酮	acetone	CH₃COCH₃	−95	56
环己酮	cyclohexanone	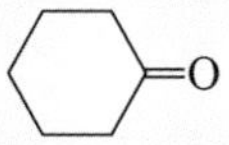 （环己酮结构）	−47	155
苯乙酮	acetophenone	C₆H₅COCH₃	20	202

二、化学性质

醛和酮羰基双键的极性强,由于氧的电负性大于碳,羰基碳原子带部分正电荷,易受能提供电子的亲核试剂进攻,发生亲核加成反应。羰基碳原子对邻近碳原子表现出吸电子诱导效应(−I),故羰基的 α-氢有一定的活泼性。

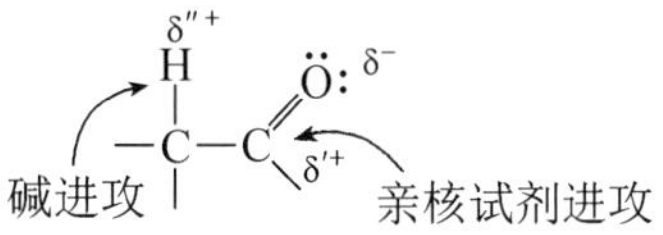

(一) 亲核加成反应

亲核加成(nucleophilic addition)反应是羰基的特征反应。亲核试剂(nucleophilic reagent):Nu⁻与羰基发生亲核加成反应的机制如下:

由于碳、氧原子电负性的差异,醛、酮羰基具有两个反应中心——带部分正电荷的羰基碳和带部分负电荷的羰基氧。羰基的加成反应是由亲核试剂:Nu⁻进攻活泼的羰基碳开始,在 π 键断裂及形成新 σ 键时,电子对转移到氧原子上,形成氧负离子中间体。反应的第二步是该氧负离子与带正电荷的 E⁺结合,生成加成产物。上述反应物中羰基碳原子是 sp^2 杂化,但在产物中,该碳原子转变为 sp^3 杂化。在上述机制中,第一步是决定整个反应速率的慢步骤,它由亲核试剂进攻带正电荷的羰基碳开始,反应产物为加成产物,所以该反应称为亲核加成反应。亲核试剂一般为带负电荷或孤对电子的原子或基团。常见的亲核试剂有氢氰酸、醇、水及氨的衍生物等。

在许多情况下,羰基的亲核加成反应是可逆的。醛、酮亲核加成反应的难易除了与亲核试剂的性质有关外,还取决于醛、酮的结构,即取决于羰基碳上连接的原子或基团的电子效应和空间效应。烷基的斥电子诱导效应导致羰基碳正电性减少,同时烷基的空间位阻不利于亲核试剂进攻羰基碳原子,所以醛通常比酮活泼,更容易发生亲核加成反应。

1. 与氢氰酸的加成 氢氰酸(HCN)与醛、脂肪族甲基酮和 8 个碳原子以下的环酮作用生成相应的加成产物氰醇(cyanohydrin),也称 α-羟基腈。

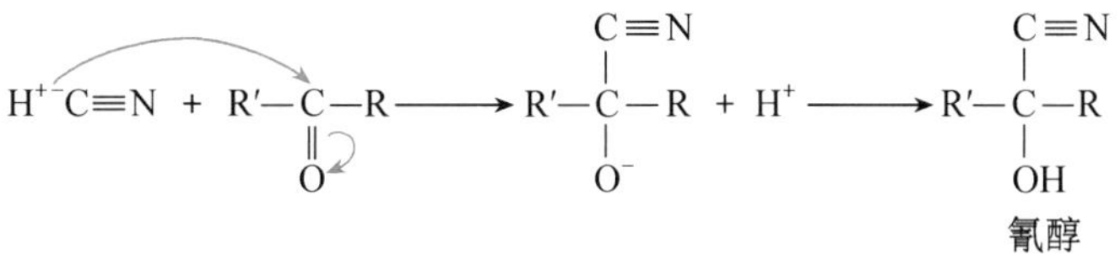

　　HCN 与芳香酮反应困难,其原因是羰基与芳环共轭,芳环上的电子向羰基转移,使得羰基碳原子正电性减弱;另外,羰基两侧的芳环和烷基的空间位阻也影响亲核试剂对羰基进攻。HCN 加成中,CN^- 浓度是决定反应速率的重要因素之一。HCN 是弱酸,不易离解,因此,HCN 与醛酮的加成反应,通常需碱催化。

　　HCN 与醛、酮的加成反应在有机合成中有重要地位,因为在这一反应中生成了新的碳碳键,产物比原料多一个碳原子。氰醇具有醇羟基和氰基两种官能团,是一种非常有用的有机合成中间体。由氰醇可制备 α,β-不饱和腈、β-氨基醇、β-羟基酸等化合物。

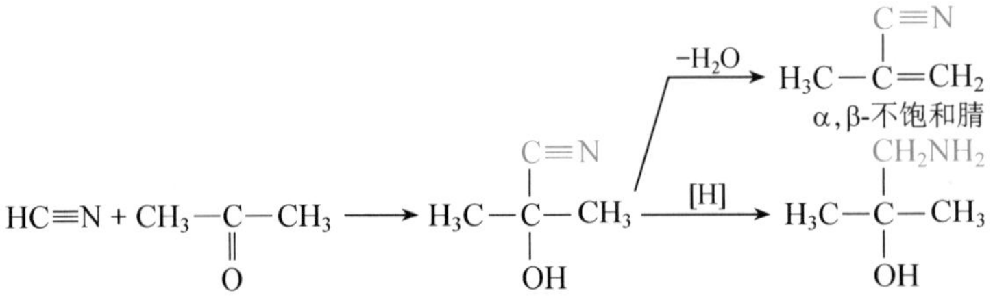

　　HCN 易挥发,且剧毒,实验中一般采用 NaCN 或 KCN 水溶液与醛酮混合,再滴加硫酸,保证反应产生的 HCN 随即与醛、酮反应,该反应操作应在通风橱中进行。

　　2. 与醇及水的加成　　在无水酸(通常是干燥氯化氢)存在下,醇与醛的羰基加成生成半缩醛(hemiacetal),半缩醛还可以与另一分子醇反应,脱水生成缩醛(acetal),半缩醛中连在醚键碳原子上的羟基称为半缩醛羟基。

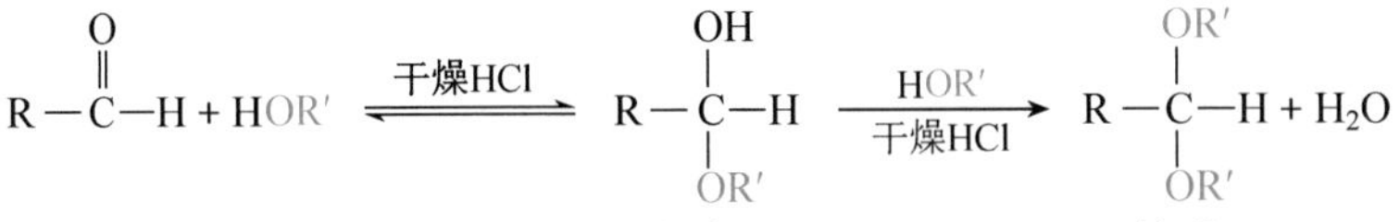

　　与醛相比,酮与醇反应生成缩酮(ketal)的反应较困难。但酮容易与乙二醇作用,生成五元环状缩酮。

　　缩醛和缩酮的性质相似,它们均对碱、氧化剂和还原剂稳定,但遇稀酸则分解成原来的醛(或酮)和醇。在有机合成中,为了保护容易发生化学变化的醛基,将醛转化为缩醛,待氧化或其他反应完成后,再用酸水解缩醛,把醛基释放出来。通常,用乙二醇保护分子中的醛基。

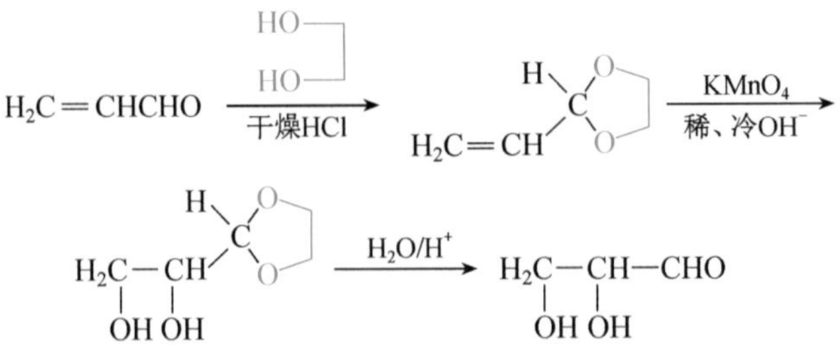

　　尽管多数半缩醛易释放出醇并转变为羰基化合物,但是 γ-或 δ-羟基醛(酮)易自发地发生分子内的亲核加成,且主要以稳定的环状半缩醛(酮)的形式存在。许多单糖分子(见第十七章)都含有这种环状半缩醛(酮)结构。

　　水与羰基加成形成醛、酮的水合物(偕二醇)。由于水是弱亲核试剂,生成的偕二醇不稳定,容易失水,该反应平衡主要偏向反应物一方。

$$R-\overset{\displaystyle O}{\underset{\displaystyle \parallel}{C}}-R'(H) + H_2O \rightleftharpoons R-\overset{\displaystyle OH}{\underset{\displaystyle \underset{\displaystyle OH}{|}}{\overset{|}{C}}}-R'(H)$$

偕二醇

当羰基与强吸电子基团连接时,羰基碳的正电性增大,可以生成较稳定的水合物。一些羰基化合物的水合物有重要用途,例如:三氯乙醛的水合物称为水合氯醛(chloral hydrate),临床上曾用作镇静催眠药。作为 α-氨基酸和蛋白质显色剂的水合茚三酮(ninhydrin)也是羰基的水合物。

$$Cl_3C-\overset{\displaystyle OH}{\underset{\displaystyle \underset{\displaystyle OH}{|}}{\overset{|}{C}}}-H$$

水合氯醛　　　　　水合茚三酮

3. 与 Grignard 试剂加成　Grignard 试剂 R—MgX 中与 Mg 相连的碳带部分负电荷,具有很强的亲核性,而 Mg 则带有部分正电荷。在亲核加成反应中,带部分负电荷的 R 进攻羰基碳,带有部分正电荷的 MgX 则与羰基氧结合,所得的加成物经水解生成醇。

$$\underset{H}{\overset{C_6H_5}{C}}=O + CH_3CH_2MgX \xrightarrow{乙醚} \underset{H}{\overset{C_6H_5}{\underset{CH_2CH_3}{C}}}-OMgX \xrightarrow{H_2O} \underset{C_6H_5}{\overset{}{CH_3CH_2CHOH}}$$

Grignard 试剂对醛酮的加成是不可逆反应。利用不同的羰基化合物与不同的 Grignard 试剂反应,可以制备具有更多碳原子及新碳骨架的醇。Grignard 试剂与甲醛反应可得伯醇,与其他醛反应可得仲醇,与酮反应则得叔醇。

$$\begin{array}{c}
H-\overset{O}{\overset{\parallel}{C}}-H \\
R'-\overset{O}{\overset{\parallel}{C}}-H \\
R-\overset{O}{\overset{\parallel}{C}}-R'
\end{array}
\xrightarrow[\text{2) } H_3O^+]{\text{1) RMgX}}
\begin{array}{c}
H-\overset{OH}{\overset{|}{CH}}-R \quad 伯醇 \\
R'-\overset{OH}{\overset{|}{CH}}-R \quad 仲醇 \\
R'-\overset{OH}{\underset{R'}{\overset{|}{C}}}-R \quad 叔醇
\end{array}$$

4. 与氨衍生物的加成　醛或酮与氨的衍生物[羟胺、肼、苯肼、2,4-二硝基苯肼(2,4-dinitrophenylhydrazine)等]先加成后脱水,生成 N-取代亚胺(N-substituted imine)。若用 H₂N—G 代表不同氨的衍生物,该反应通式如下:

$$\underset{H(R')}{\overset{R}{C}}=O + NH_2-G \underset{H^+}{\rightleftharpoons} \left[\underset{H(R')}{\overset{R}{\underset{\underset{H}{N}-G}{C}}}-OH \right] \underset{-H_2O}{\rightleftharpoons} \underset{H(R')}{\overset{R}{C}}=N-G$$

N-取代亚胺

表 12-2 列出了常用氨衍生物及 N-取代亚胺的名称和结构式。N-取代亚胺(通常是 N-芳香取代亚胺)有一定的熔点和晶形,容易鉴别,其中 2,4-二硝基苯肼的缩合产物 2,4-二硝基苯腙多为橙黄色或橙红色固体,应用最广泛。由于氨衍生物可用于鉴别羰基化合物,常把它们称为羰基试剂(carbonyl reagent)。

表 12-2　氨衍生物与醛酮反应的产物

氨衍生物	结构式	缩合产物结构式	缩合产物名称
伯胺	H_2N-R''	$\begin{array}{c}R\\\ |\\H(R')\end{array}C=N-R''$	Schiff 碱
羟胺	H_2N-OH	$\begin{array}{c}R\\\ |\\H(R')\end{array}C=N-OH$	肟（oxime）
肼	H_2N-NH_2	$\begin{array}{c}R\\\ |\\H(R')\end{array}C=N-NH_2$	腙（hydrazone）
苯肼	$H_2N-NH-C_6H_5$	$\begin{array}{c}R\\\ |\\H(R')\end{array}C=N-NHC_6H_5$	苯腙（phenylhydrazone）
2,4-二硝基苯肼	$NH_2-NH-C_6H_3(NO_2)_2$	$\begin{array}{c}R\\\ |\\H(R')\end{array}C=N-NH-C_6H_3(NO_2)_2$	2,4-二硝基苯腙（2,4-dinitrophenylhydrazone）

上述 *N*-取代亚胺容易结晶纯化，并且又可经酸水解得到原来的醛或酮，所以这些羰基试剂也用于醛、酮的分离及精制。

羰基化合物与伯胺加成产生 Schiff 碱的反应是可逆的。

$$\begin{array}{c}R\\\ |\\H(R')\end{array}C=O + H_2N-R'' \rightleftharpoons \begin{array}{c}R\\\ |\\H(R')\end{array}C=N-R'' + H_2O$$

体内某些生化过程与 Schiff 碱的形成和分解有关，例如，在与视觉有关的生化过程中，视觉感光细胞中存在感光色素视紫红质（rhodopsin），其化学结构为由 11-顺视黄醛和视蛋白的侧链氨基缩合生成的 Schiff 碱。视紫红素吸收光子后立即引起视黄醛 C_{11} 位置双键构型由 C_{11}-顺式构型转变为 C_{11}-反式构型，从而导致视蛋白分子构象发生变化，再经一系列复杂的信息传递到达大脑形成视觉。

> 12-1　共轭体系越大的化合物吸收光的波长越长。现有正丁醛、丁-2-烯醛两瓶试剂，均无标签。它们的 2,4-二硝基苯腙分别为黄色和红色。试区分这两瓶试剂（提示红色的吸收波长比黄色的吸收波长更长）。

（二）α-碳及 α-氢的反应

醛、酮分子中与羰基直接相连的碳原子称 α-碳，α-碳上的氢称 α-氢（α-H）。受羰基的影响 α-H 比较活泼，因为：①羰基的吸电子作用增大了 α-碳氢键的极性，使 α-H 比较容易形成质子离去；②α-H 离解后，醛、酮的羰基可将碳负离子的负电荷离域化，使其趋于稳定。

$$R-\overset{\overset{H}{|}}{C}H-\overset{\overset{O}{\|}}{C}-R'(H) \underset{}{\overset{-OH}{\rightleftharpoons}} R-\bar{C}H-\overset{\overset{O}{\|}}{C}-R'(H)$$
碳负离子

1. 醇醛缩合　在稀碱溶液中，含 α-H 的醛的 α-碳（以碳负离子形式存在）可以与另一醛的羰基碳加成形成新的碳碳键，生成 β-羟基醛，该反应称为醇醛缩合（aldol condensation）。醇醛缩合是有机合成中增长碳链的重要方法。例如，乙醛经醇醛缩合反应生成 β-羟基丁醛，后者受热失水，生成丁-2-烯醛。

$$H_3C-\overset{O}{\overset{\|}{C}}-H + \overset{H}{\underset{}{CH_2CHO}} \xrightarrow{-OH} CH_3CHCH_2CHO \xrightarrow{\triangle} CH_3CH=CHCHO + H_2O$$

β-羟基丁醛　　　　　　丁-2-烯醛
（α,β-不饱和醛）

醇醛缩合反应的机制如下：

$$(1)\ RCH_2-\overset{O}{\overset{\|}{C}}-H + \ ^-OH \underset{}{\overset{-H_2O}{\rightleftharpoons}} \left[R\overset{-}{C}H-\overset{O}{\overset{\|}{C}}-H \longleftrightarrow RCH=\overset{O^-}{\overset{}{CH}} \right]$$

$$(2)\ RCH_2-\overset{O}{\overset{\|}{C}}-H + R\overset{-}{C}H-\overset{O}{\overset{\|}{C}}-H \underset{}{\overset{慢}{\rightleftharpoons}} RCH_2-\underset{O^-}{\overset{R}{\overset{|}{CH}}}-\overset{}{CH}-\overset{O}{\overset{\|}{C}}-H$$

碳负离子

$$(3)\ RCH_2-\underset{O^-}{\overset{R}{\overset{|}{CH}}}-CH-\overset{O}{\overset{\|}{C}}-H + H_2O \underset{}{\overset{快}{\rightleftharpoons}} RCH_2-\underset{OH}{\overset{R}{\overset{|}{CH}}}-CH-\overset{O}{\overset{\|}{C}}-H + OH^-$$

β-羟基醛

醇醛缩合反应的速率随醛的相对分子质量的增加而降低,实验室里往往通过升高反应温度来促进反应的进行,但升高温度又容易使生成的醇醛失水。因此,七个碳以上的醛进行醇醛缩合反应,只能得到失水产物 α,β-不饱和醛。

2. 酮式和烯醇式的互变异构　戊-2,4-二酮为 β-二酮,作为多官能团化合物,分子中两个羰基相互影响。常温下,它既可发生甲基酮的典型反应(如与羟胺反应生成肟,与苯肼反应生成苯腙,能与 HCN 加成等),又具有烯醇(enol)的性质(如与 $FeCl_3$ 溶液呈颜色反应,能使溴水褪色)。这些性质提示了戊-2,4-二酮是酮式(keto form)和烯醇式(enol form)两种异构体的混合物,且能相互转变。戊-2,4-二酮 3 位亚甲基氢受两个羰基的吸电子效应影响(常称双重 α-H),具有弱酸性($pK_a=9$),能转移一个 H^+ 到羰基氧上,并重排成烯醇式。戊-2,4-二酮形成烯醇异构体后,共轭体系稳定性增加,分子内能降低;加之该烯醇式分子内氢键形成六元螯环,更使其稳定性增加。两种或两种以上的异构体通过相互转变达到动态平衡的现象称为互变异构现象(tautomerism),各异构体称为互变异构体。

$$CH_3-\overset{O}{\overset{\|}{C}}-CH_2-\overset{O}{\overset{\|}{C}}-CH_3 \rightleftharpoons$$

酮式（20%）　　　　　　烯醇式（80%）

理论上,具有 α-H 的化合物都可能存在酮式和烯醇式两种互变异构体。各种化合物酮式和烯醇式存在的比例大小主要取决于分子结构,烯醇式异构体的稳定性取决于羰基和烯键之间的 π-π 共轭效应和六元螯环的形成等因素。烯醇异构体主要以有利于通过分子内氢键形成六元螯环的 Z 构型存在。

溶剂、浓度和温度等因素也影响酮-烯醇互变异构体烯醇化的程度。例如:乙酰乙酸乙酯($CH_3COCH_2COOC_2H_5$)的烯醇异构体$[CH_3C(OH)=CHCOOC_2H_5]$占比在水中为 0.4%,而在甲苯中则为 19.8%,这是因为水溶液中,水分子与羰基生成氢键,影响烯醇式通过分子内氢键形成六元螯环。

12-2　平衡时,戊-2,4-二酮的另一种烯醇式异构体$[CH_2=C(OH)-CH_2-CO-CH_3]$的含量很少,试解释。

12-3　写出 CH_3COCH_2CHO 的稳定烯醇式的结构。

如果羰基 α-碳是含有氢的手性碳(如:$CH_3COCH(CH_3)CHO$),醛酮转变为烯醇式结构后,α-碳原子为 sp^2 杂化,其不对称性消失。上述过程的逆反应中,烯醇羟基的氢从 α-碳两面以均等的机会加

到该碳原子上,该手性碳发生外消旋化。互变异构现象在含氮化合物特别是酰亚胺类化合物中也普遍存在。

3. 卤代反应 碱催化下,卤素(Cl_2、Br_2、I_2)与含有 α-H 的醛或酮迅速发生卤代反应(halogenation reaction),生成 α-碳完全卤代的卤代醛、酮。α-碳含有 3 个活泼氢的醛或酮(如乙醛和甲基酮等)与卤素的氢氧化钠溶液(常用次卤酸钠的碱溶液)作用,首先生成 α-三卤代醛、酮,后者在碱性溶液中立即分解成三卤甲烷(俗称卤仿)和羧酸盐,该反应又称为卤仿反应(haloform reaction)。

$$H_3C-\overset{O}{\underset{\|}{C}}-R(H) \xrightarrow{X_2,\ OH^-} X_3C-\overset{O}{\underset{\|}{C}}-R(H) \xrightarrow{OH^-} CHX_3\downarrow + (H)R-COO^-$$

卤仿反应常用碘的碱溶液,产物之一是碘仿,所以称为碘仿反应(iodoform reaction)。碘仿是难溶于水的淡黄色晶体,有特殊的气味,容易识别。因此,碘仿反应可用于鉴别乙醛和甲基酮等。含有 $CH_3CH(OH)-R(H)$ 结构的醇可被次碘酸钠($NaOI$)氧化成相应的甲基酮或乙醛,所以也能发生碘仿反应。

12-4 下列哪些化合物能发生碘仿反应?

(1)乙醇;　　(2)戊-2-醇;　　(3)戊-3-醇;　　(4)丙-1-醇;

(5)丁-2-酮;　　(6)异丙醇;　　(7)丙醛;　　(8)苯乙酮

(三)氧化反应和还原反应

1. 氧化反应 醛和酮化学性质的主要差别之一是醛容易被氧化成羧酸,酮则难被氧化。利用弱氧化剂,如硝酸银的氨溶液,即 Tollens 试剂能氧化醛而不能氧化酮的特性,可区别醛与酮。Tollens 试剂与醛作用时,$Ag(NH_3)_2^+$ 被还原成金属银沉积在试管壁上形成银镜,故称银镜反应。Fehling 试剂由硫酸铜与酒石酸钾钠的碱性溶液混合而成。Fehling 试剂与脂肪醛一起加热,Cu^{2+} 被还原成亚铜,以砖红色的氧化亚铜沉淀析出。芳香醛不与 Fehling 试剂反应,故又可用它来区别脂肪醛与芳香醛。

$$RCHO + 2[Ag(NH_3)_2]NO_3 \xrightarrow{\triangle} RCOONH_4 + 2Ag\downarrow + 3NH_3 + H_2O$$

$$RCHO + Cu^{2+} \xrightarrow[\triangle]{碱性溶液} RCOONa + Cu_2O\downarrow$$

2. 还原反应 醛和酮都可以被还原。用不同的还原剂,可以把羰基分别还原成醇羟基或亚甲基($-CH_2-$)。

在金属催化剂铂、镍等存在下,以氢气为还原剂可以使醛和酮还原成相应的伯醇和仲醇。反应通式如下:

$$R-\overset{O}{\underset{\|}{C}}-H + H_2 \xrightarrow{Ni} RCH_2OH$$

$$R-\overset{O}{\underset{\|}{C}}-R' + H_2 \xrightarrow{Ni} R-\underset{\underset{OH}{|}}{C}H-R'$$

在化学实验室,也常用氢化铝锂($LiAlH_4$)、氢化硼钠($NaBH_4$)等金属氢化物将醛、酮还原为伯醇和仲醇。在水或醇溶液中可以用 $NaBH_4$ 还原羰基化合物,$NaBH_4$ 还原所涉及的加成和水解两步反应能快速连续发生。而 $LiAlH_4$ 遇水或醇将发生分解,故 $LiAlH_4$ 必须在无水乙醚中进行第一步加成反应,然后进行第二步水解。

$$H_3C-\overset{O}{\underset{\|}{C}}-CH_2C(CH_3)_3 \xrightarrow[乙醇]{NaBH_4} H_3C-\underset{\underset{OH}{|}}{C}H-CH_2-CH_2(CH_3)_3 \quad (85\%)$$

$$CH_3CH=CHCH_2CH_2CHO \xrightarrow[2.\ H_3O^+]{1.\ LiAlH_4/无水乙醚} CH_3CH=CHCH_2CH_2CH_2OH$$

金属氢化物 M^+H^- 是负氢离子(H^-)的供体,还原反应中 H^- 作为亲核试剂加到羰基碳上,金属离子(M^+)则与羰基氧结合,反应通式如下:

$$M^+H^- + R-\overset{\overset{O}{\|}}{C}-R' \longrightarrow R-\overset{\overset{H}{|}}{\underset{\underset{O^-M^+}{|}}{C}}-R' \xrightarrow{H_2O} R-\overset{\overset{H}{|}}{\underset{\underset{OH}{|}}{C}}-R' + MOH$$

醛或酮与锌汞齐和浓盐酸回流,羰基将被还原成亚甲基,此反应称为 Clemmensen 还原法。

$$C_{17}H_{35}-\overset{\overset{O}{\|}}{C}-CH_3 \xrightarrow[\triangle]{Zn-Hg,\ 浓HCl} C_{17}H_{35}-CH_2-CH_2 + H_2O$$

醛或酮在高沸点溶剂(如缩二乙二醇)中与肼和氢氧化钾一起加热反应,羰基还原为亚甲基的反应称为 Wolff-Kishner-Huang 还原反应。

$$R-\overset{\overset{O}{\|}}{C}-R' \xrightarrow[KOH]{H_2N-NH_2} \left[R-\overset{\overset{N-NH_2}{\|}}{C}-R' \right] \longrightarrow R-\overset{\overset{H}{|}}{\underset{\underset{H}{|}}{C}}-R'$$

第三节 ｜ 重要的醛、酮与醌类

甲醛是无色、易溶于水、具有强烈刺激气味的气体。甲醛在水溶液中几乎全部变成水合物,但它在分离过程中容易失水,所以无法分离出来。工业上制得的含 40% 甲醛、10% 甲醇的水溶液称作福尔马林(formalin)。福尔马林可使蛋白质变性,也可溶解类脂质,对细菌、芽孢、真菌、病毒具有强大的杀灭作用。临床上福尔马林是一种有效的消毒剂和防腐剂,可用于外科器械、手套、污染物等的消毒,也可作保存解剖标本的防腐剂。甲醛影响人体健康。甲醛浓度在 $0.1mg \cdot m^{-3}$ 时有异味,并导致不适感;$0.5mg \cdot m^{-3}$ 时可刺激眼睛引起流泪;$0.6mg \cdot m^{-3}$ 时引起咽喉不适或疼痛;浓度再高可引起恶心、呕吐、咳嗽、胸闷、气喘甚至肺气肿;当甲醛含量达到 $230mg \cdot m^{-3}$ 时可立即致人死亡。甲醛是室内环境的污染之一。装饰板(胶合板、细木工板、中密度纤维板和刨花板等人造板材)生产中使用以脲醛树脂为主的胶黏剂中的残留甲醛是室内空气中甲醛的主要来源。采用低甲醛含量和不含甲醛的室内装饰、装修材料是降低室内空气中甲醛含量的根本措施,保持室内空气流通是清除室内甲醛的有效办法。

丙酮是最简单的酮,为一种有特殊气味的无色可燃液体。丙酮在常温下易挥发、易燃,有芳香气味,与水、甲醇、乙醇、乙醚、氯仿和吡啶等均能互溶,能溶解油、脂肪、树脂和橡胶等,是一种重要的挥发性有机溶剂。丙酮以游离状态存在于自然界中,在植物界主要存在于精油中;人的尿液和血液、动物尿液、海洋动物的组织和体液中都含有少量的丙酮。生物体内脂肪酸在肝脏进行正常代谢的中间产物,丙酮、乙酰乙酸(CH_3COCH_2COOH)和 3-羟基丁酸等总称为酮体(ketone body)。酮体可被肝外组织利用,为机体提供能量或进一步合成其他物质。由于血-脑屏障的存在,仅葡萄糖和酮体可进入脑,为脑组织提供能量。饥饿时 25%~75% 脑能量来源于酮体,但酮体过多会导致酸中毒。充分保证糖供给可避免酮体产生过多。糖尿病、消化吸收障碍、剧烈运动、饥饿、应激状态等均可导致酮体产生过多,引起尿酮阳性。分析鉴别尿液中的酮体含量,可为临床诊断提供依据。

丙酮、乙酰乙酸和 3-羟基丁酸均可发生碘仿反应。因此,在碱性溶液中碘与酮体作用转变成为碘仿。以硫代硫酸钠滴定剩余的碘,可以计算所消耗的碘,由此也就可以计算出酮体(以丙酮为代表)的含量。反应原理如下:

$$2NaOH+I_2 \longrightarrow NaOI+NaI+H_2O$$

$$CH_3COCH_3+3NaOI \longrightarrow CHI_3(碘仿)+CH_3COONa+2NaOH$$

剩余的碘,可以用标准硫代硫酸钠滴定:

$$NaOI+NaI+2HCl \longrightarrow I_2+2NaCl+H_2O$$

$$I_2+2Na_2S_2O_3 \longrightarrow Na_2S_4O_6+2NaI$$

醌(quinone)是含有共轭环己二烯二酮结构的化合物。最简单的苯醌是1,4-苯醌(对苯醌)和1,2-苯醌(邻苯醌)。醌类化合物普遍存在于色素、染料和指示剂中。当醌类化合物分子中连有—OH、—OCH$_3$等助色团时,多显示黄、红、紫等颜色。根据其骨架,醌类化合物可分为苯醌、萘醌、蒽醌、菲醌等。

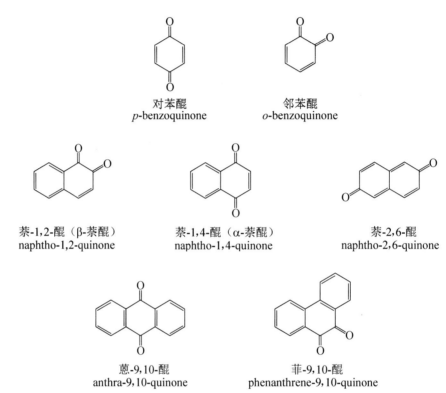

对苯醌
p-benzoquinone

邻苯醌
o-benzoquinone

萘-1,2-醌(β-萘醌)
naphtho-1,2-quinone

萘-1,4-醌(α-萘醌)
naphtho-1,4-quinone

萘-2,6-醌
naphtho-2,6-quinone

蒽-9,10-醌
anthra-9,10-quinone

菲-9,10-醌
phenanthrene-9,10-quinone

醌类化合物在自然界分布很广。具有抗菌作用的大黄素是中药大黄的有效成分,属于蒽醌类化合物,辅酶Q_{10}则属于苯醌类化合物。

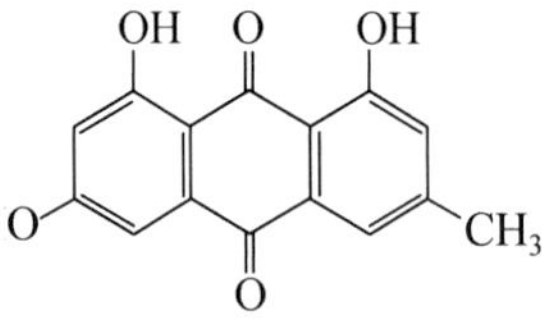

大黄素

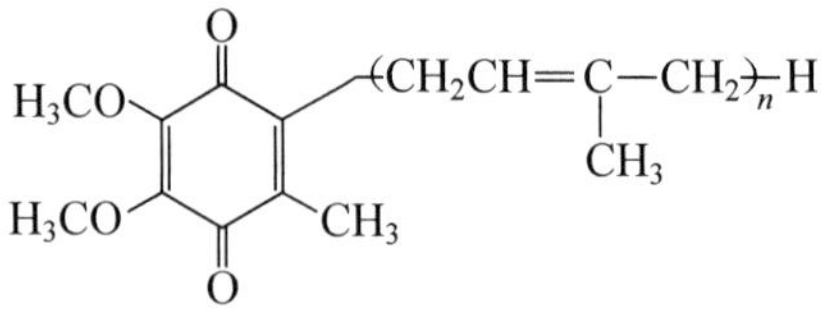

辅酶Q_n(哺乳动物细胞中$n=10$)

习题

12-5 命名下列化合物。

(1)$(CH_3)_2CHCH_2CH_2COCH_2CH_3$

(2)$CH_3CH(CH_2CH_3)CH(CH_3)CH(CHO)CH_2CH_3$

(3)

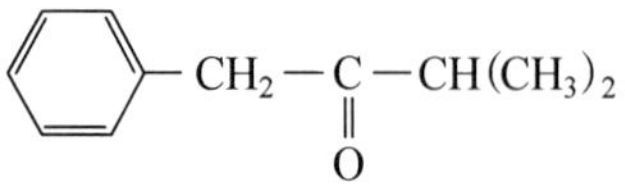

(4)（CH₃）₂C＝CHCH₂CHO

(5)

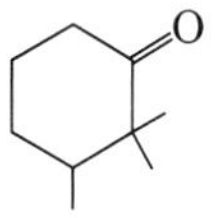

12-6 写出下列醛酮的结构式。

（1）丁-2-烯醛 （2）2,2-二甲基环己酮

（3）苯基苄基酮 （4）对-甲氧基苯甲醛

（5）柠檬醛［(2E)-3,7-二甲基辛-2,6-二烯醛］

12-7 写出下列各试剂分别与丙酮反应的产物结构和类别。

（1）氢化硼钠(甲醇为溶剂) （2）①溴化甲基镁；②稀盐酸

（3）过量无水甲醇(酸催化) （4）对-硝基苯肼

（5）氰化钠硫酸 （6）氧化银氨水

12-8 写出酮 C₅H₁₀O 的所有异构体以及每个异构体用氢化铝锂还原所得产物的结构。指出哪些异构体能产生手性的产物。

12-9 给出由不同羰基化合物与 Grignard 试剂反应生成下列各醇的可能途径,并指出哪些醇尚可由醛或酮还原制得。

（1）（CH₃）₂CHCH₂CH₂CHOHCH₂CH₃

（2）（CH₃）₃CCH₂—OH

（3）

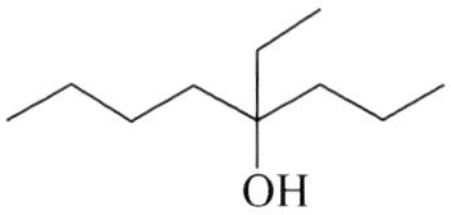

12-10 将下列羰基化合物按其亲核加成的活性顺序排列,并分别从电子效应和空间效应两个方面予以解释。

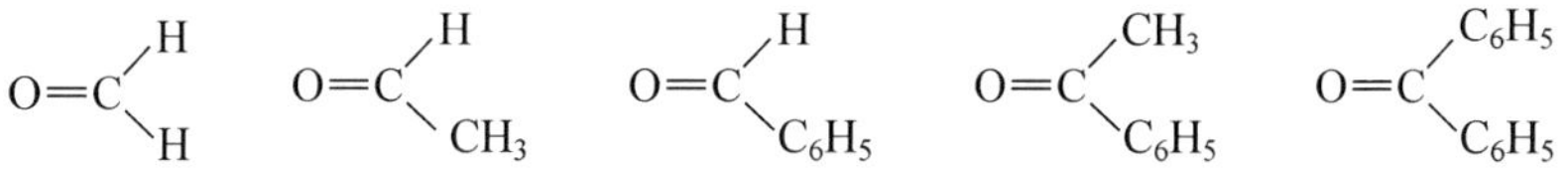

$$O=C\begin{smallmatrix}H\\H\end{smallmatrix} \quad O=C\begin{smallmatrix}H\\CH_3\end{smallmatrix} \quad O=C\begin{smallmatrix}H\\C_6H_5\end{smallmatrix} \quad O=C\begin{smallmatrix}CH_3\\C_6H_5\end{smallmatrix} \quad O=C\begin{smallmatrix}C_6H_5\\C_6H_5\end{smallmatrix}$$

12-11 试完成由正丙醇至 2-甲基戊-2-烯-1-醇的转化。

12-12 根据下列环状半缩醛或缩醛的结构,推测其原来的开链羟基醛或羟基酮的结构。

（1） 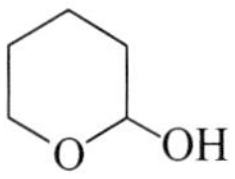 （2）HO （3） H₃C 〇 CH₃

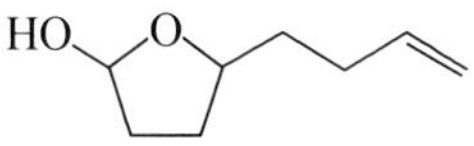

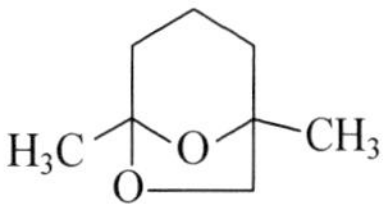

12-13 写出下列反应的主要产物。

（1）H₂C＝CH—CH—CHO $\xrightarrow{KBH_4}$ （2）CH₃CH₂CHO $\xrightarrow{稀碱}$
　　　　　　　　│
　　　　　　　CH₃

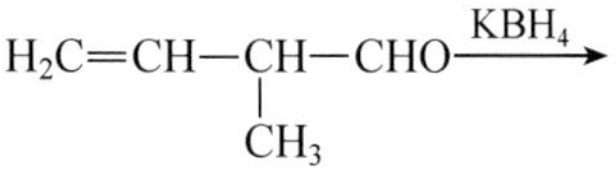

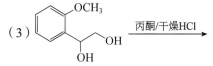

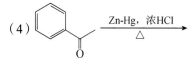

（5）苯甲醛+丙基溴化镁 ——→

12-14 试用简便的化学方法鉴别下列各组化合物。

（1）甲醛、乙醛、丁-2-酮

（2）戊-2-酮、戊-3-酮、戊-2,4-二酮

（3）苯甲醛、苯乙酮、2-苯基乙醇

12-15 烯醇式 A 和 B 的稳定性,下列哪种说法是正确的?

A.   B.

（1）A 比 B 稳定。

（2）B 比 A 稳定。

（3）A 和 B 一样稳定。

（4）二者不可比较。

12-16 土曲霉酸是一种天然抗生素,其实际结构是下面结构的烯醇式异构体,写出该抗生素最稳定的两个烯醇式异构体,并比较这两个异构体稳定性的大小。

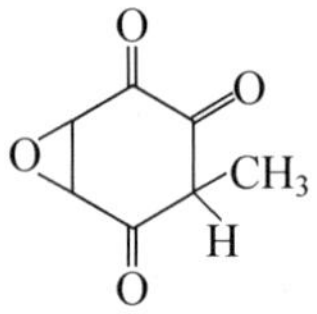

12-17 将干燥 HCl 气体通入含苯甲醛的无水甲醇和无水乙醇的混合物中,试写出可能产物的结构,并注明手性化合物的构型。

12-18 某未知化合物 A,与 Tollens 试剂无反应,与 2,4-二硝基苯肼反应可得一橘红色固体。A 与氰化钠和硫酸反应得化合物 B,分子式为 C_4H_7ON,A 与氢化硼钠在甲醇中反应可得非手性化合物 C,C 经浓硫酸脱水得丙烯。试分别写出化合物 A、B、C 的结构式。

(吴运军)

本章思维导图   本章目标测试

NOTES

第十三章 | 羧酸和取代羧酸

含有羧基的有机化合物称为羧酸（carboxylic acid）。羧酸分子中烃基上的氢原子被其他原子或基团取代的化合物称为取代羧酸（substituted carboxylic acid）。取代羧酸种类多，本章重点介绍羟基酸和酮酸。

自然界中，羧酸和取代羧酸通常以游离态、盐或酯的形式存在于动植物中。它们是动植物代谢的中间体或产物，许多羧酸和取代羧酸有明显的生物活性，参与动植物的生命活动。羧酸和取代羧酸既是有机合成的重要原料，又是与医药卫生关系十分密切的重要有机化合物，临床上使用的许多药物是羧酸或取代羧酸。

第一节 | 羧 酸

羧酸的官能团是羧基（—COOH，carboxyl group）。除甲酸外，其他羧酸都可以看作氢原子被羧基取代的烃衍生物，其结构通式如下：

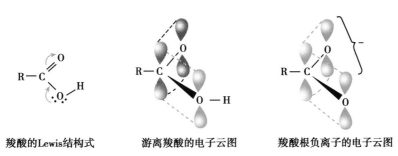

一、结构、分类和命名

（一）结构

羧基是由羰基和羟基组成的，但它不是两者的简单加和。羧基中的碳是 sp^2 杂化，其 3 个杂化轨道分别与羰基氧、羟基氧和烃基的碳原子(或氢原子)构成 σ 键，σ 键间的键角接近 120°，这 3 根 σ 键处于同一平面，所以羧基是平面结构。羧基碳上未参与杂化的 p 轨道与羰基氧上的 p 轨道侧面重叠形成 π 键，羟基氧上的孤对电子与 π 键发生 p-π 共轭。羧酸的结构如图 13-1 所示。

羧酸的Lewis结构式　　游离羧酸的电子云图　　羧酸根负离子的电子云图

图 13-1　羧酸的结构

在游离羧酸的羧基中 p-π 共轭导致其碳氧双键与碳氧单键的键长趋向平均化；羧酸根负离子中的 p-π 共轭作用更强，负电荷平均分配在 2 个氧原子上，2 根碳氧键的键长完全平均化。例如，甲酸和甲酸根负离子碳氧双键与碳氧单键的键长如下：

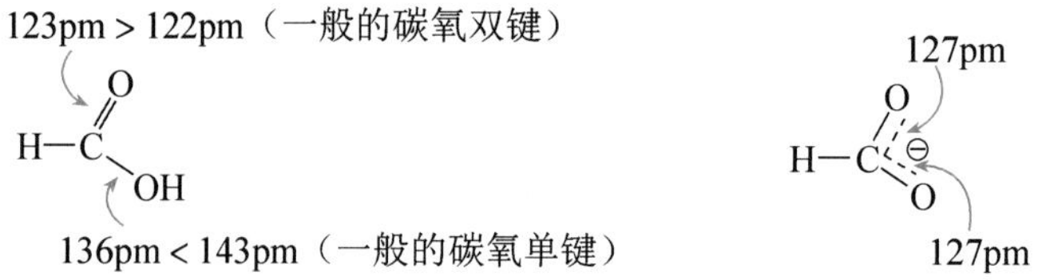

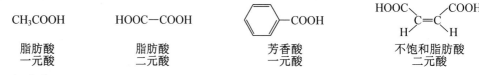

(二) 分类

根据与羧基相连烃基的种类,羧酸可分为脂肪酸和芳香酸;根据烃基的饱和程度,羧酸可以分为饱和酸和不饱和酸;根据羧酸分子中羧基的数目,羧酸可以分为一元酸、二元酸和多元酸。

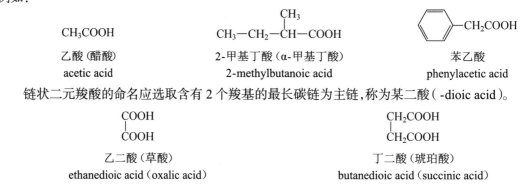

(三) 命名

羧酸的系统命名规则与醛相似,链状一元羧酸选择含羧基的最长碳链为主链,依据主链碳原子的数目称为某酸,并从羧基碳原子开始编号,简单的羧酸也可依次用 α、β、γ、δ 等希腊字母进行编号。例如:

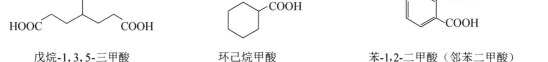

链状二元羧酸的命名应选取含有 2 个羧基的最长碳链为主链,称为某二酸(-dioic acid)。

COOH
|
COOH

乙二酸(草酸)
ethanedioic acid(oxalic acid)

CH₂COOH
|
CH₂COOH

丁二酸(琥珀酸)
butanedioic acid(succinic acid)

当 2 个以上的羧基与直链烃相连接,或者羧基直接与环烃相连时,看作母体烃氢原子被羧基所取代,其命名是在相应烃名称后面加后缀“甲酸(carboxylic acid)”,编号从羧基所连烃碳原子开始。例如:

但是,对于单个羧基直接与单个苯环连接的芳香酸,其命名以苯甲酸(benzoic acid)为母体,其他基团作为取代基。

COOH

苯甲酸(安息香酸)
benzoic acid

COOH
NO₂
Cl

4-氯-3-硝基苯甲酸
4-chloro-3-nitrobenzoic acid

一些常见的羧酸多用俗名(表 13-1),其命名主要依据羧酸的来源。例如:甲酸俗称蚁酸,因为它最初是通过蒸馏蚂蚁得到;乙酸俗称醋酸,因为它是食醋的主要成分;乙二酸俗名草酸,因许多草本植物含有草酸盐。

羧酸分子去掉羧基中的羟基后形成的基团称为酰基(acyl group)。酰基的名称是将相应的羧酸名称"某酸"改成"某酰基"即可。羧酸分子仅去掉羧基中的氢原子形成的基团称为酰氧基。例如:

$$CH_3-\overset{\overset{\displaystyle O}{\|}}{C}-OH \qquad CH_3-\overset{\overset{\displaystyle O}{\|}}{C}- \qquad CH_3-\overset{\overset{\displaystyle O}{\|}}{C}-O-$$

乙酸
acetic acid

乙酰基
acetyl

乙酰氧基
acetoxy

二、物理性质

常温下,含1~9个碳原子的直链饱和一元羧酸为液体,高级饱和脂肪酸为蜡状固体,脂肪族二元酸和芳香酸均为结晶固体。

由于羧基是亲水性基团,可与水形成氢键,所以含1~4个碳原子的低级羧酸易溶于水。一元脂肪族羧酸的水溶性随碳原子数增加而降低,戊酸、己酸在水中的溶解度很小(表13-1)。高级一元酸溶于乙醇、乙醚、氯仿等有机溶剂。多元酸的水溶性大于相同碳原子的一元酸。芳香酸的水溶性很小。

饱和一元羧酸的沸点随着其相对分子质量的增加而升高。羧酸的沸点比相对分子质量相近的醇的沸点高。例如,甲酸的沸点(100.5℃)比乙醇的沸点(78.3℃)高;乙酸的沸点(118℃)比丙醇的沸点(97.2℃)高。这种沸点相差较大的原因是羧酸分子能通过分子间氢键缔合成二聚体或多聚体。固态和液态的羧酸主要以二聚体形式存在;甲酸、乙酸等气态时也以二聚体形式存在。

$$R-C\overset{\displaystyle O\cdots\cdots H-O}{\underset{\displaystyle O-H\cdots\cdots O}{}}C-R$$

羧酸二聚体

直链羧酸的熔点随羧酸碳原子数增加呈锯齿状上升趋势。含偶数碳原子羧酸的熔点比它前后相邻2个奇数碳原子同系物的熔点高,这可能因为含偶数碳原子的羧酸分子比含奇数碳原子的羧酸分子对称性强,其在晶体中排列得更紧密。一些羧酸的理化常数如表13-1所示。

表13-1 一些羧酸的理化常数

名称(俗名)	英文名称	结构式	沸点/℃	熔点/℃	水中溶解度/$(g \cdot 100mL^{-1})$	pK_a
甲酸(蚁酸)	methanoic acid	HCOOH	100.5	8.4	∞	3.77
乙酸(醋酸)	ethanoic acid	CH_3COOH	118	16.6	∞	4.76
丙酸(初油酸)	propanoic acid	CH_3CH_2COOH	141	−22	∞	4.88
丁酸(酪酸)	butanoic acid	$CH_3(CH_2)_2COOH$	162.5	−7.9	∞	4.82
戊酸(缬草酸)	pentanoic acid	$CH_3(CH_2)_3COOH$	187	−35.0	3.7	4.81
己酸(羊油酸)	hexanoic acid	$CH_3(CH_2)_4COOH$	205.0	−3.9	0.4	4.84
乙二酸(草酸)	ethanedioic acid	HOOCCOOH	>100(升华)	189	8.6	1.46, 4.40*
丙二酸(缩苹果酸)	propanedioic acid	$HOOCCH_2COOH$	140(分解)	135	7.3	2.80, 5.85*
丁二酸(琥珀酸)	butanedioic acid	$HOOC(CH_2)_2COOH$	235(失水)	185	5.8	4.17, 5.64*
苯甲酸(安息香酸)	benzoic acid	C_6H_5COOH	249	122	0.34	4.17

* 为pK_{a2}。

三、化学性质

羧基是羧酸的官能团,羧酸的大部分化学性质都反映在羧基上。由于羧基中的羰基和羟基氧的 $p\text{-}\pi$ 共轭效应降低了羧基碳原子的正电性,同时也增大了羟基中氧氢键(O—H)的极性。因此,同羰基相比,羧基不易发生亲核加成反应;同羟基相比,羧基的质子易于离解,而显酸性。这是羧酸的化学性质不同于醛酮和醇的主要原因。

(一)酸性与成盐反应

羧酸具有明显的酸性,在水中能解离成质子和羧酸根负离子。

$$RCOOH \Longleftrightarrow RCOO^- + H^+$$

羧酸解离出质子后,羧酸根的负电荷通过 $p\text{-}\pi$ 共轭效应,平均分布在羧酸根的 2 个氧原子上,见图 13-1C,使羧酸根能量降低而稳定。常见一元羧酸的 pK_a 为 3~5,属于弱酸,但其酸性比碳酸($pK_a=6.5$)酸性强。

羧酸的酸性强弱与羧基的电子效应、立体效应和溶剂化效应有关。

1. 脂肪酸 就电子效应来讲,对于含硝基、卤素、烯基和炔基等吸电子基团的取代羧酸而言,这些取代基的吸电子诱导效应(-I 效应),使羧基电子云密度降低,羧基的质子易于解离,又使羧基负离子更稳定,总之吸电子诱导效应有利于羧酸电离平衡向右进行,使酸性增强;反之,羧酸分子中烃基连接给电子基后,由于给电子基的给电子诱导效应(+I 效应),羧酸根负电荷增加,负离子稳定性降低,电离平衡向左进行,酸性减弱。取代基对酸性强弱的影响与取代基的性质、数目以及取代基与羧基的相对位置有关。例如:

$$FCH_2COOH > ClCH_2COOH > BrCH_2COOH > ICH_2COOH$$

| pK_a | 2.67 | 2.87 | 2.90 | 3.16 |

$$Cl_3CCOOH > Cl_2CHCOOH > ClCH_2COOH > HCH_2COOH$$

| pK_a | 0.63 | 1.36 | 2.87 | 4.76 |

$$\underset{\underset{Cl}{|}}{CH_3CH_2CHCOOH} > \underset{\underset{Cl}{|}}{CH_3CHCH_2COOH} > \underset{\underset{Cl}{|}}{CH_2CH_2CH_2COOH}$$

| pK_a | 2.86 | 4.06 | 4.52 |

含不同卤原子的一卤代乙酸的酸性强弱与卤原子的电负性次序一致;含卤原子数目不同的卤代乙酸的酸性随卤原子数目的增加而增强;含相同卤原子和碳链的卤代酸随卤原子与羧基之间的碳链增长,卤原子的诱导效应迅速减弱,卤代酸的酸性递减。

2. 芳香酸 苯甲酸可看作甲酸的苯基衍生物。由于苯环大 π 键与羧基共轭,其电子云向羧基偏移,不利于羧基解离 H^+。因此苯甲酸的酸性比甲酸弱,但其酸性比其他一元脂肪羧酸酸性强。取代苯甲酸中取代基对其酸性强弱的影响与脂肪羧酸相似。例如,对硝基苯甲酸中的硝基作为吸电子基,对苯环具有吸电子诱导效应和吸电子共轭效应,所以对硝基苯甲酸的酸性大于苯甲酸;对甲基苯甲酸的甲基是给电子基,具有给电子诱导效应,故对甲基苯甲酸的酸性小于苯甲酸。

| pK_a | 3.4 | 4.2 | 4.4 |

取代苯甲酸的酸性强弱除与电子效应相关外,也与立体效应相关。多数邻取代苯甲酸的酸性强于苯甲酸及其相应的对、间位取代物。这是由于邻位基团的存在,羧基与苯环的共平面性相对于间位

和对位取代产物被削弱,从而使苯环的给电子共轭效应减弱,因此邻取代苯甲酸的酸性较强。这种邻位基团对活性中心的影响称为邻位效应(ortho-effect)。

3. **二元酸** 二元羧酸的 2 个羧基在溶液中是分步解离的。

$$HOOC(CH_2)_nCOOH \xrightleftharpoons{K_{a1}} HOOC(CH_2)_nCOO^- + H^+$$

$$HOOC(CH_2)_nCOO^- \xrightleftharpoons{K_{a2}} {}^-OOC(CH_2)_nCOO^- + H^+$$

二元羧酸的酸性与 2 个羧基的相对距离和空间的位置有关。二元羧酸第一步解离的羧基受另一个羧基吸电子诱导效应的影响,其酸性强于含相同碳原子数的一元羧酸,而且 2 个羧基相距愈近,酸性增强程度愈大,一般二元羧酸的 pK_{a1} 较小(见表 13-1)。当二元羧酸的一个羧基解离,成为羧基负离子后,它所带的负电荷使第 2 个羧基不容易电离出氢离子,所以一些低级二元酸总是 $pK_{a2} > pK_{a1}$。例如,草酸的 $pK_{a1}=1.46$,$pK_{a2}=4.40$。

4. **成盐** 羧酸具有酸性,能与碱(NaOH、NaHCO$_3$ 和 Na$_2$CO$_3$ 等)中和生成羧酸盐和水,利用其与 NaHCO$_3$ 反应放出 CO$_2$,可以鉴别、分离苯酚与羧酸。

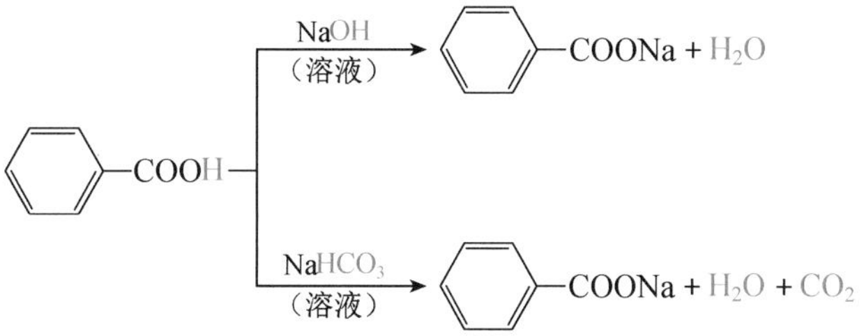

相对分子质量低的羧酸的钠盐和钾盐能溶于水。医药行业常将水溶性差的含羧基的药物转变成易溶于水的碱金属羧酸盐,增加其水溶性。如含有羧基的青霉素和氨苄青霉素(氨苄西林)水溶性差,转变成钾盐或钠盐后水溶性增大,可制成注射剂,便于临床应用。工业、农业、医药卫生领域广泛应用各种羧酸盐,如表面活性剂(硬脂酸钠或硬脂酸钾等)、杀菌剂和防霉剂(琥珀酸铜、苯甲酸钠等)。

羧酸盐与强无机酸作用,可转化为游离的羧酸。羧酸的这种性质常用于分离羧酸和其他非酸性成分,或从动植物中提取含羧基的成分。

$$RCOONa + HCl \longrightarrow RCOOH + NaCl$$

(二)羧酸衍生物的生成

羧基上的羟基被其他的原子或基团取代后生成的化合物称为羧酸衍生物(carboxylic acid derivative)。酰卤、酸酐、酯和酰胺是常见的羧酸衍生物。

1. **酰卤的生成** 羧基中的羟基被卤素取代的产物称为酰卤(acyl halide),最重要的酰卤是酰氯。酰氯是由羧酸与 PCl$_3$、PCl$_5$ 或 SOCl$_2$(氯化亚砜)等试剂反应制得。如:

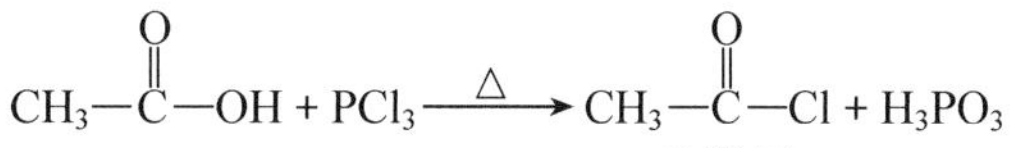

乙酰氯

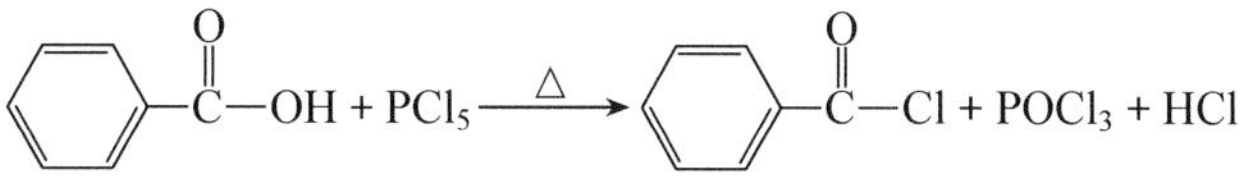

苯甲酰氯

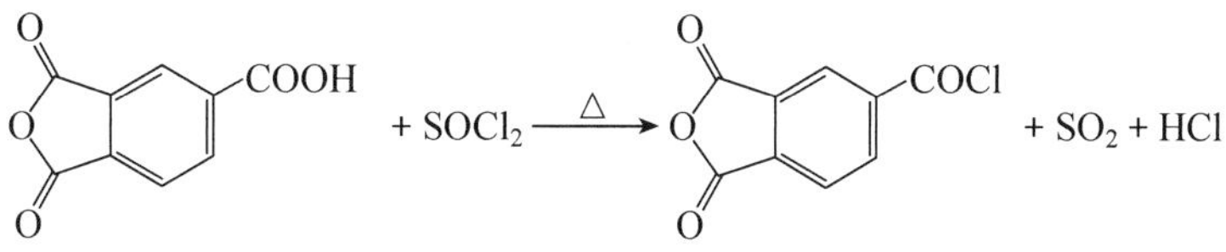

偏苯三酸酐酰氯(90%～98%)

选用何种试剂由羧酸制备酰氯,取决于反应物、产物及副产物的性质。在有机合成上常采用氯化亚砜制备酰氯,因为,该反应中除目标产物酰氯外,副产物(SO$_2$、HCl)都是气体,易从反应体系中逸出,过量的 SOCl$_2$(沸点为 78.8℃)可蒸馏除去,因而易得到较纯净的酰氯;亚磷酸在 200℃分解,故 PCl$_3$ 适合用于制备低沸点的酰氯;POCl$_3$ 的沸点为 107℃,可以蒸馏除去,因此 PCl$_5$ 适合制备较高沸点的酰氯。酰卤的反应活性高,常作为试剂用于含酰基药物的合成。

2. 酸酐的生成　羧酸(除甲酸外)在脱水剂(如 P$_2$O$_5$)作用下或加热,分子间失去一分子水生成酸酐(acid anhydride)。

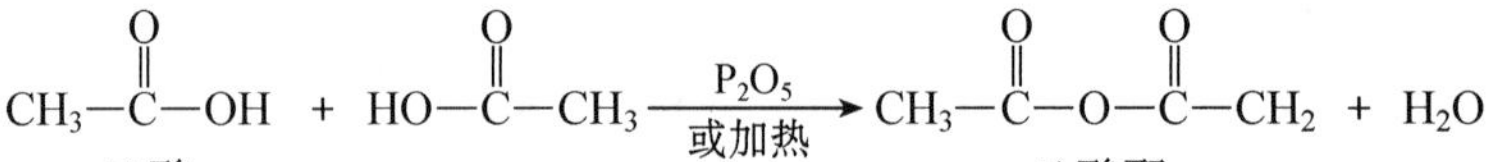

五元环酸酐和六元环酸酐,可由相应的二元酸加热,分子内失水而制得。

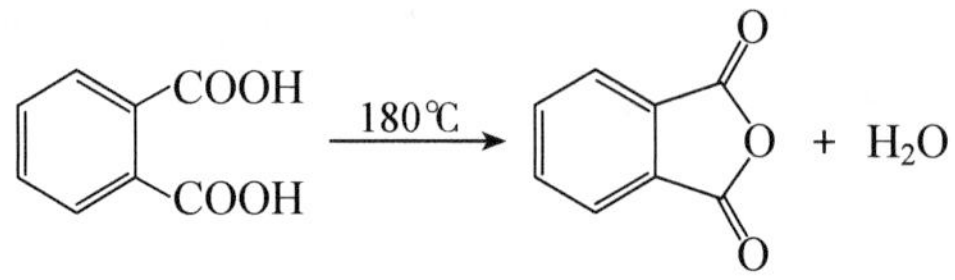

3. 酯的生成　羧酸与醇脱水生成酯(ester)的反应称为酯化反应(esterification)。酯化反应是可逆反应。酯化反应需要强酸(如浓硫酸)催化(脱水或提高羧基活性),加热进行,反应一般较慢。实验室制备酯,通常是加入过量价廉的羧酸或醇,促使反应向生成酯的方向进行,达到提高产率的目的。

$$RCOOH + R'OH \overset{H^+}{\rightleftharpoons} RCOOR' + H_2O$$

$$CH_3COOH + C_2H_5OH \overset{浓H_2SO_4}{\underset{70\sim80℃}{\rightleftharpoons}} CH_3COOC_2H_5 + H_2O$$

通常,伯醇、仲醇与羧酸的酯化反应是由羧酸分子中的羟基与醇羟基的氢结合,脱水,生成酯。

其反应机制如下:羧酸的羧基接受来自强酸催化剂的 1 个质子(H$^+$),形成质子化的羧酸①,质子化增加了羧酸羧基碳的正电性,有利于醇分子(亲核试剂)进攻羧基碳;然后,醇分子(R'OH)进攻①的羧基碳,碳氧双键的 π 键断裂,形成四面体中间体②;②的质子转移后,形成③,③失去一分子水,得到质子化酯④;最后,④失去质子,再生酸催化剂,生成产物——酯⑤。

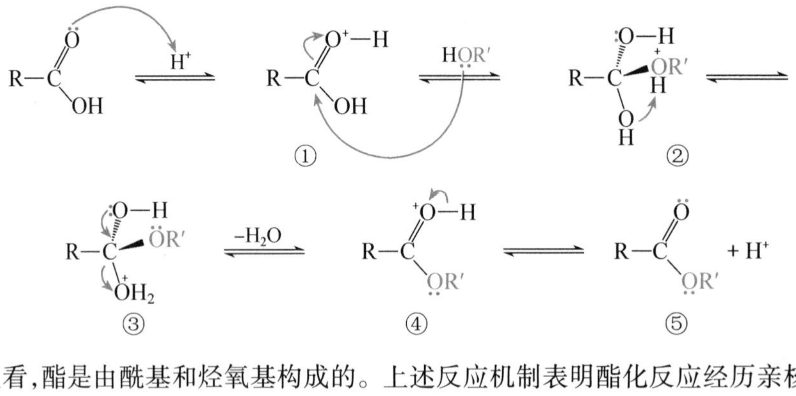

从结构上看,酯是由酰基和烃氧基构成的。上述反应机制表明酯化反应经历亲核加成-消除过程。反应结果是羧酸发生酰氧键断裂,羧酸的羟基被烃氧基取代。一般,伯醇、仲醇与羧酸的酯化反应,按此机制进行。

叔醇与羧酸发生酯化反应时,由于叔醇的体积较大,不易形成四面体中间体。相反,在酸性(如 H$_2$SO$_4$)介质中,质子化的叔醇易脱去一分子水生成叔碳正离子,叔碳正离子再与羧酸反应成酯。因此,羧酸与叔醇的酯化反应,不按加成-消除反应机制成酯,而是按碳正离子机制成酯。形式上是羧基中的氢与叔醇中的羟基结合,脱水生成酯,即在反应中羧酸的氧氢键断裂,叔醇分子发生烷氧键断裂。

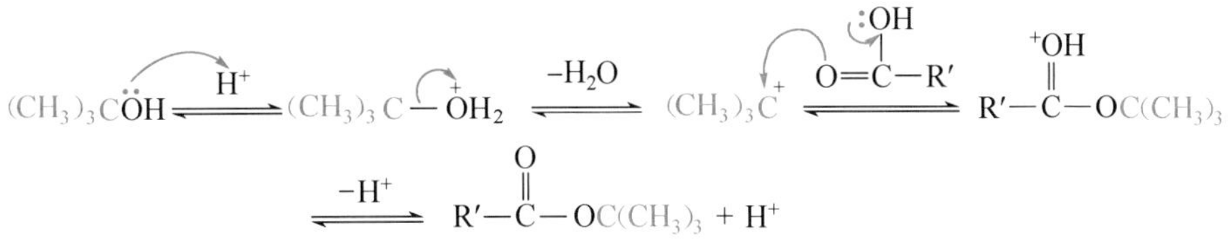

$$(CH_3)_3C\ddot{O}H \xrightarrow{H^+} (CH_3)_3C-\overset{+}{O}H_2 \xrightarrow{-H_2O} (CH_3)_3\overset{+}{C} \xrightarrow{O=C-R'} R'-\overset{\overset{+}{O}H}{\underset{}{C}}-OC(CH_3)_3$$

$$\xrightarrow{-H^+} R'-\overset{\overset{O}{\|}}{\underset{}{C}}-OC(CH_3)_3 + H^+$$

> 13-1 试比较在酸催化下,苯甲酸分别和 CH_3OH、CH_3CH_2OH、$CH_3CH(OH)CH_3$ 发生酯化反应的反应速率大小。

4. 酰胺的生成 羧酸与氨(或胺)反应首先形成铵盐,然后加热脱水得到酰胺(amide)。

苯甲酸 → 苯甲酰胺

酰卤、酸酐等的氨解反应产物为酰胺。酰胺是一类重要的化合物,很多生物活性分子含酰胺基团。

> 13-2 偏苯三酸酐是合成牙科材料——偶联剂 4-META 的原料之一。试以苯为原料,其他试剂任选,合成偏苯三酸酐酰氯
> 。

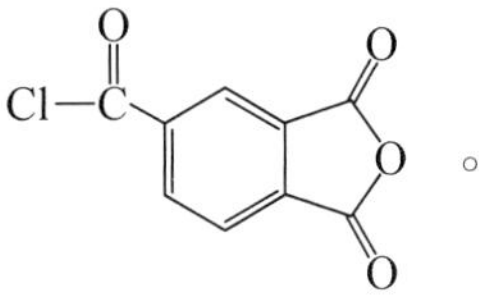

(三) 二元羧酸的热解反应

二元羧酸除了具有羧酸的基本性质外,由于分子中2个羧基的相互影响,还具有某些特殊性质。

羧酸失去羧基放出二氧化碳的反应称为脱羧反应(decarboxylation)。二元羧酸对热不稳定,当加热这类羧酸时,随着2个羧基间碳原子数的不同,可发生脱羧反应,或脱水反应,或同时发生脱羧反应与脱水反应。

1. 脱羧反应 乙二酸、丙二酸受热,发生脱羧反应,生成少1个碳原子的一元羧酸。

$$\begin{matrix} COOH \\ | \\ COOH \end{matrix} \xrightarrow{160\sim180℃} HCOOH + CO_2$$

乙二酸　　　　　甲酸

$$HOOCCH_2COOH \xrightarrow{140\sim160℃} CH_3COOH + CO_2$$

丙二酸　　　　　乙酸

2. 脱水反应 丁二酸、戊二酸受热发生脱水反应,生成环状酸酐。

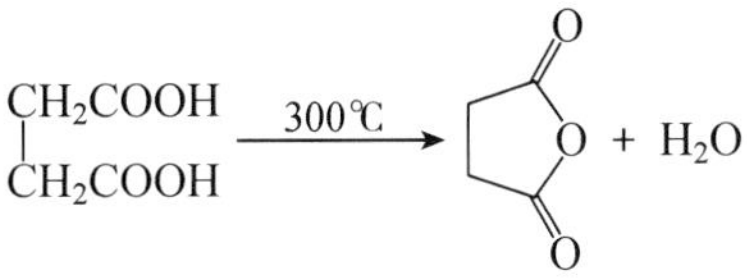

$$\begin{matrix} CH_2COOH \\ | \\ CH_2COOH \end{matrix} \xrightarrow{300℃} \text{(环状酸酐)} + H_2O$$

丁二酸酐

$$\underset{\text{戊二酸酐}}{CH_2COOH} \xrightarrow[\text{戊二酸酐}]{300\text{℃}} \bigcirc + H_2O$$

3. 脱羧脱水反应 己二酸、庚二酸在氢氧化钡存在下加热,发生分子内脱水和脱羧反应,生成少1个碳原子的环酮。

$$\underset{CH_2CH_2COOH}{CH_2CH_2COOH} \xrightarrow[300\text{℃}]{Ba(OH)_2} \underset{\text{环戊酮}}{\bigcirc}=O + H_2O + CO_2$$

$$H_2C\underset{CH_2CH_2COOH}{\overset{CH_2CH_2COOH}{\Big\langle}} \xrightarrow{300\text{℃}} \underset{\text{环己酮}}{\bigcirc}=O + H_2O + CO_2$$

反应物有形成张力较小的五元环或六元环状产物的趋势。含八个以上碳原子的脂肪二元酸受热时,发生分子间脱水,生成高分子链状的缩合酸酐。

第二节 | 取代羧酸

羧酸分子烃基上的氢原子被其他原子或基团取代后的化合物称为取代羧酸。根据取代的原子或基团,取代羧酸又分为卤代羧酸(halogeno acid)、羟基酸(hydroxy acid)、羰基酸以及氨基酸(amino acid)等。本节主要讨论羟基酸和羰基酸,氨基酸将在第十八章讨论。

取代羧酸是多官能团化合物,分子中既有羧基,又有其他官能团。所以,取代羧酸除具有羧基和取代基特有的性质外,还具羧基和取代基之间相互影响导致的特殊性质。本节主要介绍取代羧酸的一些特殊性质。

一、羟基酸

羧酸分子中烃基上的氢原子被羟基取代所生成的化合物称为羟基酸。羟基连在脂肪烃基上的羟基酸称为醇酸,羟基连在芳环上的羟基酸称为酚酸。它们广泛存在于动植物体内,有些羟基酸是合成药物的原料和食品的调味剂。

(一) 命名

含有多个官能团的化合物命名时,应按官能团的优先次序(见附录二)选择主体基团作为后缀。一些常见官能团作为主体基团的优先次序如下:

羧酸>磺酸>酸酐>酯>酰卤>酰胺>腈>醛>酮>醇>酚>胺

醇酸的命名是以羧基为主体基团,并用阿拉伯数字或希腊字母 α、β、γ 等标明羟基的位置。醇酸常用俗名,下列羟基酸括号内的名称为俗名。

$$\underset{\overset{|}{OH}}{CH_3-CH-COOH}$$

α-羟基丙酸(乳酸)
α-hydroxypropanoic acid(lactic acid)

$$\underset{CH_2COOH}{HO-CHCOOH}$$

2-羟基丁二酸(苹果酸)
2-hydroxybutanedioic acid(malic acid)

$$\underset{CH_2COOH}{\overset{CH_2COOH}{HO-CCOOH}}$$

2-羟基丙烷-1,2,3-三甲酸(柠檬酸)
2-hydroxypropane-1,2,3-triformic acid(citric acid)

$$\underset{HO-CHCOOH}{HO-CHCOOH}$$

2,3-二羟基丁二酸(酒石酸)
2,3-dihydroxybutanedioic acid(tartaric acid)

酚酸命名,酚羟基作为取代基,按照芳香酸的命名原则并根据羟基在芳环上的位置给出相应的名称。例如:

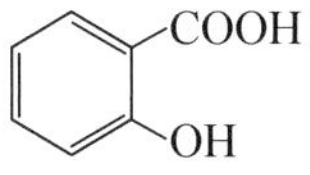

邻羟基苯甲酸(水杨酸)
o-hydroxybenzoic acid(salicylic acid)

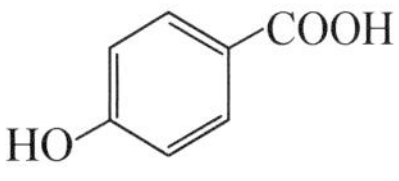

对羟基苯甲酸
p-hydroxybenzoic acid

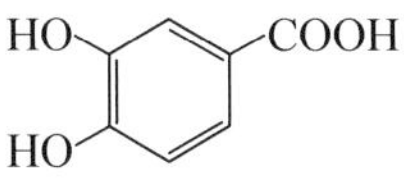

3,4-二羟基苯甲酸
3,4-dihydroxybenzoic acid

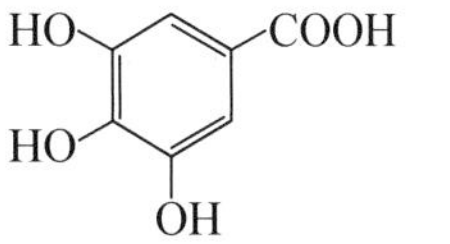

3,4,5-三羟基苯甲酸(没食子酸)
3,4,5-trihydroxybenzoic acid(gallic acid)

(二)物理性质

醇酸一般是黏稠状液体或晶体。由于分子中的羟基和羧基都能与水形成分子间氢键,因此醇酸比相应的羧酸或醇更易溶于水。大多数醇酸具有旋光性。酚酸为晶体,多以盐、酯等形式存在于植物中,大多微溶于水。羟基酸的熔点比相同碳原子数的羧酸高。一些常见羟基酸的理化性质如表13-2所示。

表13-2　一些常见羟基酸的理化常数

名称	熔点 /℃	水中溶解度 /(g·100mL^{-1})	pK_a(温度 /℃)
乳酸	26	∞	3.76
(±)-乳酸	18	∞	3.76
苹果酸	100	∞	3.40*(25)
(±)-苹果酸	128.5	144	3.40*(25)
酒石酸	170	133	3.04*(25)
(±)-酒石酸	206	20.6	
meso-酒石酸	140	125	
柠檬酸	153	133	3.15*(25)
水杨酸	159	微溶于冷水,易溶于热水	2.98
没食子酸	253	微溶	

* 为 pK_{a1}。

(三)化学性质

羟基酸具有醇(或酚)和羧酸的基本化学性质。如醇羟基可以被氧化、酯化;酚羟基有酸性,且能与 FeCl$_3$ 呈颜色反应。羧基有酸性,可与碱成盐、与醇成酯等。由于羟基酸中羟基和羧基相互影响,羟基酸又表现出一些特殊的性质,这些特殊性因羟基和羧基的相对位置不同而有明显的差异。

1. 羟基酸的酸性　由于羟基具有吸电子诱导效应,因此一般醇酸比相应的羧酸酸性强,但其羟基对羧基酸性的影响一般比卤代酸中同样位置取代的卤素的影响小。醇酸的羟基越靠近羧基,对羧基酸性增强的影响就越强;反之,对酸性的影响就越弱。

$$HOCH_2COOH > HOCH_2CH_2COOH > CH_3COOH$$

pK_a　　　　3.83　　　　　4.51　　　　　4.76

酚酸的酸性与电子效应、邻位效应等相关,其酸性随羟基与羧基的相对位置不同而表现出明显的差异。

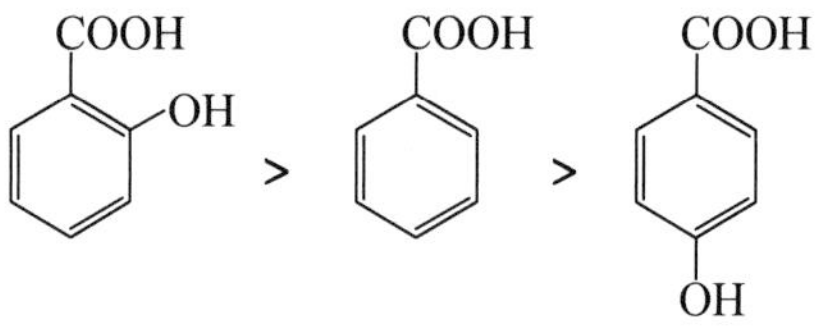

pK_a　2.98　4.17　4.57

连接在芳环上的羟基对苯环电子云有共轭和诱导的双重作用，羟基的给电子共轭效应大于其吸电子的诱导效应，从而使对羟基苯甲酸的酸性降低。但水杨酸的酸性比苯甲酸约强 10 倍。这主要是因为羧基与邻位的羟基形成分子内氢键，使羧基中羰基氧上的电子向邻位的羟基氢偏移，导致羧基中羟基的氧氢键极性增强，使其氢容易解离。离解后的羧基负离子也由于分子内氢键而更趋稳定，有利于平衡偏向右侧。

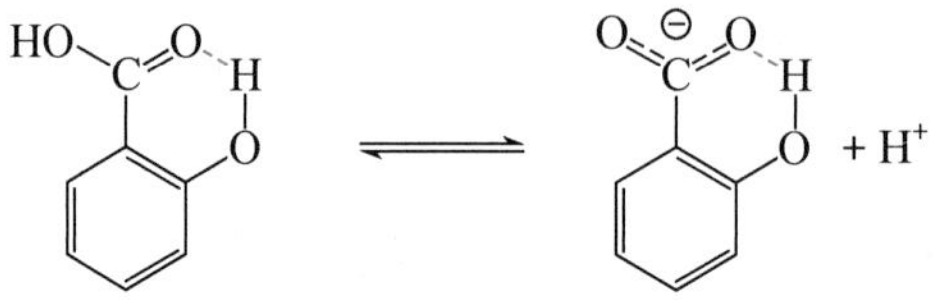

2. 醇酸的氧化反应　醇酸分子中的羟基因受羧基吸电子诱导效应的影响，比醇分子中的羟基更容易被氧化。例如：稀硝酸一般不能氧化醇羟基，但却能将 α-醇酸氧化成醛酸、酮酸或二元酸；Tollens 试剂通常不与醇反应，却能将 α-羟基酸氧化成 α-酮酸。醇酸在体内的氧化通常在酶催化下进行。

$$HOCH_2COOH \xrightarrow{稀HNO_3} OHCCOOH \xrightarrow{稀HNO_3} HOOCCOOH$$

$$CH_3-\underset{\substack{|\\OH}}{CH}-COOH \xrightarrow[\triangle]{Tollens试剂} CH_3-\underset{\substack{\|\\O}}{C}-COOH + Ag\downarrow$$

3. 醇酸的脱水反应　羟基酸分子中羟基和羧基的相互影响，使得醇酸的热稳定性较差，加热时容易发生脱水反应，其脱水方式因羟基和羧基的相对位置不同而异。

α-醇酸受热后，2 个醇酸分子间的羟基和羧基交叉脱水，生成较稳定的六元环交酯（lactide）。交酯具有酯的通性。

α-羟基丙酸　丙交酯

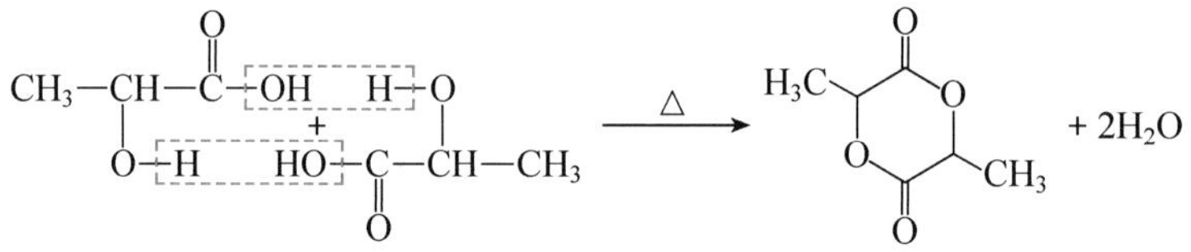

β-醇酸的 α-氢原子受 β-羟基和羧基的共同影响，活性增强，受热时容易与 β-羟基脱水，生成 α,β-不饱和羧酸。

β-羟基丁酸　丁-2-烯酸

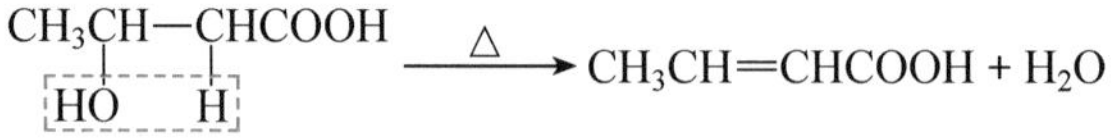

γ-醇酸、δ-醇酸分子中的羟基和羧基在常温下即可脱水，生成稳定的五元环、六元环内酯（lactone）。

γ-羟基丁酸　丁-4-内酯

δ-羟基戊酸　戊-δ-内酯

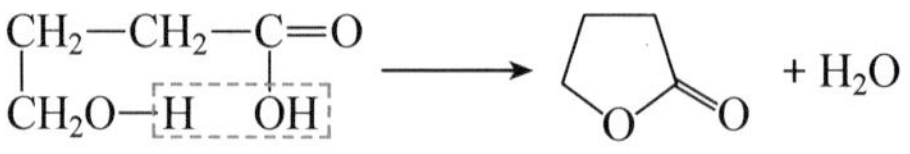

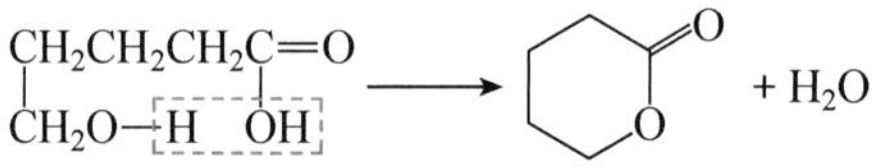

4. 酚酸的脱羧反应　羧基的邻位或对位连有羟基的酚酸,加热至其熔点以上时,能发生脱羧反应,生成相应的酚和二氧化碳。例如:

$$\text{邻羟基苯甲酸} \xrightarrow{200\sim220℃} \text{苯酚} + CO_2\uparrow$$

$$\text{没食子酸} \xrightarrow{200℃} \text{邻苯三酚} + CO_2\uparrow$$

人体内糖、油脂和蛋白质等物质代谢产生的羟基酸,在酶催化下也能发生前述的氧化、脱水等化学反应。

二、酮酸

脂肪羧酸分子中烃基同一个碳原子上的 2 个氢被氧原子替代后生成的化合物称为氧代羧酸,即羰基酸,可分为醛酸和酮酸。醛酸较少见,本章节只讨论酮酸。

(一) 命名

根据酮基和羧基的相对位置,酮酸可分为 α-、β-、γ-酮酸。

酮酸的命名以羧酸为主体基团,按照羧酸的命名原则进行命名,酮基称为氧亚基,其位次用阿拉伯数字或希腊字母标明。例如:

$$CH_3-\overset{O}{\underset{\|}{C}}-COOH \qquad CH_3-\overset{O}{\underset{\|}{C}}-CH_2COOH \qquad HOOC-\overset{O}{\underset{\|}{C}}-CH_2COOH$$

2-氧亚基丙酸（丙酮酸）　　3-氧亚基丁酸（乙酰乙酸）　　2-氧亚基丁二酸（草酰乙酸）
2-oxopropanoic acid　　　3-oxobutanoic acid　　　2-oxobutanedioic acid

(二) 化学性质

酮酸分子中的酮基可以被还原成羟基,可与羰基试剂反应,其羧基可与碱成盐,与醇成酯。由于酮基和羧基的相互影响,酮酸又具有一些特殊性质。

1. 酸性　由于酮基的吸电子效应比羟基强,因此酮酸的酸性比相应的醇酸强,更强于相应的羧酸,且 α-酮酸的酸性比 β-酮酸酸性强。例如(酸性强弱次序):

$$CH_3-\overset{O}{\underset{\|}{C}}-COOH > CH_3-\overset{O}{\underset{\|}{C}}-CH_2COOH > CH_3-\overset{OH}{\underset{\|}{CH}}-COOH > HOCH_2CH_2COOH > CH_3CH_2COOH$$

pK_a　　　　2.49　　　　　　3.51　　　　　　3.86　　　　　　4.51　　　　　　4.88

2. 脱羧反应　α-酮酸在稀硫酸作用下,受热发生脱羧反应,生成少 1 个碳原子的醛。

$$CH_3-\overset{O}{\underset{\|}{C}}-COOH \xrightarrow[150℃]{稀H_2SO_4} CH_3CHO + CO_2\uparrow$$

β-酮酸比 α-酮酸更易脱羧,通常 β-酮酸在低温下保存。因为 β-酮酸分子中的酮基氧具有吸电子诱导效应,且酮基氧原子与羧基中的氢原子形成分子内的氢键,当分子受热时,通过形成六元环状过渡态发生电子转移,脱羧形成烯醇式结构的中间产物,然后重排得酮。由于 β-酮酸脱羧产物是酮,故 β-酮酸脱羧称为酮式分解。其过程如下:

$$\xrightarrow{\quad} \left[\quad \right] \xrightarrow[微热]{-CO_2} \left[\quad \right] \rightleftharpoons CH_3-\overset{O}{\underset{\|}{C}}-CH_3$$

β-氧亚基丁酸　　　　　　　　　　　　　　　　　烯醇式

β-酮酸与浓碱共热,分解为 2 分子羧酸盐,该反应称为酸式分解。

$$CH_3CH_2\overset{O}{\overset{\|}{C}}CH_2COOH + NaOH \xrightarrow{\triangle} CH_3CH_2COONa + CH_3COONa$$

13-3 试写出草酰琥珀酸在体内代谢产生琥珀酸的过程:

$$HOOC-\overset{O}{\overset{\|}{C}}-\underset{\underset{COOH}{|}}{C}HCH_2COOH \xrightarrow{\beta\text{-脱羧酶}} \xrightarrow{\alpha\text{-脱羧酶}} \xrightarrow{\text{氧化酶}}$$

β-羟基丁酸、β-氧亚基丁酸和丙酮为糖、油脂和蛋白质代谢的中间产物,三者在医学上总称为酮体。健康人的血液中酮体(以 β-羟基丁酸计)含量参考区间为 $0.03\sim0.30\text{mmol}\cdot\text{L}^{-1}$,糖尿病患者因糖代谢不正常,靠消耗脂肪提供能量,其血液中酮体的含量可异常增高。由于 β-羟基丁酸和 β-氧亚基丁酸均具有较强的酸性,所以酮体含量过高的晚期糖尿病患者易发生酮症酸中毒。

前列腺素

两位美国妇产科医生 1930 年从人精液中发现能引起妇女子宫收缩和松弛双重性能的前列腺素(prostaglandin,PG)。1935 年奥伊勒鉴定 PG 为脂溶性的二十碳有机酸,并称为前列腺素。

瑞典科学家贝格斯特隆(S. K. Bergstrom)1947—1962 年从 100kg 羊精囊中提取出极少量的前列腺素,并确定了 PGE_2、$PGE_{2\alpha}$、PGD_2 的化学结构和特性,继后又分离出了其他一些前列腺素。Bergstrom 和他的学生——瑞典科学家萨穆埃尔松(B. I. Samuelsson)在研究前列腺素的生物合成机制时发现:花生四烯酸在不同环氧化酶作用下,经中间体 PGG_2 和 PGH_2 分别形成 PGD_2、PGE_2 和 $PGE_{2\alpha}$。1966 年之后英国科学家范恩(J. R. Vane)发现乙酰水杨酸(阿司匹林)等能抑制花生四烯酸合成前列腺素的第一步环加氧酶的活性,使 PGG_2 不能生成,从而切断了 PG 的合成。随后 Vane 和 Samuelsson 又发现了 PGI_2。以上 3 位科学家由于对前列腺素研究的成果,1982 年获得了诺贝尔生理学或医学奖。

研究证明 PG 遍及人体各个器官,含量极微,生物活性强。它对生殖、心血管、呼吸、消化、神经、免疫诸系统和对水的吸收、平衡电解质、皮肤、炎症等都有显著的生物活性。

目前已分离、鉴定出 20 多种结构、性能各异的 PG,它们的分子结构都是以前列腺烷酸为基本骨架,即含有 1 个五元环和 2 条支链的二十碳不饱和脂肪酸。随着分子中所含的酮基、羟基、双键数目和位置不同,形成了性能不同的 PG。前列腺烷酸、PGE_2 和 $PGF_{1\alpha}$ 的结构如下:

前列腺烷酸
prostanoic acid

PGE_2

$PGF_{1\alpha}$

习题

13-4 命名下列化合物。

(1) $CH_3CH_2CH=\underset{\underset{CH_3}{|}}{C}COOH$

(2) 苯基$-\underset{\underset{CH_3}{|}}{C}HCH_2COOH$

（3）

（4）

（5）HOOCCOCH$_2$CH$_2$CH$_2$COOH

（6）CH$_3$CH$_2$CH（OH）CH$_2$COOH

13-5 写出下列化合物的结构式。

（1）酒石酸

（2）反-4-羟基环己烷甲酸（优势构象式）

（3）柠檬酸

（4）没食子酸

（5）4-氨基-2-羟基苯甲酸

（6）2-羟基-3-苯基丁酸

13-6 写出下列反应的主要产物。

（1）CH$_3$CH$_2$CH$_2$COOH + SOCl$_2$ $\xrightarrow{\triangle}$

（2）C$_2$H$_5$—$\overset{\text{O}}{\overset{\|}{\text{C}}}$—OH + CH$_3$OH $\xrightarrow[\triangle]{H_2SO_4}$

（3）HO—⟨⟩—COOH $\xrightarrow{200\sim220℃}$

（4）⟨⟩$\genfrac{}{}{0pt}{}{COOH}{COOH}$ $\xrightarrow{180℃}$

（5）CH$_3$（CH$_2$）$_4$$\underset{\underset{OH}{|}}{CH}$COOH $\xrightarrow[\triangle]{Tollens试剂}$

（6）⟨⟩$\genfrac{}{}{0pt}{}{COOH}{OH}$ $\xrightarrow{\triangle}$

（7）⟨⟩$\genfrac{}{}{0pt}{}{COOH}{COOH}$ $\xrightarrow{\triangle}$

（8）HOOC—⟨⟩—COOH $\xrightarrow{\triangle}$

13-7 用简单的化学方法区别下列各组化合物。

（1）苯酚，苯甲酸，水杨酸

（2）甲酸，乙酸，丙醛，丙酮

13-8 按酸性由强到弱的次序排列下列各组化合物。

（1）甲酸、乙酸、苯甲酸、丙酸、乙二酸

（2）苯甲酸、p-甲基苯甲酸、p-溴苯甲酸

13-9 按酯化反应由易到难的次序排列下列化合物。

（1）⟨⟩—OH   CH$_3$OH   （CH$_3$）$_2$CHOH   CH$_3$CH$_2$OH

（2）HCOOH   ⟨⟩—COOH

13-10 手性化合物 A（C$_5$H$_{10}$O$_3$）能溶于碳酸氢钠溶液,A 加热发生脱水反应生成化合物 B（C$_5$H$_8$O$_2$）,B 存在 2 种构型,均无手性。B 用酸性高锰酸钾溶液处理,得到 C（C$_2$H$_4$O$_2$）和 D（C$_3$H$_4$O$_3$）。C 和 D 均能与碳酸氢钠溶液作用放出 CO$_2$,且 D 还能发生碘仿反应。试写出 A、B、C 和 D 的结构式。

13-11 化合物 A 和 B 的分子式均为 C$_4$H$_6$O$_4$,都溶于氢氧化钠溶液,与 Na$_2$CO$_3$ 溶液作用都放出 CO$_2$。A 加热失水生成酸酐 C（C$_4$H$_4$O$_3$）;B 受热放出 CO$_2$ 生成一元酸 D（C$_3$H$_6$O$_2$）。试推测 A、B、C、D 的结构式。

（林友文）

本章思维导图   本章目标测试

第十四章 | 羧酸衍生物

羧酸衍生物（carboxylic acid derivative）是指羧酸分子中羧基上的羟基被其他原子或基团取代后所形成的化合物。常见的羧酸衍生物有酰卤、酸酐、酯和酰胺，它们分别是羧基上的羟基被—X（Cl、Br）、—OCOR、—OR、—NH₂（或—NHR、—NR₂）取代后的产物。结构通式分别如下：

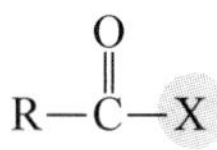

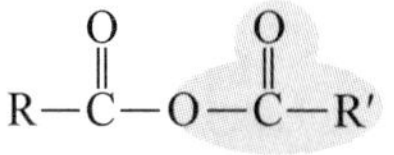

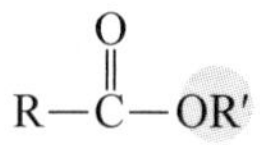

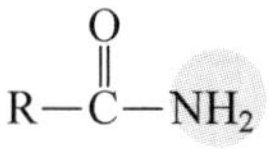

常见的酰氯和酸酐，多为有机合成的重要试剂。许多植物的香气成分、某些中草药的有效成分具有酯类结构。多肽、尿素、青霉素和巴比妥类药物等属于酰胺类化合物。

第一节 | 命　名

一、酰卤

酰卤的命名是在酰基后加卤素名称，称为"某酰卤"。例如：

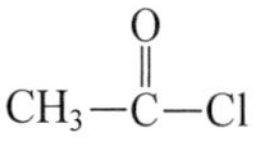

乙酰氯
acetyl chloride

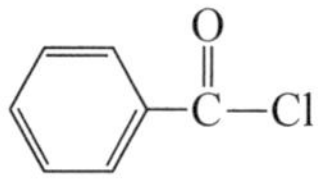

苯甲酰氯
benzoyl chloride

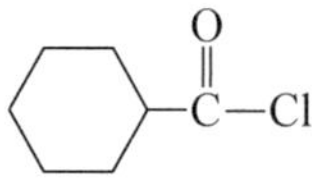

环己烷甲酰氯
cyclohexanecarbonyl chloride

二、酸酐

由相同羧酸形成的酸酐命名时，只需在羧酸后加上"酐"字，称为"某酸酐"，且"酸"字常省略。不同羧酸形成的酸酐，命名时是将形成酸酐的两个羧酸的名称按首字母顺序排列，最后加上"酐"字。例如：

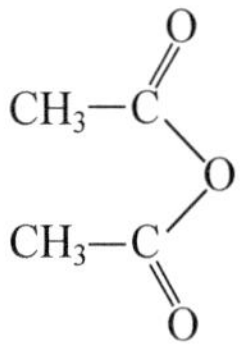

乙（酸）酐
acetic anhydride

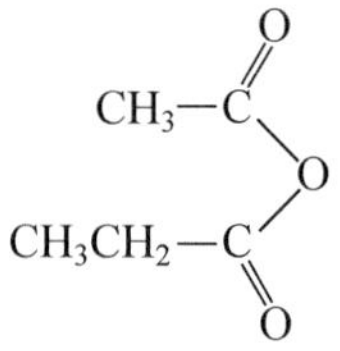

乙（酸）丙（酸）酐
acetic propionic anhydride

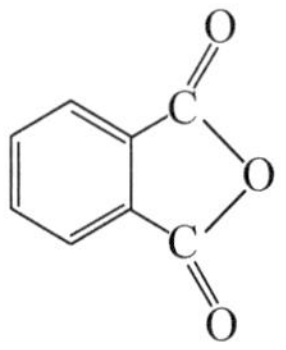

邻苯二甲酸酐
phthalic anhydride

三、酯

一元羧酸和一元醇生成的酯称为某酸某醇酯或某酸某酯。内酯的命名是将其相应的"酸"字变为"内酯"，用数字或希腊字母（γ或δ）标明原羟基的位置，且省略"羟基"二字。

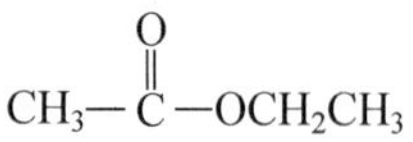

乙酸乙酯
ethyl acetate

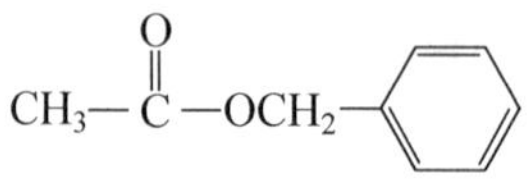

乙酸苄酯
benzyl acetate

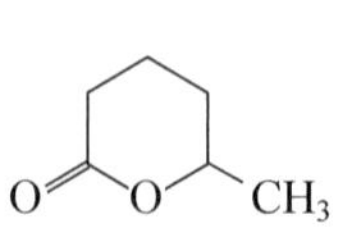

己-5-内酯
hexan-5-lactone

二元羧酸和醇生成的酯称为"某二酸某酯"。例如：

$$COOC_2H_5$$
$$COOC_2H_5$$

乙二酸二乙酯
diethyl oxalate

$$COOCH_3$$
$$COOC_2H_5$$

乙二酸乙甲酯
ethyl methyl oxalate

$$COOH$$
$$COOC_2H_5$$

乙二酸单乙酯
monoethyloxalate

四、酰胺

酰胺的命名与酰卤相似,称为"某酰胺"。例如：

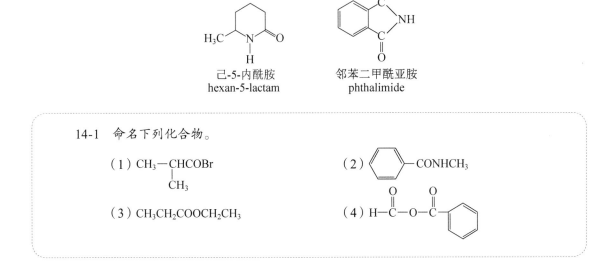

$$H_3C-\overset{O}{\underset{}{C}}-NH_2$$

乙酰胺
acetamide

苯甲酰胺
benzamide

$$\overset{Br\ O}{CH_3CHCNH_2}$$

2-溴丙酰胺
2-bromopropionamide

若酰胺的氮原子上连有烃基,则需在烃基前加字母"N",表示烃基连在氮原子上。例如：

$$H-\overset{O}{\underset{}{C}}-N(CH_3)_2$$

N,N-二甲基甲酰胺（DMF）
N,N-dimethyl formamide

$$CH_3-\overset{O}{\underset{}{C}}-NHCH_3$$

N-甲基乙酰胺
N-methyl acetamide

$$CH_3-\overset{O}{\underset{}{C}}-N\overset{CH_3}{\underset{C_2H_5}{}}$$

N-乙基-N-甲基乙酰胺
N-ethyl-N-methyl acetamide

环状的酰胺被称为内酰胺（lactam）。内酰胺的命名是在"酰胺"前加"内"字,并用数字或希腊字母标明原氨基位置,且省略"氨基"二字。二元羧酸的两个酰基与氨叉基或取代氨叉基相连接的环状化合物命名时称为"某酰亚胺"。例如：

己-5-内酰胺
hexan-5-lactam

邻苯二甲酰亚胺
phthalimide

14-1 命名下列化合物。

（1）$CH_3-\underset{CH_3}{CHCOBr}$

（2）—CONHCH₃

（3）$CH_3CH_2COOCH_2CH_3$

（4）H—$\overset{O}{\underset{}{C}}$—O—$\overset{O}{\underset{}{C}}$—

第二节 | 性 质

一、物理性质

低级酰卤和酸酐有刺激气味。挥发性酯常具有令人愉快的气味,可用于制作香料。

酰卤、酸酐和酯类化合物的分子间不能形成氢键;氮上有氢的酰胺与羧酸相似,其分子间能通过氢键而相互缔合。因此,酰卤和酯比相应羧酸的沸点低;酸酐较相近相对分子质量的羧酸的沸点低。氮上有氢的酰胺的熔点、沸点比相应羧酸高。几种羧酸衍生物的物理常数见表 14-1。

羧酸衍生物溶于乙醚、氯仿、丙酮和苯等有机溶剂。低级酰胺（如 DMF）能溶解大多数有机化合物，且与水混溶，是很好的非质子溶剂。

表 14-1 几种羧酸衍生物的物理常数

名称	结构式	沸点 /℃	熔点 /℃	密度 /(g·cm^{-3})
乙酰氯	CH_3COCl	51	−112	1.104
苯甲酰氯	C_6H_5COCl	197	−1	1.212
乙（酸）酐	$(CH_3CO)_2O$	140	−73	1.082
邻苯二甲酸酐		284	131	1.527
乙酸乙酯	$CH_3COOCH_2CH_3$	77	−84	0.901
苯甲酸乙酯	$C_6H_5COOCH_2CH_3$	213	−34	1.043
乙酰胺	CH_3CONH_2	221	82	1.159
N,N-二甲基甲酰胺	$HCON(CH_3)_2$	152.8	−61	0.944 5
乙酰水杨酸			136	1.443

二、化学性质

羧酸衍生物带部分正电荷的羰基碳容易受到亲核试剂的进攻，发生亲核取代反应。

$$R-\overset{O}{\overset{\|}{C}}-L + Nu^-（或HNu）\longrightarrow R-\overset{O}{\overset{\|}{C}}-Nu + L^-（或HL）$$

L：X、OCOR、OR、NH$_2$、NHR、NR$_2$等；
Nu：OH、OR、NH$_2$、NHR、NR$_2$等

上述反应结果是离去基团（L）被亲核试剂（Nu$^-$）取代，故这类反应为羧酸衍生物的亲核取代反应（nucleophilic substitution）。反应分亲核加成和消除两步进行：第一步，亲核试剂进攻羰基碳，发生亲核加成，形成四面体结构的中间体；第二步，中间体发生消除，形成恢复碳氧双键的取代产物。羧酸衍生物在碱催化下的亲核取代反应可用以下通式表示：

$$R-\overset{O}{\overset{\|}{C}}-L + Nu^- \underset{}{\overset{加成}{\rightleftharpoons}} \left[R-\overset{O^-}{\overset{|}{\underset{|}{C}}}-Nu \atop L \right] \underset{}{\overset{消除}{\rightleftharpoons}} R-\overset{O}{\overset{\|}{C}}-Nu + L^-$$

中间体

亲核取代反应速率与亲核加成和消除两个步骤均有关系。第一步亲核加成的速率取决于羰基碳的正电性和中间体的稳定性。羰基碳的正电性受与之相连原子电负性的影响，也受该原子与羰基共轭程度的影响。例如，酰卤的卤原子的电负性较大，致使羰基碳的正电性较强；同时，卤原子相对大的 p 轨道与羰基碳相对小的 p 轨道不能形成有效重叠，共轭程度较低，造成卤原子的给电子能力（即有效分散羰基碳正电性的能力）减弱，因而酰卤的反应活性高。酰胺中的氮原子电负性较小且与羰基 p 轨道有较大的重叠和较好的共轭，故反应活性较低。第二步消除的速率受离去基团碱性的影响，离去基团 L$^-$ 的碱性越弱，就越易离去，该步越易进行。HCl 的酸性较强，其共轭碱 Cl$^-$ 碱性较弱，较易离去，而 $^-$NH$_2$ 碱性较强，较难离去。综合上述影响因素，羧酸衍生物亲核取代反应的活性次序依次是：酰卤>酸酐>酯>酰胺。通常较活泼的羧酸衍生物能直接转化成较不活泼的羧酸衍生物，如下所示：酰卤能转化成酸酐、酯和酰胺，酸酐能转化成酯和酰胺；但后者均不能直接转化成前者。

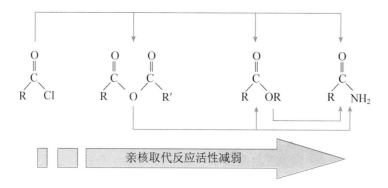

羧酸衍生物可以发生水解、醇解和氨解反应,其结果是羧酸衍生物中的酰基取代了水、醇(或酚)、氨(或伯胺、仲胺)中的氢原子,形成羧酸、酯、酰胺等取代产物。像羧酸衍生物这种能提供酰基的化合物称为酰化剂(acylating agent)。酰卤和酸酐是最常用的酰化剂。酰化剂与含活泼氢的化合物(醇、酚、氨、胺、含 α-H 的酯及醛、酮等)作用,向这些化合物分子中引入酰基的反应称为酰化反应(acylating reaction)。

(一) 酰卤的亲核取代反应

酰卤可发生水解、醇解和氨解等亲核取代反应。在这些反应中,酰卤中的卤原子被亲核试剂—OH 取代生成酸,被—OR 取代生成酯,被—NH₂ 取代生成酰胺。酰卤是羧酸衍生物中活性最强的化合物。

1. 水解反应 酰卤与水作用,发生水解反应(hydrolysis),生成相应的羧酸。

$$R-\overset{O}{\overset{\|}{C}}-X + H_2O \longrightarrow R-\overset{O}{\overset{\|}{C}}-OH + HX$$

酰卤   羧酸

酰氯的水解反应通常不需要催化剂就能顺利进行。乙酰氯与水的反应非常剧烈,甚至空气中痕量的水分即能使乙酰氯潮解,所以乙酰氯存放时需注意防潮。

$$CH_3\overset{O}{\overset{\|}{C}}Cl + H-OH \longrightarrow CH_3\overset{O}{\overset{\|}{C}}OH + HCl$$

乙酰氯   乙酸

2. 醇解反应 酰卤与醇发生醇解反应(alcoholysis)生成酯,酯也可以看作相应醇的酰化物。

$$R-\overset{O}{\overset{\|}{C}}-X + R'OH \longrightarrow R-\overset{O}{\overset{\|}{C}}-OR' + HX$$

酰卤   醇   酯

酰卤与醇的反应很容易进行,通常利用此反应来制备酯。反应中常加一些碱性物质(例如氢氧化钠、吡啶或三级胺)中和反应产生的卤化氢,使酰卤的醇解反应的平衡向右进行。

$$CH_3-\overset{O}{\overset{\|}{C}}-Cl + CH_3CH_2CH_2CH_2OH \xrightarrow{\text{吡啶}} CH_3-\overset{O}{\overset{\|}{C}}-OCH_2CH_2CH_2CH_3 + HCl$$

醇解反应的速率受醇烃基的空间位阻的影响较大,伯醇比仲醇和叔醇更容易与酰氯反应。例如:

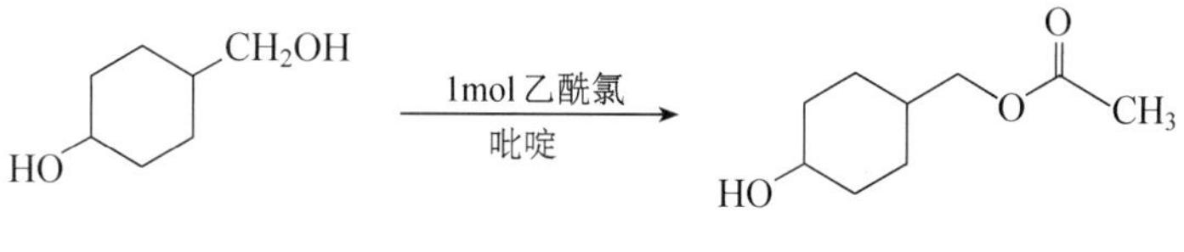

（结构式）4-羟基环己基甲醇 $\xrightarrow[\text{吡啶}]{\text{1mol 乙酰氯}}$ 乙酸-4-羟基环己基甲酯

3. 氨解反应 酰卤与氨发生氨解反应(ammonolysis)生成酰胺。

$$R-\overset{O}{\overset{\|}{C}}-X + 2NH_3 \longrightarrow R-\overset{O}{\overset{\|}{C}}-NH_2 + NH_4^+X^-$$

酰卤   氨   酰胺

酰卤与氨反应迅速,反应中产生的卤化氢可通过加入过量的氨除去。酰氯与氨反应是制备酰胺较简便、实用的方法。有机伯胺、仲胺也能与酰卤反应,生成取代酰胺。

$$CH_3-\overset{\overset{O}{\|}}{C}-Cl + 2NH_3 \longrightarrow CH_3-\overset{\overset{O}{\|}}{C}-NH_2 + NH_4^+Cl^-$$

乙酰卤　　　　氨　　　　　　　　乙酰胺

14-2　以苯胺为原料,其他试剂任选,合成对溴苯胺。

(二) 酸酐的亲核取代反应

酸酐与酰卤相似,能发生水解、醇解和氨(胺)解反应,但反应活性低于相应的酰卤。

1. 水解反应　酸酐与水发生水解反应,生成羧酸,其通式如下:

$$R-\overset{\overset{O}{\|}}{C}-O-\overset{\overset{O}{\|}}{C}-R + H_2O \longrightarrow 2RCOH$$

该反应速率取决于相应酸酐在水中的溶解度。乙酸酐易溶于水,反应速度较快。

$$H_3C-\overset{\overset{O}{\|}}{C}-O-\overset{\overset{O}{\|}}{C}-CH_3 + H_2O \longrightarrow 2CH_3COH$$

乙酐　　　　　　　　　　　乙酸

2. 醇解反应　酸酐与醇或酚发生醇解反应,生成酯和羧酸,反应通式如下:

$$R-\overset{\overset{O}{\|}}{C}-O-\overset{\overset{O}{\|}}{C}-R + R'OH \longrightarrow R-\overset{\overset{O}{\|}}{C}-OR' + RCOH$$

酸酐和酰卤一样,均易与醇或酚反应生成酯。这是制备酯的重要方法之一。

乙酐　　　　　　水杨酸　　　　　　　乙酰水杨酸

酰卤和酸酐的醇解是在醇(或酚)分子的羟基上引入酰基,是典型的酰化反应,利用此反应可降低某些醇类或酚类药物的毒性,同时提高这些药物的脂溶性,改善人体对这些药物的吸收、分布,达到提高疗效的目的。

3. 氨解反应　酸酐与胺(或氨)发生氨解反应,生成酰胺和羧酸盐,反应通式如下:

$$R-\overset{\overset{O}{\|}}{C}-O-\overset{\overset{O}{\|}}{C}-R + NH_3 \longrightarrow R-\overset{\overset{O}{\|}}{C}-NH_2 + RCOH$$

酸酐　　　　　　　　　　　酰胺

(三) 酯的亲核取代反应

1. 水解反应　酯较酰卤和酸酐稳定,酯的水解反应需要在碱或无机酸存在下加热进行。

$$R-\overset{\overset{O}{\|}}{C}-OR' + H_2O \xrightarrow[\triangle]{H^+或HO^-} R-\overset{\overset{O}{\|}}{C}-OH + R'OH$$

在水解反应中,酯分子可以在两个位置发生键的断裂而生成羧酸和醇,一种是酰氧键断裂,另一种是烷氧键断裂。

$$
\underset{\text{酰氧键断裂}}{R-\overset{\overset{O}{\|}}{C}-O-R'} \qquad \underset{\text{烷氧键断裂}}{R-\overset{\overset{O}{\|}}{C}-O-R'}
$$

（1）在碱性条件下水解,酯发生酰氧键断裂。例如:

$$
\underset{\text{丙酸乙酯}}{CH_3CH_2\overset{\overset{O}{\|}}{C}-OCH_2CH_3} + NaOH/H_2O \longrightarrow \underset{\text{丙酸钠}}{CH_3CH_2\overset{\overset{O}{\|}}{C}-O^-Na^+} + CH_3CH_2OH
$$

酯在碱性溶液中的水解,是由 HO^- 进攻酯的羰基碳,形成带负电荷的四面体结构的中间体,这一步是速率最慢的一步。紧接着烷氧基离去,形成羧酸和烷氧基负离子,两者迅速发生不可逆的酸碱中和反应,生成羧酸负离子(盐)和醇。其反应机制如下:

$$
R-\overset{\overset{O}{\|}}{C}-OR' + {}^-OH \rightleftharpoons \left[R-\overset{\overset{O^-}{|}}{\underset{OR'}{C}}-OH \right] \rightleftharpoons R-\overset{\overset{O}{\|}}{C}-OH \xrightarrow{{}^-OR'} R-\overset{\overset{O}{\|}}{C}-O^- + R'OH
$$

中间体烷氧负离子　　　　　　　　　　　　羧酸根负离子

酯在碱溶液中的水解反应速率主要取决于四面体中间体的稳定性,在酯羰基附近连有的吸电子取代基能分散负电荷,可使中间体稳定,使反应易进行。

（2）在酸性条件下水解,羧酸与伯醇和仲醇形成的酯通常也发生酰氧键断裂。例如:

$$
\underset{\text{2-氯丙酸乙酯}}{CH_3\underset{Cl}{\overset{|}{CH}}\overset{\overset{O}{\|}}{C}OCH_2CH_3} + H_2O \xrightarrow[\triangle]{HCl} \underset{\text{2-氯丙酸}}{CH_3\underset{Cl}{\overset{|}{CH}}COOH} + CH_3CH_2OH
$$

这类酯的酸性水解反应机制如下:

$$
R-\overset{\overset{O}{\|}}{C}-OR' \xrightleftharpoons{H^+} \left[R-\overset{\overset{+OH}{\|}}{C}-OR' \right] \xrightarrow{H_2O} \left[R-\overset{\overset{OH}{|}}{\underset{OR'}{C}}-{}^+OH_2 \right] \rightleftharpoons
$$

$$
\left[R-\overset{\overset{OH}{|}}{\underset{{}^+OHR'}{C}}-OH \right] \xrightleftharpoons{-R'OH} \left[R-\overset{\overset{+OH}{\|}}{C}-OH \right] \xrightarrow{-H^+} R-\overset{\overset{O}{\|}}{C}-OH
$$

首先是酯分子中羰基氧原子质子化,使羰基碳原子的正电性增加,有利于亲核试剂 H_2O 的进攻而形成带正电荷的四面体结构的中间体,然后质子转移到烷氧基氧原子上,再消除醇分子生成羧酸,这是酯化反应的逆反应。酸性水解反应的速率也与中间体的稳定性有关,电子效应对水解速率的影响不如在碱催化水解中大,因为给电子基团对酯的质子化有利,但不利于 H_2O 亲核进攻;而吸电子基团则不利于酯羰基氧原子的质子化。空间位阻对反应速率的影响较大,R 和 OR' 基团体积增大,反应速率降低。

一般酯的水解按上述机制进行,但由于酯的结构和反应条件的不同,水解机制和键的断裂方式也会有所不同。事实上,叔醇酯的酸性水解反应是按烷氧键断裂方式进行的,例如:

$$
\text{C}_6\text{H}_5-\overset{\overset{O}{\|}}{C}-{}^{18}OC(CH_3)_3 + H_2O \xrightarrow{H^+} \text{C}_6\text{H}_5-\overset{\overset{O}{\|}}{C}-{}^{18}OH + HOC(CH_3)_3
$$

这是由于叔醇酯的空间位阻较大,并且容易生成相对稳定的碳正离子,其反应机制如下:

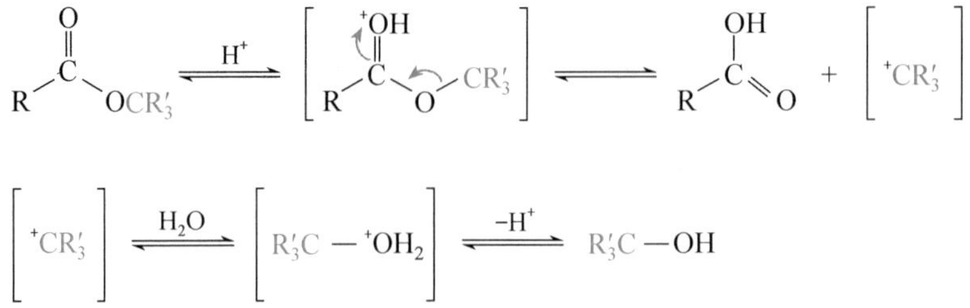

内酯和开链酯一样,在一定条件下也发生水解反应,水解伴随开环。内酯类药物开环之后往往失效。例如,抗肿瘤药——羟喜树碱,分子中含有 δ-内酯结构是抗肿瘤活性中心,在碱性条件下水解开环,形成的 δ-羟基酸盐活性极低。

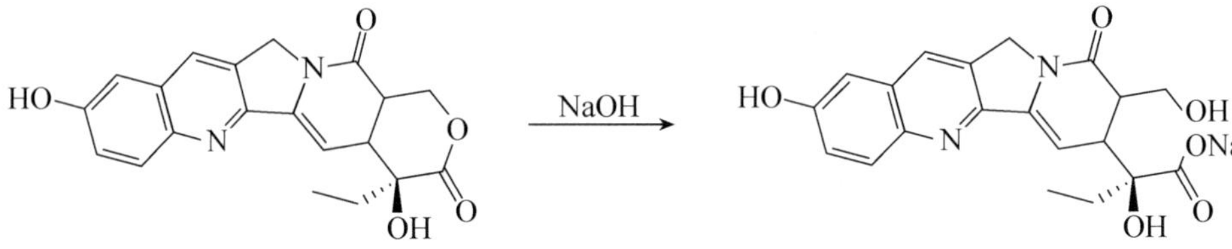

羟喜树碱   羟喜树碱钠

2. 氨解反应 酯可以与氨发生氨解反应,生成酰胺和醇。例如:

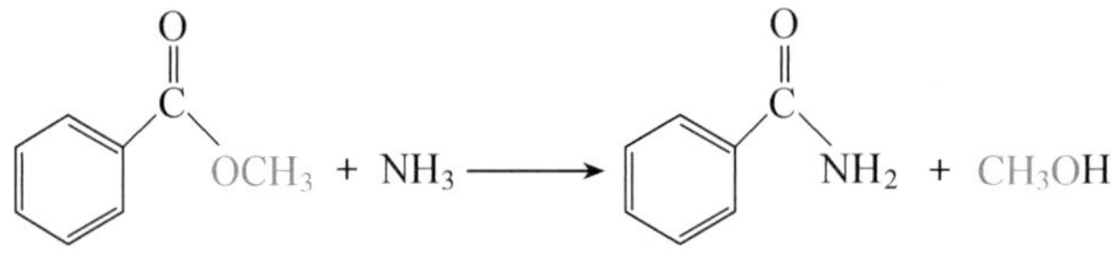

苯甲酸甲酯   苯甲酰胺

3. 酯缩合反应 酯分子的 α-H 具有弱酸性,在醇钠作用下能形成烯醇负离子,该负离子与另一分子酯发生亲核取代反应,生成 β-酮酸酯,该反应称为酯缩合反应或 Claisen(克莱森)缩合反应。例如:

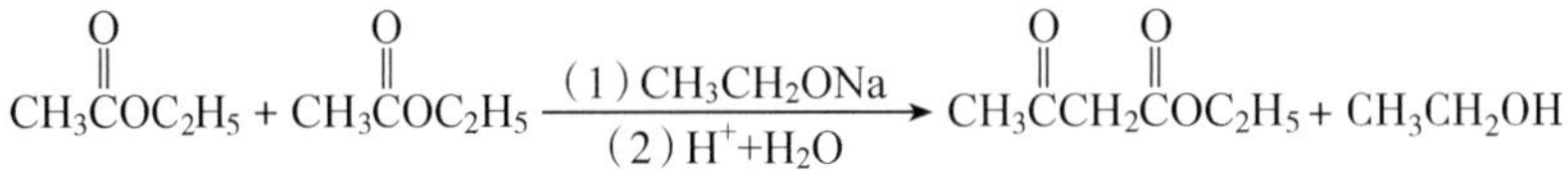

$$CH_3COC_2H_5 + CH_3COC_2H_5 \xrightarrow[(2)\,H^+ + H_2O]{(1)\,CH_3CH_2ONa} CH_3CH_2COC_2H_5 + CH_3CH_2OH$$

乙酸乙酯   乙酰乙酸乙酯

酯缩合反应的机制如下:

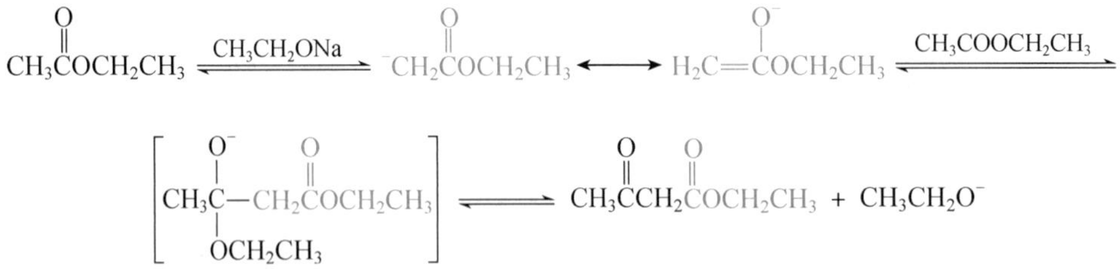

反应的第一步是在碱性条件下,酯失去 α-H,形成烯醇负离子。第二步,烯醇负离子对另一分子酯的羰基进行亲核加成,形成四面体的氧负离子中间体。第三步,消去乙氧基负离子得乙酰乙酸乙酯。上述酯缩合反应的产物 β-酮酸酯二羰基间的甲叉基上的 α-H 受两个羰基的影响,酸性大大增加,其酸性增强的原因还有负电荷可以分散到两个羰基上,形成更稳定的烯醇负离子。

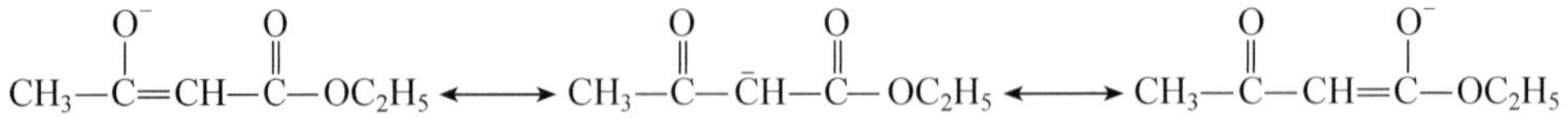

共振稳定的烯醇负离子

乙酰乙酸乙酯负离子是亲核试剂，能进攻卤代烷的α-C，发生烷基化反应。烷基化的乙酰乙酸乙酯经酸性水解后生成烷基化的乙酰乙酸。乙酰乙酸为β-酮酸，加热发生脱羧反应。利用上述的乙酰乙酸乙酯合成法，可以制备单取代或双取代的丙酮。例如：

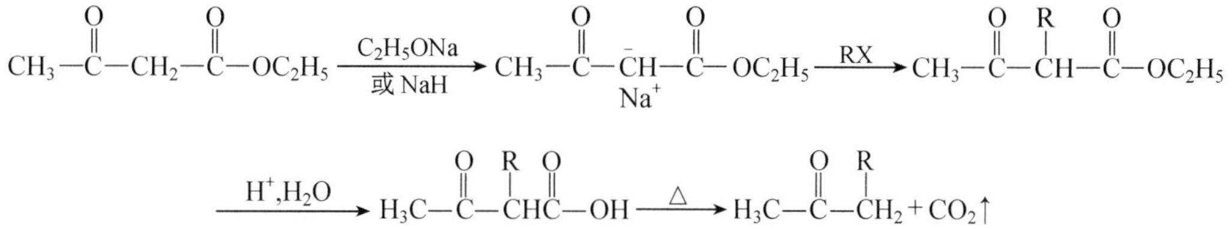

（四）酰胺的亲核取代反应

酰胺分子中氮原子未共用电子对所在的 p 轨道与羰基的 π 键形成 p-π 共轭体系，电子云向羰基偏移，降低了氮原子上的电子云密度，减弱了其接受质子的能力，从而使酰胺的碱性很弱，接近于中性。

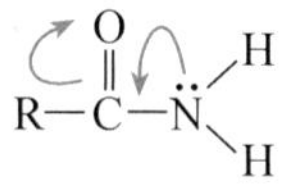

正是酰胺氮原子与羰基的 p-π 共轭，使得酰胺比酰卤、酸酐和酯更稳定，其水解不仅需要强酸或强碱的催化，还需要长时间的加热回流。

酰胺在酸催化下水解：

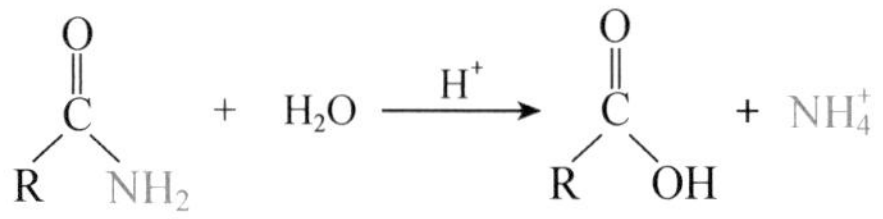

酰胺　　羧酸

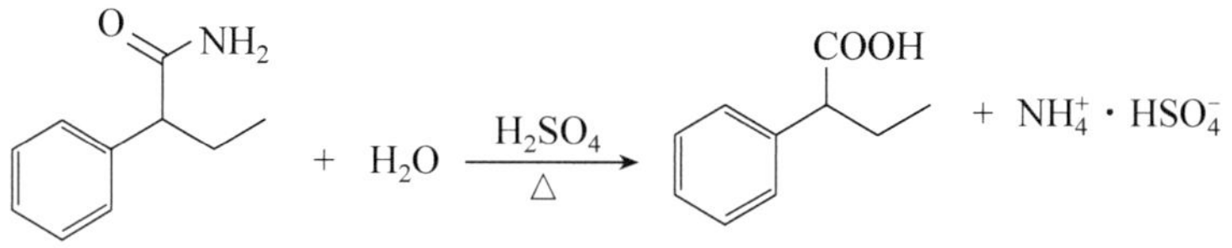

2-苯基丁酰胺　　2-苯基丁酸

酰胺在碱催化下水解：

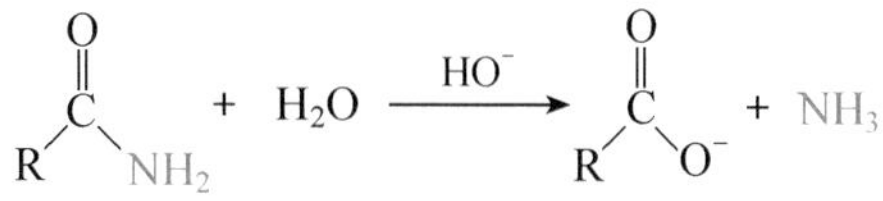

酰胺　　羧酸盐

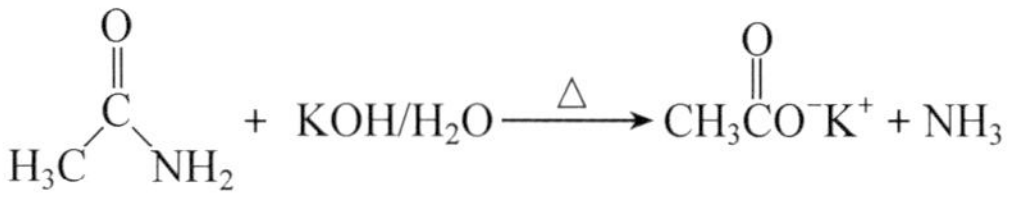

乙酰胺　　乙酸盐

环状酰胺称为内酰胺。许多天然抗生素都含有较大环张力的四元环内酰胺（β-内酰胺），很容易发生水解反应，导致开环、失效。例如，青霉素 G 钾或钠盐的分子结构中含有β-内酰胺环，为了避免其水解，青霉素 G 钾盐或钠盐通常使用粉针剂型，注射前临时配制注射液。

β-内酰胺抗生素

1928 年夏天，英国细菌学家 Alexander Fleming（亚历山大·弗莱明）外出度假时，未将接种有金黄色葡萄球菌的培养皿放入孵箱里，葡萄球菌和从外界飘入培养皿里的特异绿色霉菌同时在培养皿中生长。弗莱明度假返回后，发现带绿色霉菌培养皿的葡萄球菌消失了。他推测是绿色霉菌产生了能杀死葡萄球菌的化学物质。不久他就证明这种物质能抑制许多有害细菌的生长,遂将其命名为青霉素(penicillin)。弗莱明的研究结果发表于 1929 年,但由于他无法对其进行提纯,因此这种"灵丹妙药"被束之高阁。后来,澳大利亚病理学家 Howard Walter Florey(霍华德·弗洛里)和在英国避难的德国科学家 Ernst Boris Chain(恩斯特·钱恩)偶然读到了弗莱明的文章,并重复弗莱明的工作,证实了他的结果。然后提纯青霉素,进行了青霉素治疗小鼠和人体细菌感染的试验,并取得了成功。青霉素于 1943 年开始在军队中使用,1944 年起用于民众。1945 年,弗莱明、弗洛里和钱恩因"发现青霉素及其临床效用"而共同获得诺贝尔生理学或医学奖。

与青霉素结构相似的头孢菌素(cephalosporin)同属 β-内酰胺抗生素,它们分子中都含有一个四元环的 β-内酰胺。青霉素的 β-内酰胺环稠合一个含硫五元杂环,头孢菌素的 β-内酰胺环稠合含硫的不饱和六元杂环。天然青霉素和头孢菌素经半合成结构改造,得到稠杂环侧链不同,生物活性和使用范围各异的两大系列的化合物,部分常见的 β-内酰胺抗生素(β-lactam antibiotics)的结构如下:

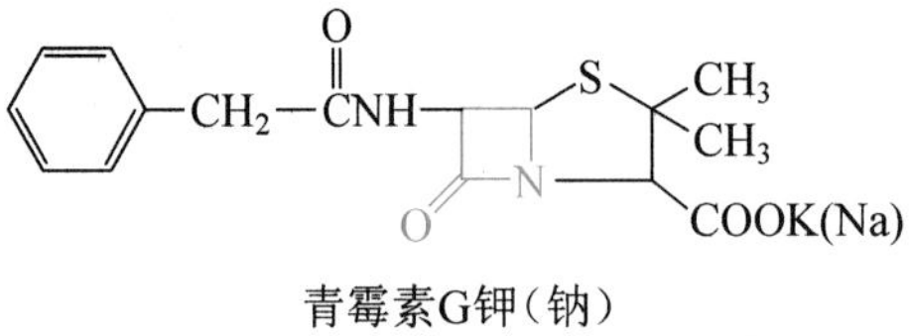

青霉素G钾(钠) 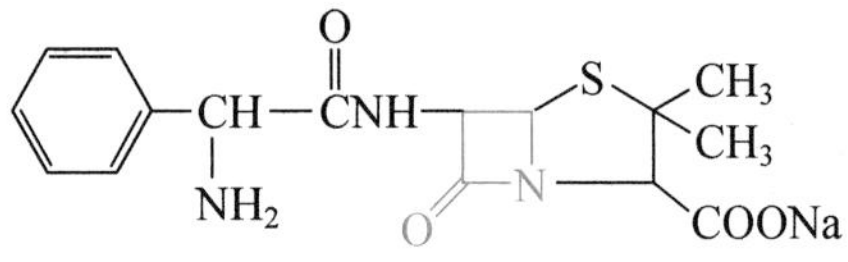 氨苄青霉素(氨苄西林)

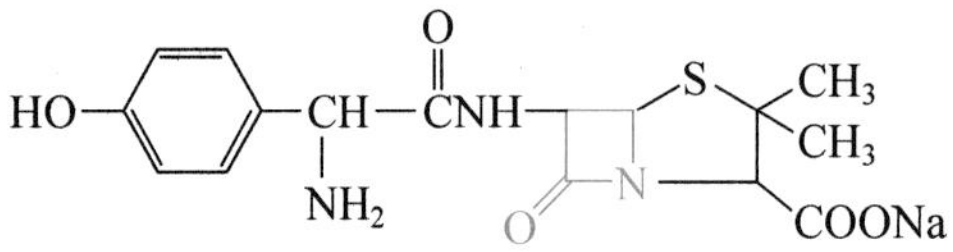

羟氨苄青霉素(阿莫西林) 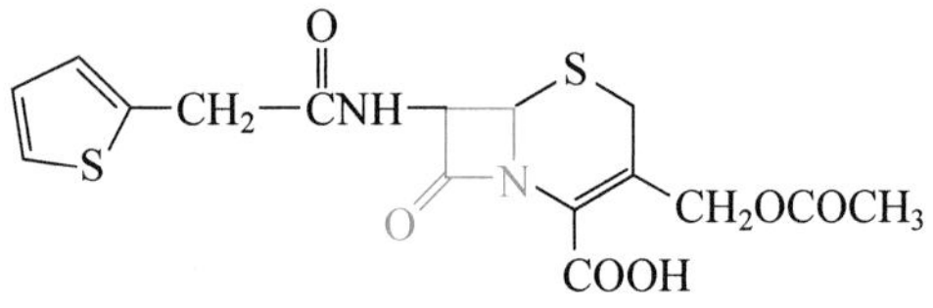 头孢菌素 I

第三节 | 碳酸衍生物

碳酸从结构上可看成是两个羟基共用一个羰基的二元酸。碳酸分子中的两个羟基被其他基团取代,所形成的化合物称为碳酸衍生物(derivatives of carbonic acid)。例如:

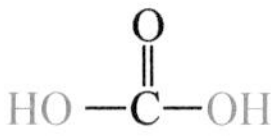

碳酸 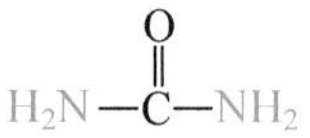　　　　　　　尿素 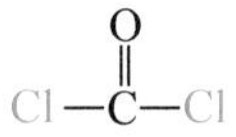　　　　　　　光气

一、尿素

尿素(urea)又称脲,是碳酸的二元酰胺,是哺乳动物体内蛋白质代谢的最终产物之一,成人每天经尿排泄约 25~30g 脲。

脲具有弱碱性,但不能使石蕊试纸变色,脲易溶于水和乙醇,难溶于乙醚。其化学性质如下:

尿素具有一般酰胺的性质,在脲酶、酸或碱催化下发生如下水解反应:

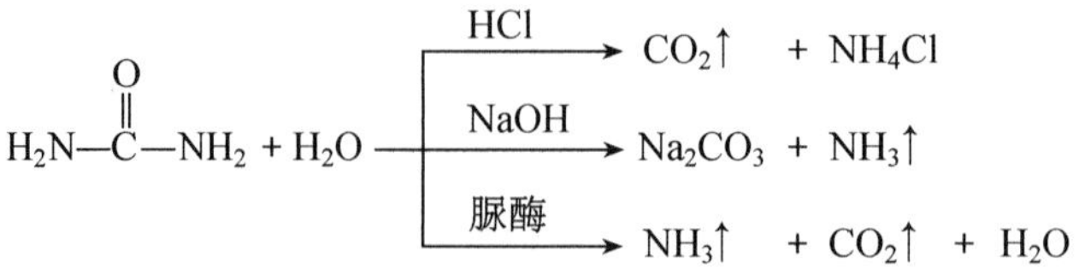

将尿素缓慢加热至 150~160℃（温度过高时分解），两分子脲缩合成缩二脲，并放出氨。

$$H_2N-\overset{\overset{O}{\|}}{C}-NH_2 + H_2N-\overset{\overset{O}{\|}}{C}-NH_2 \xrightarrow{150\sim160℃} H_2N-\overset{\overset{O}{\|}}{C}-NH-\overset{\overset{O}{\|}}{C}-NH_2 + NH_3\uparrow$$

　　　尿素　　　　　　　　　　　　　　　　　　　　　缩二脲

缩二脲难溶于水，在碱溶液中可互变成烯醇型而溶解。在缩二脲的碱性溶液中加入少许硫酸铜溶液，溶液显紫红色或紫色，这个反应称为缩二脲反应（biuret reaction）。分子中含有两个或两个以上酰胺键（$-\overset{\overset{O}{\|}}{C}-\overset{\overset{H}{|}}{N}-$）结构的化合物（如草二酰胺、多肽和蛋白质）都能发生缩二脲反应。

二、胍

尿素分子中的氧原子被氨亚基（＝NH）取代后的化合物，称为胍（guanidine），又称氨亚基脲。

胍为无色结晶，熔点 50℃，吸湿性极强，易溶于水。胍是一种很强的有机碱（pK_a=13.8），其碱性与氢氧化钾相当。胍分子中去掉一个氨基氢原子后称为胍基，去掉一个氨基后称为脒基。

$$H_2N-\overset{\overset{NH}{\|}}{C}-NH_2 \qquad H_2N-\overset{\overset{NH}{\|}}{C}-NH- \qquad H_2N-\overset{\overset{NH}{\|}}{C}-$$

　　　　胍　　　　　　　　　　　胍基　　　　　　　　　　脒基

某些含有胍结构的化合物具有生理活性，如精氨酸、胍乙啶等；还有一些胍的衍生物是常用的药物，如吗啉胍、二甲双胍等。

$$O\underset{\diagup\!\!\diagdown}{\ }N-\overset{\overset{NH}{\|}}{C}-NH-\overset{\overset{NH}{\|}}{C}-NH_2 \qquad \overset{H_3C}{\underset{H_3C}{>}}N-\overset{\overset{NH}{\|}}{C}-NH-\overset{\overset{NH}{\|}}{C}-NH_2$$

　　　　　吗啉胍　　　　　　　　　　　　　　　二甲双胍

三、丙二酰脲

丙二酰脲（malonyl urea）为无色结晶，熔点为 245℃，微溶于水。丙二酰脲可以由尿素与丙二酰氯发生氨解反应制得。

$$H_2C\overset{\overset{O}{\|}}{\underset{\overset{\|}{O}}{<}}\overset{C-Cl}{\underset{C-Cl}{}} + \overset{H_2N}{\underset{H_2N}{>}}C=O \xrightarrow{NaOH} H_2C\overset{NH}{\underset{NH}{<}}C=O + HCl$$

　　丙二酰氯　　　　　脲　　　　　　　　　丙二酰脲

丙二酰脲分子的结构中有一个活泼的甲叉基和两个二酰氨叉基，能够发生酮式-烯醇式互变异构。

$$\rightleftharpoons$$

丙二酰脲的烯醇式（pK_a=3.85）表现出比乙酸（pK_a=4.76）强的酸性，故丙二酰脲又称为巴比妥酸（barbituric acid）。巴比妥酸本身无生理活性，其分子中的甲叉基上两个氢原子被乙基、苯基等烃基取代所形成的衍生物具有镇静、催眠和麻醉作用。这些药物总称为巴比妥类药物。巴比妥类药物有成瘾性，用量过大会危及生命。

苯巴比妥

异戊巴比妥

习题

14-3 命名下列化合物。

（1）$CH_3CH_2\overset{O}{\underset{}{C}}Cl$

（2）$CH_3CH_2\overset{O}{\underset{}{C}}$ O $CH_3\overset{O}{\underset{}{C}}$

（3）

（4）$CH_3\overset{O}{\underset{}{C}}CH_2$ —

（5）$CH_3\overset{O}{\underset{}{C}}H_2\overset{O}{\underset{}{C}}NHCH_3$

（6）CH_3

14-4 写出下列化合物的结构式。

（1）DMF
（2）N,N-二甲基苯甲酰胺
（3）苯甲酰溴

（4）3-甲基邻苯二甲酸酐
（5）丁二酸乙甲酯
（6）乙酰乙酸乙酯

14-5 完成下列反应式，写出主要产物。

（1） + CH_3OH $\xrightarrow{H_2SO_4}$

（2）$FCH_2\overset{O}{\underset{}{C}}CH_2CH_3$ + NH_3 ⟶

（3）$CH_3\overset{O}{\underset{}{C}}NH$— —$Br$ + H_2O $\xrightarrow{KOH}$

（4）$CH_3CH_2\overset{O}{\underset{}{C}}OCH_2CH_3$ + H_2O $\xrightarrow[\triangle]{H^+}$

（5） $\overset{CH_3}{N}$ + H_2O $\xrightarrow{H^+}$

（6） + H_2O $\xrightarrow{NaOH}$

（7）$CH_3CH_2\overset{O}{\underset{}{C}}—OCH=CH_2$ + H_2O $\xrightarrow[\triangle]{H^+}$

（8）$NH_2—\overset{O}{\underset{}{C}}—NH_2$ + H_2O $\xrightarrow{脲酶}$

14-6 解释实验现象：邻苯二甲酰亚胺溶于稀碱溶液。

14-7 按要求排序

（1）按水解活性递减顺序，排列下列化合物。

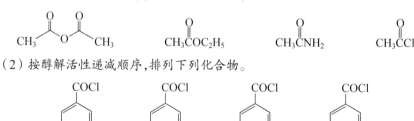

$CH_3\overset{O}{\underset{}{C}}$ O $\overset{O}{\underset{}{C}}CH_3$ $CH_3\overset{O}{\underset{}{C}}OC_2H_5$ $CH_3\overset{O}{\underset{}{C}}NH_2$ $CH_3\overset{O}{\underset{}{C}}Cl$

（2）按醇解活性递减顺序，排列下列化合物。

COCl

COCl

COCl

COCl

Cl

CH_3

NO_2

14-8 化合物 A 在酸性水溶液中加热,生成化合物 B($C_5H_{10}O_3$),B 与 $NaHCO_3$ 作用放出无色气体,酸性条件下与 CrO_3 作用生成 C($C_5H_8O_3$),B 在室温条件下不稳定,易失水又生成 A。试写出 A、B、C 的结构式。

14-9 A、B、C 为同分异构体,其分子式为 $C_3H_6O_2$,A 能与碳酸氢钠作用放出二氧化碳气体;B、C 则不能,但 B 和 C 均能碱性水解,B 水解后的生成物与碘的氢氧化钠溶液作用有黄色沉淀生成,C 则无此反应。试推断出 A、B、C 的结构式并命名。

14-10 化合物 A($C_5H_{11}O_2N$),具有旋光性,用稀碱水解可生成 B 和 C。B 也有旋光性,可与酸或碱成盐,与 HNO_2 反应放出氮气。C 没有旋光性,能与金属钠反应生成氢气,并能发生碘仿反应,试推测 A、B、C 的结构式及各步反应式。

(徐 红)

本章思维导图

本章目标测试

第十五章 | 杂环化合物和维生素

成环原子除了碳原子外,还有其他非碳原子的环状有机化合物称为杂环化合物(heterocyclic compound)。环中的非碳原子称为杂原子,常见的杂原子有氮、氧、硫等。具有芳香性的杂环化合物称为芳香杂环化合物(aromatic heterocycle)。它们一般比较稳定,不容易开环。通常所说的杂环化合物指的是芳香杂环化合物。由于内酯、内酸酐、内酰胺、环醚等化合物的性质与其同类的开链化合物相似,所以一般不把它们归类于杂环化合物。本章主要讨论芳香杂环化合物。

杂环化合物在自然界分布很广,种类繁多。许多杂环化合物(例如动物的血红素、植物的叶绿素、核酸的碱基等)具有一定的生物活性。许多药物含有杂环化合物的结构。杂环化合物在有机化合物中占有重要的地位。

由于许多维生素尤其是水溶性维生素具有杂环结构,所以本章还将简要介绍维生素的概念、分类、结构、主要功能和食物来源。

第一节 | 芳香杂环化合物

一、分类和命名

杂环化合物按所含杂原子的数目可分为含一个、两个或多个杂原子的杂环化合物,按环的形式又可分为单环和稠环两类,单环又可按环的大小分为五元杂环和六元杂环。

杂环化合物的命名比较复杂,目前主要采用音译法,即选用与英文名称同音的汉字,再加上"口"字旁表示杂环名称(表 15-1)。当杂环有取代基时,以杂环为母体,对环上的原子编号。编号从杂原子开始,以阿拉伯数字1、2、3……沿环依次编号,并使取代基位次尽可能小。也可以希腊字母编号,从与杂原子相邻的碳原子开始,依次用 α、β、γ……编号,取代基的名称及在环上的位次写在杂环母体名称前。

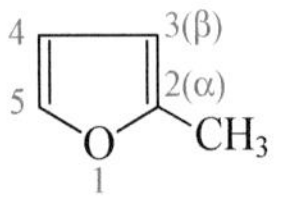

2-甲基呋喃(α-甲基呋喃)
2-methylfuran

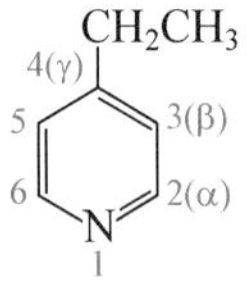

4-乙基吡啶(γ-乙基吡啶)
4-ethylpyridine

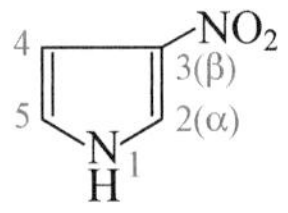

3-硝基吡咯(β-硝基吡咯)
3-nitropyrrole

表 15-1 常见杂环化合物的结构和名称

种类		重要杂环					
单杂环	五元杂环	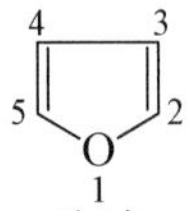 呋喃 furan	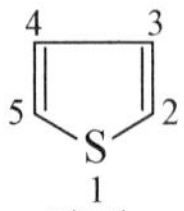 噻吩 thiophene	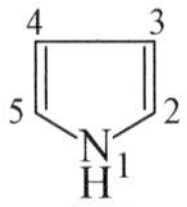 吡咯 pyrrole	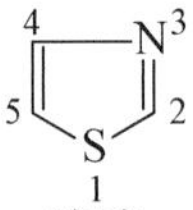 噻唑 thiazole	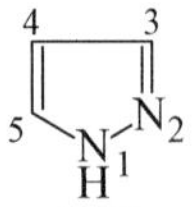 吡唑 pyrazole	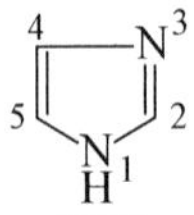 咪唑 imidazole

续表

种类		重要杂环
单杂环	六元杂环	吡啶 pyridine　嘧啶 pyrimidine　哒嗪 pyridazine　吡嗪 pyrazine　吡喃 pyran
稠杂环		喹啉 quinoline　异喹啉 isoquinoline　吲哚 indole 嘌呤 purine　蝶啶 pteridine　吖啶 acridine

当环上有 2 个相同的杂原子时,尽可能使杂原子编号最小,如果其中的 1 个杂原子上连有氢或取代基,则从该杂原子开始编号。如环上不止 1 种杂原子,则按 O、S、N 顺序编号。

4-甲基咪唑
4-methylimidazole
　　　　　5-甲基噻唑
5-methylthiazole
　　　　　4-甲基嘧啶
4-methylpyrimidine

稠杂环有固定的编号顺序,通常是从杂原子开始,依次编号一周(共用碳一般不编号),并尽可能使杂原子的编号小,如吲哚、喹啉等。但有一些稠杂环,如异喹啉、嘌呤、吖啶等,有特殊的编号顺序。

二、芳香六元杂环

(一) 吡啶的结构

吡啶(pyridine)的结构与苯相似,可以看作是苯分子中的 1 个 "CH" 被氮原子置换的化合物,环中的 5 个碳原子和 1 个氮原子均以 sp^2 杂化轨道相互重叠形成 6 个 σ 键,构成 1 个平面六元环。每个原子未杂化的 p 轨道均垂直于环平面,彼此从侧面相互重叠形成闭合的 π 电子共轭体系,每个 p 轨道上有 1 个 π 电子,π 电子数为 6,符合 Hückel 规则,具有芳香性。此外,氮原子上的 1 对孤对电子占据 1 个 sp^2 杂化轨道(图 15-1)。

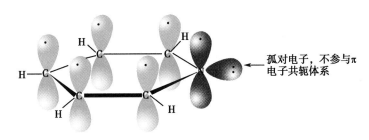

孤对电子,不参与 π
电子共轭体系

图 15-1　吡啶的原子轨道示意图

吡啶环中氮的电负性较强,而且其诱导效应和共轭效应都是吸电子的,使吡啶环上 π 电子云向氮原子一端偏移。吡啶环上 π 电子云的交替极化、有效电荷分布和键长如下:

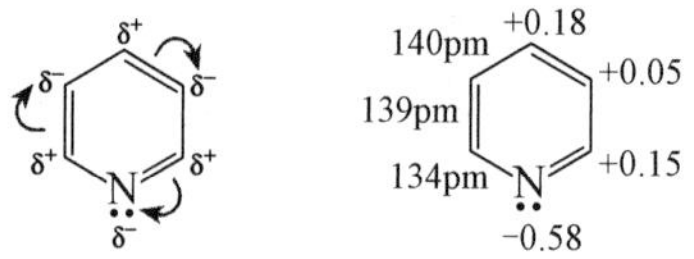

(二) 吡啶的性质

1. 水溶性 吡啶是极性分子,偶极矩 $\mu=2.26D$。吡啶氮原子上的一对孤对电子能与水形成氢键,因此吡啶能与水互溶,但吡啶环上引入羟基或氨基后,水溶性显著降低,而且引入的羟基或氨基数目越多,水溶性越低,这主要是由于这些吡啶衍生物分子间以氢键缔合,阻碍了其与水分子的缔合,吡啶及其衍生物在水中溶解度如下:

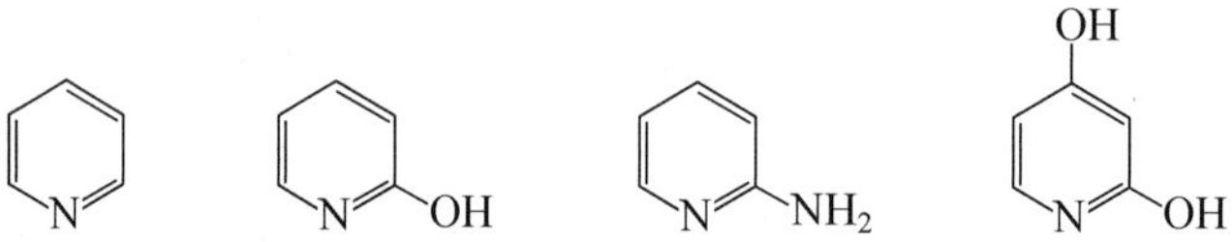

水中溶解度	∝	1:1	1:1	微溶

2. 碱性和亲核性 吡啶氮的孤对电子不在 p 轨道上,没有被共轭作用所束缚,故可结合质子,具有弱碱性($pK_b=8.8$),其碱性较苯胺($pK_b=9.3$)强,但比氨和脂肪胺弱。吡啶能与无机酸生成盐。

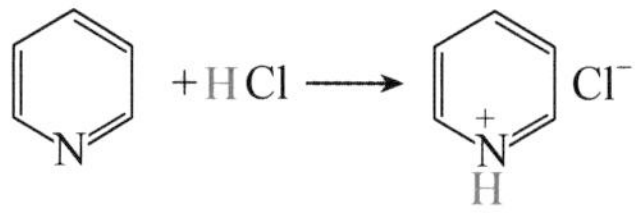

吡啶氮上的孤对电子没有参与共轭,具有亲核性,可与脂肪族卤代烃反应生成季铵盐。

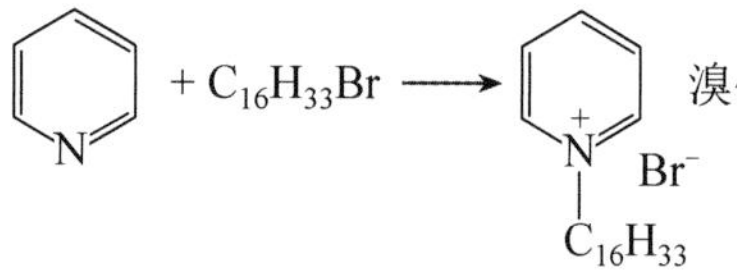

溴化1-十六烷基吡啶盐

> **15-1** 为什么吡啶的碱性比苯胺强、比脂肪胺弱?

3. 亲电取代反应 由于氮原子比碳原子的电负性大,吡啶环上的氮原子通过诱导和共轭吸电子效应使环上碳原子的电子云密度较苯低,尤其氮原子与质子或 Lewis 酸作用后,氮原子带正电荷,环上碳原子的电子云密度更低。吡啶的亲电取代反应要比苯难得多,与硝基苯相似,亲电取代反应主要发生在 β 位,而且产物的收率较低。例如:

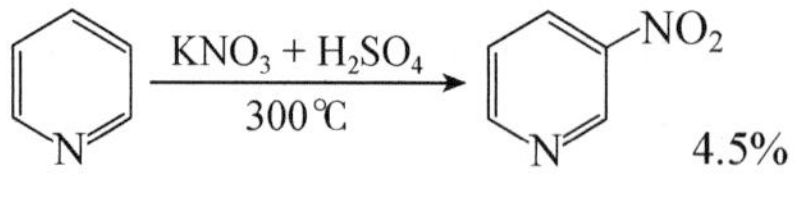

β-硝基吡啶 4.5%   β-溴吡啶 39%

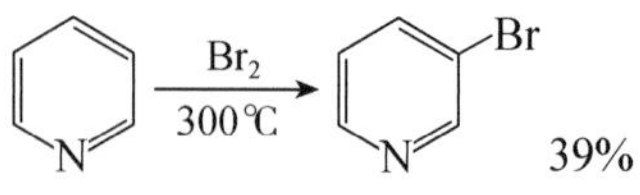

4. 吡啶衍生物的氧化和还原反应 吡啶环对氧化剂稳定。当吡啶环上连接有 α-H 的烷基侧链时,侧链可被氧化成羧酸。另一方面,吡啶较苯易被还原,用金属钠和乙醇或催化氢化,可使吡啶还原成六氢吡啶。六氢吡啶又称哌啶($pK_b=2.8$),是脂肪族仲胺,碱性较吡啶强 10^6 倍,能与水互溶。

吡啶-β-甲酸(烟酸)   六氢吡啶

（三）嘧啶及其衍生物

嘧啶是含有 2 个氮原子的六元杂环，与吡啶相比嘧啶环上电子云密度更低，亲电取代反应更困难。嘧啶是无色固体，熔点 22℃，易溶于水，具有弱碱性（pK_b=11.30）。

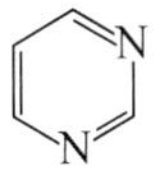

嘧啶

嘧啶的衍生物在自然界分布很广，维生素、生物碱、核酸及许多药物含有嘧啶结构。氨基、羟基取代的嘧啶广泛存在于生物体中，如核酸中有胞嘧啶（cytosine）、尿嘧啶（uracil）和胸腺嘧啶（thymine），它们具有重要的生物活性。

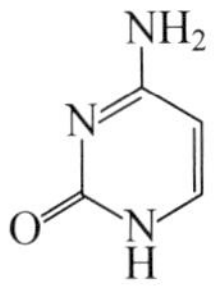

胞嘧啶 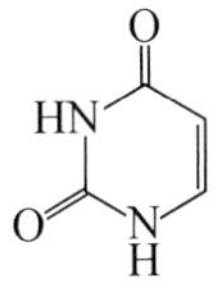　　　　尿嘧啶 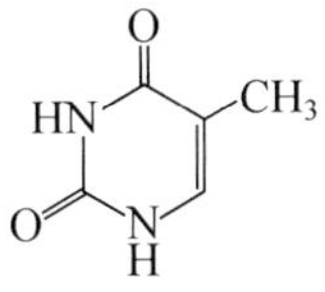　　　　胸腺嘧啶

这些嘧啶衍生物存在酮式和烯醇式互变异构现象，例如尿嘧啶的互变异构体：

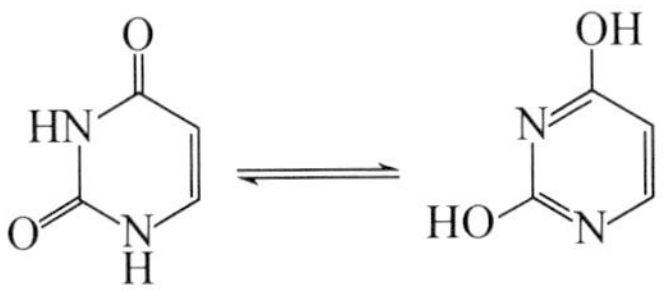

酮式　　　　　烯醇式

目前临床上使用的许多药物含有嘧啶结构，如以下磺胺增效剂、抗肿瘤药。

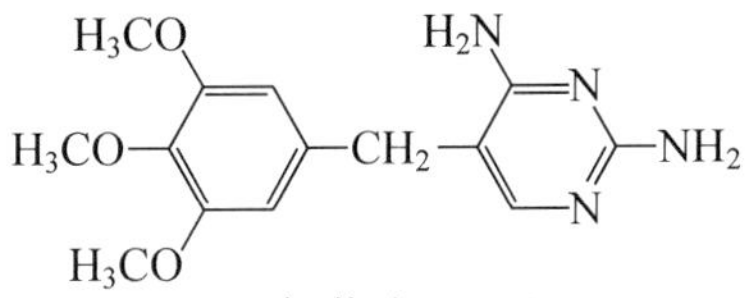

甲氧苄啶（TMP）
（磺胺增效剂）

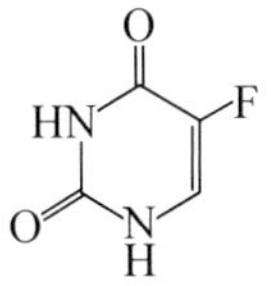

5-氟尿嘧啶（5-Fu）
（抗肿瘤药）

（四）吡喃𬭩盐

吡喃有 α-吡喃（2H-吡喃）和 γ-吡喃（4H-吡喃）两种异构体，吡喃的性质类似于烯醚。吡喃𬭩可以看作是氧原子置换苯分子中的 1 个 CH 以后得到的氧正离子。它在强酸性溶液中是稳定的，具有芳香性，存在于花色素、黄酮等天然化合物中。

α-吡喃　　　　γ-吡喃　　　吡喃𬭩离子　　　苯并吡喃𬭩离子

三、芳香五元杂环

（一）吡咯、呋喃和噻吩的结构

近代物理分析证明，吡咯（pyrrole）、呋喃和噻吩都是平面的五元环结构，即成环的 4 个碳原子和 1 个杂原子都是 sp^2 杂化，每个碳原子的 p 轨道有 1 个电子，杂原子 p 轨道有 2 个电子，p 轨道垂直于 sp^2 杂化轨道所在的平面，且互相侧面重叠，形成闭合的 π 电子共轭体系（图 15-2）。吡咯、呋喃和噻吩的 π 电子数均为 6，符合 Hückel 规则（4n+2），具有芳香性。

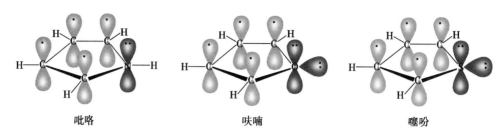

图 15-2 吡咯、呋喃和噻吩的原子轨道示意图

吡咯、呋喃和噻吩是具有 6π 电子的五元芳杂环,因为 N、O、S 原子各向五元的闭合 π 电子共轭体系提供了 2 个电子,使其环上的 π 电子云密度比苯环上的大,因此它们都比苯活泼,容易进行亲电取代反应。另一方面,它们的芳香性都比苯差。这些化合物键长的平均化程度远不如苯(苯环上的碳碳键均为 140pm),它们的化学性质,既有与苯相似之处,又有一些差别。

(二) 吡咯、呋喃和噻吩的性质

1. 吡咯的酸碱性 吡咯氮上的孤对电子参与了环的共轭体系,使氮的电子云密度降低,故吡咯的碱性极弱(pK_b=13.6),不能与酸形成稳定的盐。相反由于这种共轭作用,吡咯的 N—H 键极性增加,氢表现出很弱的酸性(pK_a=17.5)。吡咯与固体氢氧化钾共热生成其钾盐。

$$\text{吡咯} + \text{KOH} \xrightarrow{\triangle} \text{吡咯钾盐} + H_2O$$

2. 亲电取代反应 亲电取代反应是吡咯、呋喃和噻吩的典型反应。由于它们环上的电子云密度比苯大,因此比苯更容易发生亲电取代反应。亲电取代反应主要发生在 α 位。

$$\text{吡咯} + Ac_2O \xrightarrow{\triangle} \text{2-乙酰吡咯}$$

乙酸酐

15-2 为什么吡咯的亲电取代反应主要发生在 α 位?

吡咯和呋喃遇强酸,杂原子质子化,其大 π 键被破坏,所以吡咯和呋喃的硝化和磺化反应不能在强酸条件下进行,需选用较温和的非质子试剂。例如,吡咯硝化可用乙酰硝酸酯(由乙酸酐加硝酸原位制得)。

$$\text{吡咯} + CH_3-\overset{O}{\underset{}{C}}-ONO_2 \xrightarrow[5℃]{Ac_2O} \text{2-硝基吡咯} + \text{3-硝基吡咯}$$

α-硝基吡咯(83%) β-硝基吡咯(17%)

(三) 吡咯衍生物

吡咯衍生物在自然界分布很广,植物的叶绿素和动物的血红素都是吡咯衍生物。此外胆红素、维生素 B_{12} 等天然物质中都含有吡咯环,它们都具有重要的生物活性。

血红素的骨架卟吩(porphin)是由 4 个吡咯环通过 4 个甲基亚基在吡咯的 α-位相连而成的大环,成环的原子都在一个平面上,是一个交替相连而形成的共轭体系。血红素是卟吩以共价键及配位键与亚铁离子所形成的配合物,同时在吡咯环的 β 位还有不同的取代基,血红素与蛋白结合形成血红蛋白,存在于人和动物的血红细胞中,它的功能是运输氧气。1929 年 Hans Fischer 完成了血红素的全合成。

卟吩 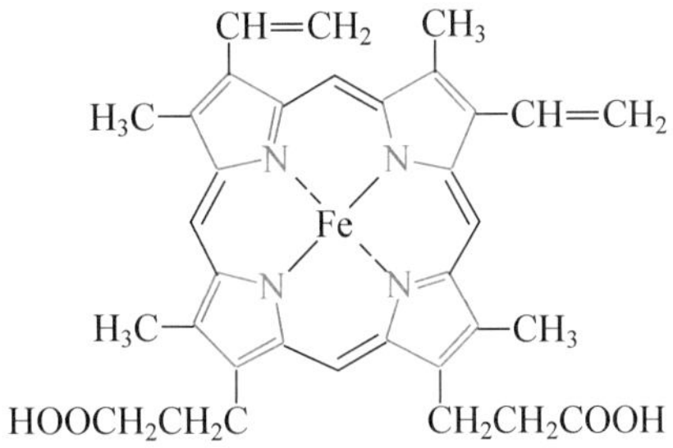　　　　　　　　　　　　　血红素

（四）咪唑的结构与功能

咪唑（imidazole）可以看作是吡咯 3 位的 CH 被氮原子置换而生成的杂环化合物。咪唑 1 位和 3 位的氮都是 sp^2 杂化，但咪唑 1 位氮原子以 1 对 p 电子参与共轭（与吡咯相似），而咪唑 3 位氮以 1 个 p 电子参与共轭（与吡啶相似）。咪唑 π 电子数为 6，符合 Hückel 规则，有芳香性。

咪唑的碱性（pK_b = 6.8）比吡咯（pK_b=13.6）强，这是由于咪唑 3 位氮原子的孤对电子没有参加共轭体系，因而可以与质子结合。其水溶度较吡咯大。

咪唑 1 位氮原子上的氢可以转移到另一个氮原子上，因而存在着互变异构，当环上有取代基时，咪唑的互变异构体很容易辨别，例如甲基咪唑可发生下列互变异构。

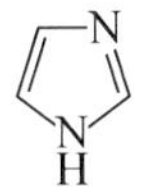

咪唑 　　　5-甲基咪唑　　　　　　4-甲基咪唑

咪唑环既是质子供体，也是质子受体，在生物体内起着协助质子转移的重要作用。组氨酸分子中含有一个咪唑基，它的 pK_a 值接近生理 pH（7.35）。它既是一个弱酸，又是一个弱碱，在给出质子时又能接受一个质子，起到质子传递的作用，由于咪唑环的这种特殊性质，组氨酸中的咪唑环是构成酶活性中心的重要基团，使酶能催化生物体内的酯和酰胺的水解。

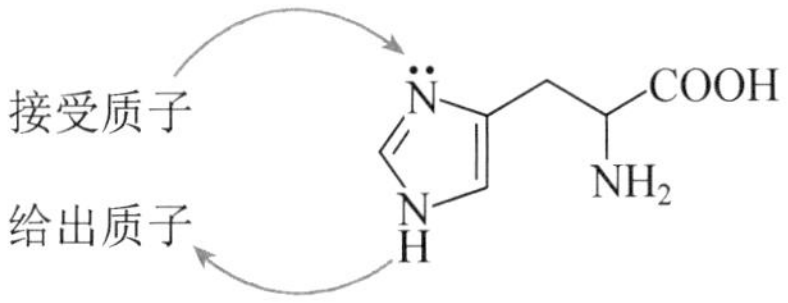

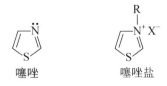

接受质子

给出质子

组氨酸

（五）噻唑

噻唑可以看作是噻吩 3 位的 CH 被氮原子置换而生成的杂环化合物。噻唑氮原子具有亲核性，可以发生烷基化生成噻唑盐。在硫胺素（VB_1）焦磷酸辅酶分子中有噻唑盐的结构。

噻唑　　　　　　　　噻唑盐

四、稠杂环化合物

杂环与杂环稠合或苯环与杂环稠合而成的化合物总称为稠杂环化合物。常见的稠杂环化合物有嘌呤、吲哚、喹啉等。本节简要介绍嘌呤及其衍生物的主要性质。

嘌呤（purine）是由嘧啶环和咪唑环稠合而成，它的多种衍生物在生物的生命过程中起着重要的作用。嘌呤为白色固体，熔点 216~217℃，溶于水，水溶液呈中性。嘌呤可分别与酸或碱生成盐。嘌呤存在两个互变异构体，在生物体内平衡偏向于 9H 形式。

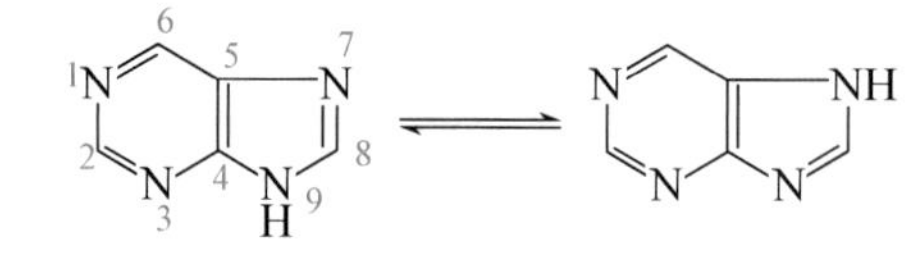

9H-嘌呤(9H-purine)　　　7H-嘌呤

嘌呤衍生物广泛分布在动植物中,如腺嘌呤(adenine)、鸟嘌呤(guanine)均为核酸的碱基。

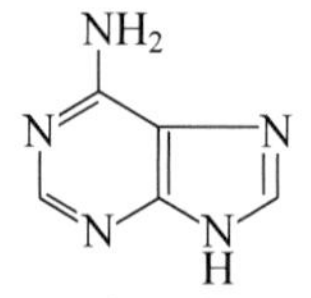

腺嘌呤 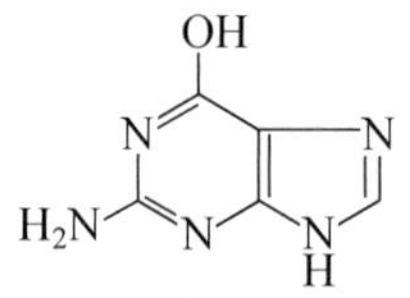　　　　　　　　鸟嘌呤

次黄嘌呤、黄嘌呤和尿酸是腺嘌呤与鸟嘌呤在体内的代谢产物,存在于动物肝脏、血和尿中。尿酸具有酮式和烯醇式两种互变异构体,在生理 pH 范围内以酮式结构为主。

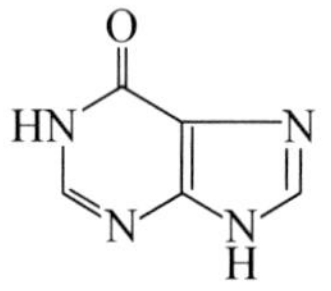

次黄嘌呤 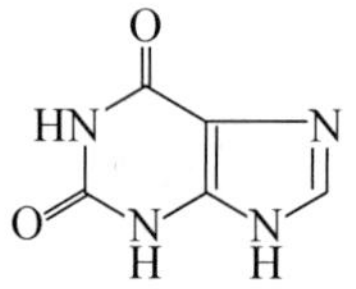　　　　　　　　黄嘌呤

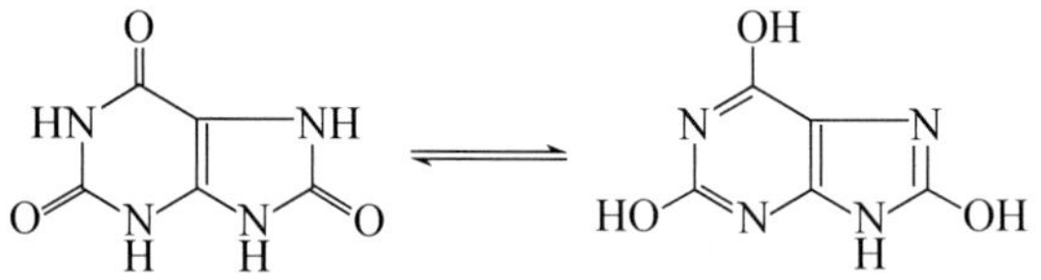

尿酸(酮式)　　　　　　尿酸(烯醇式)

尿酸是白色结晶,难溶于水,酸性很弱,可与强碱成盐。尿酸在体内以盐的形式存在时溶解度较大,由尿排出,健康人每天的排泄量为 0.5~1.0g,但在嘌呤代谢发生障碍时,血和尿中尿酸量增加,严重时形成尿结石。血中尿酸含量过多时,可沉积在关节处,严重者导致痛风病。

磺胺类药物

磺胺(sulfanilamide,SN)是 1935 年问世的第一个治疗全身性细菌感染的特效药,它开创了化学治疗的新纪元。磺胺类药物(sulfa drug)的基本结构是对氨基苯磺酰胺,简称磺胺。结构如下:

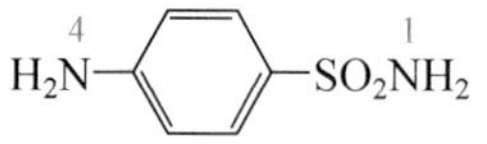

$$H_2N-\text{〇}-SO_2NH_2$$

在磺胺分子中,有氨磺酰基($-SO_2NH_2$)和 4-位的氨基两个重要基团,这两个基团必须处在苯环的对位才具有抑菌作用。研究发现,当 N_1 上的氢原子被一些杂环基团取代后,磺胺的抑菌作用会不同程度地增强;而当 N_4 上的氢原子被其他基团取代后,则会降低甚至丧失其抑菌作用。因此大多数磺胺类药物是不同杂环取代磺胺 N_1 位上的一个 H 原子。例如:

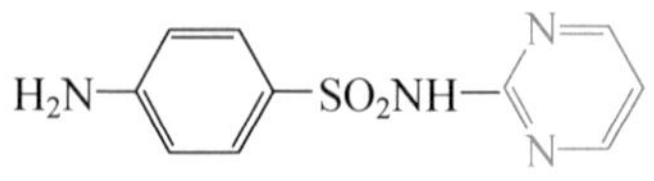

磺胺嘧啶

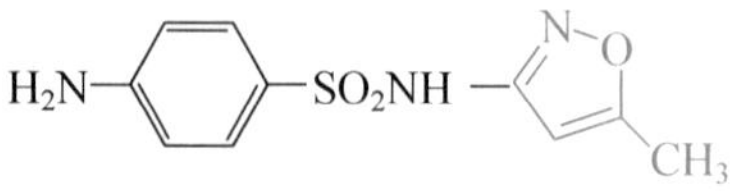

磺胺甲基异噁唑

磺胺类药物具有广谱抑菌作用,是因为磺胺类药物与细菌生长所必需的对氨基苯甲酸（p-aminobenzoic acid,**PABA**）的结构(分子大小和电荷分布)极为相似,因此能产生竞争性拮抗作用,干扰细菌的酶系统对 **PABA** 的利用。

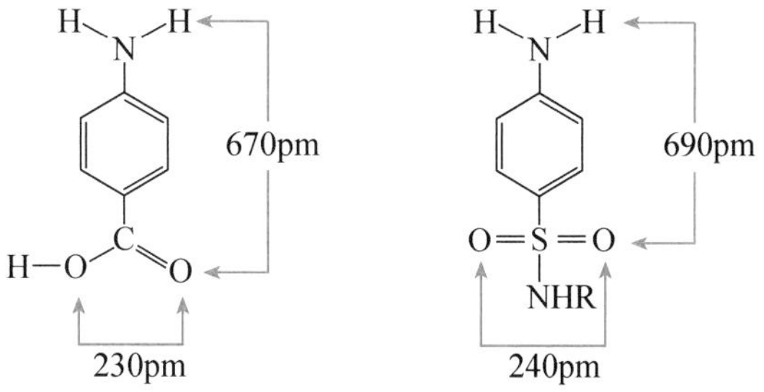

| 对氨基苯甲酸 | 磺胺 |

第二节 | 维生素

一、维生素的概念和分类

维生素（vitamin）是维持人体正常代谢功能不可缺少的微量有机化合物。维生素不是构成机体组织和细胞的成分,也不会产生能量,它的作用主要是调节物质代谢、促进生长发育和维持生理功能;大多数的维生素机体不能合成或合成量不足,必须从食物中获得;维生素通常以维生素原(维生素前体)的形式存在于食物中;人体对维生素的需要量很小,日需要量常以毫克(mg)或微克(μg)计,但如果机体长期缺乏某种维生素就会导致相应的维生素缺乏症。

维生素按照在油脂中和水中的溶解性不同可以大致分为脂溶性维生素和水溶性维生素两类,然后将功能相近的归为一族,如 A 族、B 族、C 族等。如果同一族里包含有多种维生素,通常命名时按其结构标上 1、2、3 等数字加以区分。脂溶性维生素包括维生素 A、维生素 D、维生素 E 和维生素 K。水溶性维生素包括维生素 B_1、维生素 B_2、维生素 B_6、维生素 B_{12}、维生素 C、烟酸和烟酰胺、泛酸、生物素、叶酸等。

二、脂溶性维生素

脂溶性维生素在体内的排泄较慢,摄入量过多会在体内蓄积而导致中毒。

(一) 维生素 A

维生素 A 分子中的双键为全反式构型,有维生素 A_1(视黄醇,retinol) 和维生素 A_2(脱氢视黄醇)。从化学结构上比较,维生素 A_2 在环上比维生素 A_1 多 1 个双键,其生理活性仅为维生素 A_1 的 40%。一般维生素 A 是指维生素 A_1。

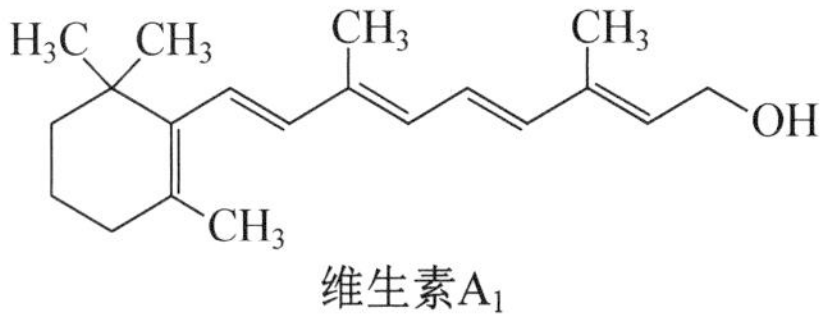

维生素A_1 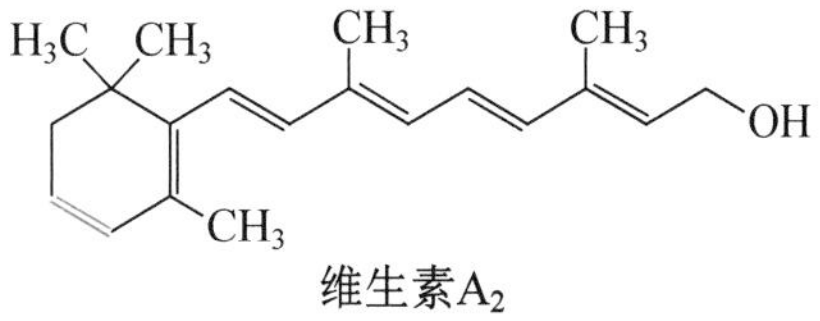　　　　　　　　　　　维生素A_2

维生素 A 对人体有非常重要的生理作用,主要表现在:参与视色素的合成;维持黏膜及上皮组织细胞的正常功能;是重要的自由基清除剂;促进人体的生长、发育,提高机体免疫力。机体如果长期缺乏维生素 A,可引起夜盲、眼干燥症及角膜软化症。但若过量摄入维生素 A 会出现恶心、头痛、皮疹等中毒症状。

维生素 A 存在于动物性食品如肝、蛋、奶中,尤以海洋鱼类的鱼肝油中含量最为丰富。存在于植物性食品如胡萝卜、红辣椒、菠菜等有色蔬菜和动物性食品中的各种类胡萝卜素,在体内可部分地转化为维生素 A,其中最重要的为 β-胡萝卜素(β-carotene)。

(二) 维生素 D

维生素 D(简称 VD),是类固醇的衍生物,最重要的是维生素 D_2 和维生素 D_3。前者由麦角甾醇经紫外线照射生成,后者由 7-脱氢胆固醇经紫外线照射合成(见第十六章第三节)。

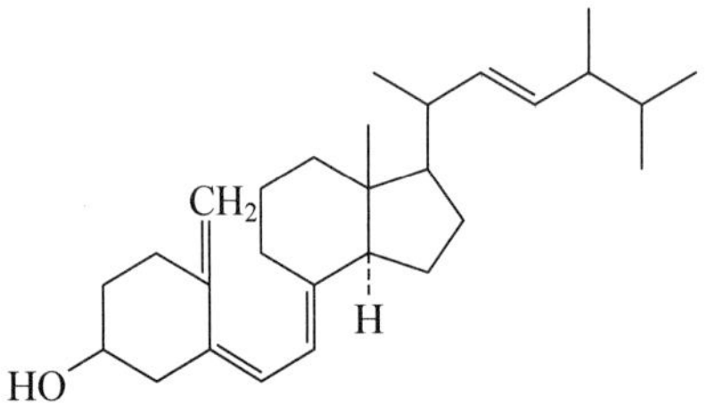

维生素D_2 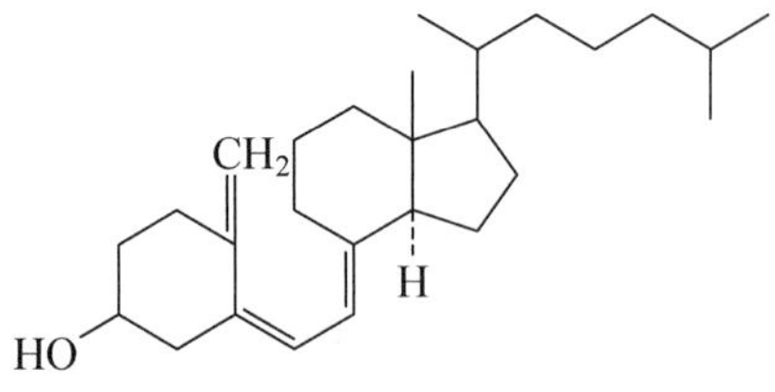   维生素D_3

维生素 D 的主要功用是促进肠道钙结合蛋白的合成,增强小肠黏膜细胞对钙和磷的吸收,提高血钙、血磷浓度,促进钙的更新及新骨生成。维生素 D 还有促进皮肤细胞生长、分化及调节免疫功能等作用。缺乏维生素 D 的儿童可患佝偻病,成人患骨质软化症。

维生素 D 主要存在于海鱼、动物肝、蛋黄、奶油、蘑菇等食物中,鱼肝油中含量高。

(三) 维生素 E

维生素 E 是与生殖功能有关的一类维生素,又称生育酚(tocopherol)。天然存在的维生素 E 为几种生育酚的混合物,主要以 α-生育酚为主,且其生理活性也最高。α-生育酚结构式如下:

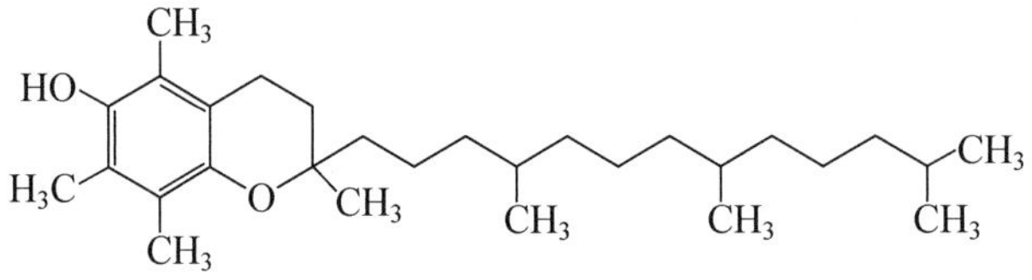

α-生育酚

维生素 E 遇光色泽变深,对氧敏感,易被氧化,故在体内可保护其他可被氧化的物质(如不饱和脂肪酸,维生素 A),是一种有效的天然抗氧化剂。维生素 E 对人体的生理功效主要表现在:参与多种酶活动,维持和促进生殖功能,提高机体免疫功能;具有抗氧化、抗衰老作用;降低血清胆固醇水平,防止动脉粥样硬化。因为不少食物中含维生素 E,故几乎没有发现维生素 E 缺乏引起的疾病。

维生素 E 主要存在于植物油、麦胚、硬果、种子类、豆类及其他谷类中。肉、鱼类等动物食品、水果和蔬菜中含量少。

(四) 维生素 K

维生素 K 是 2-甲基-1,4-萘醌的衍生物,包括维生素 K_1、维生素 K_2、维生素 K_3 和维生素 K_4,这些衍生物的区别在于 3 位上取代基的不同。维生素 K 具有凝血功能,又称为凝血维生素。

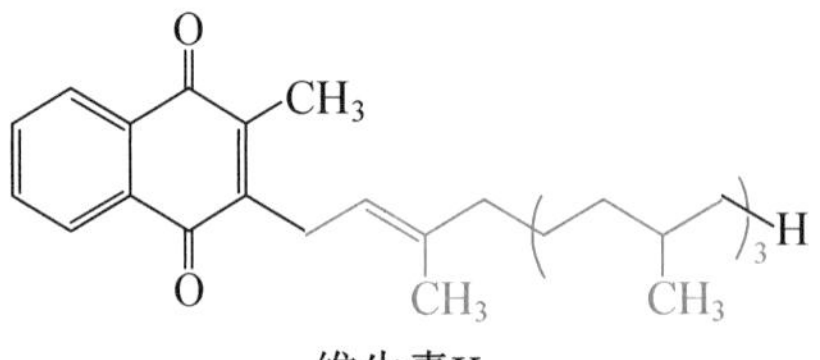

维生素K_1 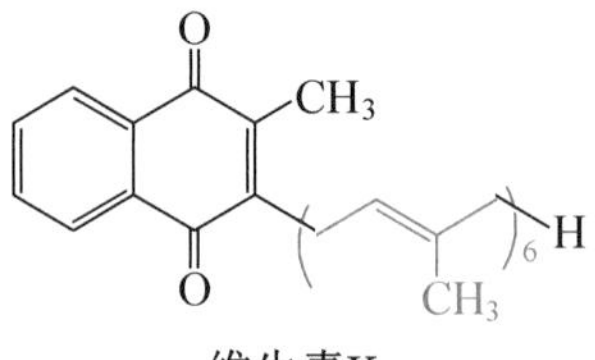   维生素K_2

维生素 K 的生理功能主要是加速血液凝固,促进肝脏合成凝血酶原所必需的因子。维生素 K 缺乏会引起凝血功能障碍,出现全身多部位出血,甚至颅内出血、死亡。新生儿的维生素 K 往往呈现不足。婴儿维生素 K 缺乏是儿童死于颅内出血主要原因之一。健康成人一般不会出现原发性维生素 K 缺乏。

维生素 K 主要存在于菠菜、卷心菜等深绿色蔬菜中,动物的肉、蛋、奶以及富含乳酸菌的食品中含量也较丰富。

三、水溶性维生素

水溶性维生素包括 B 族维生素和维生素 C 等。B 族维生素包括维生素 B_1、维生素 B_2、烟酸和烟酰胺、泛酸、维生素 B_6、生物素、叶酸和维生素 B_{12} 等。

（一）维生素 B_1

维生素 B_1 又称硫胺素（thiamine）。从结构上看，它含有 1 个嘧啶环，并通过 1 个甲又基和 1 个噻唑环相连。它在体内的辅酶形式为硫胺素焦磷酸（thiamine pyrophosphate，TPP）。

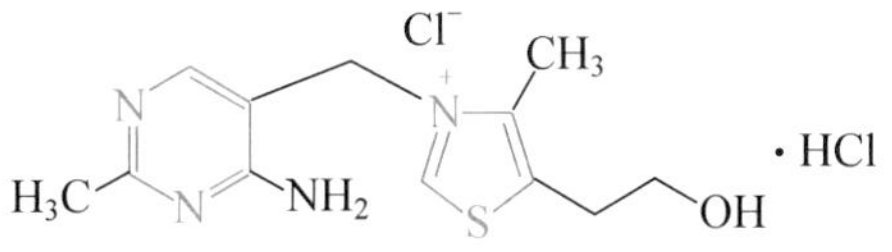

盐酸硫胺素

维生素 B_1 的生理功能体现在：参与糖的代谢，促进能量代谢，维持神经与消化系统的正常功能。维生素 B_1 长期摄入不足会出现周围神经炎、水肿、心肌变性等。还会引起情绪急躁、精神惶恐、健忘等。

含维生素 B_1 丰富的食物有谷类、豆类、酵母、干果、动物内脏、蛋类、瘦肉、乳类、蔬菜和水果等。

（二）维生素 B_2

维生素 B_2 又称核黄素（riboflavin），为含有核糖醇侧链的异咯嗪（或苯并蝶啶）衍生物。

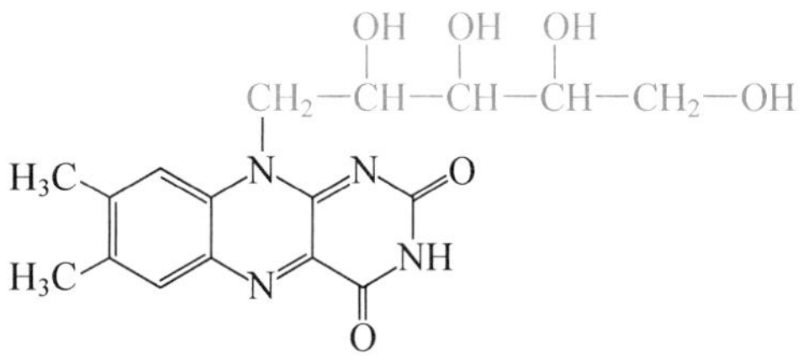

维生素B_2

维生素 B_2 在生物体内的氧化还原过程中起传递氢的作用，能广泛参与体内各种氧化还原反应。因此维生素 B_2 能促进糖、脂肪和蛋白质的代谢，对维持皮肤、黏膜、视觉的正常功能均有一定的作用。维生素 B_2 缺乏时，主要表现为口角炎、舌炎、口腔炎、眼结膜炎、脂溢性皮炎和视物模糊等症状。

维生素 B_2 含量较高的食物有奶类及其制品、动物肝肾、蛋黄、鱼、胡萝卜、香菇、紫菜、芹菜、柑、橘等。

（三）维生素 B_6

维生素 B_6 又称抗皮炎维生素是吡啶的衍生物，包括吡哆醇、吡哆醛和吡哆胺。

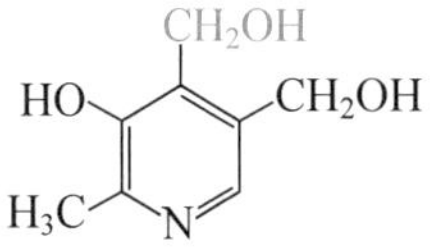

吡哆醇 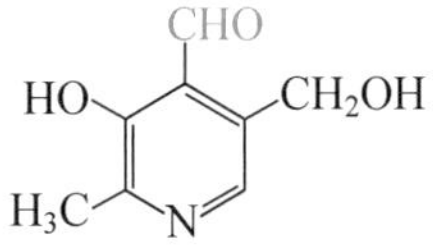　　　　　　　　吡哆醛 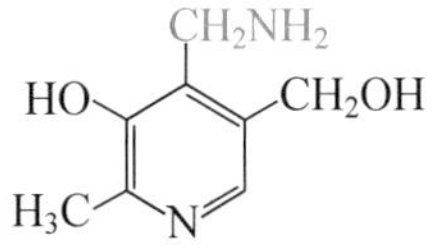　　　　　　　　吡哆胺

维生素 B_6 与氨基酸代谢密切相关，作为辅酶参与氨基酸的转氨基、脱羧和消旋等反应。缺乏维生素 B_6 可表现为呕吐、中枢神经兴奋等症状。

维生素 B_6 广泛分布在牛乳、肉、肝、蛋黄、谷物和蔬菜等许多食物中。人体肠道菌群可大量合成维生素 B_6。

（四）维生素 B_{12}

维生素 B_{12} 结构复杂，含有类似于卟吩的环系，但其中 2 个吡咯环之间少了 1 个甲基亚基。由于分子中含有钴元素，因此维生素 B_{12} 又称为钴胺素。它是唯一含有金属元素的维生素。

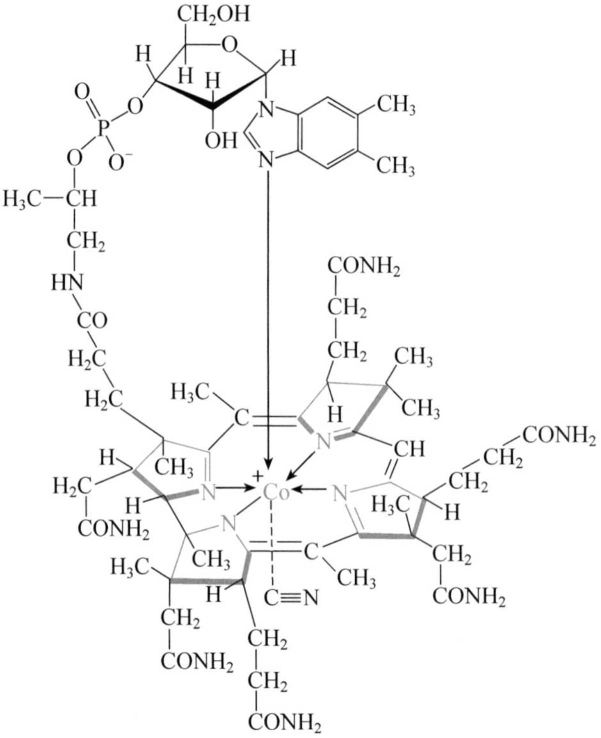

维生素B₁₂

维生素 B$_{12}$ 可促进红细胞的发育和成熟,使机体造血功能处于正常状态,预防恶性贫血;促进糖、脂肪和蛋白质代谢及促进蛋白质、核酸的生物合成。维生素 B$_{12}$ 严重缺乏会导致恶性贫血及精神抑郁、记忆力下降等神经系统疾病。

人类维生素 B$_{12}$ 的来源主要是动物性食品(如内脏、肉类、贝壳类、蛋类、牛奶及奶制品)。维生素 B$_{12}$ 也可由多种微生物合成,但在植物中含量极少。

(五) 维生素 C

维生素 C 又名抗坏血酸(ascorbic acid),是含有烯二醇结构的糖酸内酯。天然的有生理活性的维生素 C 是 *L*-构型,*D*-异构体的活性仅为 *L*-异构体的 10%。

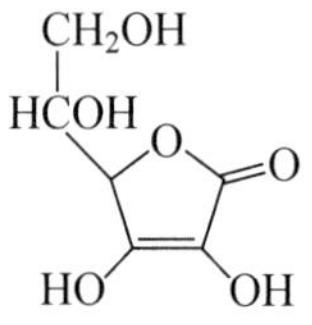

L-抗坏血酸 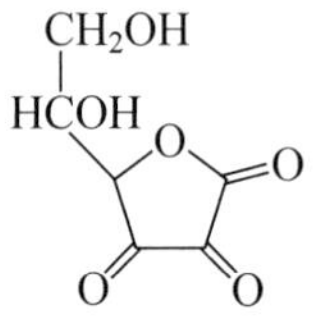   *L*-去氢抗坏血酸

维生素 C 中两个烯醇式羟基极易被氧化,产物是去氢抗坏血酸。维生素 C 和维生素 E 一样是很好的天然抗氧化剂。维生素 C 可阻止生物体内由自由基引起的氧化反应。维生素 C 可防治坏血病,保护牙齿、骨骼,增加血管壁弹性。维生素 C 是最容易缺乏的维生素之一。缺乏维生素 C 有可能导致患坏血病,表现为疲劳、倦怠、容易感冒。典型症状是牙龈出血、牙床溃烂、牙齿松动,毛细血管脆性增加。

维生素 C 主要存在于新鲜水果和蔬菜中。

(六) 烟酸和烟酰胺

烟酸和烟酰胺又称为维生素 PP(即预防癞皮病因子),抗糙皮病维生素。

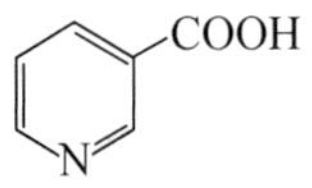

烟酸 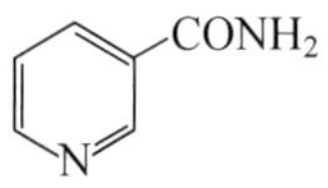   烟酰胺

烟酰胺是构成辅酶Ⅰ（NAD）和辅酶Ⅱ（NADP）的成分，它们都是脱氢酶的辅酶。在体内参与葡萄糖的降解、类脂化合物代谢、丙酮酸代谢、戊糖合成以及高能磷酸键的形成等。烟酸缺乏会患癞皮病，表现为皮炎、腹泻和痴呆。但大剂量的烟酸对人体有一定的伤害，可引起糖尿病、肝损害以及消化性溃疡等。

富含烟酸的食物有动物肝脏与肾脏、瘦肉、鱼、卵、麦制品、花生、梨、枣、无花果等。

（七）泛酸

泛酸（pantothenic acid）由 β-丙氨酸与 2,4-二羟基-3,3-二甲基丁酸结合而成。

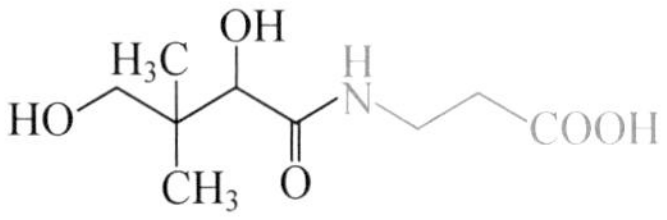

泛酸

泛酸是辅酶 A 的组成部分。人体中各种氨基酸、脂肪、糖等代谢转化中产生的乙酸都是通过乙酰辅酶 A 进入代谢过程，并得以氧化分解。泛酸轻度缺乏可致疲乏、食欲差、消化不良、易感染等症状，重度缺乏则会引起肌肉协调性差、肌肉痉挛、胃肠痉挛、脚部灼痛感。

泛酸广泛分布于肉类、动物肾脏与心脏、谷类、麦芽与麸子、绿叶蔬菜、啤酒酵母、坚果、糖蜜等食物中。

（八）生物素

生物素（biotin）分子中包括氢化噻吩并咪唑啉酮和戊酸。

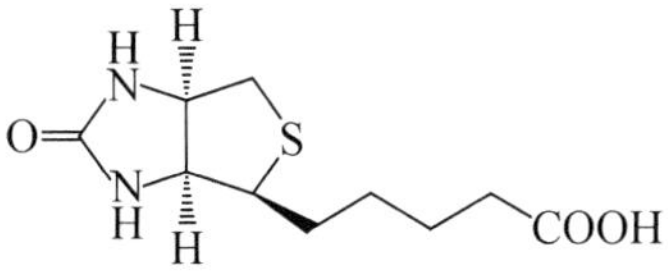

生物素

生物素是许多羧化酶的辅基，是脂肪和蛋白质正常代谢不可缺少的物质。动物缺乏生物素时，则会发育缓慢、皮肤损伤、体内蛋白质和脂肪代谢紊乱。

生物素广泛存在于牛奶、水果、啤酒酵母、牛肝、蛋黄、动物肾脏、糙米等食物中。人体肠道细菌能合成生物素供人体需要。

（九）叶酸

叶酸（folic acid）因在植物绿叶中含量丰富而得名。它是由 2-氨基-4-羟基-6-甲基蝶啶、对氨基苯甲酸和谷氨酸三部分构成。

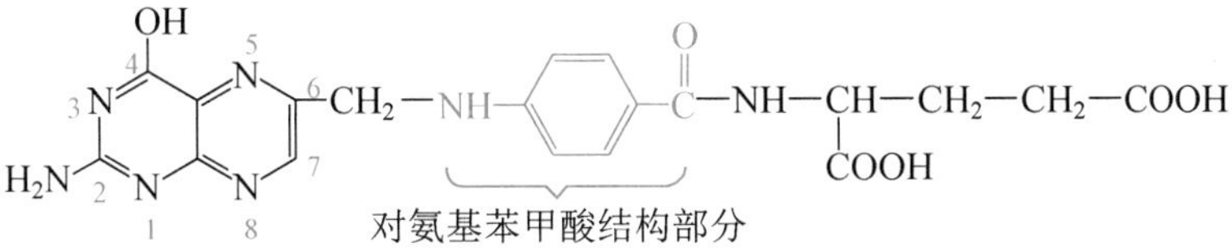

叶酸

叶酸是蛋白质和核酸合成的必需因子，在细胞分裂和增殖中起重要作用。叶酸参与血红蛋白结构中卟啉基的形成、红细胞和白细胞的快速增生、体内多种氨基酸的转化、大脑中长链脂肪酸（如 DHA）的代谢、肌酸和肾上腺素的合成、胆碱的合成等。一般食物中虽然叶酸含量很丰富，但烹饪过程，特别是将食物置于水中烹煮过久，能将大部分叶酸破坏，因此叶酸是最容易缺乏的维生素之一。婴儿、孕妇缺乏叶酸会引起贫血。孕妇在妊娠早期如缺乏叶酸，发生婴儿畸形的可能性较大。膳食中缺乏叶酸易引起动脉硬化、诱发结肠癌和乳腺癌等。

叶酸在许多食物中都存在，绿色蔬菜中尤为丰富，动物的肝、肾中含量也很多。在谷物、肉类、蛋类中含量少些。人类肠道微生物可合成部分叶酸。

习题

15-3 命名下列化合物。

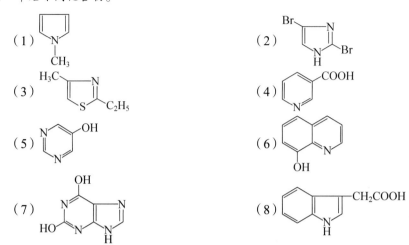

15-4 什么是维生素？维生素是如何分类的？

15-5 将下列化合物按碱性由强到弱排列顺序。

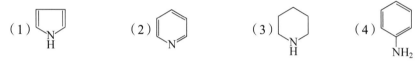

15-6 比较下列各化合物中不同氮原子的碱性强弱。

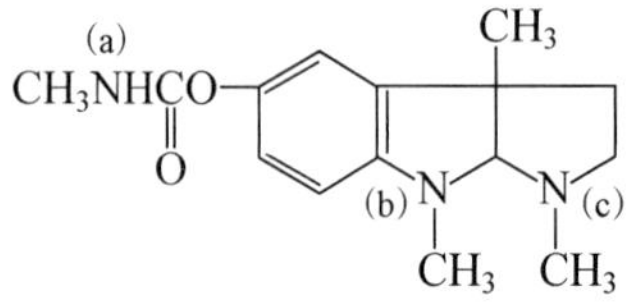

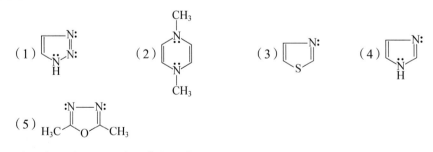

15-7 下列各杂环化合物哪些具有芳香性？在具有芳香性的杂环化合物中,指出参与共轭体系的孤对电子。

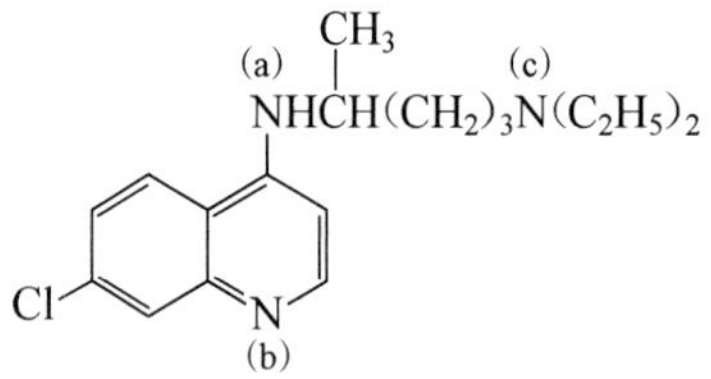

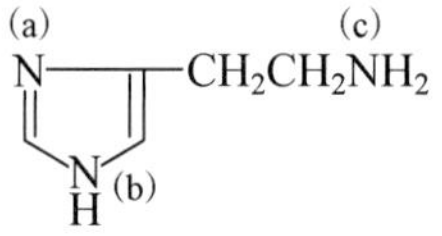

（1） （2） （3） （4）

（5）

15-8 试比较吡咯、吡啶、苯的亲电取代反应活性大小。

15-9 写出下列反应式。

（1） 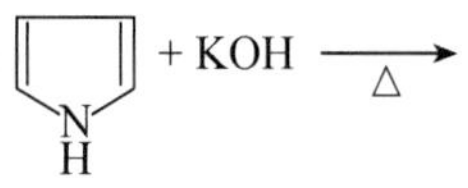 + KOH $\xrightarrow{\triangle}$

（2） 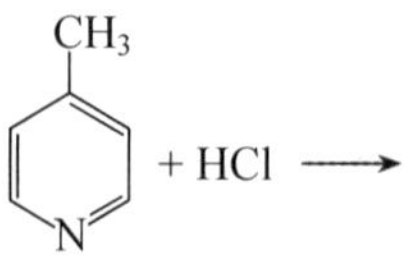 + HCl $\longrightarrow$

（3） + KMnO₄ $\xrightarrow{\triangle}$

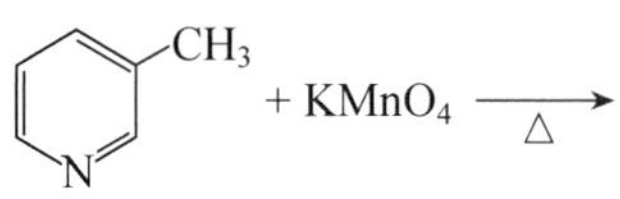

（4） + C₆H₅CH₂Cl $\longrightarrow$

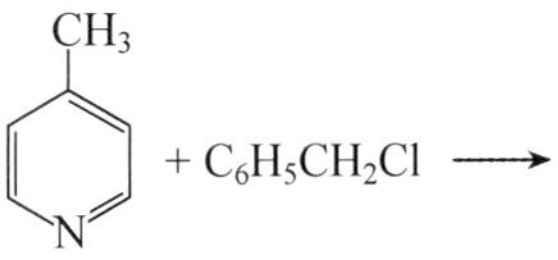

（罗美明）

本章思维导图　　　　本章目标测试

第三篇

重要的生物有机化合物

第十六章 | 类脂化合物

类脂化合物广泛地存在于生物体内,是一类在化学组成、分子结构和生理功能上有较大差异,但都具有脂溶性的有机化合物,其种类繁多,主要有油脂、磷脂、甾族化合物和萜类化合物等。类脂化合物可以用乙醚、氯仿和苯等弱极性或非极性有机溶剂从动植物组织中提取。

类脂化合物具有重要的生理功能。动物体内油脂的氧化是机体新陈代谢重要的能量来源;油脂还能溶解许多脂溶性生物活性物质,能够促进机体对脂溶性维生素 A、D、E、K 和胡萝卜素等的吸收;皮下脂肪可以保持体温,脏器周围的脂肪对内脏有保护作用。有些类脂化合物如磷脂、胆固醇是构成细胞膜的重要物质,与细胞的正常生理及代谢活动有密切的关系;有些类脂化合物是生物体内的激素,具有调节代谢、控制生长发育的功能。此外,类脂化合物作为细胞表面物质,还与细胞识别、种属特异性和组织免疫等都有密切关系。

本章重点讨论油脂、磷脂、甾族化合物以及萜类化合物的组成、结构和性质。

第一节 | 油 脂

一、组成、结构和命名

油脂(lipid)是油(oil)和脂肪(fat)的总称。常温下呈固态或半固态的油脂称为脂肪,呈液态的称为油。由一分子甘油与三分子高级脂肪酸所形成的酯,称为三酰甘油(triacylglycerol)或甘油三酯(triglyceride)。天然油脂分子中的三个高级脂肪酰基不同,其分子具有手性,为 L-构型,结构通式如下:

$$R^2-\overset{\overset{\displaystyle O}{\|}}{C}-O \underset{\underset{\displaystyle CH_2-O-\overset{\overset{\displaystyle O}{\|}}{C}-R^3}{\overset{\displaystyle CH_2-O-\overset{\overset{\displaystyle O}{\|}}{C}-R^1}{|}}{\underset{|}{H}}$$

三酰甘油(甘油三酯)

天然油脂是各种三酰甘油的混合物。在天然油脂中已发现的脂肪酸(fatty acid)有几十种,一般为含 12 至 20 之间偶数个碳原子的直链饱和脂肪酸与不饱和脂肪酸。饱和脂肪酸以软脂酸和硬脂酸在动物脂肪中含量较多。来自植物的脂肪酸中,不饱和脂肪酸含量较多,主要有油酸、亚油酸、亚麻酸和花生四烯酸。二十碳五烯酸(EPA)和二十二碳六烯酸(DHA)主要来自鱼油和海食品。

EPA 〜〜〜〜〜〜COOH

DHA 〜〜〜〜〜〜〜COOH

绝大多数天然存在的不饱和脂肪酸中的双键是顺式构型,高等植物的油脂中不饱和脂肪酸含量高于饱和脂肪酸。油脂中常见的脂肪酸见表 16-1。

表 16-1 油脂中常见的脂肪酸

习惯名称	系统名称	结构式
月桂酸 lauric acid	十二碳酸 dodecanoic acid	$CH_3(CH_2)_{10}COOH$
软脂酸 palmitic acid	十六碳酸 hexadecanoic acid	$CH_3(CH_2)_{14}COOH$
硬脂酸 stearic acid	十八碳酸 octadecanoic acid	$CH_3(CH_2)_{16}COOH$
油酸 oleic acid	(9Z)-十八碳烯酸 (9Z)-octadecenoic acid	$CH_3(CH_2)_7CH=CH(CH_2)_7COOH$
亚油酸 linoleic acid	(9Z,12Z)-十八碳二烯酸 (9Z,12Z)-octadecdienoic acid	$CH_3(CH_2)_4(CH=CHCH_2)_2(CH_2)_6COOH$
α-亚麻酸 α-linolenic acid	(9Z,12Z,15Z)-十八碳三烯酸 (9Z,12Z,15Z)-octadectrienoic acid	$CH_3CH_2(CH=CHCH_2)_3(CH_2)_6COOH$
γ-亚麻酸 γ-linolenic acid	(6Z,9Z,12Z)-十八碳三烯酸 (6Z,9Z,12Z)-octadectrienoic acid	$CH_3(CH_2)_4(CH=CHCH_2)_3(CH_2)_3COOH$
花生四烯酸 arachidonic acid	(5Z,8Z,11Z,14Z)-二十碳四烯酸 (5Z,8Z,11Z,14Z)-eicosabutenoic acid	$CH_3(CH_2)_4(CH=CHCH_2)_4(CH_2)_2COOH$
EPA	(5Z,8Z,11Z,14Z,17Z)-二十碳五烯酸 (5Z,8Z,11Z,14Z,17Z)-eicosapentaenoic acid	$CH_3CH_2(CH=CHCH_2)_5(CH_2)_2COOH$
DHA	(4Z,7Z,10Z,13Z,16Z,19Z)-二十二碳六烯酸 (4Z,7Z,10Z,13Z,16Z,19Z)-docosahexenoic acid	$CH_3CH_2(CH=CHCH_2)_6CH_2COOH$

人体可以合成大多数脂肪酸,但少数不饱和脂肪酸如亚油酸和亚麻酸不能在人体内合成,花生四烯酸虽能在体内合成,但数量不能完全满足生命活动的需求,这些人体不能合成或合成量不足,必须从食物中摄取的不饱和脂肪酸,称为必需脂肪酸(essential fatty acid)。

高级脂肪酸的名称常用俗名,如软脂酸、油酸、花生四烯酸等。高级脂肪酸的系统命名法有 Δ 编码体系、ω 编码体系和希腊字母编号体系,其各自碳原子编号次序如下:

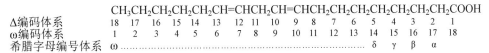

脂肪酸碳原子的三种编码体系

脂肪酸的 Δ 编码体系和 ω 编码体系有特定的命名书写原则和简写符号。例如,亚油酸的 Δ 编码体系的系统名称为 $\Delta^{9,12}$-十八碳二烯酸,简写符号 $18:2\Delta^{9,12}$,表示亚油酸有 18 个碳原子,有两个双键,双键位于从羧基碳原子开始计数的第 9 位和第 12 位;ω 编码体系的系统名为 $\omega^{6,9}$-十八碳二烯酸,简写符号 $18:2\omega^{6,9}$,表示有 18 个碳原子,有两个双键,双键位于甲基端数起第 6 位和第 9 位。硬脂酸分子中无双键,简写符号为 18:0。人体内的不饱和脂肪酸按 ω 编码体系分为 ω-3 族(如 α-亚麻酸)、ω-6 族(如亚油酸)和 ω-9 族(如油酸),其中 3,6,9 表示在 ω 编码体系中,第一个双键的位置。

在体内,族内的不饱和脂肪酸可以相互转化,而不同族的脂肪酸不能相互转化。不同动植物体内各族多烯脂肪酸的分布不同,植物油中的多烯脂肪酸主要为 ω-6 族,海生动物及鱼油的油脂中多烯脂肪酸主要为 ω-3 族。ω-3 族多烯脂肪酸对于心血管疾病的防治有重要作用。居住在北极圈内因纽特人的膳食以鱼、肉为主,脂肪和胆固醇摄入量都很高,但冠心病、糖尿病的发生率和死亡率都远低于其他地区的人群。经研究发现,其大量摄入的鱼油中富含 EPA 和 DHA,有增加高密度脂蛋白的作用,而高密度脂蛋白被称为血管"清道夫",可清除沉积在血管壁上的胆固醇。此外,EPA 和 DHA 还有抑制血小板聚集、降低血黏度和扩张血管等作用。

甘油酯（glyceride）是甘油与脂肪酸形成的酯。按照酰基的数目，习惯分成甘油三酯和 1-甘油单酯或 2-甘油单酯。对具体甘油酯的名称，使用单-、双（二）-或叁（三）-O-酰基甘油（tri-O-acylglycerol）。甘油作为俗名在天然产物中是优先使用的名称。例如：

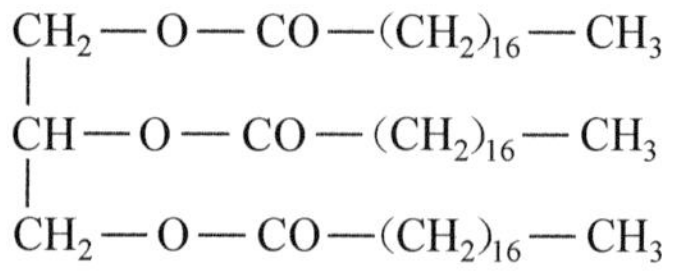

$$CH_2—O—CO—(CH_2)_{16}—CH_3$$
$$CH—O—CO—(CH_2)_{16}—CH_3$$
$$CH_2—O—CO—(CH_2)_{16}—CH_3$$

叁-O-十八烷酰基甘油（甘油叁十八烷酸酯）
（tri-O-octadecanoylglycerol）

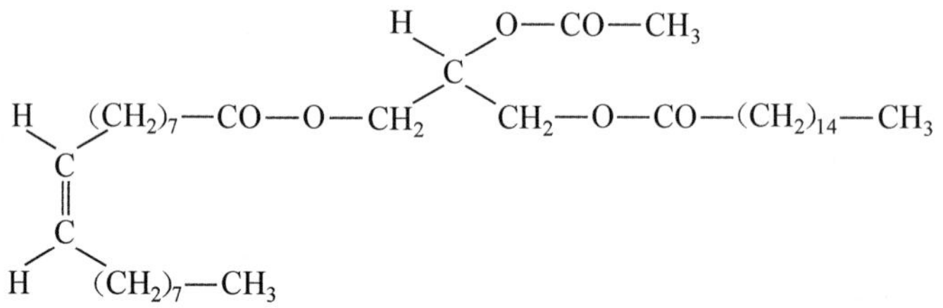

2-O-乙酰基-1-O-十六烷酰基-3-O-(9Z)-十八碳-9-烯酰基甘油
（2-O-acetyl-1-O-hexadecanoyl-3-O-(9Z)-octadec-9-enoylglycerol）

二、物理性质

纯净的油脂是无色、无臭、无味的中性化合物。大多数天然油脂含有少量色素、游离脂肪酸、磷脂和维生素等物质。油脂的密度均小于 $1g·cm^{-3}$，不溶于水，微溶于低级醇，易溶于乙醚、氯仿、苯和石油醚等有机溶剂。

天然油脂是多种成分的混合物，无恒定的熔点和沸点。油脂熔点的高低取决于构成油脂的不饱和脂肪酸的比例，含不饱和脂肪酸比例较高的油脂流动性高，熔点低，常温下呈液态。这是因为油脂中的不饱和脂肪酸的碳碳双键大多数是顺式构型，这种构型导致油脂分子中的碳链弯曲，使油脂分子碳链与碳链之间不能紧密接触而使作用力减小，熔点降低。花生油、玉米油、豆油、菜籽油等植物油含有较高比例的不饱和脂肪酸，故常温下呈液态；而动物脂肪如牛油、羊油、猪油等含饱和脂肪酸较多，故常温下呈固态或半固态，深海鱼油富含多种不饱和脂肪酸，因而在室温下也呈液态。

三、化学性质

（一）水解与皂化

在酸或酶的作用下，一分子三酰甘油可水解生成一分子甘油和三分子脂肪酸。油脂能在氢氧化钠或氢氧化钾碱性溶液中水解，得到甘油和高级脂肪酸钠盐或钾盐，这些盐类俗称肥皂。故油脂在碱性溶液中的水解又称皂化（saponification）反应。

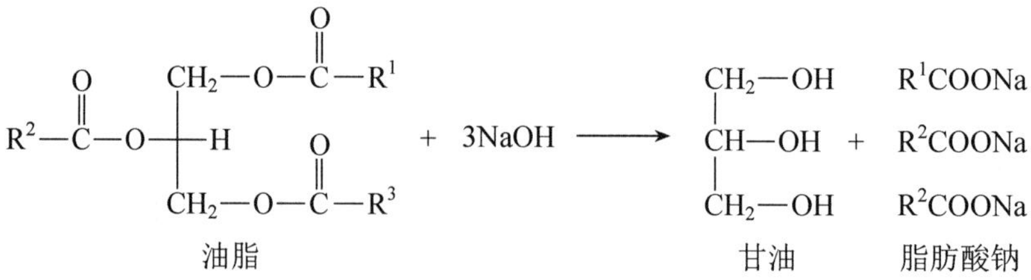

$$油脂 + 3NaOH \longrightarrow 甘油 + 脂肪酸钠$$

油脂   甘油   脂肪酸钠

1g 油脂完全皂化时所需氢氧化钾的毫克数值称为皂化值（saponification number）。根据皂化值的大小，可以判断油脂中三酰甘油的平均相对分子质量。皂化值越大，油脂中三酰甘油的平均相对分子质量越小。皂化值是衡量油脂质量的指标之一。常见油脂的皂化值见表 16-2。

表16-2　常见油脂中脂肪酸的含量、皂化值和碘值

油脂名称	软脂酸/%	硬脂酸/%	油酸/%	亚油酸/%	皂化值/(mg·100g⁻¹)	碘值/(g·100g⁻¹)
牛油	24~32	14~32	35~48	2~4	190~200	30~48
猪油	28~30	12~18	41~48	3~8	195~208	46~70
奶油	25~30	10~13	30~40	4~5	216~235	26~28
花生油	6~9	2~6	50~57	13~26	185~195	83~105
大豆油	6~10	2~4	21~29	50~59	189~194	127~138
棉籽油	19~24	1~2	23~32	40~48	191~196	103~115

人体摄入的油脂主要在小肠内进行催化水解,此过程称为消化。水解产物被吸收,进一步合成人体自身的脂肪。

(二) 加成

含有不饱和脂肪酸的三酰甘油可与氢、卤素等发生加成反应。

1. 加氢　油脂中不饱和脂肪酸的碳碳双键可催化加氢,转化成饱和脂肪酸含量较多的油脂。这一过程可使油脂由液态的油变成半固态或固态的脂,所以油脂的氢化又称"油脂的硬化"。氢化后的油脂不易变质,且便于贮藏和运输,可用作制造肥皂、脂肪酸、甘油、人造奶油等的原料。

氢化油与反式脂肪酸

相比于动物油和植物油,植物油碳链短且富含不饱和脂肪酸,所以熔点低呈液体。动物油碳链长且多为饱和脂肪酸,因此常温下是固体。那么哪一种油搭配食用更为健康呢?植物油中有人体必需的不饱和脂肪酸,亚麻酸和亚油酸。动物油则含有丰富的香味物质和脂溶性维生素。一些科学家注意到油脂氢化过程中产生反式脂肪酸(trans fatty acid),并注意到反式脂肪酸存在于人类食物的过程,正好与欧美国家的心脏病发病率增长过程相吻合。20世纪80年代就有研究发现,心脏病患者的体内反式脂肪酸的含量明显高于健康人。1990年荷兰的一项研究证明,反式脂肪酸会增加人体血液中的"坏胆固醇"即低密度脂蛋白含量,降低"好胆固醇"即高密度脂蛋白含量,从而显著增加心血管疾病风险。此后的研究又进一步证实液态植物油脂氢化过程中产生的反式脂肪酸会引发其他众多疾病,例如,容易诱发肿瘤(乳腺癌等)、哮喘、2型糖尿病、过敏等疾病,还会降低记忆力、导致肥胖、形成血栓,对胎儿体重、青少年发育也有不利影响等。

---

2. 加碘　油脂的不饱和程度可用碘值来定量衡量。碘值(iodine number)为100g油脂所能吸收碘的克数。碘值越大,表明三酰甘油中所含的双键数目越多,油脂的不饱和程度也越大。在实际测定中,由于碘与碳碳双键加成的反应速度很慢,所以常用氯化碘(ICl)或溴化碘(IBr)的冰醋酸溶液与油脂反应。常见天然油脂的碘值见表16-2。

(三) 酸败

油脂在空气中放置过久,会发生变质,产生难闻的气味,这种现象称为酸败(rancidity)。油脂的酸败是由于油脂中不饱和脂肪酸的双键在空气中氧、水分和微生物的作用下,发生氧化,生成过氧化物,这些过氧化物继续分解或氧化形成具有难闻气味的低级醛和酸等。

中和 1g 油脂中游离脂肪酸所需氢氧化钾的毫克数值称为油脂的酸值（acid number）。酸值是衡量油脂质量的重要指标之一，酸值大说明油脂中游离脂肪酸的含量较高，即酸败严重。酸败的油脂有毒性和刺激性，通常酸值大于 6.0 的油脂不宜食用。光、热或潮气可加速油脂的酸败，因此，为防止油脂的酸败，油脂应贮存于密闭容器中，放置在阴凉处，也可添加适当的抗氧化剂（如维生素 E、丁基羟基茴香醚、β-胡萝卜素等）。

药典对药用油脂的皂化值、碘值和酸值都有严格的规定。

16-1　写出三酰甘油（甘油三酯）在酸或脂肪酶作用下的水解反应式。

第二节 | 磷 脂

磷脂（phospholipid）广泛存在于动物的肝、脑、神经细胞以及植物种子中。磷脂可分为甘油磷脂和鞘磷脂两种。

一、甘油磷脂

甘油磷脂（glycerophosphatide）又称为磷酸甘油酯，结构上可看作是磷脂酸（phosphatidic acid）的衍生物。

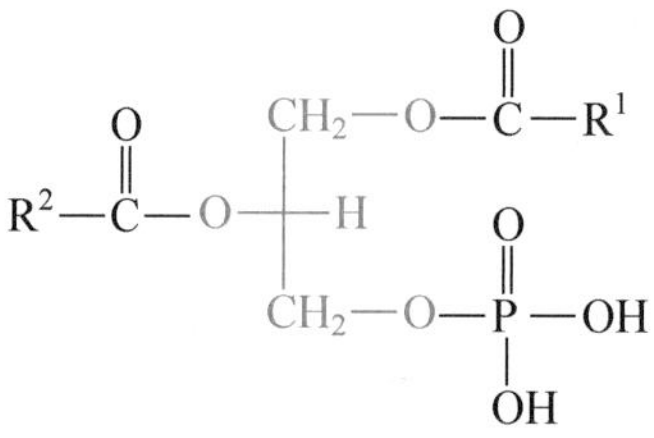

磷脂酸

天然磷脂酸中，通常 R^1 为饱和脂肪烃基，R^2 为不饱和脂肪烃基，C_2 是手性碳原子，磷脂酸有一对对映体，从自然界中得到的磷脂酸都属于 L 构型。

磷脂酸中的磷酸与其他化合物中的羟基结合，可得到各种甘油磷脂。最常见的甘油磷脂是卵磷脂（lecithin）和脑磷脂（cephalin），它们分别是由胆碱 [choline, $HOCH_2CH_2N^+(CH_3)_3OH^-$]、乙醇胺（ethanolamine, $HOCH_2CH_2NH_2$）也称胆胺，与磷脂酸结合而成的磷脂（表 16-3）。

表 16-3　常见的甘油磷脂

名称	结构式	性质	来源
卵磷脂（磷脂酰胆碱）	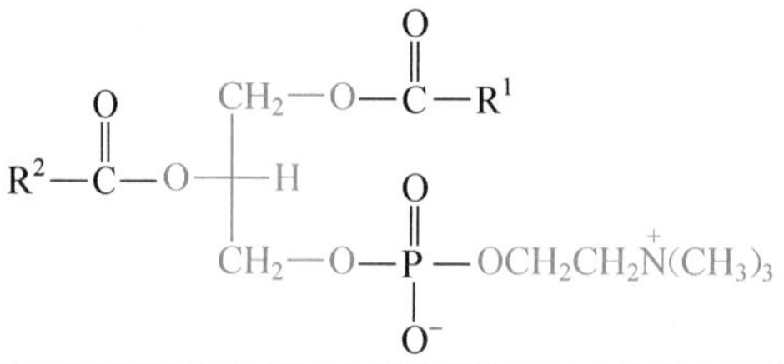	白色蜡状物质，在空气中放置易变成黄色或棕色。不溶于水及丙酮，易溶于乙醇、乙醚及氯仿。	脑组织、大豆，尤其在禽卵的卵黄中含量最为丰富。
脑磷脂（磷脂酰胆胺）	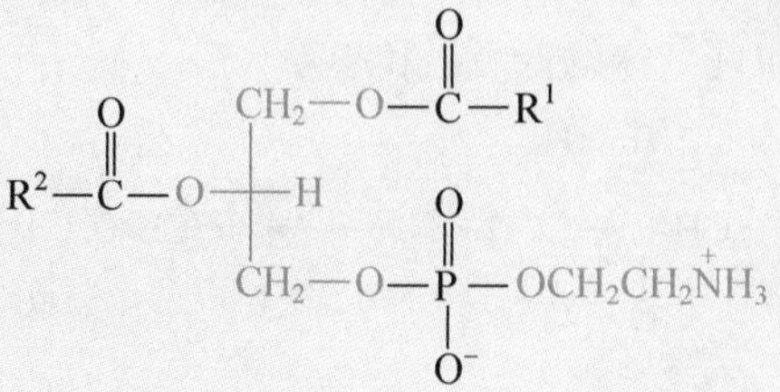	无色固体，易溶于乙醚，难溶于丙酮和冷乙醇。在空气中放置易变为棕黄色。	脑、神经组织和许多其他组织器官中，在脑组织中含量最多，在蛋黄和大豆中含量也较丰富。

卵磷脂完全水解可得到甘油、脂肪酸、磷酸和胆碱。脑磷脂完全水解可得到甘油、脂肪酸、磷酸和乙醇胺。

卵磷脂和脑磷脂分子中的磷酸残基上未酯化的羟基具有酸性,能与胆碱基(或胆胺基)发生分子内酸碱反应,形成内盐,因此,卵磷脂和脑磷脂通常都是以偶极离子的形式存在。甘油磷脂的两个长链脂肪烃基具有疏水性,而其余部分是极性基团,具有亲水性,所以甘油磷脂具有乳化(emulsification)性质。

16-2 丝氨酸的结构为 $\underset{\underset{NH_2}{|}}{HOCH_2CHCOOH}$,试写出磷脂酰丝氨酸的结构式。

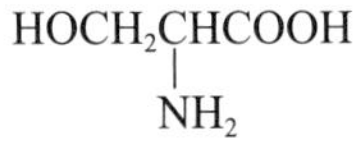

二、神经磷脂

神经磷脂又称鞘磷脂(sphingomyelin),分子中不含甘油,而含长碳链的氨基二元醇——鞘氨醇(sphingosine)。哺乳动物的神经磷脂以十八碳的鞘氨醇为主。

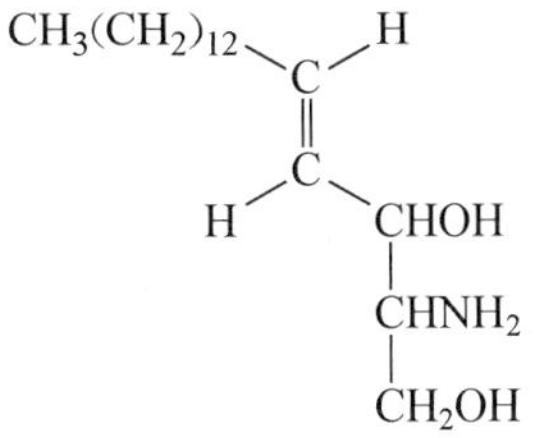

鞘氨醇 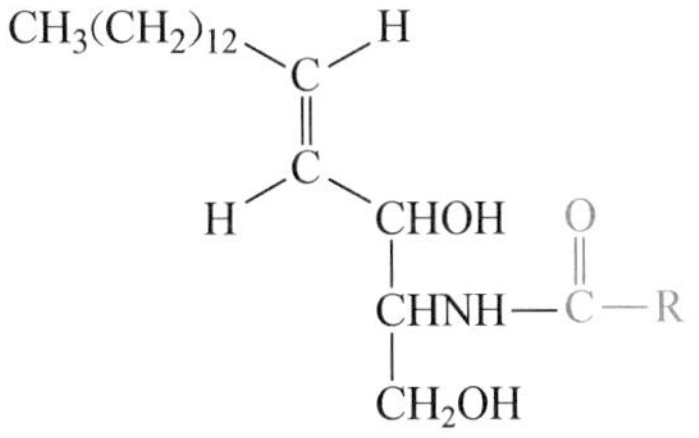　　　　　　　　神经酰胺

鞘氨醇的氨基与脂肪酸通过酰胺键结合,所得 N-脂酰化的鞘氨醇称为神经酰胺(ceramide)。神经酰胺 C_1 上的羟基与磷酰胆碱(或磷酰乙醇胺)通过磷酸酯键连接的化合物即为鞘磷脂。

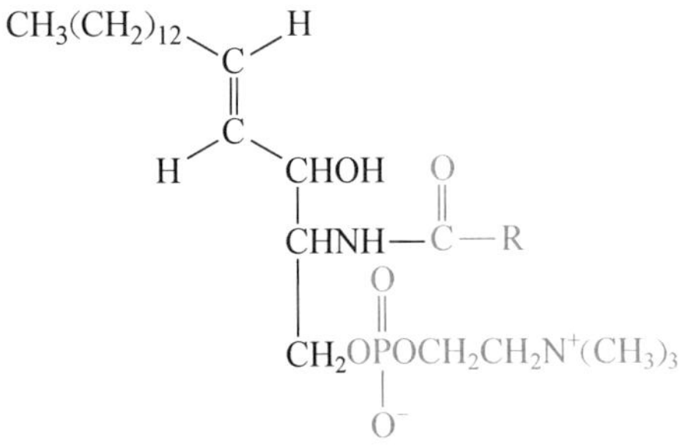

鞘磷脂

鞘磷脂有两条由鞘氨醇残基和脂肪酰基构成的疏水性长链烃基,有一个亲水性的磷酸胆碱残基,因此也具有乳化性质。鞘磷脂是白色结晶,在空气中不易被氧化,不溶于丙酮及乙醚,而易溶于热乙醇中,这是鞘磷脂与卵磷脂和脑磷脂的不同之处。鞘磷脂是细胞膜的重要成分之一,大量存在于脑和神经组织中。约有 300 种以上的鞘磷脂已在哺乳动物的细胞膜中检测出来。

三、磷脂与细胞膜

细胞膜是细胞、细胞器和其环境接界的所有膜结构的总称。细胞膜因其半通透性而成为具有高度选择性的通透屏障,具有物质运输机制。此外,细胞膜还具有信息传递和能量转换的功能。

细胞膜在化学组成上包括脂类、蛋白质、糖、水及金属离子等成分,其中脂类和蛋白质是主要成分。构成膜的脂类又以磷脂最为丰富,其次是胆固醇和糖脂。磷脂的分子结构具有亲水和疏水两部分。如甘油磷脂(图 16-1)有一条亲水的偶极离子头部和两条疏水的脂肪酸长链尾部。磷脂分子在水环境中能自发形成双层结构。极性头部与水分子之间存在静电引力而面向水相,非极性尾部则互相聚集,尽量避免与水接触,以双分子层形式排列,成为热力学上稳定的脂双分子层(图 16-2)。这种

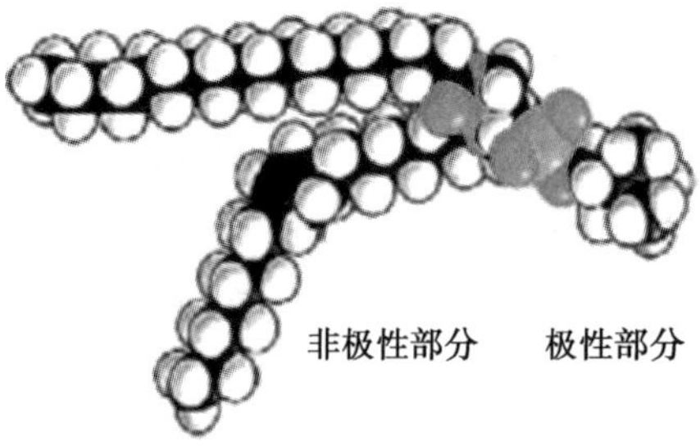

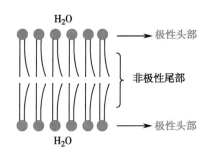

图 16-1 甘油磷脂的分子模型

图 16-2 脂双分子层结构

脂双分子层结构是细胞膜的基本构架。

受到普遍认可的细胞膜结构的模型是流体镶嵌模型,其基本内容是:膜的结构是以液态的脂质双分子层为基架,其中镶嵌着可以移动的具有各种生理功能的蛋白质。该模型的特点是强调了膜的流动性和膜的不对称性。膜的流动性包括膜脂的流动性和膜蛋白的运动性。膜脂双分子层在常温下处于液晶状态,其脂类分子能进行水平移动,或者内外侧迁移运动。膜的不对称性是指组成膜的物质分子排布是不对称的,组成膜的蛋白质分子有的镶嵌在磷脂双分子层表面,其疏水部分填入脂类双分子层内,亲水部分露在表面;有的蛋白质分子全部嵌入内部;有的贯穿整个膜,在膜的内外两侧露出一部分(图 16-3)。

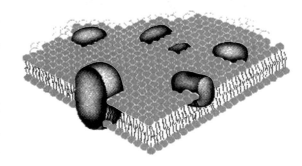

图 16-3 细胞膜的流体镶嵌模型

细胞膜适宜的流动性对维护膜的功能也是一个极为重要的条件,物质运输、信息传递和能量转换等都与脂双层分子的流动性相关,如红细胞膜具有流动性才能使膜有变形能力,从而穿越毛细血管运输氧。细胞正常代谢能够维持膜的流动性在适宜的水平,使其表现出正常的生理功能,若流动性超出了正常范围,细胞将发生病变。例如线粒体膜流动性下降导致呼吸链功能下降,通过氧化应激及脂质过氧化等损伤肝细胞,导致了酒精性肝病的发生发展。

第三节 ｜ 甾族化合物

一、结构

(一) 母核结构

甾族化合物(steroid)又称为甾体化合物或类固醇化合物,是一大类广泛存在于动植物体且具有重要生理活性的天然产物,它主要包括甾醇、胆甾酸和甾体激素等。甾族化合物共同的结构特点是都含有一个环戊烷并氢化菲的母核,其四个环自左至右分别标注为 A、B、C、D 环,环上的碳原子有固定的编号次序。大多数甾族化合物在其母核结构的 10 位和 13 位上连有甲基,称为角甲基,在 17 位上有不同长度的碳链或含氧取代基。"甾"字很形象地表示了甾族化合物基本结构的特点,其中的"田"表示四个互相稠合的环,"巛"则象征环上的三个取代基。

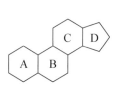

环戊烷并氢化菲

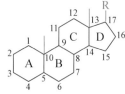

甾族化合物的母核及编号

（二）立体结构

甾族化合物骨架中环与环之间的稠合方式与十氢化萘相似。十氢化萘有顺反两种异构体,两环公用的两个碳原子上的氢原子处于环平面同侧的称为顺十氢化萘,处于异侧的称为反十氢化萘。十氢化萘的优势构象是由两个椅式环己烷稠合而成的。若将一个环当作另一个环的两个取代基,则顺-十氢化萘中的两个环以 ea 键稠合,反-十氢化萘中的两个环以 ee 键稠合。

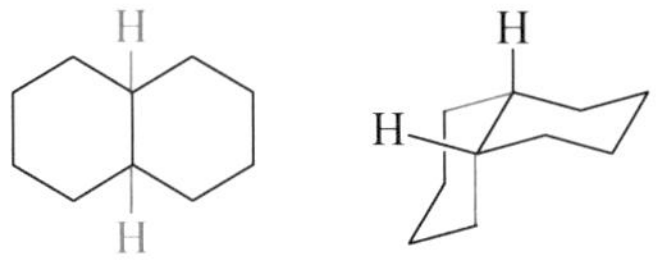

顺-十氢化萘（ea稠合）  反-十氢化萘（ee稠合）

天然甾族化合物中,B 环与 C 环及 C 环与 D 环总是反式稠合（以 B/C 反、C/D 反表示）,而 A 环与 B 环之间有顺式稠合,也有反式稠合。

根据 C_5—H 的构型,甾族化合物可分为 5α-系和 5β-系两大类。A 环和 B 环反式稠合,C_5—H 与 C_{10} 上角甲基处于环平面异侧,C_5—H 用虚线表示,为 5α-系甾族化合物;A 环和 B 环顺式稠合,C_5—H 与 C_{10} 上角甲基处于环平面同侧,C_5—H 用实线表示,称为 5β-系甾族化合物。5α-系和 5β-系甾族化合物中的 A、B 和 C 三个六元环的碳架通常是椅式构象,D 环为五元环,它具有半椅式构象。5α-系甾族化合物和 5β-系甾族化合物一般有如下构象式:

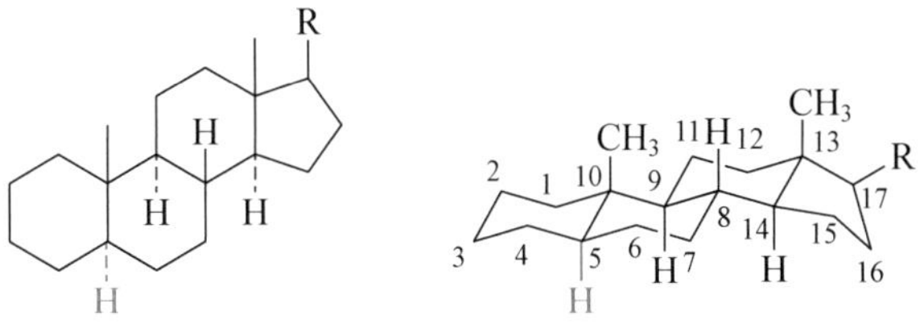

5α-系甾族化合物
A/B 反（ee 稠合）,B/C 反（ee 稠合）,C/D 反（ee 稠合）。

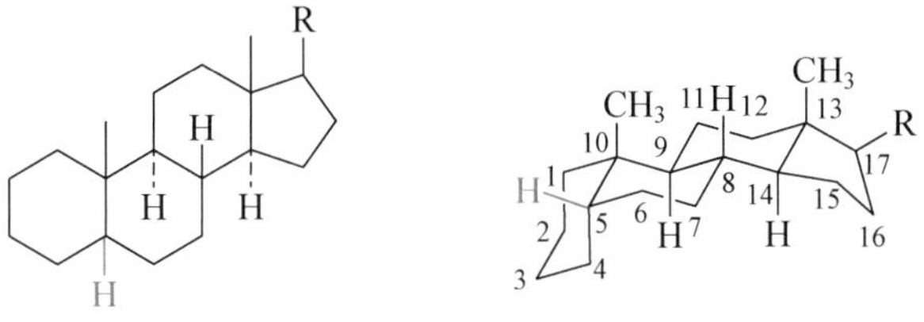

5β-系甾族化合物
A/B 顺（ea 稠合）,B/C 反（ee 稠合）,C/D 反（ee 稠合）。

甾环碳架上所连的原子或基团在空间有不同的取向,其构型规定如下:与角甲基在环平面异侧的取代基称为 α 构型,用虚线表示;与角甲基在环平面同侧的取代基称为 β 构型,用实线表示。

二、甾醇类

甾醇（sterol）又称为固醇,常以游离状态或以酯或以苷的形式存在于动物和植物的体内。甾醇可依照来源分为动物甾醇和植物甾醇两大类。天然甾醇在 C_3 上有一个羟基,且绝大多数是 β 构型。

（一）胆固醇

胆固醇（cholesterol）是一种动物甾醇,又称胆甾醇,最初是在胆结石中发现的固体醇,因此而得名。

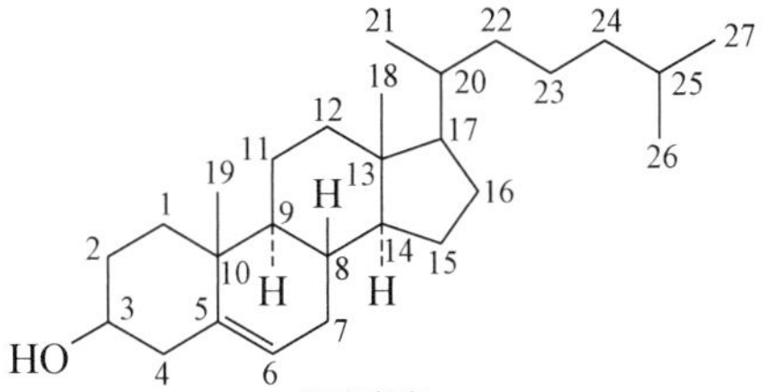

胆固醇

胆固醇(分子式 $C_{27}H_{46}O$)是无色或略带黄色的结晶,熔点 148.5℃,难溶于水,易溶于热乙醇、乙醚和氯仿等有机溶剂。胆固醇分子中有一个碳碳双键,它可以与卤素等发生加成反应,也可以催化加氢生成二氢胆固醇。胆固醇分子中的羟基可酰化形成酯,也可与糖的半缩醛羟基生成苷。将胆固醇的氯仿溶液与乙酸酐及浓硫酸作用,即呈现红色→紫色→褐色→绿色的系列颜色变化,此反应称为乙酸酐-浓硫酸反应(Libermann-Burchard 反应),是鉴别甾醇类化合物的一种方法。

胆固醇大多以脂肪酸酯的形式存在于动物体内,蛋黄、脑组织及动物肝等内脏中含量丰富。胆固醇是细胞膜脂质的重要组分,同时它还是生物合成胆甾酸和甾体激素等的前体。正常人血液中每 100mL 含总胆固醇(游离胆固醇和胆固醇酯)110~220mg。胆固醇摄取过多或代谢障碍时,会从血清中沉积在动脉血管壁上,久之会导致冠心病和动脉粥样硬化症;过饱和胆固醇从胆汁中析出沉淀则是形成胆固醇结石的基础;另外,体内长期胆固醇偏低也可能诱发病症。因此,要给机体提供适量的胆固醇,维持机体的正常生理功能。

血脂与动脉粥样硬化

血脂是血浆或血清中的中性脂肪和类脂,其组成复杂,包括三酰甘油、磷脂、胆固醇及其酯以及游离脂肪酸等。血脂是人体必不可少的营养物质,其来源包括从食物摄取的脂类经消化吸收进入血液的外源性血脂和由肝、小肠黏膜组织合成后释入血液的内源性血脂。通常血脂在血浆中与蛋白质结合,以脂蛋白的形式运输。

血脂代谢异常与动脉粥样硬化(atherosclerosis)的发生密切相关,动脉粥样硬化及冠心病患者的血脂明显高于正常人。血脂长期过高,血脂及其分解产物会逐渐沉积于血管壁上,逐渐形成斑块,导致血管阻塞变窄及动脉粥样硬化,会减少富含氧气的动脉血流入组织,若累及冠状动脉,会引起心肌缺血、心绞痛、心肌梗死,即所谓的冠心病;若累及脑动脉,引起脑卒中;若累及周围动脉,引起周围动脉闭塞、间歇性跛行,甚至下肢坏死。上述疾病均可致残或引起死亡。因此,血脂代谢异常是动脉粥样硬化和冠心病重要的危险因子。

饮食结构对血脂水平有直接影响。给动物进食脂质,能够形成不同程度的动脉粥样硬化斑块,这些斑块中含有大量胆固醇结晶,其中脂质(胆固醇、三酰甘油)含量随病变的加重而升高。流行病学调查资料显示,膳食中含饱和脂肪酸和胆固醇多的人群,平均血浆胆固醇水平高,其冠心病的患病率及发病率也较高。血浆中三酰甘油过多,不仅能形成脂肪肝及肥胖病,还容易发生动脉粥样硬化,甚至可诱发急性心肌梗死。所以通过合理饮食,控制动物性脂肪和胆固醇等的摄入量,是预防高脂血症的有效方法。

(二) β-谷固醇

β-谷固醇(β-sitosterol)是一种植物甾醇,与胆固醇在结构上的差异是在 C_{24} 位上多了个乙基。β-谷固醇在人体肠道中不被吸收,在饭前服用可抑制肠道黏膜对胆固醇的吸收,从而降低血液中胆固醇含量,因此,可作为治疗高胆固醇血症和预防动脉粥样硬化症的药物。人参、山里红、巴豆、无花果叶等很多植物中都含有 β-谷固醇。

β-谷固醇

（三）7-脱氢胆固醇和麦角固醇

7-脱氢胆固醇是动物甾醇,与胆固醇在结构上的差异是 C_7 与 C_8 之间多了一个碳碳双键。在肠黏膜细胞内,胆固醇经酶催化氧化成 7-脱氢胆固醇,它由血液运送到人体皮肤中,经紫外线照射,C_{10} 上的角甲基活化,使 B 环在 C_9 和 C_{10} 之间断裂开环,形成维生素 D_3（vitamin D_3）。因此,常晒太阳是获得维生素 D_3 的最简易方法。

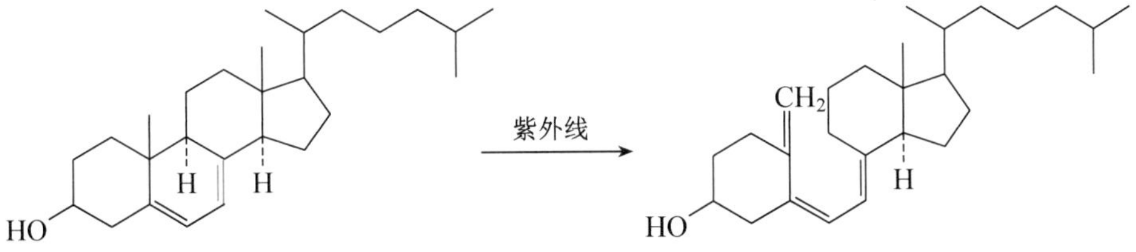

紫外线

7-脱氢胆固醇　　　　　　　　　　　　维生素 D_3

麦角甾醇（ergosterol）是一种植物甾醇,存在于酵母和某些植物中。麦角甾醇分子比 7-脱氢胆固醇在 C_{24} 上多一个甲基,在 C_{22} 和 C_{23} 之间多一个碳碳双键。麦角甾醇在紫外线照射下,B 环开裂生成维生素 D_2。

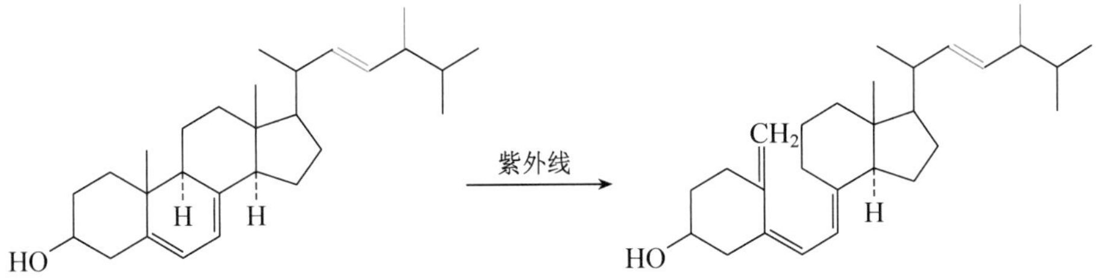

紫外线

麦角甾醇　　　　　　　　　　　　　维生素 D_2

已知有十余种维生素 D,它们都是甾醇衍生物,其中活性较高的是维生素 D_2 和维生素 D_3。

三、胆甾酸

胆甾酸是动物胆组织分泌的一类甾族化合物,都属于 5β- 系甾族化合物,其结构中含有羧基,故总称为胆甾酸。胆甾酸在人体内可以胆固醇为原料直接生物合成。至今发现的胆甾酸已有 100 多种,其中人体内重要的是胆酸（cholic acid）和脱氧胆酸（deoxycholic acid）。

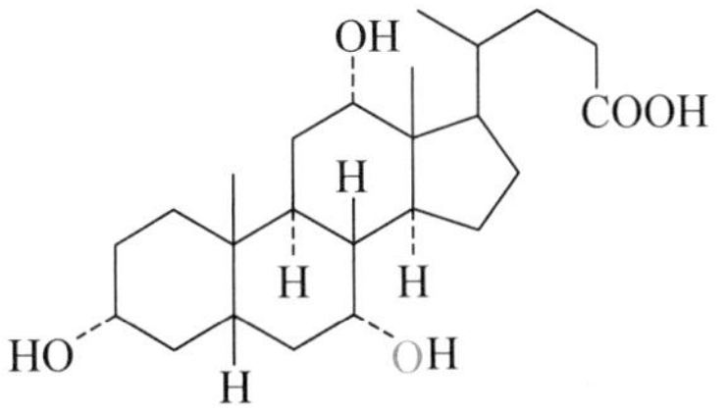

胆酸 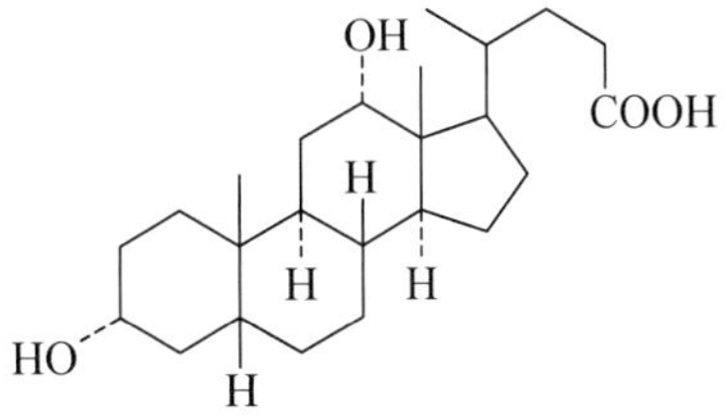　　　　　　　　　　　　　　　脱氧胆酸

胆汁中存在多种结合胆酸,其中胆酸的羧基与甘氨酸（H_2NCH_2COOH）或牛磺酸（$H_2NCH_2CH_2SO_3H$）中的氨基结合,分别形成甘氨胆酸（glycocholic acid）或牛磺胆酸（taurocholic acid）。结合胆酸统称为胆汁酸（bile acid）,其中甘氨胆酸和牛磺胆酸是胆汁酸的主要存在形式。

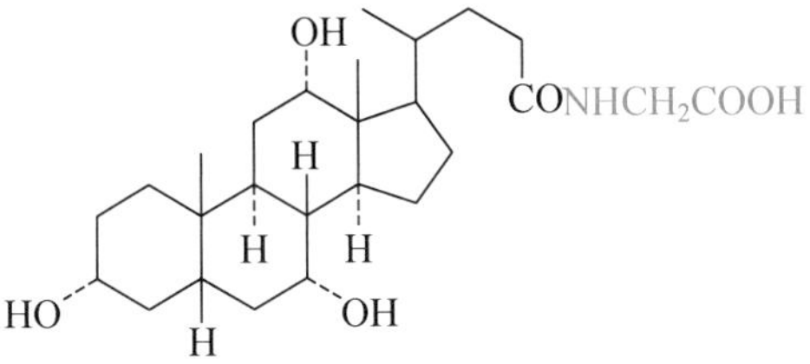

甘氨胆酸 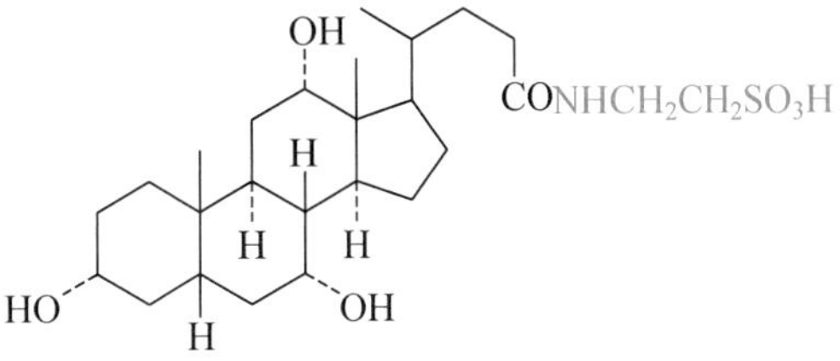　　　　　　　　　　　　　牛磺胆酸

在人及动物小肠的碱性条件下,胆汁酸以胆盐（bile salt）的形式存在。胆盐分子既有亲水性

的—OH 和—COONa（或—SO₃Na），又有疏水性的甾环，这种分子具有乳化作用，能够使脂肪及胆固醇酯等疏水的脂质乳化呈细小微粒状态，增加消化酶对脂质的接触面积，使脂类易于消化吸收。甘氨胆酸钠和牛磺胆酸钠的混合物在临床上用于治疗胆汁分泌不足而引起的疾病。

> 16-3　具有乳化作用的物质的分子结构有什么特点？试举例说明。

四、甾体激素

激素（hormone）是由腺体分泌的一类具有调节身体各组织和器官功能的微量化学信息分子。这类内源性的物质产生量虽然极少，但具有多种重要的生理作用，如控制生长、发育、代谢和生殖等。已发现人和动物的激素有几十种，按其化学结构可分为两大类：含氮激素，如胰岛素、促肾上腺皮质激素、甲状腺素和催产素等；甾体激素（steroid hormone），主要包括性激素和肾上腺皮质激素。

（一）性激素

性激素（sex hormone）是性腺（睾丸、卵巢）分泌的甾体激素，它们对生育功能及第二性征（如声音、体型）有着决定性的作用。性激素分为雄性激素和雌性激素两类。

雄性激素（male hormone）是由雄性动物睾丸分泌的一类激素。1931 年德国生物化学家 A. F. J. Butenandt 从 15 000L 男性尿中分离得到 15mg 结晶雄酮，Butenandt 因在性激素研究方面的开创性工作获得 1939 年诺贝尔化学奖。重要的雄性激素有睾酮（testosterone）、雄酮和雄烯二酮，其中睾酮的活性最高。构效关系分析表明，睾酮中 C₁₇ 上的羟基及其构型与生理活性有密切的联系，若其 C₁₇ 上的羟基为 α 型则无生理活性。

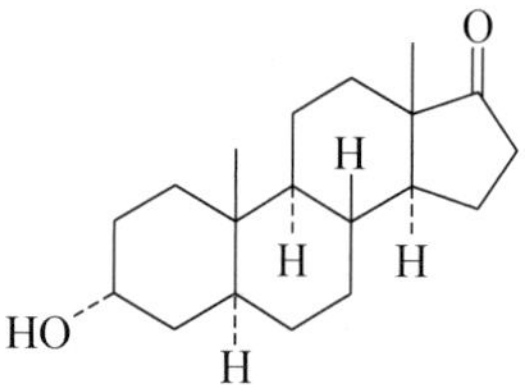

雄酮 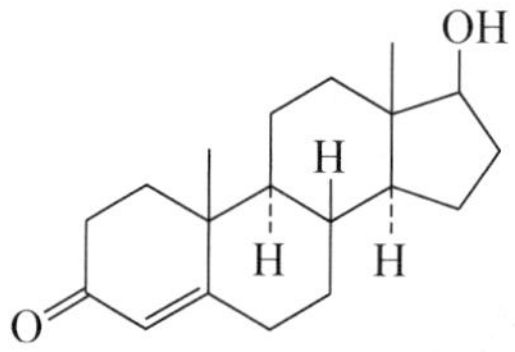　　　　　　　　　　睾酮 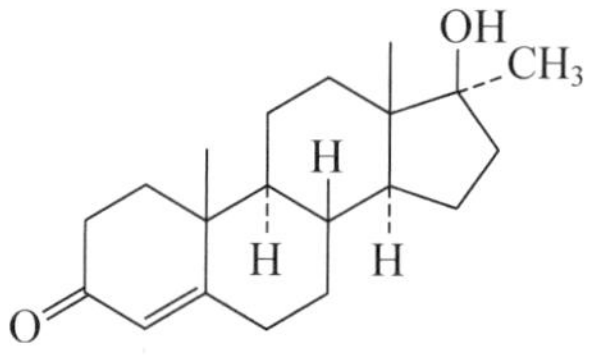　　　　　　　　　　甲基睾酮

雄性激素具有促进雄性性器官和第二性征的发育、生长以及维持雄性性征的作用，并具有促进蛋白质的合成、抑制蛋白质代谢的同化作用，能够使雄性变得骨骼粗壮，肌肉发达。临床用药多采用其衍生物，如甲基睾酮、睾酮丙酸酯、十一酸睾酮等。

雌性激素主要有两类：一类由成熟的卵泡产生，称为雌激素（estrogen），如雌酮（estrone）、雌二醇（estradiol）、雌三醇（estriol）等；另一类是由卵泡排卵后形成的黄体所产生的，称为孕激素（progestogen），又称黄体激素，如黄体酮（progesterone），也称孕酮。

雌二醇 C₁₇ 位羟基构型不同，生理作用也有很大差异，如 β-雌二醇的生理活性比 α-雌二醇强得多。雌二醇的主要生理功能是促进子宫、输卵管和第二性征的发育，有助于生育。临床上采用 β-雌二醇治疗卵巢功能不全所引起的病症，如子宫发育不全、月经失调、更年期障碍等症。此外，雌二醇还具有促进钙和磷沉积的作用，可用于防治骨质疏松。人工合成的炔雌醇（ethinyl estradiol）为口服高效、长效的雌激素，活性比雌二醇高 7~8 倍。临床上用于治疗月经紊乱、子宫发育不全、前列腺癌等。

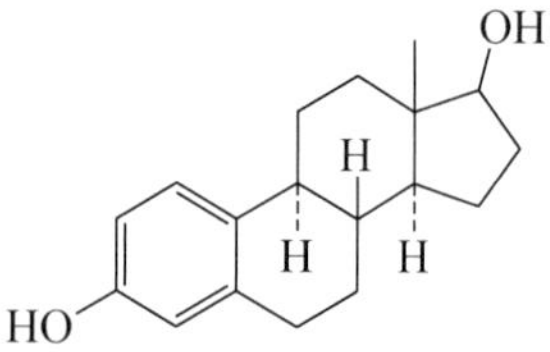

雌二醇 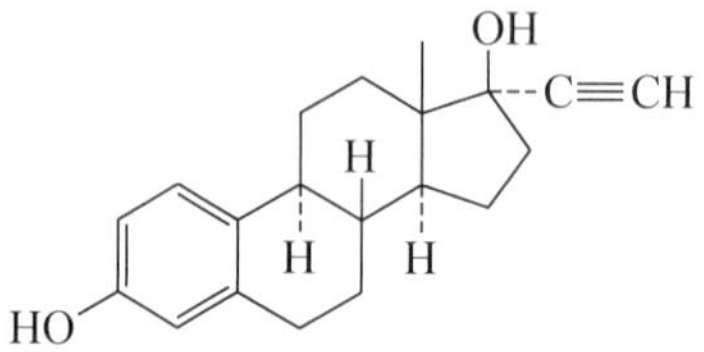　　　　　　　　　炔雌醇 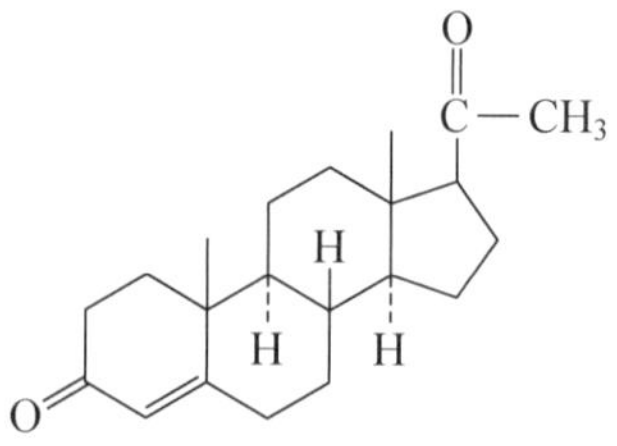　　　　　　　　　黄体酮

黄体酮的主要生理作用是抑制排卵,维持妊娠,有助于胚胎的着床发育。临床上用于治疗习惯性流产、子宫功能性出血、痛经及月经失调等。以黄体酮为先导化合物,对其进行结构改造,已合成了一系列具有孕激素活性的黄体酮衍生物。

(二)肾上腺皮质激素

肾上腺皮质激素(adrenal cortical hormone)是肾上腺皮质分泌产生的一大类甾族激素,按照它们的生理功能可分为两类:主要影响糖、蛋白质与脂质代谢的糖皮质激素(glucocorticoid),如皮质酮、可的松、氢化可的松等;主要影响组织中电解质的转运和水的分布的盐皮质激素(mineralocorticoid),如 11-脱氧皮质酮、17α-羟基-11-脱氧皮质酮。这两类皮质激素的区别在于 C_{11} 上有含氧基团的肾上腺皮质激素是糖皮质激素,否则为盐皮质激素;C_{17} 上有 α-羟基的皮质激素,其生理功能加强。

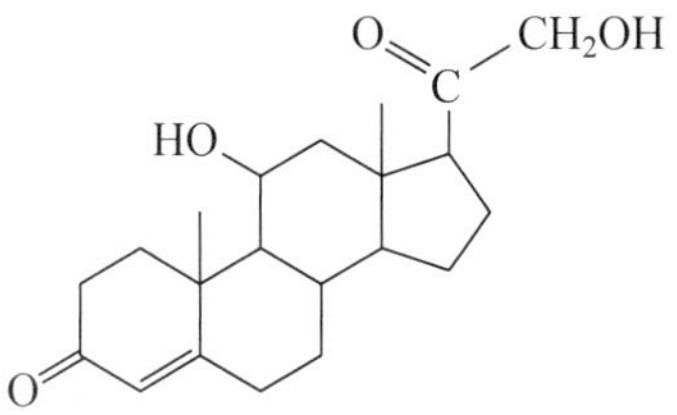

皮质酮 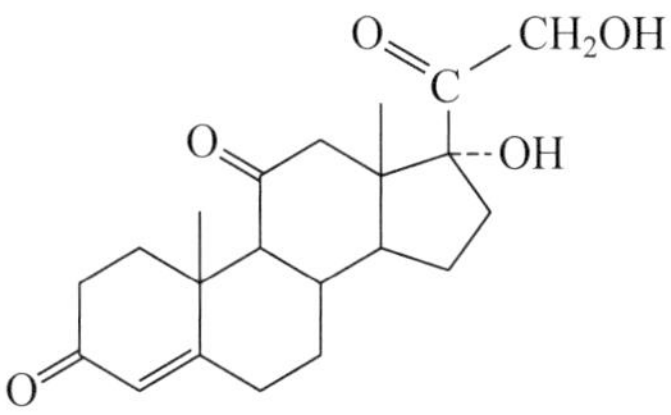　　　　　　　　可的松 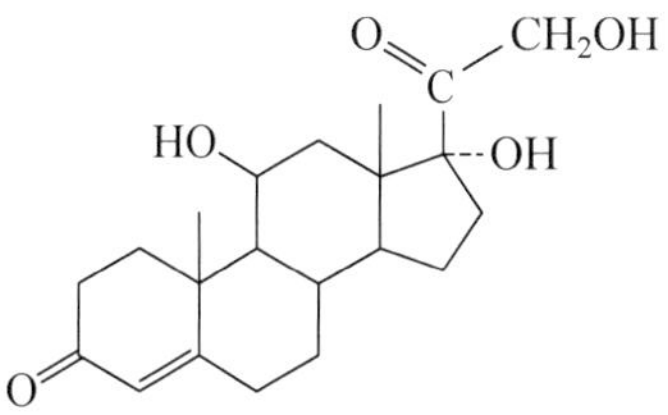　　　　　　　　氢化可的松

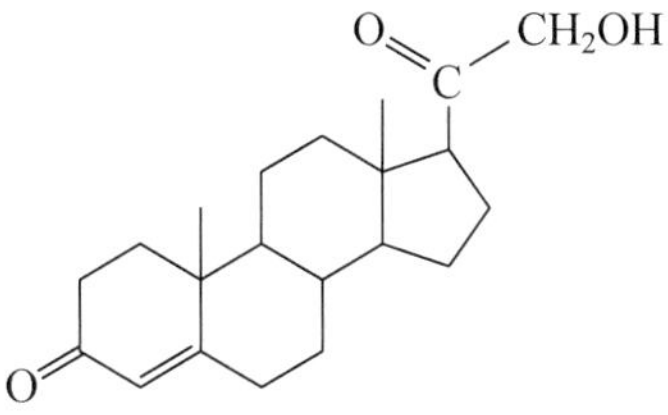

11-脱氧皮质酮 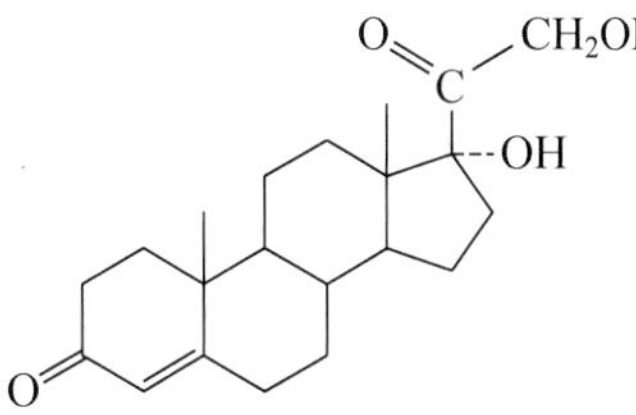　　　　　　　17α-羟基-11-脱氧皮质酮

糖皮质激素是一种具有重要生理和药理作用的甾族激素,它能够促使红细胞、血小板的增生,对脂肪和蛋白质的代谢也具有调节作用,并有抗炎症、抗过敏、抗休克等作用。临床上对风湿性关节炎、风湿热、红斑狼疮等具有一定的疗效。而盐皮质激素能够促进体内钠正离子的保留和钾正离子的排出,维持人体内电解质平衡和体液容量。临床上主要用于治疗钾、钠失调的病症,恢复电解质和水的平衡。

第四节 │ 萜类化合物

萜类化合物(terpene)是广泛存在于植物、微生物和昆虫中的天然有机化合物。它是许多植物香精的主要成分,它们多数不溶于水,易挥发,具有香气的油状物质,有一定的生理及药理活性,如止咳、祛风、发汗、镇痛等作用。

一、结构和分类

萜类化合物主要由碳、氢和氧三种元素组成,其分子中的碳原子数大多是 5 的整数倍。在碳骨架结构上,它们可以看成是由数个异戊二烯(isoprene)单元连接而成的。一些萜类化合物及其异戊二烯单元的划分如表 16-4 所示。

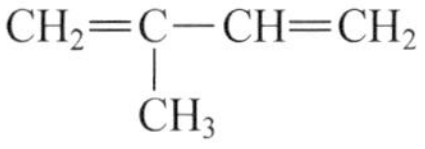

异戊二烯 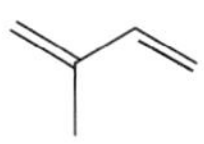　　　　　　　异戊二烯碳架

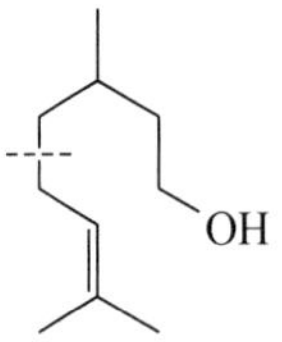

香茅醇 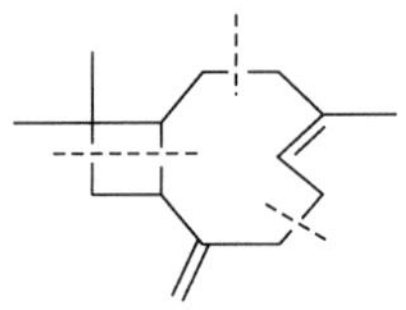　　　　　石竹烯 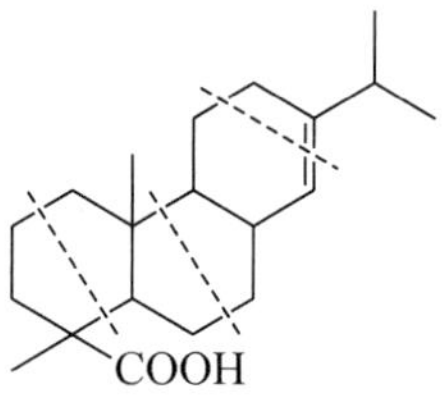　　　　　松香酸

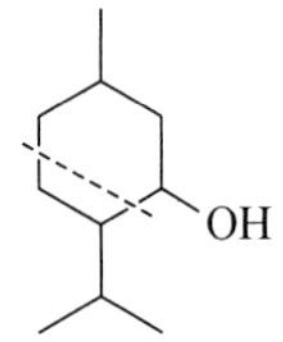

薄荷醇 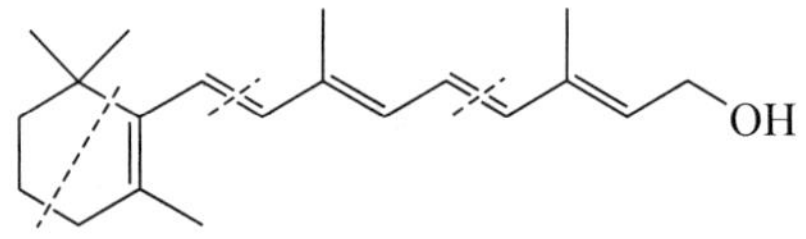　　　　　视黄醇（维生素A_1）

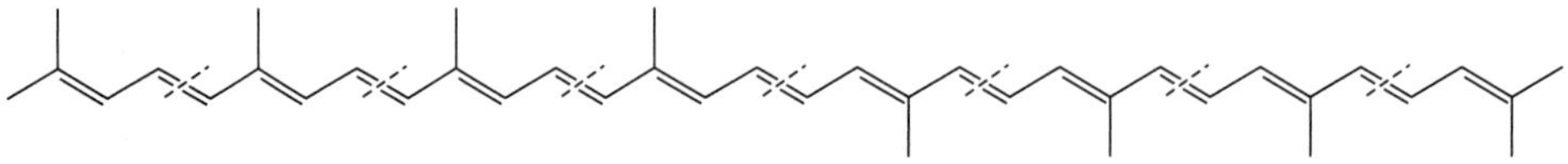

番茄红素

表 16-4　**萜类化合物的分类**

类别	单萜 monoterpene	倍半萜 sesquiterpene	二萜 diterpene	三萜 triterpene	四萜 tetraterpene
含异戊二烯单元数	2	3	4	6	8
含碳原子数	10	15	20	30	40

　　有些萜类化合物所含的碳原子数虽不是 5 的整数倍，但却是从萜类化合物转变而来的，它们也归在萜类化合物中，如重要的植物激素赤霉酸（gibberellic acid）含有 19 个碳原子，它是从二萜贝壳杉烯（kaurene）代谢而来的，属于萜类化合物，称为降二萜。

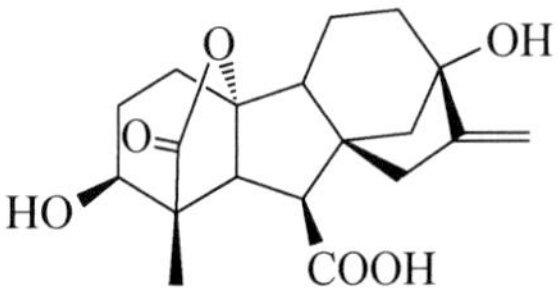

赤霉酸 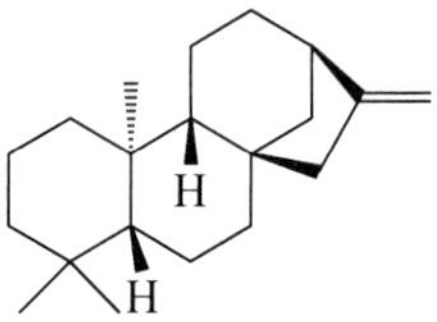　　　　　贝壳杉烯

二、重要的萜类化合物

　　萜类化合物按碳架结构还可分为链萜和环萜。由于萜类化合物绝大多数都是烷烃、烯烃或其含氧衍生物，其极性低，难溶于水，易溶于有机溶剂。低级萜类化合物如单萜、倍半萜具有较低的沸点和较好的挥发性，是挥发油的主要成分；二萜以上多为树脂、皂苷或色素的主要成分。

　　月桂烯（myrcene）属链状单萜，分为 α-月桂烯和 β-月桂烯。

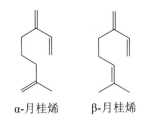

α-月桂烯　　β-月桂烯

天然存在的月桂烯为 β-月桂烯，最早从月桂油中分离出来，后来发现存在于马鞭草、香叶等植物

的精油中。月桂烯是香料产业中最重要的化学原料之一。由月桂烯可制备芳樟醇（linalol）、橙花醇（nerol）和香叶醇（geraniol）。芳樟醇及其酯是香水等化妆品的重要的香料。香叶醇又称为牻牛儿醇，存在于玫瑰油、香叶油、香茅油等中，广泛用于花香型日用香精。橙花醇存在于橙花油、玫瑰油中，是一种贵重的香料，香气比香叶醇柔和而优雅，用于配制玫瑰型、橙花型、茉莉型等花香香精。

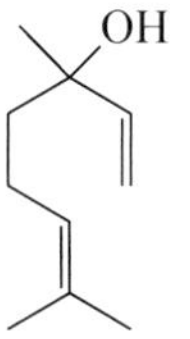

芳樟醇 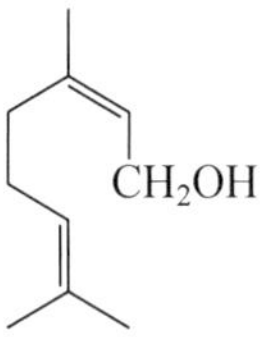　　　橙花醇 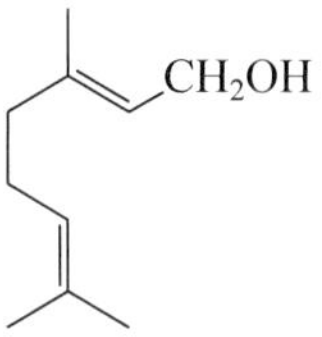　　　　香叶醇

薄荷醇（menthol）又称薄荷脑，是单环单萜化合物。薄荷醇分子中有 3 个手性碳原子，应有 8 个对映异构体，分别为（±）-薄荷醇、（±）-新薄荷醇、（±）-异薄荷醇和（±）-新异薄荷醇。由天然薄荷油经冷却、结晶、分离所得的是左旋薄荷醇。左旋薄荷醇为无色针状晶体，熔点 43℃，沸点 216℃，比旋光度 -48°，具有薄荷香气和清凉效果，广泛用于牙膏、香水、饮料和糖果中。在医药上可制成涂擦剂，发挥局部止痒、止痛、清凉及轻微局麻等作用。左旋薄荷醇的构象中，环上的 3 个取代基均分布在 e 键上，其稳定性优于其他异构体，是薄荷油中含量最高的成分。

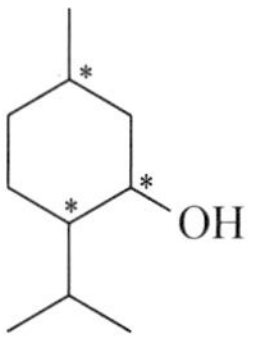

薄荷醇 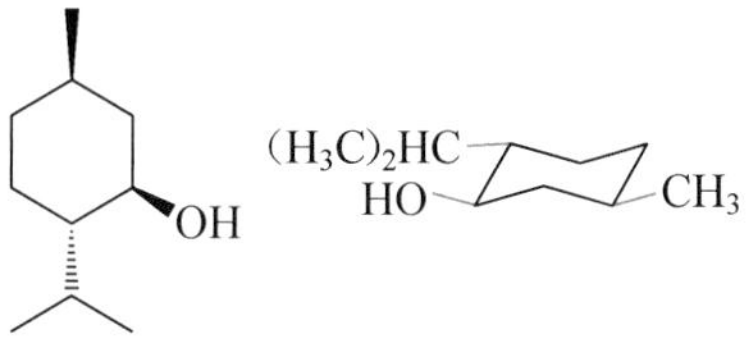　　　　　　（-）-薄荷醇

樟脑（camphor）是二环单萜化合物，存在于樟树中，为白色或无色晶体，熔点 177℃，易升华。将樟树的根、干、枝切碎后进行水蒸气蒸馏，可得到樟脑油，再进一步精制可得纯的右旋樟脑。樟脑有强烈的樟木气味和辛辣的味道，具有强心、兴奋中枢神经和止痒等医药用途，也是很好的防蛀剂。樟脑是桥环化合物，其分子中有两个手性碳原子，但由于桥环限制了两个桥头碳原子的构型，樟脑实际上只存在一对对映体。

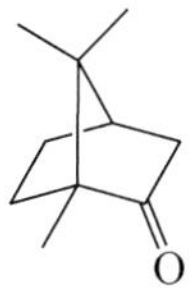

（+）-樟脑 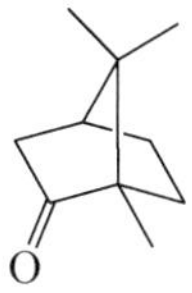　　（-）-樟脑

胡萝卜素（carotene）最早是从胡萝卜中提取得到的一种红色结晶物质。后来发现，胡萝卜素中含有 α、β 和 γ-胡萝卜素三个组分，其中 β-异构体的含量最多，γ-异构体最少。植物色素研究的奠基人 Paul Karrer 于 1930 年确定了 β-胡萝卜素的结构，并建立了它与萜化合物和维生素 A 的关系，对植物色素和萜化学作出了重要贡献，他因此在 1937 年获得了诺贝尔化学奖。

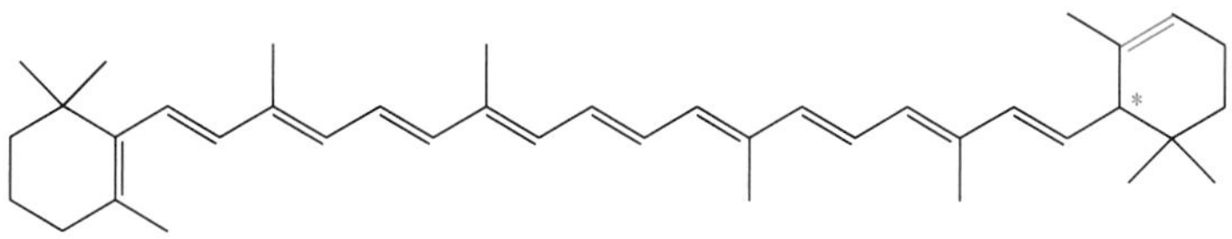

α-胡萝卜素

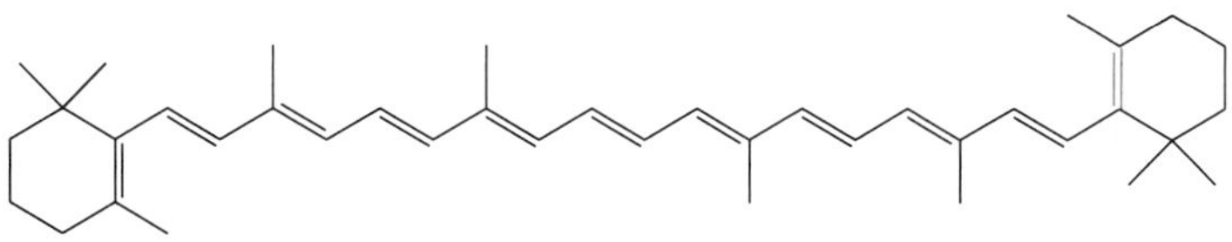

β-胡萝卜素

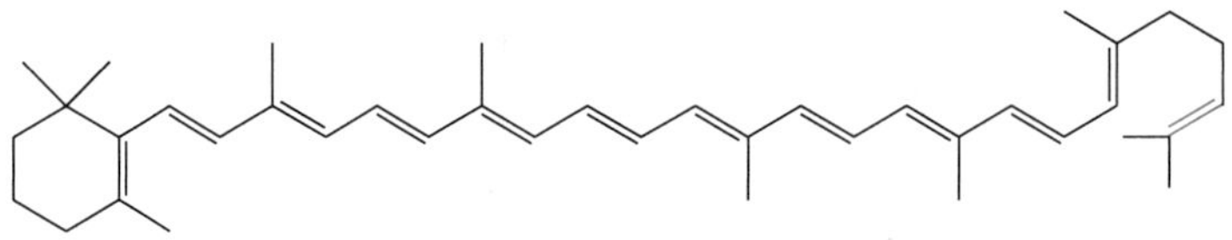

γ-胡萝卜素

胡萝卜素含有 40 个碳原子,属于四萜化合物。α、β 和 γ-异构体之间的结构差别仅在于分子的右端部分。其中 β-异构体环中的双键与多烯结构共轭,是最稳定的,所以含量最多;α-异构体右端环上的双键与多烯不共轭,因含有一个手性碳原子,具有光学活性;而 γ-异构体的右端则是开链的,未形成环。在这些分子中,大的 π-π 共轭体系使得它们能吸收长波长的光,因而表现出鲜艳的黄-红颜色。

β-胡萝卜素是橘黄色脂溶性化合物,是自然界中普遍存在的稳定的色素。甘薯、胡萝卜、木瓜、芒果等许多天然食物中,含有丰富的 β-胡萝卜素。β-胡萝卜素是一种抗氧化剂,具有解毒作用,是维护人体健康不可缺少的营养素,在抗癌、预防心血管疾病、预防白内障及抗氧化等方面有显著的功能,可以预防衰老引起的多种退化性疾病。在动物体内,β-胡萝卜素能在酶的作用下在对称的 15-15' 双键处发生氧化断裂形成视黄醛(retinal),并进一步被还原成视黄醇,视黄醇通常被称为维生素 A(vitamin A)。

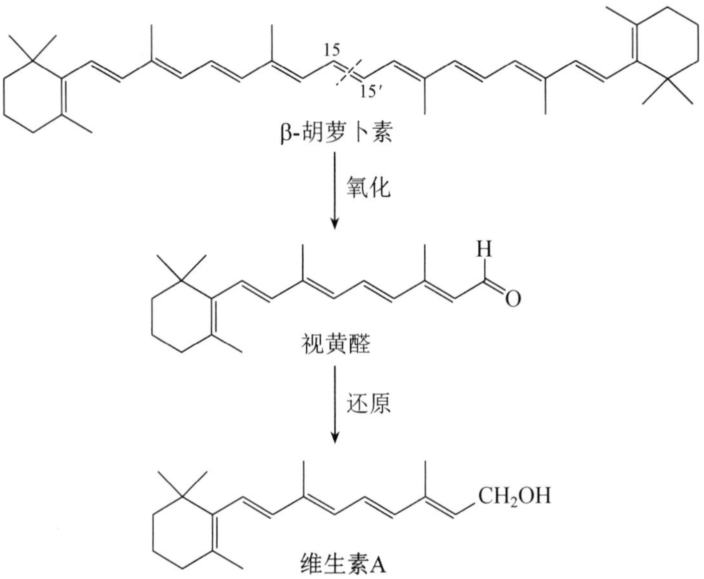

β-胡萝卜素

↓ 氧化

视黄醛

↓ 还原

维生素A

β-胡萝卜素在人体内转化成维生素 A 的比例,是由人体对维生素 A 的需求所控制的。当体内维生素 A 的量足够满足体内代谢需要时,β-胡萝卜素会在体内储存起来,待体内的维生素 A 不足时再释放出来,并及时地转化成维生素 A。

习题

16-4 写出下列化合物的结构式。

(1)亚油酸　　　(2)18∶1Δ^9　　　(3)胆固醇　　　(4)卵磷脂

16-5 命名下列化合物。

(1)

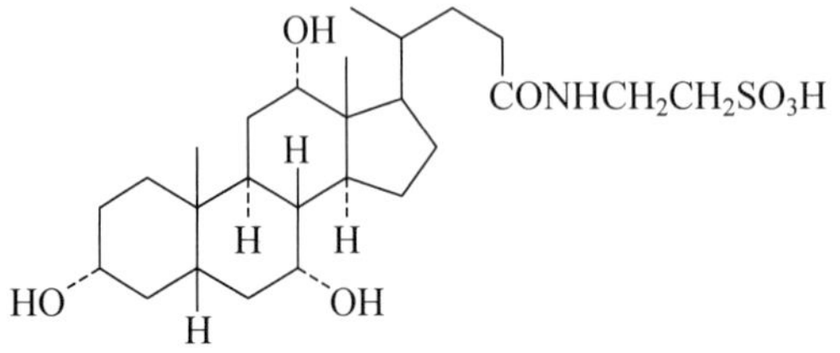

(2) 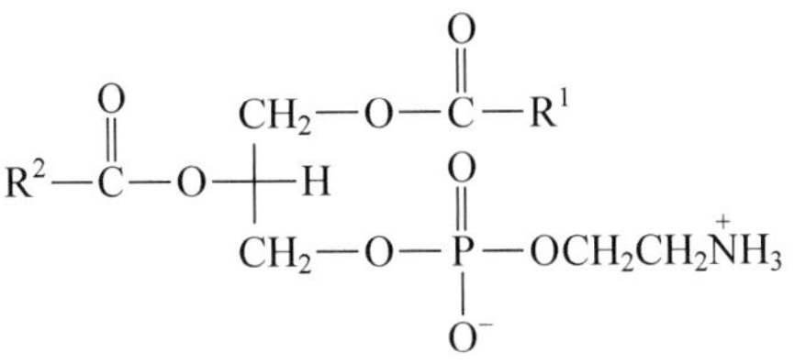
$$R^2-\overset{\overset{\displaystyle O}{\|}}{C}-O \begin{array}{c} CH_2-O-\overset{\overset{\displaystyle O}{\|}}{C}-R^1 \\ H \\ CH_2-O-\overset{\overset{\displaystyle O}{\|}}{\underset{\underset{\displaystyle O^-}{\|}}{P}}-OCH_2CH_2\overset{+}{N}H_3 \end{array}$$

16-6　油脂中脂肪酸的结构有哪些特点?

16-7　比较 α-亚麻酸与 γ-亚麻酸在结构上的相同和不同点,两者在人体内能否相互转化,为什么?

16-8　何为必需脂肪酸? 常见的必需脂肪酸有哪些?

16-9　解释下列化学名词。

　　(1) 皂化和皂化值

　　(2) 油脂的酸败和酸值

　　(3) 油脂的硬化和油脂的碘值

16-10　写出下列反应的反应式。

　　(1) 磷脂酰胆碱(卵磷脂)的完全水解反应

　　(2) 胆酸在酶作用下与甘氨酸生成甘氨胆酸

16-11　指出卵磷脂和脑磷脂结构上的主要差别,如何将它们分离?

16-12　根据胆酸结构回答下列问题。

　　(1) 胆酸所含碳架的名称是什么?

　　(2) A/B 环以什么方式稠合? 属于什么系?

　　(3) C_3-OH、C_7-OH 和 $C_{12}-OH$ 各为什么构型?

16-13　划分出下列化合物的异戊二烯单元,并指出各属于何类萜化合物。

(1) 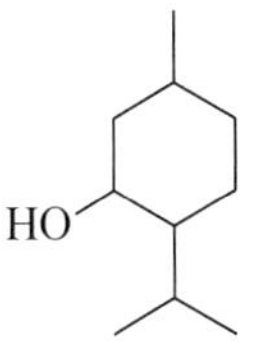 　(2) 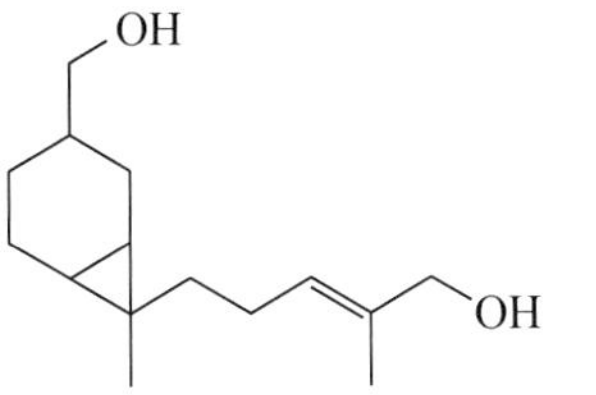 　(3)

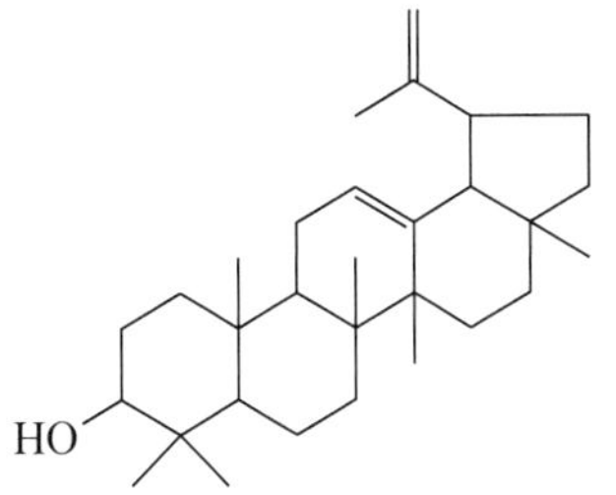

16-14　有一萜化合物 A($C_{10}H_{18}O$) 与 Tollens 试剂反应得到一羧酸 B($C_{10}H_{18}O_2$),A 用酸性的高锰酸钾溶液氧化得到丙酮和一种二元羧酸 C［$HO_2CCH_2CH(CH_3)CH_2CH_2CO_2H$］。请推测 A 的结构并写出有关反应式。

(卞　伟)

本章思维导图　　　本章目标测试

第十七章 | 糖

糖（saccharide）又称碳水化合物（carbohydrate）。从化学结构上讲，糖是多羟基醛或酮，或能水解产生多羟基醛或酮的化合物。早期发现糖分子中除了碳原子外，氢与氧原子数目之比与水相同，符合通式 $C_n(H_2O)_m$（n 代表碳原子数；m 代表水分子数），形式上像碳和水组成的化合物，故称为碳水化合物。后来发现，鼠李糖（$C_6H_{12}O_5$）、脱氧核糖（$C_5H_{10}O_4$）等糖虽然结构和性质与其他糖十分相似，但组成不符合 $C_n(H_2O)_m$ 的通式。因此称糖为碳水化合物并不确切，只是碳水化合物沿用已久，至今仍在使用。

糖是自然界分布最广的有机化合物，是动、植物体的重要成分，是人和动物的主要食物来源。从 20 世纪 80 年代开始，糖脂和糖蛋白的研究进展迅速，科学家们不断地从分子水平上揭示糖的结构与功能的关系以及在生命活动中的作用，认识到糖是重要的信息物质，在生命过程中发挥着重要的生理功能。

根据糖的水解情况，可将其分为四类，即单糖、双糖、寡糖和多糖。单糖（monosaccharide）是不能再被水解成更小分子的糖，如葡萄糖、果糖和核糖等。水解后产生 2 个单糖分子者，称为双糖（disaccharide），如蔗糖、麦芽糖和乳糖等。水解后产生 3~10 个单糖分子者，称为寡糖（oligosaccharide）或称低聚糖，如棉子糖。完全水解后产生 10 个以上单糖分子者，称为多糖（polysaccharide），如淀粉、糖原和纤维素等。

第一节 | 单 糖

从结构上，单糖可分为醛糖（aldose）和酮糖（ketose）。根据分子中所含碳原子数目又可分为丙糖、丁糖、戊糖及己糖等。甘油醛（glyceraldehyde）是最简单的醛糖，1,3-二羟基丙酮是最简单的酮糖。自然界最广泛存在的葡萄糖为己醛糖。果糖为己酮糖，在蜂蜜中含量最高。在生物体内戊糖和己糖最为常见。有些糖的羟基可被氢原子或氨基取代，它们分别被称为去氧糖和氨基糖，例如 2-去氧核糖、2-氨基葡萄糖。

$$
\begin{array}{cccc}
\text{CHO} & \text{CH}_2\text{OH} & \text{CHO} & \text{CHO} \\
\text{H}\!-\!\!-\!\text{OH} & \;\;\;\;\text{O} & \text{H}\!-\!\!-\!\text{H} & \text{H}\!-\!\!-\!\text{NH}_2 \\
\text{CH}_2\text{OH} & \text{CH}_2\text{OH} & \text{H}\!-\!\!-\!\text{OH} & \text{HO}\!-\!\!-\!\text{H} \\
& & \text{H}\!-\!\!-\!\text{OH} & \text{H}\!-\!\!-\!\text{OH} \\
& & \text{CH}_2\text{OH} & \text{H}\!-\!\!-\!\text{OH} \\
& & & \text{CH}_2\text{OH}
\end{array}
$$

甘油醛　　　1,3-二羟基丙酮　　2-去氧核糖　　2-氨基葡萄糖

一、构型和开链结构

单糖的立体化学结构可用 R、S 构型标记法表示，但人们更习惯用 D/L 构型标记法来表示单糖的立体化学结构。在严格 Fischer 投影式中，竖线表示碳链，羰基具有最小编号；将编号最大的手性碳（即离羰基最远的一个手性碳）的构型与 D-甘油醛相比较，构型相同的为 D-构型糖，反之为 L-构型糖。例如：

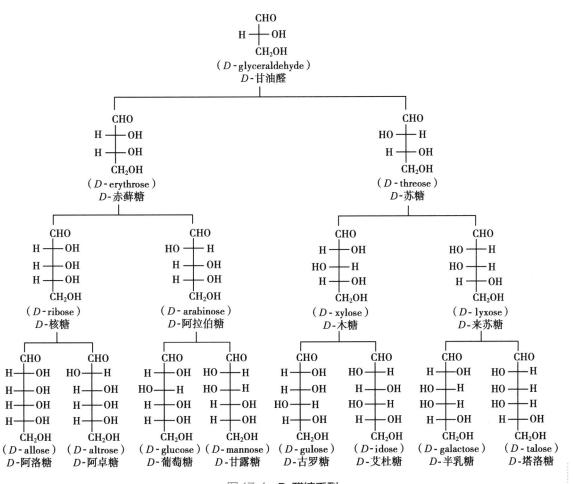

其他单糖的构型也是通过与甘油醛相比较而确定的。

绝大多数单糖具有旋光性,含三个手性碳的戊醛糖应有 2^3=8 个对映异构体,含 4 个手性碳的己醛糖有 2^4=16 个对映异构体。酮糖比相应的醛糖少一个手性碳原子,因此酮糖异构体数目也相应减少,如己酮糖有 8 个对映异构体。

单糖的名称常根据其来源采用俗名。图 17-1 列出含有 3C~6C 的各种 D-醛糖,它们多数存在于自然界,如 D-葡萄糖广泛存在于生物细胞和体液中;半乳糖存在于乳汁中;D-核糖为核酸的组成部分,广泛存在于细胞中;少数 D-醛糖是人工合成的。

图 17-1　D-醛糖系列

17-1　请写出 L-半乳糖、L-葡萄糖的开链结构。

在自然界中也发现一些 D-酮糖。它们的结构一般在 C_2 位上具有酮羰基。例如:D-果糖、D-山梨糖和 D-核酮糖等。

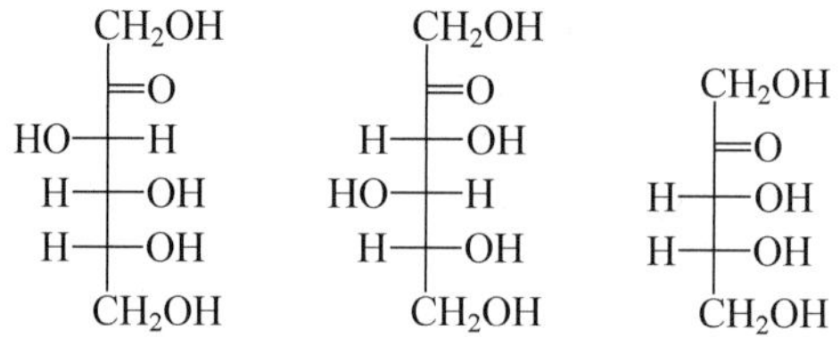

D-果糖　　　　D-山梨糖　　　D-核酮糖

二、变旋光现象和环状结构

尽管单糖的开链结构表明单糖分子中含有羰基,但人们发现某些实验事实与这种开链结构并不相符:①普通醛在干燥 HCl 存在下与两分子甲醇反应生成缩醛,但葡萄糖只与一分子甲醇反应生成稳定化合物;②从冷乙醇中结晶得到的 D-葡萄糖的熔点为 146℃,比旋光度为+112°,而从热吡啶中析出的葡萄糖晶体的熔点为 150℃,比旋光度为+18.7°。将其任一结晶溶于水后,其比旋光度都会发生变化,并在+52.5°保持恒定不变,这种比旋光度发生变化的现象称为变旋光现象(mutarotation);③醛糖虽然可以和弱氧化剂如 Tollens 试剂反应,却不能和饱和亚硫酸氢钠溶液反应;④在葡萄糖的红外光谱中不显示羰基的伸缩振动峰。

上述现象无法用葡萄糖的开链结构式进行解释。人们从 δ-羟基醛(酮)易自发地发生分子内的亲核加成,生成稳定的环状半缩醛的反应中得到启示:葡萄糖分子的醛基和醇羟基也可能发生相互作用,生成环状半缩醛结构。后来的 X 射线衍射结果也证实了单糖主要是以环状结构存在。普通的半缩醛结构不稳定,但葡萄糖的环状半缩醛结构能稳定存在。

糖通常以六元环或五元环形式存在,当以六元环存在时,与杂环化合物吡喃相似,故称为吡喃糖(pyranose)。若以五元环存在时,与杂环呋喃相似,故称为呋喃糖(furanose)。

由于形成了环状半缩醛,葡萄糖分子原来的醛基碳原子变成了手性碳,因此同一单糖有两种不同的环状半缩醛——α、β 异构体,它们是非对映体,这种仅端基不同的异构体称为端基异构体(anomer)。

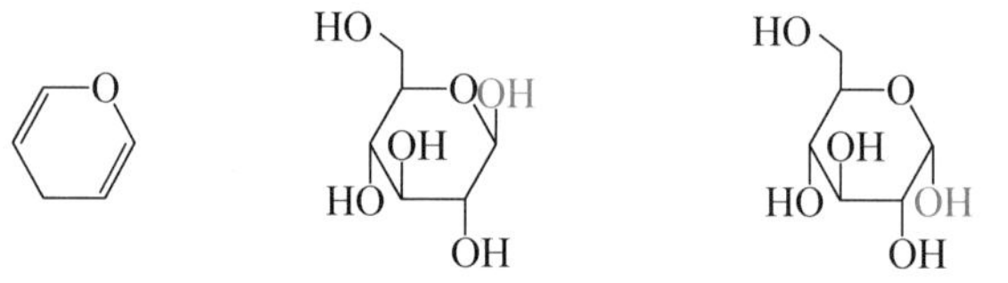

4H-吡喃　　　β-D-吡喃葡萄糖　　　α-D-吡喃葡萄糖

上述环状结构式称为 Haworth(哈沃斯)式。半缩醛羟基在环平面上方(与 C_5 羟甲基位于同侧)的称为 β-异构体;半缩醛羟基在环平面下方的称为 α-异构体。从乙醇中结晶 D-葡萄糖可得 α-D-吡喃葡萄糖,比旋光度为+112°;从吡啶中结晶可得 β-D-吡喃葡萄糖,比旋光度为+18.7°。当把这两种异构体分别溶于水中,它们可通过开链结构相互转化,最终达到平衡,平衡混合物中 β-异构体占 64%,α-异构体占 36%,开链结构占 0.02%,混合物的比旋光度为+52.5°。D-葡萄糖发生变旋光现象的内在原因是这两种端基异构体与开链结构之间处于动态平衡。

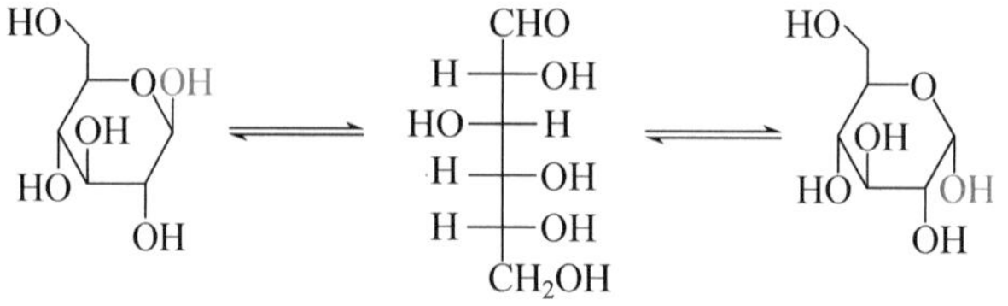

β-D-吡喃葡萄糖　　　开链 D-葡萄糖　　　α-D-吡喃葡萄糖
　　64%　　　　　　　　0.02%　　　　　　　36%

由于开链结构含量极低,因此仅存在于开链结构中的羰基的特征吸收在葡萄糖的红外光谱中不显著。

我们以 D-葡萄糖为例说明如何从己醛糖直链的 Fischer 投影式转变成 Haworth 式。为了使 C_5 羟基靠近醛基,可使 C_4—C_5 间的单键旋转一定角度,此过程没有任何键断裂,因此 C_5 构型没有改变,但产生了有利于成环的取向,使 C_5 羟基有利于向 C_1 羰基进攻,最后 C_5 羟基分别从羰基平面的上下两侧分别进攻羰基碳,得到两个端基异构体——α-D-吡喃葡萄糖和 β-D-吡喃葡萄糖。从上述 Fischer 投影式转变为 Haworth 式中可以发现手性碳上的羟基在 Fischer 投影式中处于右侧则在 Haworth 式中处于环平面的下方,左侧的羟基则处于环平面的上方。D-构型的端基—CH_2OH 也在 Haworth 式环平面上方。

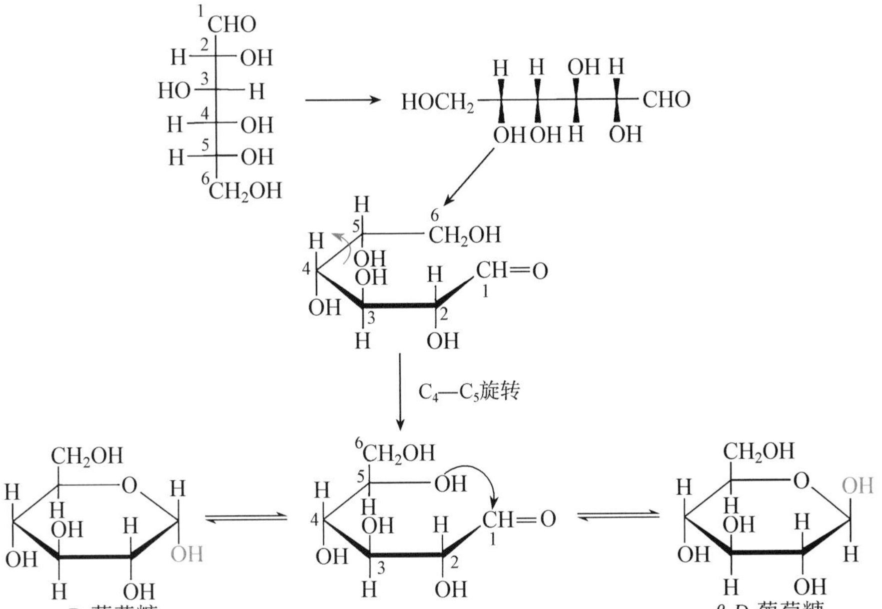

α-D-葡萄糖 β-D-葡萄糖

许多单糖都具有环状结构,例如:β-D-呋喃果糖和 β-D-呋喃核糖。

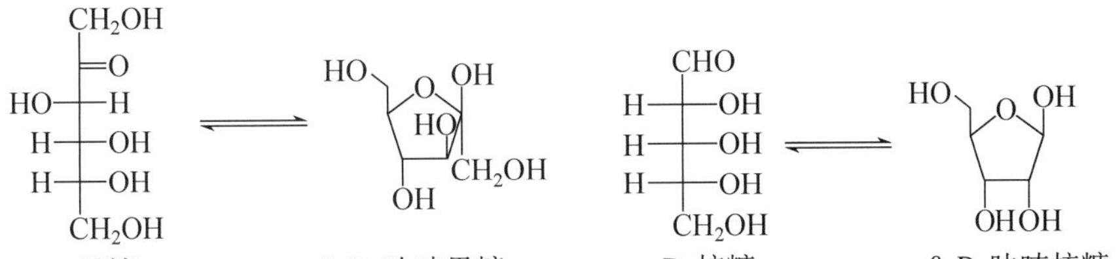

D-果糖 β-D-呋喃果糖 D-核糖 β-D-呋喃核糖

α-D-吡喃葡萄糖和 β-D-吡喃葡萄糖简称为 α-D-葡萄糖和 β-D-葡萄糖。在 D-葡萄糖水溶液中,β-D-葡萄糖的含量比 α-D-葡萄糖高(64∶36)。Haworth 式把环当作平面,不能准确表示 D-葡萄糖的立体结构,也就不能解释为什么在水溶液中 β-D-葡萄糖含量比 α-D-葡萄糖高。更符合吡喃糖实际结构的是其构象式。下面是 D-葡萄糖的两种椅式构象式。

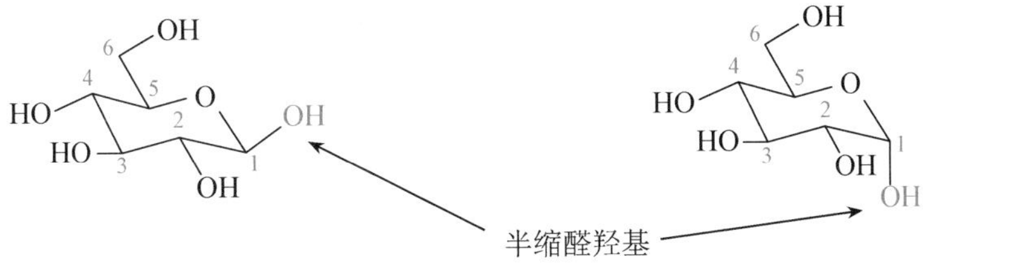

半缩醛羟基

β-D-葡萄糖 α-D-葡萄糖

β-D-葡萄糖分子的取代基(含半缩醛羟基)全部为 e 键;α-D-葡萄糖与 β-D-葡萄糖不同之处在于其半缩醛羟基—OH 处于 a 键。显然 β-D-葡萄糖比 α-D-葡萄糖更稳定,因此,D-葡萄糖在水溶液的动态平衡中,β-异构体的含量要高于 α-异构体。

书写吡喃糖(如 *D*-葡萄糖、*D*-半乳糖等)的构象式时,含"O"的六元环通常习惯写成像上述 *D*-葡萄糖的椅式构象式。

> 17-2 写出 α-和 β-*D*-吡喃半乳糖的构象式,并指出在水溶液中哪种构象式更稳定。

三、物理性质

单糖都是无色结晶体,难溶于乙醇,不溶于醚,有吸湿性,极易溶于水,易形成过饱和溶液(糖浆)。水-醇混合溶剂常用于糖的重结晶。单糖有甜味,不同的单糖甜度不同,果糖最甜。除二羟基丙酮外单糖都有旋光性,具有环状结构的单糖可发生变旋光现象。一些单糖的物理常数见表 17-1。

表 17-1 某些单糖的物理常数

糖	熔点/℃	比旋光度
D-核糖	87	−23.7°
D-2-去氧核糖	90	−59°
D-葡萄糖	146	+52.7°
D-果糖	104	−92.4°
D-半乳糖	167	+80.2°
D-甘露糖	132	+14.6°

四、化学性质

单糖是多羟基的醛或酮,故具有醛酮和醇的性质,如醛酮的还原反应,醇的酯化反应等。但由于这些官能团处于同一分子中,能相互影响,故单糖具有一些特殊性质。

(一)成酯作用

单糖的环状结构中所有的羟基都可酯化。例如,葡萄糖在氯化锌存在下,与乙酐(Ac_2O)作用生成五乙酸酯。五乙酸酯已无半缩醛羟基,因此无还原性。

1,2,3,4,6-五-*O*-乙酰基-α-*D*-吡喃葡萄糖

单糖的磷酸酯在生命过程中具有重要意义,它们是人体内许多代谢过程中的中间产物。例如,α-吡喃葡萄糖-1-磷酸和 α-吡喃葡萄糖-6-磷酸。

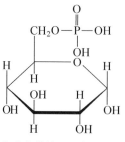

α-吡喃葡萄糖-1-磷酸   α-吡喃葡萄糖-6-磷酸

（二）成苷反应

单糖的半缩醛羟基与含羟基的化合物（如醇、酚等）作用，可脱去一分子水，生成糖苷（glycoside），此反应称为成苷反应。例如：D-吡喃葡萄糖在无水的酸催化下（通常使用干燥 HCl），与甲醇反应可生成甲基 D-吡喃葡萄糖苷。

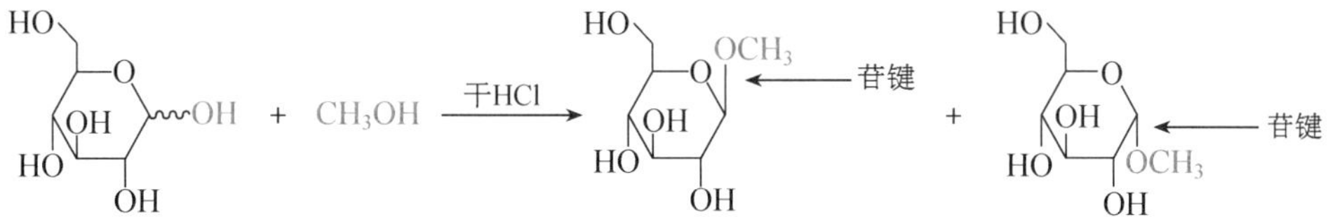

D-吡喃葡萄糖　　　甲基 $β$-D-吡喃葡萄糖苷　　　甲基 $α$-D-吡喃葡萄糖苷

糖苷是由糖和非糖体两部分组成。上述糖苷是由 D-吡喃葡萄糖和甲醇通过碳氧键结合成苷。糖苷分子中无半缩醛羟基，不能通过互变异构转化成开链结构，故无变旋光现象。与其他缩醛一样，糖苷键在碱性条件下稳定，在酸作用下很易水解，生成原来的糖和非糖体部分。

此外，酶对糖苷水解有专一性，例如杏仁酶专一性地水解 β-糖苷，而麦芽糖酶只水解 α-糖苷。糖苷广泛分布于自然界中，很多具有生物活性。糖部分的存在可增加糖苷在水中的溶解度。

> 17-3　糖苷本身无变旋光现象，但为什么在酸性水溶液中却能发生变旋光现象？

（三）成脎反应

单糖与过量的苯肼一起加热作用，会生成难溶于水的黄色结晶物质，称为糖脎（osazone）。糖脎的生成可分三个阶段进行：单糖先与苯肼作用生成苯腙；苯腙中与原羰基相邻碳（醛糖的 C_2，酮糖的 C_1）上的羟基，被苯肼氧化为新的羰基；新的羰基再与苯肼作用生成二苯腙，即糖脎。

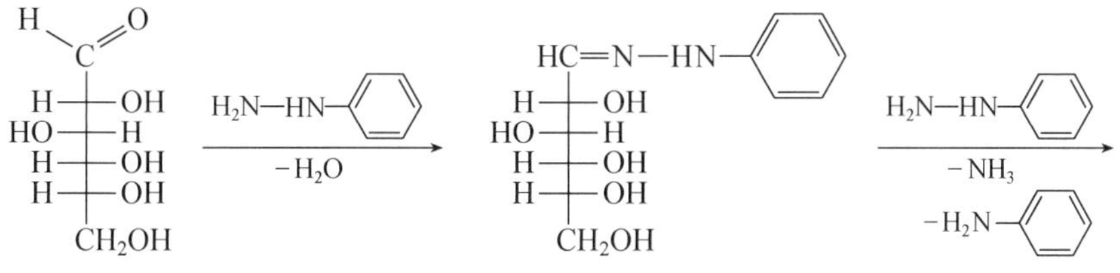

D-葡萄糖　　　　　　D-葡萄糖苯腙

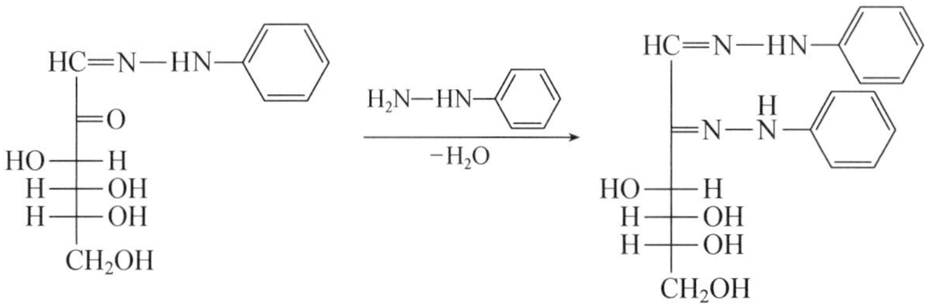

D-葡萄糖糖脎

由于成脎反应只发生在单糖的 C_1 和 C_2 上，不涉及其他碳原子。因此，凡是碳原子数相同的单糖，除 C_1 和 C_2 外，其余手性碳原子构型完全相同时，都能生成相同的糖脎。例如，D-葡萄糖、D-甘露糖和 D-果糖都能生成同一糖脎。

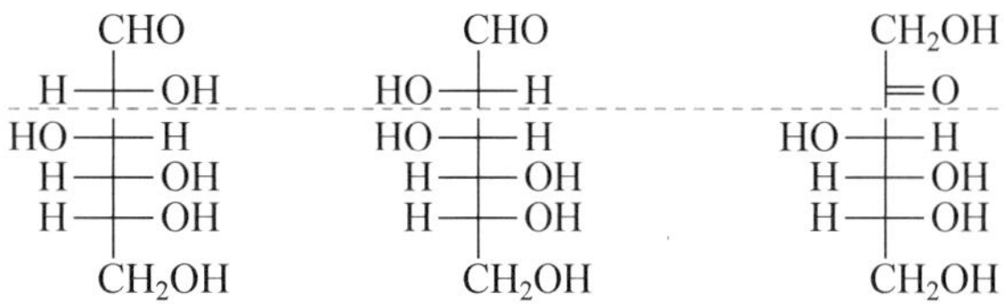

D-葡萄糖　　　　D-甘露糖　　　　D-果糖

糖脎为黄色结晶,不同的糖脎有不同的晶形和熔点,不同的糖生成糖脎的速度也不同。因此,根据糖脎的晶型和生成的时间可鉴别不同的糖。体内糖脎的形成可以引起糖尿病患者的并发症如白内障、动脉粥样硬化等疾病。

(四) 糖的差向异构化反应

用稀碱[如 $Ba(OH)_2$]的水溶液处理 D-葡萄糖,经过数天放置后,就会得到 D-葡萄糖、D-甘露糖和 D-果糖的混合物。D-葡萄糖和 D-甘露糖分子中有三个手性碳构型完全相同,只有一个手性碳构型不同。这种仅有一个手性碳构型不同的多手性碳的非对映异构体,称为差向异构体(epimer)。产生差向异构体的过程被称为差向异构化反应,该反应是通过单糖和烯二醇结构之间建立的平衡而转化的。

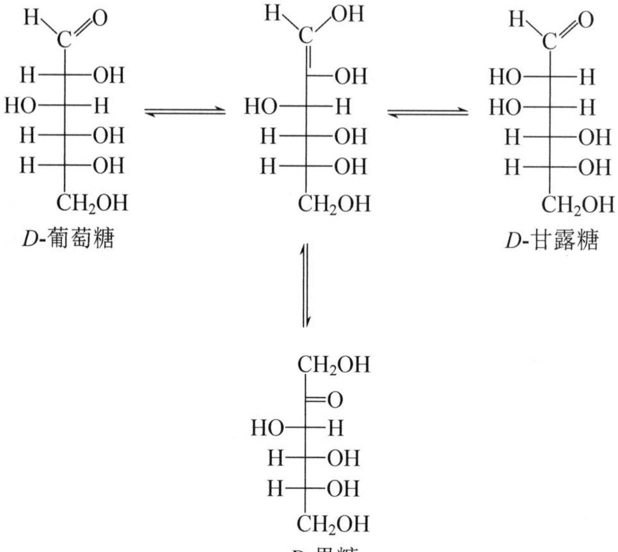

(五) 氧化反应

1. 与弱氧化剂的反应 Tollens 试剂、Benedict 试剂和 Fehling 试剂为碱性弱氧化剂,能把醛基等还原性较强的基团氧化成羧基。单糖虽然具有环状半缩醛结构,但在溶液中与开链结构处于动态平衡,开链结构的醛糖能被 Tollens 试剂氧化,发生银镜反应;其也能被 Benedict 试剂和 Fehling 试剂氧化产生砖红色的 Cu_2O 沉淀。

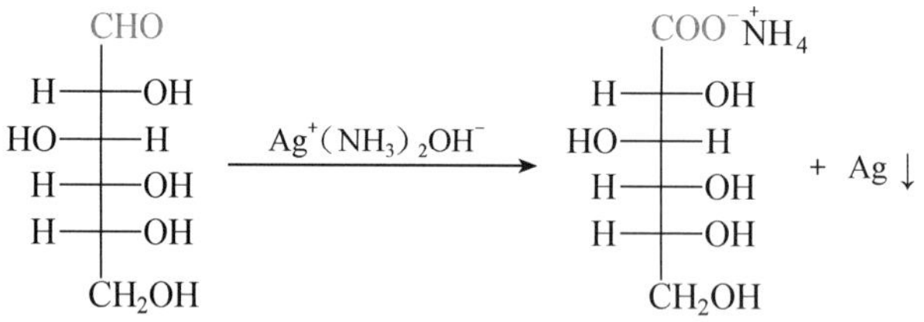

酮糖(例如 D-果糖)也能被上述碱性弱氧化剂氧化。这是由于酮糖在碱性条件下,可以通过差向异构化反应转变为相应的醛糖并被氧化。

能被 Tollens 试剂、Benedict 试剂和 Fehling 试剂氧化的糖称为还原糖,反之为非还原糖。所有单糖都是还原糖。单糖在碱性溶液中被氧化后,其氧化产物通常是混合物,该性质主要用于糖的鉴别。

> 17-4 能否用 Benedict 试剂来鉴别葡萄糖和果糖?

2. 与溴水的反应 溴水可与醛糖发生反应,选择性地将醛基氧化成羧基。由于在酸性条件下(溴水 pH=6.00)糖不发生差向异构化,酮糖不能转变为醛糖,因此溴水不能氧化酮糖,利用此性质可鉴别酮糖与醛糖。

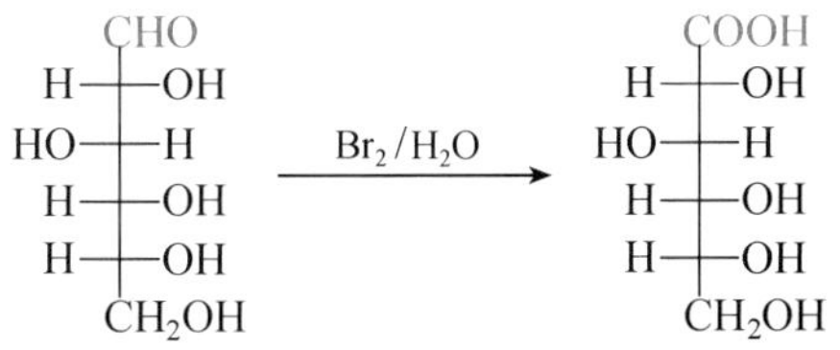

D-葡萄糖　　　　　　　　　　　D-葡萄糖酸

3. 与稀硝酸的反应　硝酸是比溴水强的氧化剂,糖的醛基和伯醇羟基均可被硝酸氧化而生成二元羧酸,称为糖二酸。例如,D-葡萄糖经硝酸氧化,生成 D-葡萄糖二酸(glucaric acid)。

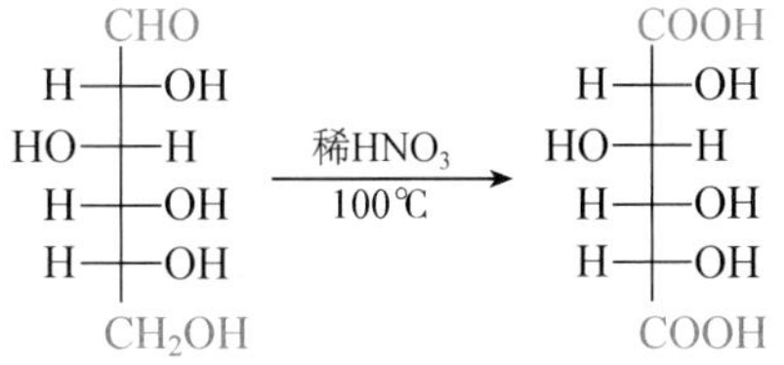

D-葡萄糖　　　　　　　　　　　D-葡萄糖二酸

D-葡萄糖二酸经选择性还原,可得 D-葡萄糖醛酸(glucuronic acid)。D-葡萄糖醛酸广泛存在于动物和植物体内。在动物肝脏中它可与某些有毒的醇、酚等物质结合,然后排出体外,从而起到解毒作用。

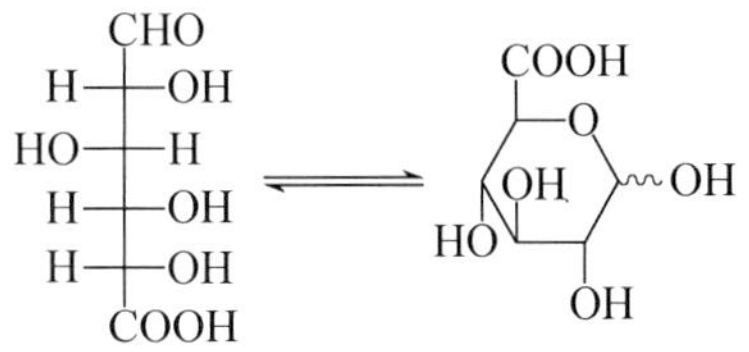

D-葡萄糖醛酸

(六) 酸性条件下的脱水反应

在弱酸条件下,含 β-羟基的醛酮易发生脱水反应,生成 α、β-不饱和醛酮。糖具有上述结构特征,因此在酸性条件下易脱水生成 α、β 不饱和醛酮类化合物,其再经过异构化得二羰基化合物。

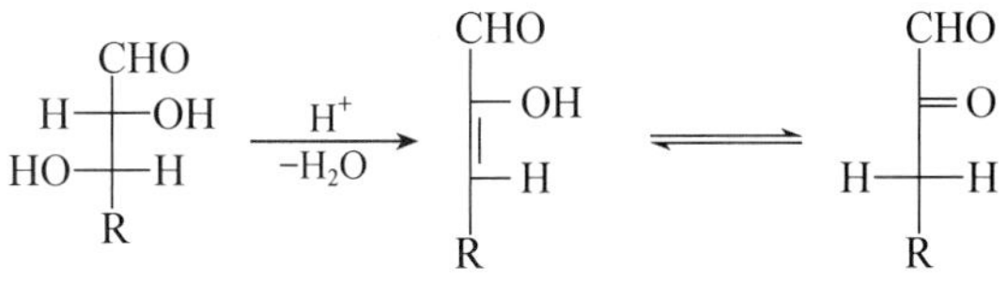

戊醛糖在强酸条件下(如 12%HCl)加热,分子内脱水生成呋喃甲醛。己醛糖在上述条件下则得到 5-羟甲基呋喃甲醛。

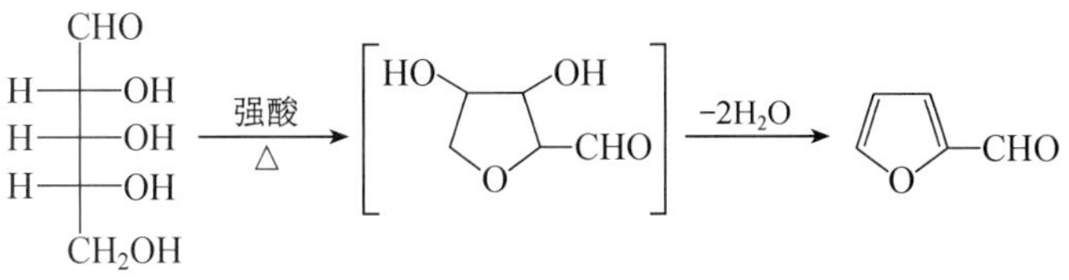

戊醛糖　　　　　　　　　　　　呋喃甲醛

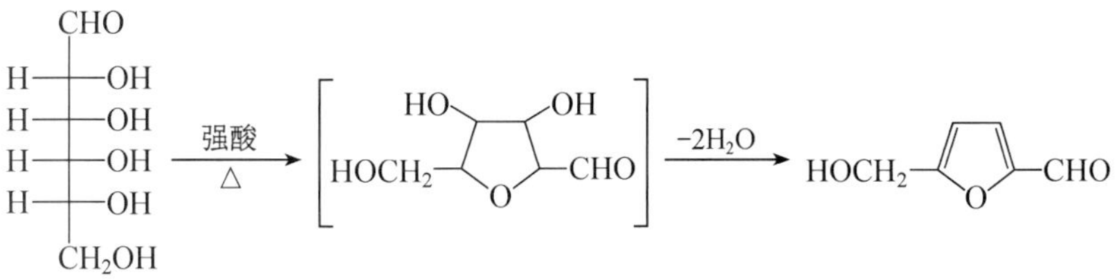

己醛糖　　　　　　　　　　　　5-羟甲基呋喃甲醛

第二节 | 双糖和多糖

双糖和多糖都是单糖分子通过分子间脱水后以糖苷键连接而成的化合物。本节将以代表性的双糖和多糖为例,讨论它们的结构及基本性质。

一、双糖

双糖广泛存在于自然界,它由两个相同的或不同的单糖单元构成。连接两个单糖的糖苷键存在以下两种情况:连接双糖的糖苷键是由两个单糖的半缩醛羟基脱水而成,此类双糖分子中已没有半缩醛羟基,不能通过互变生成开链糖,故没有还原性和变旋光现象,称为非还原性双糖。当单糖分子的半缩醛羟基与另一分子单糖中的醇羟基脱水形成双糖时,此类双糖分子中保留了一个半缩醛羟基,因而有还原性和变旋光现象,称为还原性双糖。麦芽糖、纤维二糖、乳糖为还原糖,蔗糖为非还原糖。单糖环状结构有 α- 和 β- 两种构型,这两种构型的半缩醛羟基都可参与糖苷键的形成,因此糖苷键就有 α-糖苷键和 β-糖苷键之分。

(一) 麦芽糖

麦芽糖(maltose)存在于麦芽中,主要通过麦芽中的淀粉酶将淀粉水解而得。此外,淀粉在稀酸中部分水解时也可得麦芽糖。麦芽糖结晶含一分子结晶水,熔点 103℃ (分解),易溶于水,有变旋光现象,比旋光度为+136°。

麦芽糖的结构如下:

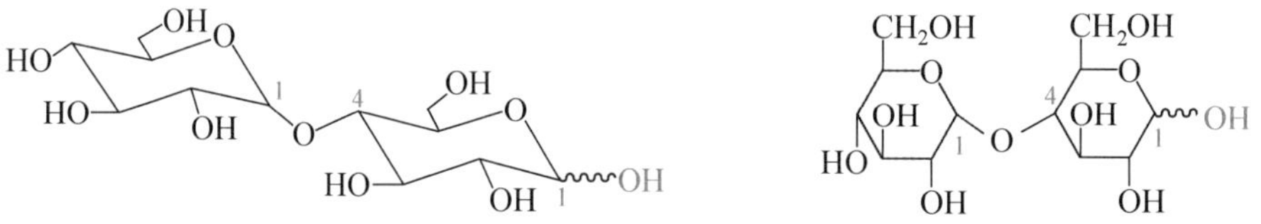

(+)-麦芽糖

由上可知麦芽糖是由两分子 D-葡萄糖以 α-1,4-糖苷键连接构成的,成苷部分的葡萄糖是以吡喃环形式存在。麦芽糖分子结构中还存在一个半缩醛羟基,故为还原糖。

(二) 纤维二糖

纤维二糖(cellobiose)是由纤维素部分水解得到。纤维二糖化学性质与麦芽糖相似,为还原糖,有变旋光现象,水解后生成两分子 D-葡萄糖。与麦芽糖不同的是纤维二糖是以 β-1,4-糖苷键连接组成的双糖,只能被 β-葡萄糖苷酶水解。它的结构如下:

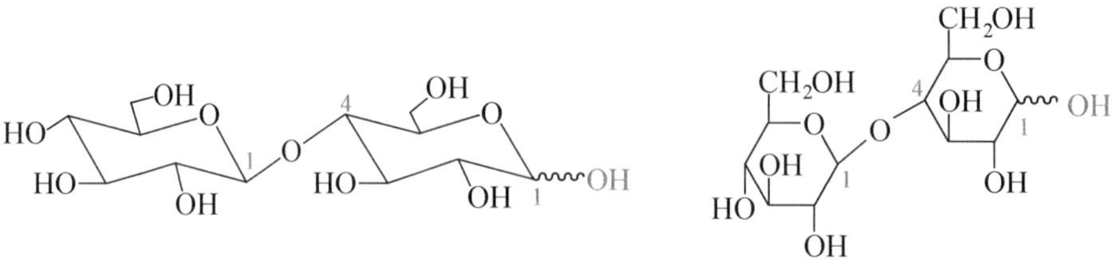

(+)-纤维二糖

纤维二糖与麦芽糖虽只是糖苷键的构型不同,但生理上却有很大差别。麦芽糖有甜味,在人体内可分解消化,但纤维二糖既无甜味,也不能被人体消化吸收。

(三) 乳糖

乳糖(lactose)存在于哺乳动物的乳汁中,人乳汁中乳糖含量为 7%~8%,牛乳中含量为 4%~5%。工业上可从制取奶酪的副产物(乳清)中获得乳糖。乳糖的结晶含一分子结晶水,熔点 202℃,溶于水,比旋光度为+53.5°。医药上常利用其吸湿性小作为药物的稀释剂以配制散剂和片剂。

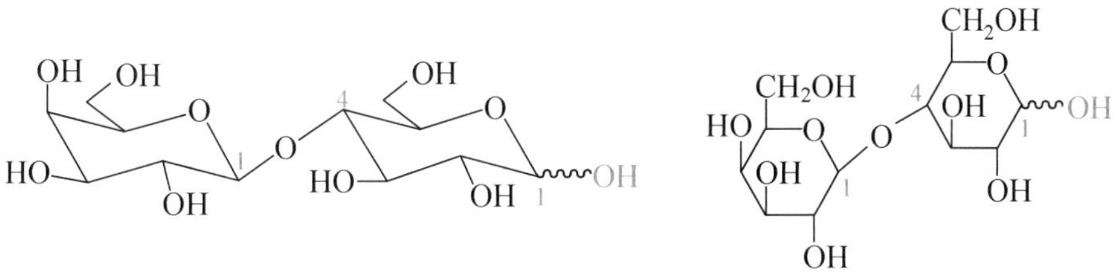

乳糖

乳糖也是还原糖,有变旋光现象。当用苦杏仁酶水解时,可得等量的 D-半乳糖和 D-葡萄糖。乳糖被溴水氧化后,水解可得到 D-半乳糖和 D-葡萄糖酸,故它是由半乳糖半缩醛羟基与 D-葡萄糖的羟基键合而成。根据苦杏仁酶专一性地水解 β-糖苷键的特点及乳糖的氧化、甲基化和水解反应得知,葡萄糖的 C_4 羟基参与形成苷键,因此乳糖是含有 β-1,4-糖苷键的双糖。

(四)蔗糖

蔗糖(sucrose)是自然界分布最广的双糖,尤其在甘蔗和甜菜中含量最高,故有蔗糖或甜菜糖之称。

蔗糖被稀酸水解,产生等量的 D-葡萄糖和 D-果糖。蔗糖没有还原性,也无变旋光现象,说明结构中已无半缩醛羟基。其糖苷键由葡萄糖的半缩醛羟基和果糖的半缩酮羟基脱水而成。蔗糖既可被 α-葡萄糖苷酶水解也可被 β-果糖苷酶水解生成相同产物,可知蔗糖既是 α-D-葡萄糖苷也是 β-D-果糖苷。其结构如下:

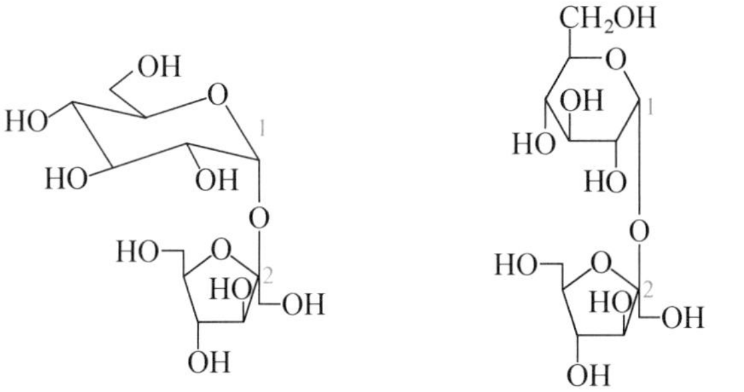

蔗糖

蔗糖是右旋糖,比旋光度为+66.7°,水解后生成等量的 D-葡萄糖和 D-果糖的混合物,其比旋光度为 -19.7°,与水解前的旋光方向相反,因此把蔗糖的水解反应称为转化反应,水解后的混合物称为转化糖(invert sugar)。蜂蜜中大部分是转化糖。蜜蜂体内有一种能催化水解蔗糖的酶,这种酶被称为转化酶(invertase)。

蔗糖 $\longrightarrow$ D-葡萄糖 + D-果糖
$[\alpha]_D +66.7°$　　$[\alpha]_D +52.5°$　$[\alpha]_D -92.4°$

$\underbrace{\qquad\qquad\qquad\qquad}$
转化糖
$[\alpha]_D = -19.7°$

二、多糖

多糖是由许多单糖分子以苷键相连形成的高分子化合物,如淀粉、糖原、纤维素。自然界大多数多糖含有 80~100 个单元的单糖。多糖可以水解,但要经历多步反应,先生成相对分子质量较小的多糖,然后是寡糖,最后是单糖。

多糖大多数为无定形粉末,没有甜味,大多数不溶于水,个别多糖能与水形成胶体溶液。

(一)淀粉

淀粉(starch)广泛地分布于植物界,是人类获取糖的主要源泉。淀粉是白色无定形粉末,由直链淀粉(amylose)和支链淀粉(amylopectin)两部分构成。直链淀粉在淀粉中的含量约为20%,不易溶于冷水,在热水中有一定溶解度,分子量比支链淀粉小,一般由 250~300 个 D-葡萄糖以 α-1,4-糖苷键连接而成的直链化合物。

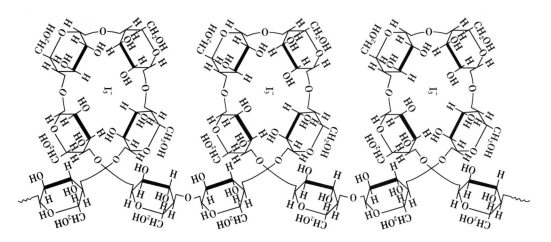

直链淀粉

直链淀粉的空间排列不是直线型的,因为 α-1,4-糖苷键的氧原子有一定键角,且单键可自由转动,羟基间可形成氢键,因此直链淀粉是具有规则的螺旋状空间排列,每一圈螺旋有 6 个 α-D-葡萄糖基(图 17-2)。

淀粉遇碘显蓝色,这是淀粉的定性鉴定反应。目前认为显色机制是碘分子钻入螺旋空隙中形成有色的复合物(图 17-2)。

支链淀粉,又称胶淀粉,一般含有 6 000~40 000 个 D-葡萄糖,在淀粉中的含量约占 80%,不溶于

图 17-2　淀粉分子与碘作用示意图

水中,与热水作用则膨胀成糊状。在支链淀粉分子中,主链由 α-1,4-糖苷键连接,而分支处为 α-1,6-糖苷键,结构如下:

α-1,6-糖苷键

支链淀粉结构

在支链淀粉分子的直链上,每隔 20~25 个 D-葡萄糖单元就有一个以 α-1,6-糖苷键连接的分支,因此其结构比直链淀粉复杂。支链淀粉可与碘生成紫红色的配合物。

淀粉在水解过程中可先生成糊精,它是相对分子质量比淀粉小得多糖,能溶于水,具有极强黏性。相对分子质量较大的糊精遇碘显红色,叫红糊精,再水解变成无色的糊精,无色糊精有还原性。淀粉的水解过程大致如下:

淀粉 ⟶ 红糊精 ⟶ 无色糊精 ⟶ 麦芽糖 ⟶ 葡萄糖

（二）糖原

糖原（glycogen）是无色粉末，易溶于水，遇碘呈紫红色。糖原主要存在于动物的肝脏和肌肉中，肝脏中糖原的含量达 10%~20%，肌肉中的含量约 4%。其功能与植物淀粉相似，是葡萄糖的贮存形式。当血液中葡萄糖含量低于正常水平时，糖原即可分解为葡萄糖，为机体供给能量。

糖原的结构与支链淀粉相似，但分支更密，支链淀粉中每隔 20~25 个葡萄糖残基就出现一个 α-1,6-糖苷键，而糖原只相隔 8~10 个葡萄糖残基就出现一个 α-1,6-糖苷键（图 17-3）。

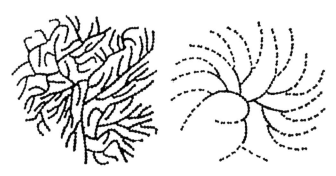

糖原的分枝状结构示意图　　胶淀粉的分枝状结构示意图

图 17-3　糖原与胶淀粉结构示意图

（三）纤维素

纤维素（cellulose）是自然界最丰富的有机物。它是植物细胞壁的主要结构成分。植物干叶中含纤维素为 10%~20%。木材中含纤维素 50%，棉花含纤维素 90%。

纤维素是由 D-葡萄糖以 β-1,4-糖苷键结合的链状聚合物。在纤维素结构中不存在支链，分子链之间因氢键的作用而扭成绳索状。

纤维素

纤维素在盐酸水溶液中水解可得到 D-葡萄糖。如用酶进行部分水解可产生纤维二糖。纤维素虽然与淀粉一样由 D-葡萄糖组成，但由于是以 β-1,4-糖苷键连接，不能被淀粉酶水解，因此人不能消化纤维素。但纤维素可增强肠的蠕动，因此食入富含纤维素的食品有利于健康。食草动物的消化道中有一些微生物能分泌出可以水解 β-1,4-糖苷的酶，可以消化纤维素。

纤维素无变旋现象，不易被氧化，但具有羟基一般反应，分子中游离的羟基经硝化和乙酰化后，可制成人造丝、火棉胶、电影胶片、硝基漆等。

环糊精

环糊精（cyclodextrin）是淀粉经环糊精糖基转化酶水解得到的多种环状低聚糖的总称。环糊精为白色粉末状晶体，有一定的水溶性，具有旋光性，无还原性，在碱性溶液中较稳定，在酸性条件下易分解。环糊精有 α,β 和 γ 三种结构，分别由 6 个、7 个和 8 个 D-葡萄糖单元通过 α-1,4-糖苷键结合得到。

从图 17-4 可以看到环糊精的结构和形状，环糊精的形状像一个无底的桶，上端大，下端小。α、β 和 γ-环糊精的空腔内径分别为 450pm、700pm 和 800pm。桶状环糊精上端外侧是 C_2—OH 和 C_3—OH，下端是—CH_2OH，因而环糊精分子外部亲水。环糊精的内腔由葡萄糖分子的 C—C、C—H 和 C—O 键组成，因而具有疏水性。环糊精中一级羟基能自由旋转，使空腔的一部分被遮盖，而二级羟基具有一定的刚性，不易自由旋转，导致一级羟基构成的底部内腔略小于二级羟基形成的顶部，形成杯状结构。

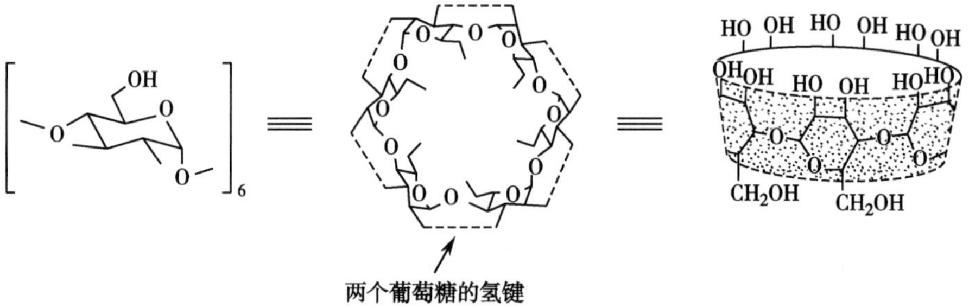

两个葡萄糖的氢键

图 17-4 α-环糊精

　　如前所述,环糊精空腔内部亲脂,故能通过主体分子与客体分子之间的范德华力包合脂溶性强的有机物,形成单分子包容复合物。其稳定性取决于主体分子空腔的容积及客体分子大小、基团性质以及空间的构型等。只有当客体分子与环糊精空腔的几何形状相匹配时,才能形成稳定的包容复合物。例如疏水分子苯只能进入 α-环糊精的空腔形成复合物。这表明环糊精对客体分子有一定的识别能力,这一特点与酶的选择性催化作用相类似,因此环糊精已成为人工酶的模型。研究结果表明,α-环糊精本身就是一种水解酶模型。如乙酸苯酯能够被 α-环糊精快速催化水解,其过程与酶水解相似。近年来,在 α-环糊精的结构修饰以及提高它的分子识别和催化性能等方面的研究,都取得了很大的进展。此外,环糊精还被广泛用于食品、医药、化学分析等方面,其可改变客体分子的物理性质和化学性质,例如,环糊精可增加药物的稳定性,减少毒副作用,延长药物的疗效等。

习题

17-5　写出下列各糖的名称。

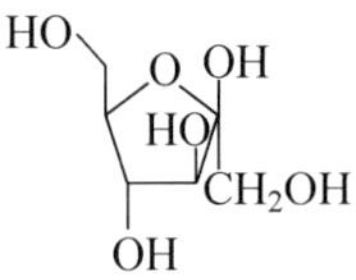

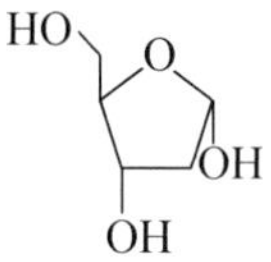

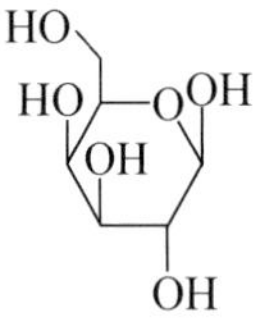

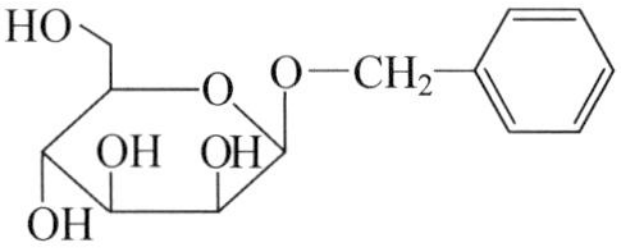

17-6　写出下列各糖的稳定构象式。

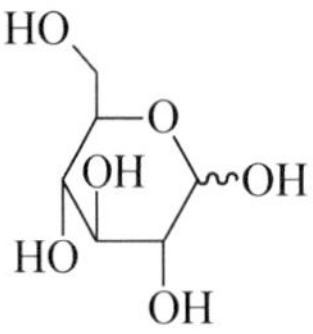

（1）β-D-吡喃甘露糖　　（2）β-D-吡喃葡萄糖　　（3）2-乙酰氨基-α-D-吡喃半乳糖

17-7　举例解释下列名词。

（1）差向异构体　　　（2）端基异构体　　　（3）变旋光现象

（4）还原糖、非还原糖　　（5）苷键

17-8　用化学方法区别下列各组化合物。

（1）麦芽糖和蔗糖　　　　　　　　　（2）D-葡萄糖和 D-果糖

（3）甲基 D-吡喃葡萄糖苷和 D-葡萄糖　　（4）半乳糖和淀粉

（5）淀粉和纤维素

17-9　写出 D-半乳糖与下列试剂的反应产物。

（1）Br_2,H_2O　　　　　　（2）CH_3OH+HCl（干）　　　（3）HNO_3

17-10　当 D-甘露糖在碱性条件下较长时间反应时,产生了 D-葡萄糖、D-果糖,说明其原因。

17-11　下列糖化合物,哪些有还原性?

（1）D-阿拉伯糖　　　　　（2）D-甘露糖　　　　　　（3）淀粉

（4）蔗糖　　　　　　　　　（5）纤维素　　　　　　　　（6）苯基 β-D-葡萄糖苷

17-12　写出下列戊糖的名称、构型（D 或 L）,哪些互为对映体? 哪些互为差向异构体?

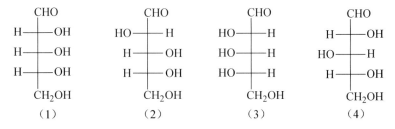

（1）　　　　　　　（2）　　　　　　　（3）　　　　　　　（4）

17-13　D-（ + ）-吡喃葡萄糖在干燥 HCl 作用下与甲醇反应,生成甲基 α-D-（ + ）-吡喃葡萄糖苷和甲基 β-D-（ + ）-吡喃葡萄糖苷,试写出其成苷的机制。

17-14　异麦芽糖的结构如下,请写出其名称。

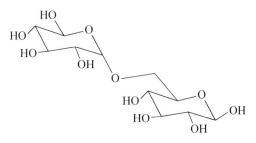

（张定林）

本章思维导图

本章目标测试

第十八章 | 氨基酸、肽和蛋白质

蛋白质是生物体内含量最高、功能最重要的生物大分子,存在于几乎所有生物细胞中,约占细胞干质量的 50% 以上,它与多糖、脂类和核酸等都是构成生命的基础物质。从最简单的病毒、细菌等微生物直至高等动物,一切生命过程都与蛋白质密切相关。它不仅是细胞的重要组成成分之一,而且还具有多种生物学功能。例如,机体内起催化作用的酶、调节代谢的一些激素以及发生免疫反应的抗体等均为蛋白质。几乎全部的生命现象和所有细胞活动,最终都是通过蛋白质的介导来表达和实现的。

蛋白质是由氨基酸通过肽键组成的多肽链在空间盘绕折叠而成的。由于氨基酸的种类、数目以及排列顺序的差异,可形成种类繁多、结构复杂、生物功能各异的蛋白质。

多肽是 α-氨基酸通过肽链连接在一起而形成的化合物,它也是蛋白质水解的中间产物。除了作为蛋白质代谢的中间产物外,生物体内还存在一些重要的活性肽,行使其微妙的传导功能,是沟通细胞与器官间信息的重要化学信使。

本章主要讲述氨基酸的结构和性质,并扼要介绍肽和蛋白质的基本知识。

第一节 | 氨基酸

氨基酸(amino acid)是一类分子中既含有氨基又含有羧基的化合物。根据氨基和羧基的相对位置,氨基酸可分为 α、β、γ 等类型。到目前为止,被发现的天然氨基酸已达数百种,但是蛋白质水解后的氨基酸主要有 20 种。不同来源的蛋白质在酸、碱或酶的作用下,能逐步水解,最终产物是不同 α-氨基酸的混合物。因此,α-氨基酸是组成蛋白质的基本单位。

一、结构、分类和命名

组成蛋白质的 20 种氨基酸,除脯氨酸为 α-烷基氨基酸外,均为 α-氨基酸,即其氨基和羧基都连接在 α-碳原子上,其结构通式如下(式中 R 代表不同的侧链基团):

$$R-\underset{\underset{NH_2}{|}}{CH}-COOH$$

由于氨基酸分子内同时存在酸性基团(—COOH)和碱性基团(—NH$_2$),它们可相互作用形成内盐。因此氨基酸的物理性质与一般有机化合物不同,多为无色晶体,熔点一般在 200°C 以上,且较易溶于水而难溶于非极性溶剂。

氨基酸的红外光谱显示,固态氨基酸只有羧酸根负离子(—COO$^-$)在 1 600~1 590cm^{-1} 附近的强吸收峰,无游离羧基(—COOH)吸收峰;$-^+NH_3$ 的 N—H 伸缩振动谱出现在 3 100~2 600cm^{-1}。X 射线衍射也显示固态氨基酸分子中的羧基和氨基均呈离子状态。这些科学事实证实固态氨基酸以偶极离子(dipolar ions)的形式存在。

$$R-\underset{\underset{NH_2}{|}}{CH}-COOH \longrightarrow R-\underset{\underset{\overset{+}{N}H_3}{|}}{CH}-COO^-$$

偶极离子

除甘氨酸外,其他组成蛋白质的氨基酸分子均具有旋光性,其α-碳原子为手性碳原子。氨基酸的构型通常采用 D/L 命名法,即以甘油醛为参考标准,在 Fischer 投影式中,凡氨基酸分子中 α-$^+NH_3$ 的位置与 L-甘油醛手性碳原子上—OH 的位置相同者为 L-型,相反者为 D-型:

$$
\begin{array}{cccc}
\text{CHO} & \text{COO}^- & \text{CHO} & \text{COO}^- \\
\text{HO}\!-\!\!-\!\!H & \text{H}_3\text{N}^+\!-\!\!-\!\!H & \text{H}\!-\!\!-\!\!\text{OH} & \text{H}\!-\!\!-\!\!\text{NH}_3^+ \\
\text{CH}_2\text{OH} & \text{R} & \text{CH}_2\text{OH} & \text{R} \\
L\text{-甘油醛} & L\text{-氨基酸} & D\text{-甘油醛} & D\text{-氨基酸}
\end{array}
$$

构成蛋白质的 α-氨基酸均为 L 构型。若用 R、S 标记法,其 α-碳原子除半胱氨酸为 R 构型外,其余皆为 S 构型。这是因为在半胱氨酸中,取代基—CH_2SH 的位次高于取代基—COOH。

> 18-1 苏氨酸是 1935 年在纤维蛋白水解物中发现的氨基酸,是最后被发现的必需氨基酸。请写出苏氨酸所有的立体构型,标明 D/L 构型,并指出何者为蛋白质中存在的 $(2S,3R)$-构型苏氨酸。

根据 α-氨基酸分子中 R 基团的结构和性质,氨基酸有不同的分类方法。如按 R 基团的结构可分为脂肪族氨基酸、芳香族氨基酸和杂环氨基酸。在医学上,一般根据 α-氨基酸在生理 pH 范围内其侧链 R 基团的极性及其所带电荷的不同,分为 4 类(表 18-1):

表 18-1　存在于蛋白质中 20 种常见的氨基酸

中文名称	英文名称	三字母	单字母	中文缩写	结构式(偶极离子)	等电点(pI)
中性氨基酸(具非极性 R 基团)						
甘氨酸	glycine	Gly	G	甘	$\overset{\overset{+}{N}H_3}{H\!-\!CH\!-\!CO_2^-}$	5.97
丙氨酸	alanine	Ala	A	丙	$\overset{\overset{+}{N}H_3}{CH_3\!-\!CH\!-\!CO_2^-}$	6.00
亮氨酸 *	leucine	Leu	L	亮	$\overset{H_3C}{\underset{H_3C}{>}}CH\!-\!CH_2\!-\!\overset{\overset{+}{N}H_3}{CH}\!-\!CO_2^-$	5.98
异亮氨酸 *	isoleucine	Ile	I	异亮	$\overset{H_3C}{\underset{H_3CH_2C}{>}}CH\!-\!\overset{\overset{+}{N}H_3}{CH}\!-\!CO_2^-$	6.02
缬氨酸 *	valine	Val	V	缬	$\overset{H_3C}{\underset{H_3C}{>}}CH\!-\!\overset{\overset{+}{N}H_3}{CH}\!-\!CO_2^-$	5.96
脯氨酸	proline	Pro	P	脯	$\begin{array}{c}H_2C\!-\!CH_2\\ H_2C\quad CH\!-\!CO_2^-\\ \underset{H\quad H}{\overset{+}{N}}\end{array}$	6.30
苯丙氨酸 *	phenylalanine	Phe	F	苯丙	$C_6H_5\!-\!CH_2\!-\!\overset{\overset{+}{N}H_3}{CH}\!-\!CO_2^-$	5.48
甲硫(蛋)氨酸 *	methionine	Met	M	蛋	$CH_3\!-\!S\!-\!CH_2\!-\!CH_2\!-\!\overset{\overset{+}{N}H_3}{CH}\!-\!CO_2^-$	5.74

续表

中文名称	英文名称	三字母	单字母	中文缩写	结构式（偶极离子）	等电点（pI）
中性氨基酸（不带电荷而具极性基团）						
丝氨酸	serine	Ser	S	丝	$HO-CH_2-\overset{\overset{+}{N}H_3}{CH}-CO_2^-$	5.68
苏氨酸*	threonine	Thr	T	苏	$CH_3-\overset{OH}{CH}-\overset{\overset{+}{N}H_3}{CH}-CO_2^-$	5.60
天冬酰胺	asparagine	Asn	N	天酰	$H_2N-\overset{O}{C}-CH_2-\overset{\overset{+}{N}H_3}{CH}-CO_2^-$	5.41
谷氨酰胺	glutamine	Gln	Q	谷酰	$H_2N-\overset{O}{C}-CH_2-CH_2-\overset{\overset{+}{N}H_3}{CH}-CO_2^-$	5.65
半胱氨酸	cysteine	Cys	C	半胱	$HS-CH_2-\overset{\overset{+}{N}H_3}{CH}-CO_2^-$	5.07
酪氨酸	tyrosine	Tyr	Y	酪	$HO-\underset{}{\bigcirc}-CH_2-\overset{\overset{+}{N}H_3}{CH}-CO_2^-$	5.66
色氨酸*	tryptophan	Trp	W	色	$CH_2-\overset{\overset{+}{N}H_3}{CH}-CO_2^-$（吲哚环）	5.89
酸性氨基酸						
天冬氨酸	aspartic acid	Asp	D	天冬	$HO-\overset{O}{C}-CH_2-\overset{\overset{+}{N}H_3}{CH}-CO_2^-$	2.77
谷氨酸	glutamic acid	Glu	E	谷	$HO-\overset{O}{C}-CH_2-CH_2-\overset{\overset{+}{N}H_3}{CH}-CO_2^-$	3.22
碱性氨基酸						
赖氨酸*	lysine	Lys	K	赖	$H_3\overset{+}{N}-CH_2CH_2CH_2CH_2-\overset{NH_2}{CH}-CO_2^-$	9.74
精氨酸	arginine	Arg	R	精	$H_2N-\overset{\overset{+}{N}H_2}{C}-NH(CH_2)_3-\overset{NH_2}{CH}-CO_2^-$	10.76
组氨酸	histidine	His	H	组	$CH_2-\overset{\overset{+}{N}H_3}{CH}-CO_2^-$（咪唑环）	7.59

* 为营养必需氨基酸。

第一类是 R 为非极性或疏水性基团的氨基酸,它们通常埋藏于蛋白质分子内部;第二类是 R 为极性但不带电荷基团的氨基酸,其侧链中含羟基、巯基等极性基团,在生理 pH 状况下不带电荷(在碱性溶液中,酚羟基和巯基可给出质子而带负电荷),并具有一定的亲水性,往往分布在蛋白质分子的表面;第一类和第二类氨基酸因其分子中各含一个 $-^+NH_3$ 和 $-COO^-$,习惯上又称为中性氨基酸。但这类氨基酸由于酸性解离大于碱性解离,故其水溶液 pH 略小于 7,大多呈微酸性。第三类是酸性氨基酸,在生理 pH 状况下,其侧链中带有已给出质子的 $-COO^-$。第四类是碱性氨基酸,其侧链中带有易接受质子的胍基、氨基、咪唑基等基团,它们在中性和酸性溶液中往往带正电荷。

习惯上,根据氨基酸的来源或某些特性而采用俗名。如天冬氨酸源于天门冬植物,甘氨酸因具甜味而得名。常见的 20 种 α-氨基酸的名称、结构及中英文缩写符号见表 18-1。

有些氨基酸在人体内不能合成或合成数量不足,必须由食物蛋白质补充才能维持机体正常生长发育,这类氨基酸称为营养必需氨基酸(essential amino acid),主要有 8 种(表 18-1 中标有 * 者)。此外,组氨酸和精氨酸在婴幼儿和儿童时期因体内合成不足,也需依赖食物补充一部分。早产儿还需要适当补充色氨酸和半胱氨酸。

蛋白质分子中含有一些经修饰的氨基酸,其在生物体内均无相应的遗传密码,往往在蛋白质生物合成前后,由其中相应氨基酸经加工修饰而成,如胱氨酸是由两分子半胱氨酸氧化而成。在植物、细菌和动物体内发现大量非蛋白质氨基酸,它们大多为 α-氨基酸的衍生物,也有些是 β-氨基酸、γ-氨基酸或 δ-氨基酸,以及 D-型氨基酸。如鸟氨酸和瓜氨酸是精氨酸的代谢中间体,脑内存在的重要神经递质 γ-氨基丁酸是谷氨酸的脱羧产物,β-丙氨酸是构成泛酸的基本成分。普瑞巴林(pregabalin)是一种人工合成的钙离子通道调节剂,属于 γ-氨基丁酸衍生物,临床上主要用于治疗外周神经痛和癫痫。

L-胱氨酸　　　　　γ-氨基丁酸　　　　　普瑞巴林

二、性质

(一)酸碱性和等电点

固态氨基酸以偶极离子形式存在。由于氨基酸分子内有两个可解离的基团($-^+NH_3$ 和 $-COO^-$),因此氨基酸在水溶液中存在阳离子、阴离子和偶极离子三种形式,且呈平衡状态。

阳离子　　　　　偶极离子　　　　　阴离子

由于氨基酸分子中给出质子的酸性基团和接受质子的碱性基团的数目和能力各异,不同的氨基酸在水溶液中呈现不同的酸碱性。由于 $-^+NH_3$ 给出质子的能力大于 $-COO^-$ 接受质子的能力,因此中性氨基酸水溶液呈弱酸性。

不同的氨基酸在溶液中主要带何种电荷,取决于溶液的 pH。调节某一种氨基酸溶液的 pH,使该种氨基酸解离成阳离子和阴离子的趋势及程度相等,即刚好以偶极离子形式存在,此溶液的 pH 称为该氨基酸的等电点(isoelectric point,pI)。等电点时,氨基酸所带的净电荷为零,整体呈电中性,在电场中,既不向负极移动,也不向正极移动。氨基酸溶液的 pH 大于 pI(如加入碱),有利于 "$-^+NH_3$" 的解离,使溶液中的氨基酸带负电荷的占优势。反之,溶液的 pH 小于 pI(如加入酸),有利于 "$-COO^-$" 与 "H^+" 结合,使溶液中的氨基酸带正电荷的占优势。

$$H_3\overset{+}{N} \underset{R}{\overset{COOH}{\rule{0pt}{0pt}}} H \overset{^-OH}{\underset{H^+}{\rightleftharpoons}} H_3\overset{+}{N} \underset{R}{\overset{COO^-}{\rule{0pt}{0pt}}} H \overset{^-OH}{\underset{H^+}{\rightleftharpoons}} H_2N \underset{R}{\overset{COO^-}{\rule{0pt}{0pt}}} H$$

阳离子　　　　　　　偶极离子　　　　　　　阴离子
pH<pI　　　　　　　pH=pI　　　　　　　pH>pI

不同氨基酸的组成和结构不同,因此具有不同的等电点。酸性氨基酸水溶液的 pH 小于 7,所以必须加入较多的酸才能使正负离子量相等,等电点约为 3。反之,碱性氨基酸水溶液中正离子较多,则必须加入碱,才能使负离子量增加。所以碱性氨基酸的等电点大于 7,在 7.6~10.8。中性氨基酸的等电点小于 7,一般在 5.0~6.5 之间。常见的 20 种氨基酸的等电点见表 18-1。

带电颗粒在电场中总是向其电荷相反的电极移动,这种现象称为电泳(electrophoresis)。由于各种氨基酸的相对分子质量和 pI 不同,在相同 pH 的缓冲溶液中,不同的氨基酸不仅带电荷状况有差异,而且在电场中的泳动方向和速率也往往不同。基于这种差异,可用电泳技术分离氨基酸的混合物。例如将丙氨酸、天冬氨酸和精氨酸的混合物置于电泳支持介质(滤纸或凝胶)中央,调节溶液的 pH 至 6.00(为缓冲溶液),此时精氨酸(pI=10.76)带正电荷,在电场中向负极泳动;而天冬氨酸(pI=2.77)带负电荷,向正极泳动;丙氨酸(pI=6.00)在电场中不泳动,借此可将三者分离。下列为三种氨基酸混合物各自在电场中泳动方向示意图。

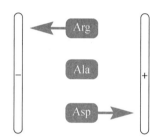

电泳池中的缓冲溶液 pH=6.00 时,上述三种氨基酸存在的主要形式分别如下:

$$H_3\overset{+}{N} \underset{CH_2CH_2CH_2-NH-\overset{\overset{+}{N}H_2}{\underset{\|}{C}}-NH_2}{\overset{COO^-}{\rule{0pt}{0pt}}} H \qquad H_3\overset{+}{N} \underset{CH_3}{\overset{COO^-}{\rule{0pt}{0pt}}} H \qquad H_3\overset{+}{N} \underset{CH_2-COO^-}{\overset{COO^-}{\rule{0pt}{0pt}}} H$$

Arg　　　　　　　　Ala　　　　　Asp

> 18-2　在 pH 为 7.59 的缓冲溶液中,采用电泳技术分离 Val、Glu、His 三种氨基酸的混合物,指出三者的带电状况和泳动方向。

(二)脱羧反应

α-氨基酸与氢氧化钡一起加热或在高沸点溶剂中回流,可发生脱羧反应,生成少一个碳的胺:

$$R-\underset{}{\overset{\overset{+}{N}H_3}{\underset{|}{C}H}}-COO^- \xrightarrow[\triangle]{^-OH} R-CH_2NH_2 + CO_2\uparrow$$

生物体内的脱羧反应是在某些酶的作用下发生的。例如,蛋白质腐败时,精氨酸或鸟氨酸可发生脱羧反应生成腐胺[$H_2N-(CH_2)_4-NH_2$];赖氨酸脱羧可得尸胺[$H_2N-(CH_2)_5-NH_2$]。肌球蛋白中的组氨酸在脱羧酶的存在下,可转变成组胺,机体中组胺过量易引起过敏反应。人食入不新鲜的鱼,有时会发生过敏,这可能就是机体内产生了过量的组胺所致的。

组胺酸 $\xrightarrow{\text{脱羧酶}}$ 组胺 $+ CO_2\uparrow$

组胺酸　　　　　　　　　　　　　组胺

（三）与亚硝酸反应

氨基酸分子中的氨基具有伯胺的性质，与亚硝酸反应时放出氮气，$—^+NH_3$ 被羟基取代，生成 α-羟基酸。脯氨酸的亚氨基不能与亚硝酸反应放出氮气。

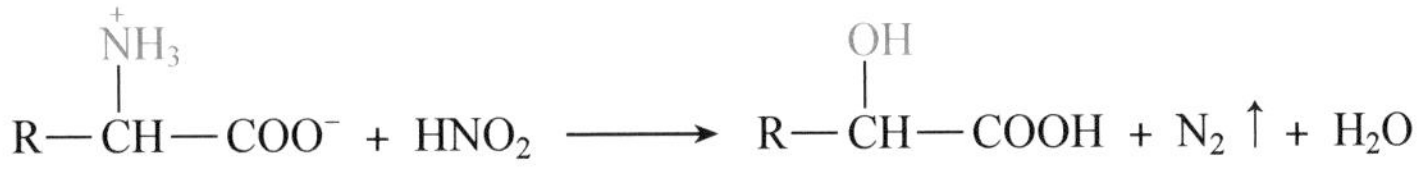

$$R—\overset{\overset{+}{N}H_3}{CH}—COO^- + HNO_2 \longrightarrow R—\overset{OH}{CH}—COOH + N_2\uparrow + H_2O$$

释放的 N_2 中一半的氮原子来自氨基酸。若定量测定反应中所释放出的 N_2 体积，即可计算出氨基酸的含量。因此，利用该反应可以测定蛋白质分子中的游离氨基或氨基酸分子中的氨基含量，此种方法称为 van Slyke 氨基氮测定法，常用于氨基酸和多肽的定量分析。

（四）与茚三酮的显色反应

氨基酸与茚三酮的水合物在乙醇（或丙酮）溶液中共热，生成具有蓝紫色的化合物，称为罗曼紫（Ruhemann's purple）。该反应十分灵敏，是鉴定氨基酸较为简便的方法，法医学上该反应被用于鉴定指纹。

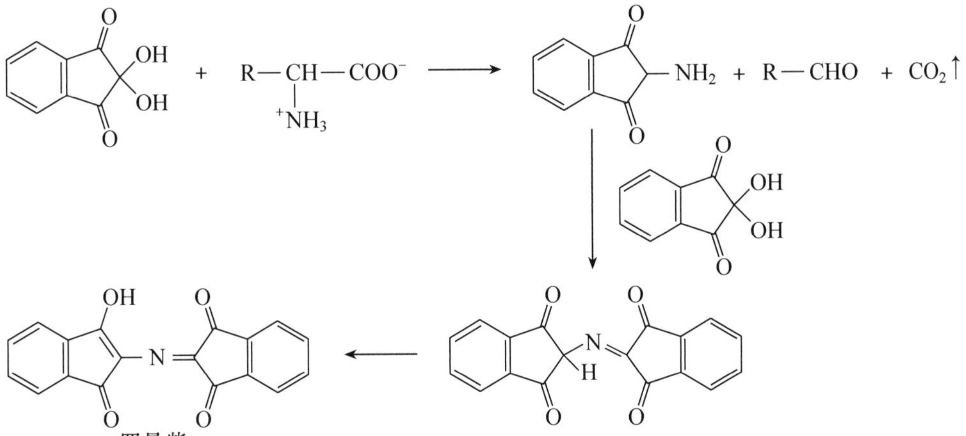

罗曼紫

反应生成的罗曼紫在 570nm 有强吸收，其吸收强度与氨基酸的含量成正比，因此可用于氨基酸的定量分析。亚氨基酸脯氨酸和羟脯氨酸与茚三酮的反应呈黄色。茚三酮反应广泛用于肽和蛋白质的鉴定或纸层析与薄层层析等的显色。

（五）络合性质

氨基酸中羧基可以与金属成盐，而氨基上的氮原子由于具有孤电子对，同时也可以与金属离子形成配位键，形成稳定的络合物。例如，在一定条件下，氨基酸可以与二价铜离子形成蓝色络合物结晶。该方法常用于分离或鉴定氨基酸。

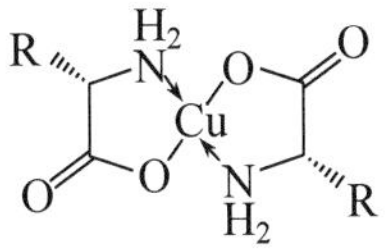

（六）紫外吸收性质

酪氨酸、苯丙氨酸和色氨酸等芳香族氨基酸在 280nm 处有最强的紫外吸收峰。由于大多数蛋白质含有这些氨基酸残基（amino acid residue），氨基酸残基数与蛋白质含量成正比，故通过对 280nm 波长的紫外吸光度的测定可对蛋白质溶液进行定量分析。

第二节 ｜ 肽

一、结构和命名

肽是氨基酸之间通过酰胺键相连而成的一类化合物，肽分子中的酰胺键又称为肽键（peptide

bond），二肽可视为一分子氨基酸中的—COO^-（一般为 α-COO^-）与另一分子氨基酸中的—$^+NH_3$（一般为 α-$^+NH_3$）脱水缩合而成。肽也以两性离子的形式存在。

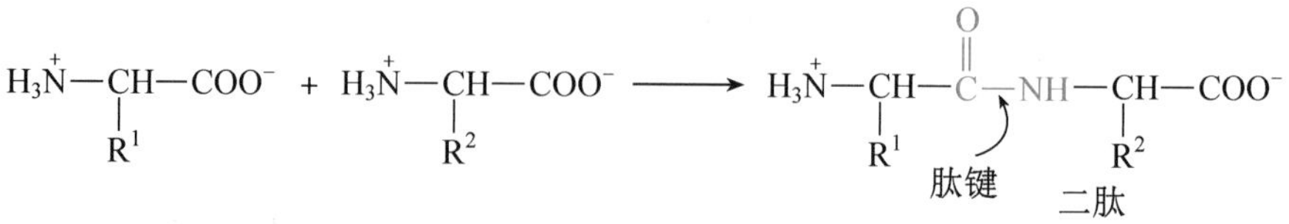

$$H_3\overset{+}{N}-CH-COO^- + H_3\overset{+}{N}-CH-COO^- \longrightarrow H_3\overset{+}{N}-CH-\overset{\overset{\displaystyle O}{\|}}{C}-NH-CH-COO^-$$

二肽分子的两端仍存在游离的—$^+NH_3$ 和—COO^-，因此它可以再与另一分子氨基酸脱水缩合形成三肽；同样依次可形成四肽、五肽……。十肽以下的称为寡肽（oligopeptide），大于十肽的称为多肽（polypeptide）。氨基酸形成肽后，已不是完整的氨基酸，故将肽中的氨基酸单位称为氨基酸残基（amino acid residue）。虽然存在环肽，但绝大多数的肽呈链状，称为多肽链，一般可用通式表示：

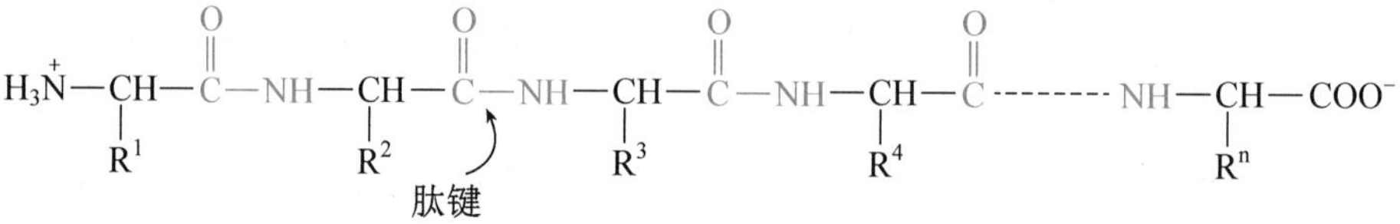

在肽链的一端仍保留着游离的—$^+NH_3$，称为氨基末端或 N-端；而另一端则保留着游离的—COO^-，称为羧基末端或 C-端。

肽的结构不仅取决于组成肽链的氨基酸种类和数目，而且也与肽链中各氨基酸残基的排列顺序有关。由两种不同的氨基酸（如甘氨酸和丙氨酸）组成二肽时，因连接顺序差异，可形成两种异构体：一种为丙氨酸的—$^+NH_3$ 和甘氨酸的—COO^- 脱水缩合而成；另一种为甘氨酸的—$^+NH_3$ 和丙氨酸的—COO^- 脱水缩合而成。肽的命名通常以含 C-端的氨基酸为母体称为某氨酸，而肽链中其他的氨基酸残基从 N-端开始依次称某氨酰，置于母体名称之前。也可用氨基酸英文三字母表示。例如由丙氨酸和甘氨酸可构成以下两种肽：

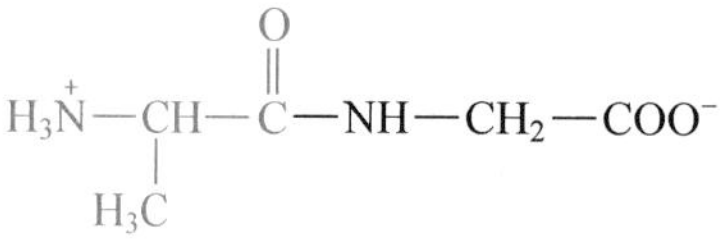

丙氨酰甘氨酸（Ala-Gly） 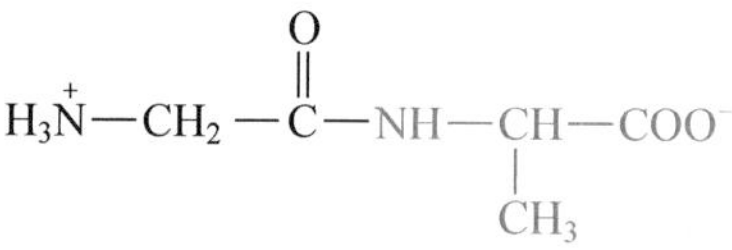　　　　　　甘氨酰丙氨酸（Gly-Ala）

同理，由 3 种不同的氨基酸组成的三肽可有 6 种异构体；由 4 种不同的氨基酸组成的四肽可有 24 种异构体。许多种氨基酸按不同的顺序排列，可形成大量的异构体，构成自然界中种类繁多的多肽和蛋白质。

18-3　试按照左 N 右 C 的顺序写出二肽化合物 Lys-Gly 和 Phe-Ala 的化学结构式。

二、肽键平面

多肽分子中构成多肽链的基本化学键是肽键，肽键与相邻两个 α-碳原子所组成的基团（—Cα—CO—NH—Cα—）称为肽单元。肽链就是由许多肽单元连接而成，它们构成多肽链的主链骨架。通过对一些简单的肽和蛋白质肽键的 X 射线晶体衍射分析，证明肽单元的空间结构具有以下 3 个显著的特征。

（1）肽单元是平面结构，组成肽单元的 6 个原子位于同一平面内，这个平面称为肽键平面，如图 18-1 所示（三个平面）。

（2）肽键具有局部双键性质，不能自由旋转。肽键中的碳氮单键长为 132pm，比相邻的 Cα—N 单键（147pm）短，而较一般的碳氮双键（127pm）长。这表明羰基的 π 电子发生离域现象，使肽键具有局部双键性质，因此 C—N 之间的旋转受到一定的阻碍。

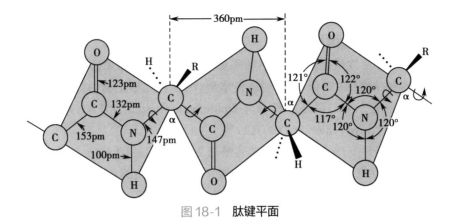

图 18-1　肽键平面

（3）肽键呈反式构型。由于肽键不能自由旋转，与碳氮键相连的 O 与 H 或两个 Cα 原子之间一般呈较稳定的反式构型。

肽键平面中除碳氮键不能旋转外，两侧的 Cα—N 和 C—Cα 键均为 σ 键，因而相邻的肽键平面可围绕 Cα 旋转，肽链的主链骨架也可视为由一系列通过 Cα 原子衔接的肽键平面所组成。肽键平面的旋转所产生的立体结构可呈现多种状态，从而导致蛋白质分子呈现各种不同的构象。

天然存在的肽分子大小不等，有些是蛋白质降解的片段，有些是具有特殊的生理和药理作用的活性物质。就目前所知的多肽，多数是开链肽，少数为分支开链肽，环状的多肽则比较少见。肽的化学性质在某些方面与氨基酸类似，而各种氨基酸残基的 R 基团则对肽的性质有较大影响。肽与氨基酸一样，也含有 —COO⁻ 和 —⁺NH₃ 等基团，因此也以偶极离子形式存在，具有各自的等电点。在水溶液中的酸碱性质，主要取决于侧链可解离的 R 基团的数目和性质。

肽也能发生类似于氨基酸所发生的脱羧反应、与亚硝酸反应和酰化反应等，肽也能发生氨基酸的呈色反应。但多肽是由多个氨基酸残基连接而成，它的性质和功能与氨基酸又有明显差异。如三肽以上的多肽能发生缩二脲反应，而氨基酸则无此现象。因此，缩二脲反应被广泛用于肽和蛋白质的定性分析和定量分析。

三、结构测定

测定多肽的结构不但要确定组成多肽的氨基酸种类和数目，还需测出这些氨基酸残基在肽链中的排列顺序。

（一）氨基酸组成和含量分析

利用全自动氨基酸分析仪可测定多肽的组成。常将多肽用酸彻底水解成游离氨基酸的混合液，利用样品中各种氨基酸结构、酸碱性、极性及分子大小的不同，在阳离子交换柱上将其分离，采用不同 pH 离子浓度的缓冲液将各氨基酸组分依次洗脱下来，再经柱后茚三酮衍生、光度法确定其组成和含量（图 18-2）。

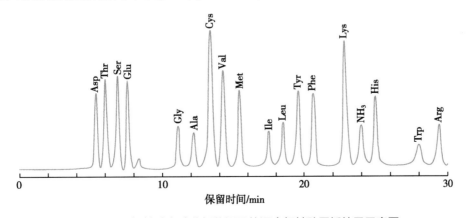

图 18-2　氨基酸自动分析仪记录的混合氨基酸层析结果示意图

多肽分子中氨基酸残基的排列顺序可采用末端残基分析法和部分水解等方法测定。

(二) 肽末端氨基酸残基的分析

末端残基分析法即定性确定肽链中 N-端和 C-端的氨基酸。通常选择一种试剂作为标记化合物使之与肽链的 N-端或 C-端作用,再经肽链水解,则含有此标记物的氨基酸就是链端的氨基酸。标记 N-端的试剂有 2,4-二硝基氟苯(2,4-dinitrofluorobenzene,DNFB)、异硫氰酸苯酯(phenyl isothiocyanate)、丹酰氯(dansyl chloride,DNS-Cl)等。

弱碱性(pH 8~9)条件下,氨基酸的 α-氨基容易与 2,4-二硝基氟苯反应,生成黄色的 *N*-(2,4-二硝基苯基)氨基酸(DNP-氨基酸)。多肽或蛋白质的 N-末端氨基酸的 α-氨基也能与 DNFB 反应,生成二硝基苯肽(DNP-肽)。由于氨基与苯环结合牢固,因此当 DNP-多肽被酸水解时,所有肽键均被水解,只有 N-末端氨基酸仍连接在 DNP 上,含有黄色 DNP-氨基酸和其他氨基酸的水解混合液中只有 DNP-氨基酸溶于乙酸乙酯,所以可以色谱分析其乙酸乙酯抽提液,再以标准的 DNP-氨基酸作为对照鉴定出此氨基酸的种类。该反应是定量转变的,产物在弱碱性条件下十分稳定,常用多肽 N-端氨基酸的鉴定工作上。F. Sanger 用此法阐明了第一个蛋白质胰岛素中氨基酸的种类、数目和排列顺序。该反应也称为桑格反应(Sanger reaction),2,4-二硝基氟苯被称为 Sanger 试剂。F. Sanger 于 1958 年及 1980 年两度获得诺贝尔化学奖。

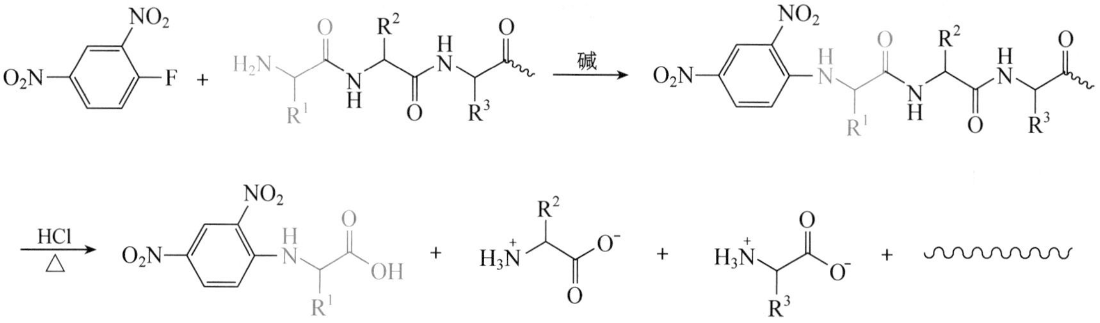

异硫氰酸苯酯可与肽链的 N-端氨基作用生成苯氨基硫甲酰基肽(PTC-肽),然后在有机溶液中与无水 HCl 作用,PTC-肽经关环、水解后能选择性地将 N-端残基以苯乙内酰硫脲氨基酸(PTH-amino acid)的形式断裂下来,用层析法即可鉴定其为何种氨基酸衍生物。上述反应后仅失去 1 个 N-端氨基酸残基的肽链可继续与异硫氰酸苯酯作用,如此逐个鉴定出氨基酸的排列顺序。此法称为埃德曼降解法(Edman degradation)。应用此原理设计的自动氨基酸顺序仪能测定 60 个氨基酸以下的多肽结构。

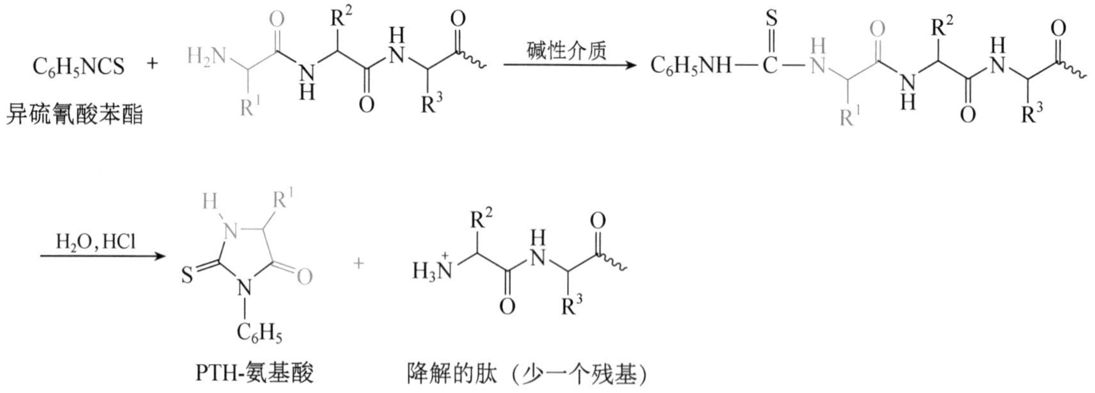

PTH-氨基酸　　　降解的肽 (少一个残基)

C-端的测定常采用羧肽酶法。羧肽酶能特异性地水解 C-端氨基酸的肽键,这样可以反复用于缩短的肽,逐个测定新的 C-端氨基酸。

(三) 肽链的部分水解及其氨基酸顺序的确定

测定复杂多肽的结构,有时应用专一性地水解肽链的不同部位的蛋白酶进行多肽部分水解。如胰蛋白酶能专一性地水解 Arg 或 Lys 的羧基所形成的肽键,胰凝乳蛋白酶可水解芳香族氨基酸的羧基端肽键,从而获得各种水解片段。

$$\text{Asp-Arg} \textcolor{}{\frac{|}{}} \text{Tyr-Ala-Gly} \xrightarrow{\text{胰蛋白酶}} \text{Asp-Arg} + \text{Tyr-Ala-Gly}$$

$$\text{Asp-Arg-Tyr} \textcolor{}{\frac{|}{}} \text{Ala-Gly} \xrightarrow{\text{胰凝乳蛋白酶}} \text{Asp-Arg-Tyr} + \text{Ala-Gly}$$

通过分析各肽段中的氨基酸残基顺序,经过组合、排列对比,找出关键的"重叠顺序",可推断各小肽片段在整个多肽链中的位置,最终获得完整肽链中氨基酸残基排列顺序。通过 DNA 序列推演氨基酸顺序是目前常用的肽链顺序测定法。

近年来,随着波谱技术日新月异的发展,波谱技术在测定氨基酸、小肽和一些蛋白质等生命物质的研究中应用十分广泛。采用电喷雾电离(electrospray ionization,ESI)质谱、基质辅助激光解吸电离(matrix-assisted laser desorption ionization,MALDI)质谱等新型的软电离生物质谱技术,可很快测定小肽的相对分子质量,甚至有些还可确定构成多肽的氨基酸类型和序列,因其具有所需样品少、方便、快速、可靠等诸多优点,是目前最有效的多肽和蛋白质序列分析方法之一。采用高分辨核磁共振技术不仅能鉴定各种不同的氨基酸,而且还能测定多肽和相对分子质量小于 20kD 的一些蛋白质的二级、三级空间结构和构象。除了用作结构分析外,核磁共振的许多实验技术甚至还可以应用于生物体内的氨基酸、多肽的生物分子动态和生化反应动力学的研究。

四、生物活性肽

生物体内的某些重要活性肽(active peptide)含量较少,却起着重要的生理作用。某些细胞分化、肿瘤发生、生殖控制机制以及部分疾病的病因与治疗等涉及活性肽的结构和功能。

1973 年,在脑内发现阿片受体后,J. Hughes 等首次从猪脑中分离提取出两种内源性阿片样活性物质——甲硫氨酸脑啡肽和亮氨酸脑啡肽,这两种脑啡肽(enkephaline)均为五肽,结构上它们仅 C-端的 1 个氨基酸残基不同。

$$\text{Tyr—Gly—Gly—Phe—Met} \qquad\qquad \text{Tyr—Gly—Gly—Phe—Leu}$$
甲硫氨酸脑啡肽   亮氨酸脑啡肽

目前,已发现了十几种内源性阿片样肽,简称内阿片肽,如 β-内啡肽、强啡肽 A 等,它们 N-端的前 4 个氨基酸残基与脑啡肽相同(Tyr—Gly—Gly—Phe—)。

脑啡肽的第一位 Tyr、第三位 Gly 和第四位 Phe 为活性基团,若这些位置上的氨基酸残基被其他氨基酸残基取代后即失去活性。脑啡肽常易被氨肽酶和脑啡肽酶所降解,为了增加脑啡肽对酶解的稳定性,可采用人工合成脑啡肽类似物,常用 D-型氨基酸(如 D-Ala)取代第二位的 Gly,成为有效的镇痛药物。

谷胱甘肽(glutathione)是一种广泛存在于动植物细胞中的重要三肽,它由 L-谷氨酸、L-半胱氨酸和甘氨酸组成,即 γ-Glu—Cys—Gly。它的结构特点是肽链的 N-端上 Glu 通过它的 γ-COO$^-$(不是 α-COO$^-$)与 Cys 的 α-$^+$NH$_3$ 脱水形成肽键。谷胱甘肽分子中因含有—SH,故称为还原型谷胱甘肽,简写成 GSH。

$$^-\text{OOC—CH—CH}_2\text{—CH}_2\text{—C—NH—CH—C—NH—CH}_2\text{—COO}^-$$

γ-谷氨酰半胱氨酰甘氨酸(谷胱甘肽,GSH)

两分子的还原型谷胱甘肽的两个半胱氨酸的—SH 在体内经酶催化氧化成二硫键—S—S—,形成氧化型谷胱甘肽(G—S—S—G)。还原型谷胱甘肽在人类及其他哺乳类动物体内可保护细胞膜上含巯基的膜蛋白或含巯基的酶类免受氧化,具有生物还原剂的功能,从而维持细胞的完整性和可塑性。

$$2\,GSH \xrightarrow[+2H]{-2H} G—S—S—G$$

催产素(oxytocin)是一种垂体神经激素。催产素能促进女性排卵,在分娩时引发子宫收缩,刺激乳汁分泌。此外,它还能降低人体内肾上腺酮等压力激素的水平,以降低血压。临床上主要用于催生引产,产后止血和缩短第三产程。此外,催产素具有广泛的生理功能,尤其是对中枢神经系统的作用。医学上用于引产、产后出血和子宫复原及催乳。血管升压素(vasopressin),又称抗利尿激素,由下丘脑的视上核和室旁核的神经细胞分泌。其主要生理作用是提高远曲小管和集合管对水的通透性,促进水的吸收,是尿液浓缩和稀释的关键性调节激素。医学上用于产后出血、消化道出血及尿崩等。催产素和血管升压素均为九肽,仅有两个氨基酸单元不同,其结构如图 18-3 所示。

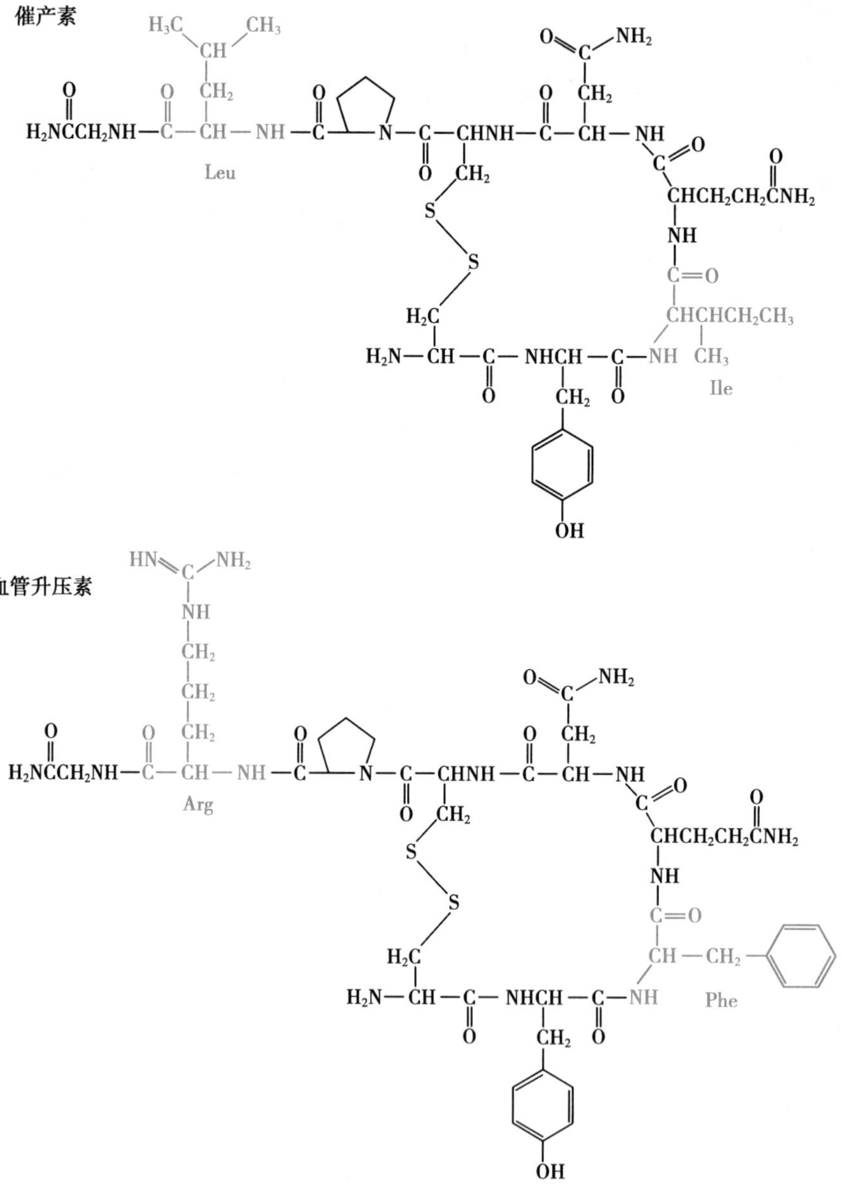

图 18-3　催产素和血管升压素的结构

在生物体内还存在非蛋白质来源多肽,组成这些肽的氨基酸有非蛋白质氨基酸,D-型氨基酸,形成的多肽除链状外尚有环状,如肌肽和短杆菌肽 A。

体内蛋白酶通常是针对肽链中具有 L-α-氨基酸的肽类进行水解,有其特异性,而非蛋白质肽类在结构上的变异保护了这些肽类不被体内蛋白酶水解,这些肽在体内有重要的生理意义,有的对动植物有毒,有的具有抗菌性和抗肿瘤等作用。例如,环孢素(cyclosporin),是一种常用的免疫抑制剂,它是由 11 个氨基酸组成的环肽,其中含有一个 D-丙氨酸。环孢素通过和亲环素 A(cyclophilin A,一种分子质量为 20kD 的伴侣蛋白质)形成复合物,从而抑制蛋白磷酸酯酶 2B 的活性,最终抑制 T 细胞受体信号通路而实现免疫抑制作用。降钙素(calcitonin)是由 32 个氨基酸组成的多肽,可降低血钙,用于治疗骨质疏松症。

近年来可通过重组 DNA 技术及化学合成等途径制备肽类药物及多肽疫苗,为现代多肽药物化学的研究开辟了新的领域。

第三节 ｜ 蛋白质

蛋白质(protein)和多肽均都由各种 L-α-氨基酸残基通过肽键相连形成的多聚物,他们之间不存在绝对严格的分界线。通常将相对分子质量在 10kD 以上(约 100 个氨基酸单位)且不能透过天然渗析膜、结构较复杂的多肽称为蛋白质,10kD 以下的称为多肽。胰岛素(insulin)相对分子质量约为 6kD,应归为多肽,但在溶液中受金属离子(如 Zn^{2+})的作用后迅速形成二聚体,因此胰岛素被认为是最小的一种蛋白质。从各种生物组织中提取的蛋白质经元素分析,发现含有碳、氢、氧、氮;大多数蛋白质还含有硫;有些蛋白质含有磷;少量蛋白质还含有微量金属元素如铁、铜、锌、锰等;个别蛋白质含有碘。

一、分子结构

蛋白质分子在结构上最显著的特征是在天然状态下均具有独特而稳定的构象。各种蛋白质的特殊功能和活性不仅取决于多肽链的氨基酸组成、数目及排列顺序,还与其特定的空间构象密切相关,为了表示蛋白质分子不同层次的结构,常将蛋白质结构分为一级结构、二级结构、三级结构和四级结构。蛋白质的一级结构又称为初级结构或基本结构,二级结构以上属于构象范畴,称为高级结构。

(一) 一级结构

蛋白质分子的一级结构(primary structure)是指多肽链中氨基酸残基的排列顺序,肽键是一级结构中连接氨基酸残基的主要化学键。任何特定的蛋白质都有其特定的氨基酸排列顺序,有些蛋白质分子只有一条多肽链,有的蛋白质分子则由两条或多条肽链构成。蛋白质的一级结构是空间构象和特定生物学功能的基础。一级结构相似的多肽或蛋白质,其空间构象以及功能也相似。

胰岛素(insulin)是由胰岛 β 细胞受内源性或外源性物质,如葡萄糖、乳糖、核糖、精氨酸、胰高血糖素等的刺激而分泌的一种蛋白质激素。胰岛素是体内唯一能降低血糖的物质,能够增强细胞对葡萄糖的摄取利用,保持血糖在正常范围,同时促进糖原、脂肪、蛋白质等的合成。

胰岛素由 A、B 两个肽链组成。人胰岛素 A 链有 11 种共 21 个氨基酸;B 链则有 15 种共 30 个氨基酸。人胰岛素的 A、B 两个肽链共有 16 种 51 个氨基酸。其中 A7(Cys)-B7(Cys)、A20(Cys)-B19(Cys)4 个半胱氨酸中的巯基形成 2 个—S—S—键,将 A、B 两链连接起来。此外,A 链中 A6(Cys)与 A11(Cys)之间也存在 1 个—S—S—键。若破坏 A、B 两链间的二硫键,胰岛素的生物活性则完全丧失。人胰岛素分子的一级结构如图 18-4 所示。

不同种属的胰岛素在氨基酸组成及顺序中稍有差异,如在人胰岛素和牛胰岛素中有 3 个氨基酸残基不同,而在人胰岛素与猪胰岛素中仅有 1 个氨基酸残基差异,见表 18-2。个别氨基酸残基的变化不影响胰岛素的分子结构的形成和稳定,因而其功能是相同的。糖尿病患者因胰岛素抵抗,无法利用葡萄糖,因此需要补充胰岛素。除了生物来源的猪胰岛素和牛胰岛素,尚可通过基因工程生产人胰岛素。甘精胰岛素(insulin glargine)、赖脯胰岛素(insulin lispro)及门冬胰岛素(insulin aspart),也是临床上治疗糖尿病的胰岛素类药物。

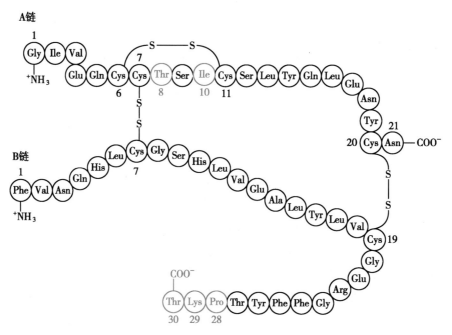

图 18-4　人胰岛素分子的一级结构

表 18-2　人胰岛素、其他种属胰岛素及药物的一级结构中的氨基酸残基差异

	A 链		B 链		
	A_8	A_{10}	B_{28}	B_{29}	B_{30}
人胰岛素	Thr	Ile	Pro	Lys	Thr
猪胰岛素	Thr	Ile	Pro	Lys	Ala
牛胰岛素	Ala	Val	Pro	Lys	Ala
门冬胰岛素	Thr	Ile	Asp	Lys	Thr
甘精胰岛素	Thr	Ile	Pro	Lys	Thr
赖脯胰岛素	Thr	Ile	Lys	Pro	Thr

　　1955 年英国 F. Sanger 测定了牛胰岛素的全部氨基酸序列,开辟了人类认识蛋白质分子化学结构的道路。我国科学家历时七年多,于 1965 年人工合成了具有全部生物活力的结晶牛胰岛素,它是第一个在实验室中用人工方法合成的蛋白质,标志人类在认识生命、探索生命奥秘的征途上迈出的重要一步。

　　(二) 空间结构

　　蛋白质空间结构是指多肽链在空间进一步盘曲折叠形成的构象,它包括二级结构、三级结构和四级结构。维系蛋白质构象稳定的主要因素是多肽链中各原子和原子团相互之间的作用力。每一种蛋白质分子都有自己特有的氨基酸的排列顺序和组成,即一级结构。氨基酸排列顺序决定它的特定的空间结构,也就是蛋白质的一级结构决定了蛋白质的二级、三级等高级结构。尽管 Christian B. Anfinsen 的工作奠定了蛋白质折叠的热力学基础,并因此获得了 1972 年的诺贝尔化学奖,但是蛋白质折叠是相当复杂的,目前仍然难以根据一个蛋白质的一级结构推断出它的三维结构。

　　特定一级结构多肽链中各肽键平面通过 α-碳原子的旋转形成的一定构象,称为二级结构。二级结构的形成,是借助一个肽键平面中的碳氧双键和另一肽键平面中的—NH—之间形成的氢键使肽键平面呈现不同的卷曲和折叠形状,主要有 α-螺旋(α-helix)和 β-折叠层(β-pleated sheet)等(图 18-5)。

　　α-螺旋的形成是由于多肽链中各肽键平面通过 α-碳原子的旋转,围绕中心轴形成一种紧密螺旋盘曲构象,每个氨基酸残基(第 n 个)的碳氧双键中氧与多肽链 C 端方向的第 4 个氨基酸残基(第

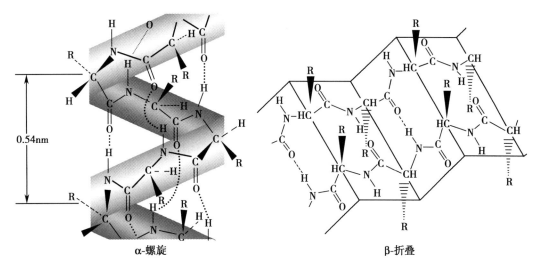

α-螺旋   β-折叠

图 18-5 蛋白质二级结构片段

$n+4$ 个)的酰胺氮形成氢键,螺旋靠此链内氢键维持。α-螺旋有左旋和右旋,蛋白质分子中实际存在的是右手 α-螺旋,螺距为 54pm,每一圈含有 3.6 个氨基酸残基,每个残基沿着螺旋的长轴上升 15pm,螺旋的半径为 23pm。20 世纪 30 年代,L. Pauling 用 X 射线衍射技术发现了肽链折叠 α-螺旋。血红蛋白、肌红蛋白(肌肉纤维主体)、溶菌酶等分子中都存在有 α-螺旋。

β-折叠层则可由相邻肽段间的氢键将若干肽段结合在一起形成如扇面折叠状片层。由于所有肽键均参与形成链内或链间氢键,因此氢键是维系蛋白质二级结构稳定的最主要的键。

此外,蛋白质的二级结构中还有 β-转角和无规卷曲等。具有二级结构的多肽链在空间盘曲折叠进一步形成完整的蛋白质结构。蛋白质的空间结构是蛋白质特有性质和功能的结构基础。

二、性质

蛋白质是高分子化合物,相对分子质量大,其分子颗粒的直径一般在 1~100nm 之间,属于胶体分散系,因此蛋白质具有胶体溶液的特性。如布朗运动、丁铎尔效应、不能透过半透膜以及具有吸附性质等。

蛋白质分子末端仍具有游离的 α-$^+NH_3$ 和 α-COO^-,同时组成肽链的 α-氨基酸残基侧链上还含有不同数量可解离的基团:如赖氨酸的 ε-$^+NH_3$、精氨酸的胍基、组氨酸的咪唑基、谷氨酸的 γ-COO^-。因此,蛋白质和氨基酸一样,也具有两性解离和等电点的性质。

当蛋白质所带的正、负电荷数相等时,净电荷为零,此时溶液的 pH 为蛋白质的等电点(pI)。在等电状态时,不存在电荷相互排斥作用,蛋白质颗粒易聚积而沉淀析出,此时蛋白质的溶解度、黏度、渗透压、膨胀性等都最小。由于蛋白质的两性解离和等电点的特性,它与氨基酸一样也可采用电泳技术进行分离和纯化。

> 18-4 卵清蛋白(pI=4.6)、血清白蛋白(pI=4.9)和脲酶(pI=5.0)的蛋白质混合物,理论上在什么 pH 时进行电泳,其分离效果最佳?

天然蛋白质因受物理因素(如加热、高压、紫外线、X 射线)或化学因素(如强酸、强碱、尿素、重金属盐、三氯乙酸等)的影响,分子的肽链虽不裂解,但可改变或破坏蛋白质分子空间结构,从而导致蛋白质生物活性的丧失,其他的物理、化学性质的变化,这种现象称为蛋白质的变性(denaturation)。蛋白质的变性主要为二硫键和非共价键的破坏,从而发生空间构象的破坏,并不涉及一级结构的改变。蛋白质的变性常伴随有下列现象:①生物活性丧失。这是蛋白质变性的最主要特征。②化学性质的改变。③物理性质的改变,如溶解度降低、黏度增加、结晶能力消失。蛋白质变性在实际应用上具有重要意义。临床上常用高温、紫外线和酒精等物理或化学方法进行消毒,促使细菌或病毒的蛋白质变性而失去致病及繁殖能力。临床上急救重金属盐中毒患者,常先服用大量牛奶和蛋清,使蛋白质在消化道中与重金属盐结合成变性蛋白,从而阻止有毒重金属离子被人体吸收。

在变性因素去除以后,变性的蛋白质分子又可重新恢复到变性前的天然的构象,这一现象称为蛋白质的复性(renaturation)。例如胃蛋白酶加热至 80~90℃ 时,失去溶解性,也无消化蛋白质的能力,如将温度再降低到 37℃,则又可恢复溶解性和消化蛋白质的能力。蛋白质的复性有完全复性、基本复性或部分复性。只有少数蛋白质在严重变性以后,能够完全复性。

蛋白质变性和复性的研究,对了解体内、体外的蛋白质分子的折叠机制具有重要的意义。变性后的蛋白质分子多肽链展开,形状发生了改变,使酶与肽键接触机会增多,因而变性蛋白质较天然蛋白质易被酶水解。如果变性条件过于剧烈持久,则蛋白质的变性是不可逆的。

习题

18-5 试写出 Ser、Cys 以及 Met 所有可能的立体异构体,并标明 D、L 构型和 R、S 构型。

18-6 写出下列反应的产物。

（1）Tyr +Br$_2$（水溶液）——→

（2）Phe+ HNO$_2$ ——→

（3）Cys $\xrightarrow{[O]}$

（4）Val-Phe-Gly +2,4-二硝基氟苯——→

（5）上述（4）中反应产物+浓盐酸（100℃）——→

（6）Ile-Glu-Phe+Ph—C≡N≡S,然后再用氢溴酸或者 CF$_3$COOH 处理——→

18-7 Lys、Asp 和 Ser 与下列试剂反应后的产物是什么?

（1）NaOH   （2）HCl   （3）CH$_3$OH/H$^+$（酯化）

（4）乙酸酐   （5）NaNO$_2$+ HCl

18-8 脑内存在的重要神经递质 γ-氨基丁酸（GABA）是由谷氨酸中 α-羧基脱羧后转变而成,试写出反应式。

18-9 将甘氨酸（pI=5.97）、谷氨酸（pI=3.22）、赖氨酸（pI=9.74）分别溶于水中。

（1）水溶液呈酸性还是碱性?

（2）氨基酸带何种电荷?

（3）欲调节溶液 pH 至等电点,需加酸或加碱? 并写出 pH=pI 时各氨基酸的结构式。

18-10 由 Val、Tyr 和 Gly 形成的三肽可能有几种? 分别写出其三字母结构式并命名。

18-11 血红蛋白是高等生物体内负责运载氧的一种蛋白质,其等电点 pI=6.8。请问当 pH=7.3 以及 pH=5.3 时,血红蛋白分别带的净电荷种类。

18-12 某三肽 A 用亚硝酸处理后并经部分水解得 α-羟基-β-苯基丙酸和二肽 B。将 B 用酸水解可得两种产物 C 和 D,其中 C 无旋光活性。D 用亚硝酸处理后得到乳酸,若 C 不处在 A 的 N-端和 C-端,试写出 A 的名称和三字母缩写结构。

（李晓娜）

本章思维导图

本章目标测试

第十九章 | 核酸与辅酶

核酸（nucleic acid）由瑞士生物学家 Friedrich Miescher 于 1869 年从外科绷带的脓细胞的细胞核中分离得到，后因其溶于碱而不溶于酸被命名为核酸。核酸的发现为人类提供了解开生命之谜的金钥匙。1944 年 Oswald Avery 经实验证实了脱氧核糖核酸（DNA）是遗传的物质基础。1953 年 James Watson 和 Francis Crick 提出了 DNA 的双螺旋结构，巧妙地解释了遗传的奥秘，此后遗传学的研究从宏观观察进入到分子水平。20 世纪 70 年代，DNA 重组技术被建立，1996 年克隆羊多莉诞生，标志了生物新技术时代的来临。

在生物的生长、繁殖、遗传、变异和转化等生命现象中，核酸起着决定性的作用，其生物学功能与化学结构密切相关，本章主要介绍核酸的化学结构，为日后的深入学习奠定基础。

第一节 | 核 酸

一、分类

根据分子中所含戊糖的类型，核酸可分为核糖核酸（ribonucleic acid，RNA）和脱氧核糖核酸（deoxyribonucleic acid，DNA）。DNA 主要存在于细胞核和线粒体内，是生物遗传的物质基础，承担体内遗传信息的贮存和发布。约 90% 的 RNA 在细胞质中，在细胞核内的含量约占 10%，它直接参与体内蛋白质的合成。根据在蛋白质合成过程中所起的作用，RNA 又可分为核糖体 RNA、信使 RNA 和转运 RNA。

核糖体 RNA（ribosomal RNA，rRNA）又称核蛋白体 RNA，是蛋白质合成时多肽链的"装配机"。细胞内 80%~90% 的 RNA 都是核糖体组织。参与蛋白质合成的各种物质最终在核糖体上将氨基酸按特定顺序合成多肽链。

信使 RNA（messenger RNA，mRNA）是合成蛋白质的模板，控制蛋白质合成时氨基酸的排列顺序。

转运 RNA（transfer RNA，tRNA）是在蛋白质合成过程中搬运氨基酸的工具。氨基酸由各自特异的 tRNA "搬运"至核糖体 RNA，最终"组装"成多肽链。

二、核苷和核苷酸

（一）核酸的化学组成

核酸中所含有的主要元素为 C、H、O、N、P，其中含磷量为 9%~10%，由于各种核酸分子中含磷量较为恒定，故常用含磷量来测定组织中核酸的含量。

核酸的基本组成单位是核苷酸（nucleotide）。核苷酸由磷酸和核苷（nucleoside）组成，核苷由碱基和戊糖组成（表 19-1）。

表 19-1　DNA 与 RNA 的化学组成

组成	DNA	RNA
酸	磷酸	磷酸
戊糖	D-2-脱氧核糖	D-核糖
碱基	腺嘌呤（A）	腺嘌呤（A）
	鸟嘌呤（G）	鸟嘌呤（G）
	胞嘧啶（C）	胞嘧啶（C）
	胸腺嘧啶（T）	尿嘧啶（U）

核酸中的戊糖有两种，即 D-核糖和 D-2-脱氧核糖，都为 β-呋喃糖，D-核糖存在于 RNA 中，D-2-脱氧核糖存在于 DNA 中，它们的结构及编号如下：

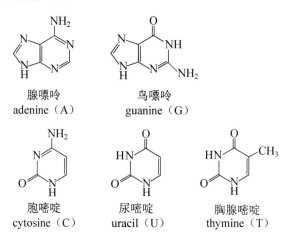

β-D-核糖　　　　　　　　　β-D-2-脱氧核糖
（β-D-ribose）　　　　　　（β-D-2-deoxyribose）

DNA 和 RNA 中所含的嘌呤碱基相同，均为腺嘌呤（adenine）和鸟嘌呤（guanine）。而所含的嘧啶碱基不同，DNA 含有胞嘧啶（cytosine）和胸腺嘧啶（thymine），RNA 中含有胞嘧啶和尿嘧啶（uracil）。组成核酸的碱基结构如下：

腺嘌呤　　　　　　　鸟嘌呤
adenine（A）　　　guanine（G）

胞嘧啶　　　　　　尿嘧啶　　　　　　胸腺嘧啶
cytosine（C）　　uracil（U）　　thymine（T）

两类碱基均可发生酮式-烯醇式互变，在生理条件下或者在酸性、中性介质中，它们均以酮式为主。

除以上常见碱基外，核酸中还含有稀有碱基，如 DNA 中的 5-甲基胞嘧啶（5-methylcytosine）、RNA 中的 5,6-二氢尿嘧啶（dihydrouracil，DHU）等。

19-1　写出尿嘧啶和胸腺嘧啶的酮式-烯醇式互变异构。

（二）核苷

核苷是由戊糖 C_1 上的 β—OH 与碱基含氮杂环上的—NH 脱水形成的氮苷。RNA 中常见的四种核苷的结构及名称如下：

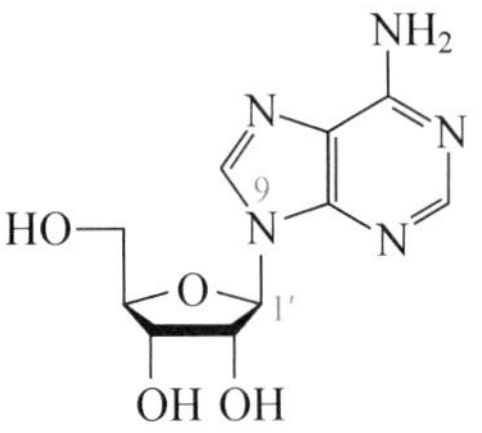

腺嘌呤核苷（腺苷）　　　鸟嘌呤核苷（鸟苷）　　　胞嘧啶核苷（胞苷）　　　尿嘧啶核苷（尿苷）
adenosine　　　　　　　　guanosine　　　　　　　　cytidine　　　　　　　　uridine

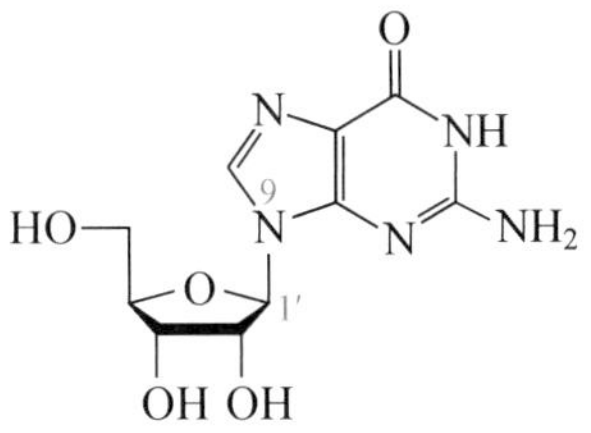

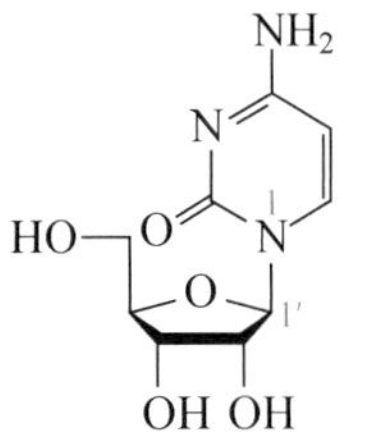

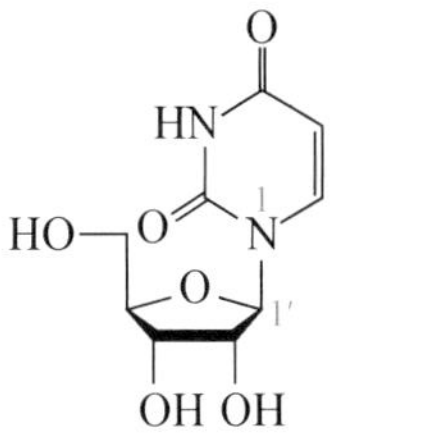

在核苷的结构式中，戊糖上的碳原子编号以 1′~5′ 表示，以区别于碱基上原子的编号。核苷的名称由碱基和戊糖组成，常常缩写，如腺嘌呤与核糖形成的氮苷称为腺嘌呤核苷，简写为腺苷。

（三）核苷酸

核苷酸是核苷中戊糖的 C_5—OH 或 C_3—OH 与磷酸脱水形成的酯，生物体内游离的核苷酸多数是 5′-核苷酸。组成 RNA 的核苷酸为腺苷酸（AMP）、鸟苷酸（GMP）、胞苷酸（CMP）和尿苷酸（UMP）；组成 DNA 的核苷酸为脱氧腺苷酸（dAMP）、脱氧鸟苷酸（dGMP）、脱氧胞苷酸（dCMP）和脱氧胸苷酸（dTMP）。核苷酸的命名包括核苷的名称和磷酸，同时标出磷酸与戊糖连接的位置。例如：腺苷酸即腺苷-5′-磷酸（adenosine-5′-phosphate）。

细胞内一些游离的多磷酸核苷酸是核酸合成的前体、辅酶或能量载体。如三磷酸腺苷（adenosine triphosphate，ATP）水解可释放大量能量，该能量是肌肉收缩和驱动细胞进行其他吸热化学过程的动力来源。

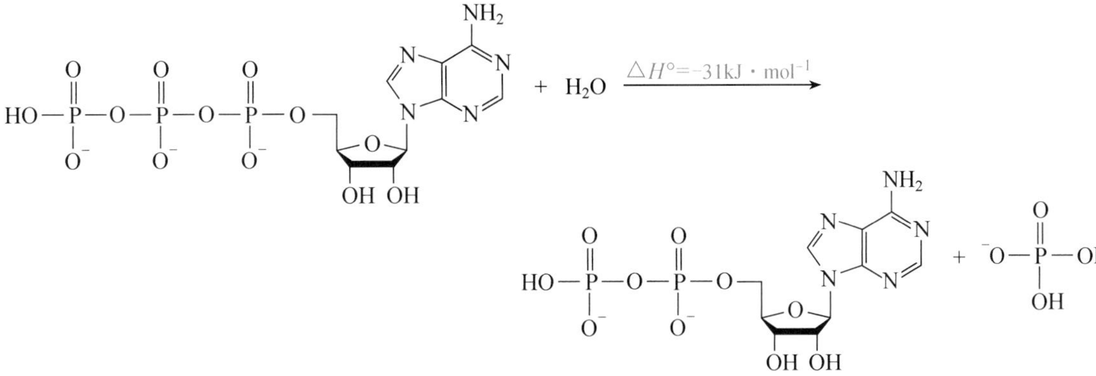

环核苷酸多是细胞功能的调节因子和信号因子。如 3′,5′-环腺苷酸（3′,5′-cyclic adenylic acid，cAMP）是第一个被识别的第二信使，在细胞对许多胞外刺激的反应中起重要作用。

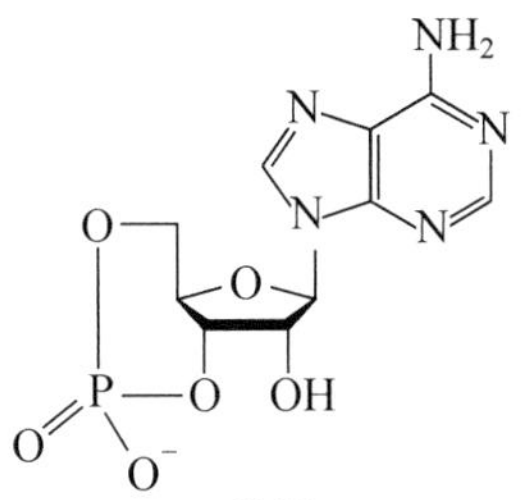

cAMP

19-2　写出腺苷酸和脱氧胸苷酸的结构。

三、核酸的结构和性质

（一）核酸的一级结构

核酸分子中各种核苷酸的排列顺序即为核酸的一级结构。在核酸分子中，核苷酸彼此间通过

$3',5'$ -磷酸二酯键连接,即一个核苷酸的 $3'$ -羟基与另一个核苷酸的 $5'$ -磷酸脱水形成磷酯键,从而形成没有支链的核酸大分子,链两端分别保留 $3'$ -羟基和 $5'$ -磷酸的核苷酸部分称为 $3'$ -端和 $5'$ -端。

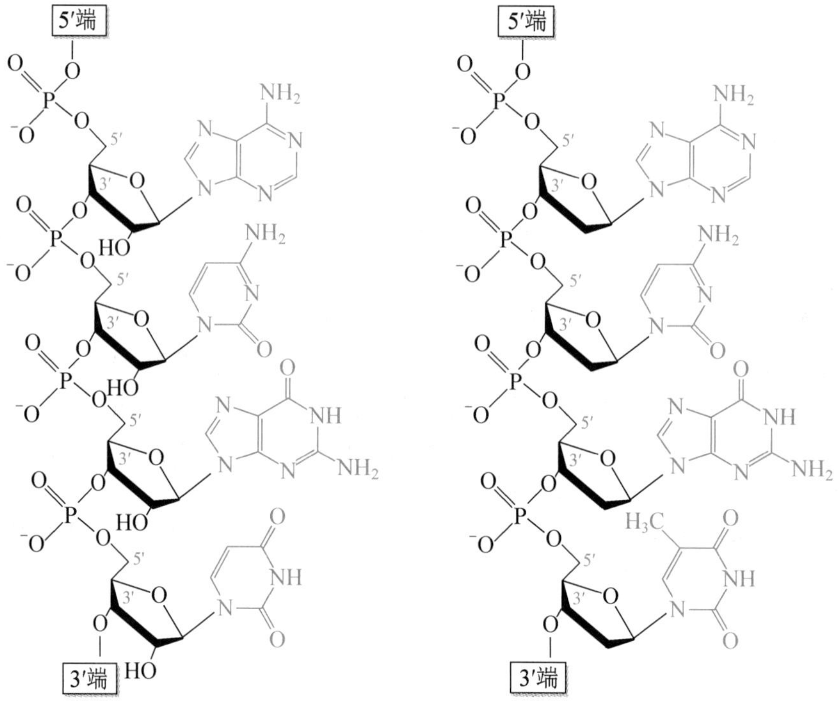

RNA   DNA

由于核苷酸间的差别主要是碱基差异,因此核酸也称为碱基序列。DNA 和 RNA 中的碱基序列在横排书写时通常是从 $5'$ 端写至 $3'$ 端,例如:

$$(5')TCAGCTGGCTGAACGCGTT(3')$$

RNA 中的戊糖因 C_2—OH 的存在,可在碱性条件下发生分子内亲核反应,从而导致磷酸酯键断裂。因此 RNA 链通常较 DNA 链短,稳定性较 DNA 差。

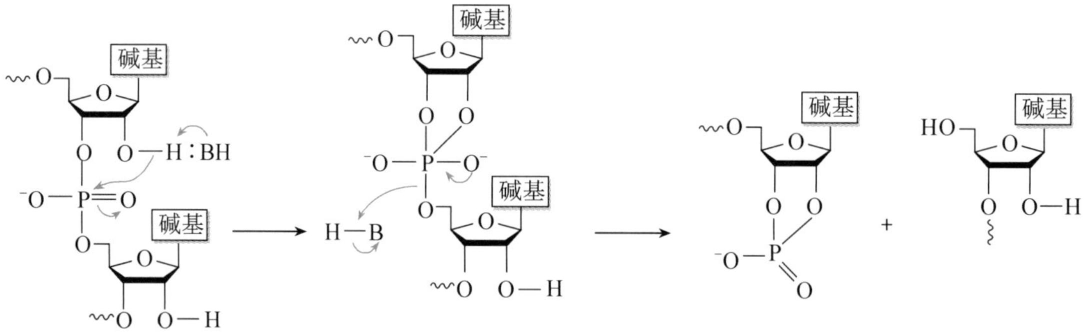

(二) 核酸的高级结构

1. DNA 的二级结构　早在 20 世纪 40 年代人们就已经开始研究 DNA 的分子结构。1952 年美国生物化学家查伽夫(E. Chargaff)测定了 DNA 中 4 种碱基的含量,发现其中腺嘌呤与胸腺嘧啶的总量相等,鸟嘌呤与胞嘧啶的总量相等。1953 年 J.Watson 和 F.Crick 受到 Rosalind Franklin 拍摄的 DNA 衍射图片的启发,确认了 DNA 的双螺旋(double helix)结构,并分析得出了螺旋参数。

目前已知 DNA 分子由两条核苷酸链组成,沿着一个共同轴心以反平行走向盘旋成右手双螺旋结构(图 19-1)。亲水的脱氧戊糖基和磷酸基位于双螺旋的外侧,而碱基朝向内侧。双螺旋直径为 2 000pm,相邻两个碱基间的平面距离为 340pm,每 10 对碱基组成一个螺旋周期,即 DNA 双螺旋的螺距为 3 400pm。碱基间芳香环的 π-π 堆积作用（1~50kJ·mol⁻¹）维系着双螺旋的纵向稳定，而维系双螺旋横向稳定的因素是碱基对间的氢键。

通过氢键连接的碱基始终是腺嘌呤（A）与胸腺嘧啶（T），鸟嘌呤（G）与胞嘧啶（C），即 A＝T、G≡C 配对，这一规律称为碱基互补规律（complementary base pairing rule）或碱基配对规律。两个相互配对的碱基，彼此互称为"互补碱基"。碱基配对规律是由双螺旋结构的几何形状决定的，只有嘌呤碱基和嘧啶碱基配对才能使碱基对合适地安置在双螺旋内。若两个嘌呤碱基配对，则体积太大无法容纳；若两个嘧啶碱基配对，由于两条链之间距离太远，难以形成氢键。腺嘌呤与胸腺嘧啶而不是胞嘧啶配对，是因为这样可以使碱基间形成最多的氢键。另外，这两组碱基对的形状大小非常接近，具备适宜的键长与键角，也创造了形成氢键的条件。由碱基互补规律可知，当 DNA 分子中一条多核苷酸链的碱基序列确定后，即可推知另一条链的碱基序列。

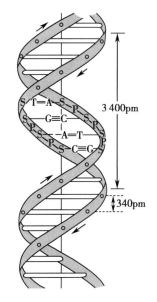

图 19-1 DNA 的双螺旋结构

腺嘌呤（A）　胸腺嘧啶（T）　　　鸟嘌呤（G）　胞嘧啶（C）

沿螺旋轴方向观察，碱基对并不充满双螺旋的空间。碱基对的方向性，使得碱基对占据的空间是不对称的，因此在双螺旋的外部形成了一个大沟（major groove）和一个小沟（minor groove）。蛋白质一般与大沟作用，药物小分子通常与小沟作用。

DNA 右手双螺旋结构模型是 DNA 分子在水溶液和生理条件下最稳定的结构，称为 B-DNA。此外，人们还发现了 Z-DNA（左手螺旋，无大沟）和 A-DNA（右手螺旋，大沟较 B-型窄，小沟较 B-型更宽）。

2. RNA 的二级结构　大多数天然 RNA 以单链形式存在，在某些区域形成自身回折。在回折区内，碱基彼此配对（A＝U、G≡C）。配对的 RNA 链（约占 40%~70%）形成双螺旋结构，不能配对的碱基则形成突环（loop）。

3. DNA 的三级结构　与蛋白质类似，核酸也有更高级的结构。DNA 超螺旋是双螺旋之后再次螺旋，类似电话线。另外，核酸还可以与蛋白质复合形成复合体。例如核小体是由 DNA 与 4 对组蛋白（共 8 个）组成的复合物，是组成真核生物染色质（除精子染色质外）的基本单位。

（三）核酸的性质

1. 物理性质　DNA 为白色纤维状固体，RNA 为白色粉末。两者均微溶于水，易溶于稀碱溶液，其钠盐在水中的溶解度比较大。DNA 和 RNA 都不溶于乙醇、乙醚、氯仿等有机溶剂，因此常用乙醇从溶液中沉淀核酸。

核酸分子中的碱基有共轭结构，其最大紫外吸收波长为 260nm，因此紫外分光光度法可用于核酸、核苷酸、核苷及碱基的定量分析。通过同时测定 260nm 和 280nm 的紫外吸光度的比值（A260/A280）可以估算核酸的纯度。DNA 的比值为 1.8，RNA 的比值为 2.0。若 DNA 比值高于 1.8，说明其中的 RNA 尚未除尽。RNA、DNA 中含有蛋白质将导致比值降低。

核酸溶液的黏度比较大，DNA 的黏度比 RNA 更大，这是 DNA 分子的不对称性引起的。

2. 酸碱性　核酸分子中既含磷酸基，又含有嘌呤和嘧啶碱基，所以它是两性物质，但酸性大于碱性。它能与金属离子成盐,也能与一些碱性化合物生成复合物。它还能与一些染料结合,这在组织化学研究中,可用来帮助观察细胞内核酸成分的各种细微结构。

核酸在不同的 pH 溶液中,带有不同电荷,因此它可像蛋白质一样,在电场中发生迁移(电泳)。迁移的方向和速率与核酸分子的电荷量、分子的大小和分子的形状有关。

> **19-3** DNA 中一条链的部分碱基序列如下所示,另一条链中对应部分的碱基序列是什么?
> (5′) TCAGCTGGCTGAACGCGTT(3′)

四、核酸的复制与转录

DNA 的生物合成称为复制(replication)。复制时 DNA 的双螺旋在酶的作用下解旋,按照从 5′-端到 3′-端的方向,依据碱基互补规律排列新的多核苷酸链。其中一条链连续复制,另一条链不连续复制,由酶催化接合,从而使得多核苷酸链具有高度保真性。在 DNA 链中具有编码蛋白质、多肽或 RNA 的多核苷酸片段称为基因(gene),生物体内形形色色的遗传信息均由 DNA 中的碱基顺序决定。

RNA 的生物合成称为转录(transcription),合成方向也是由 5′-端至 3′-端。

第二节 | 辅 酶

生物体内的很多代谢反应都是在复合酶的催化作用下进行的。与酶结合成复合酶的有机小分子称为辅酶(coenzyme)。辅酶参与酶的活性中心的组成,在酶促反应过程中,能直接与底物作用,起传递氢、电子或一些基团的功能。一般认为酶蛋白部分决定酶促反应的特性,辅酶决定反应的种类和性质。B 族维生素是构成辅酶的主要成分。下面简要介绍代谢途径中常见的几种辅酶。

一、NAD⁺ 和 NADP⁺

NAD^+ 和 $NADP^+$ 分别是烟酰胺腺嘌呤二核苷酸(nicotinamide adenine dinucleotide)和烟酰胺腺嘌呤二核苷酸磷酸(nicotinamide adenine dinucleotide phosphate)的氧化型。因 NAD^+ 是第一个被发现的辅酶,也被称为辅酶 I。$NADP^+$ 与 NAD^+ 的区别是其腺苷核糖 C-2′ 的—OH 被磷酸酯化。其结构如下:

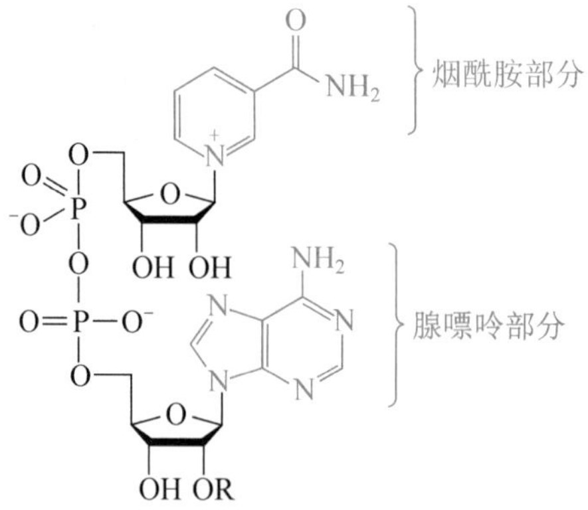

NAD^+: R=H $\qquad$ $NADP^+$: R=PO_3^{2-}

> **19-4** 指出 NAD^+ 和 $NADP^+$ 的结构中各有几个苷键? 几个酐键? 几个酯键?

在酶促反应中 NAD$^+$（或 NADP$^+$）的结构中参与反应的是吡啶环部分，分子中的其余部分只是在与酶蛋白结合时起识别作用。为了方便起见，通常将 NAD$^+$ 的结构写成简写式，其中 R 代表 NAD$^+$ 中除尼克酰胺以外的其余部分。

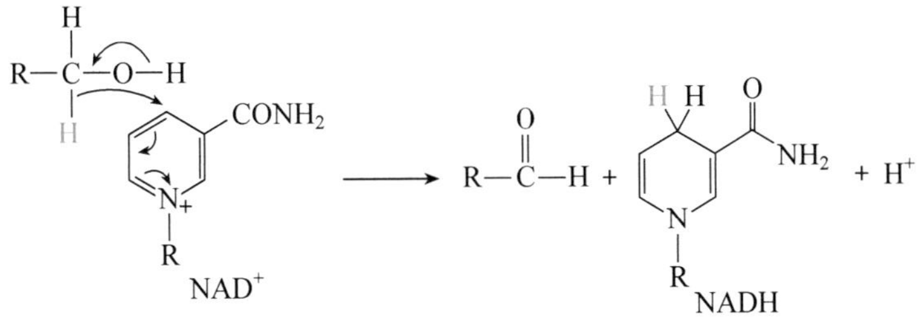

在脱氢酶的催化作用下，NAD$^+$（或 NADP$^+$）从底物中接受电子和 H，转变为还原型的 NADH（或 NADPH）。

在氨基酸的分解代谢中，其氧化是在肝脏内脱氢酶的催化作用下，由 NAD$^+$（或 NADP$^+$）辅助参与完成。

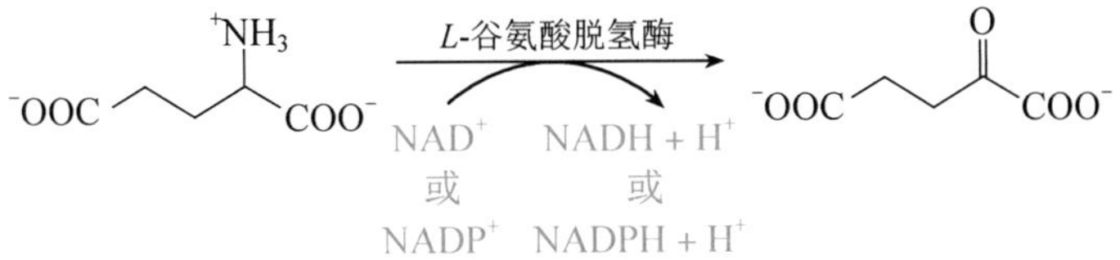

在三羧酸循环中 NAD$^+$（或 NADP$^+$）也是重要的辅酶，如苹果酸代谢为草酰乙酸的反应也需要 NAD$^+$ 参与才能得以实现。生物体内有多种脱氢酶，每一种都有专一底物。有些以 NAD$^+$ 或 NADP$^+$ 为辅酶，多数脱氢酶与 NAD$^+$ 或 NADP$^+$ 的结合都是松散的。

二、FAD

FAD 是黄素腺嘌呤二核苷酸（flavin adenine dinucleotide）的英文缩写，它是由维生素 B$_2$（核黄素）和腺嘌呤二核苷酸两部分构成。FAD 是许多氢化-脱氢反应的辅酶，它能与酶蛋白紧密结合。其结构如下：

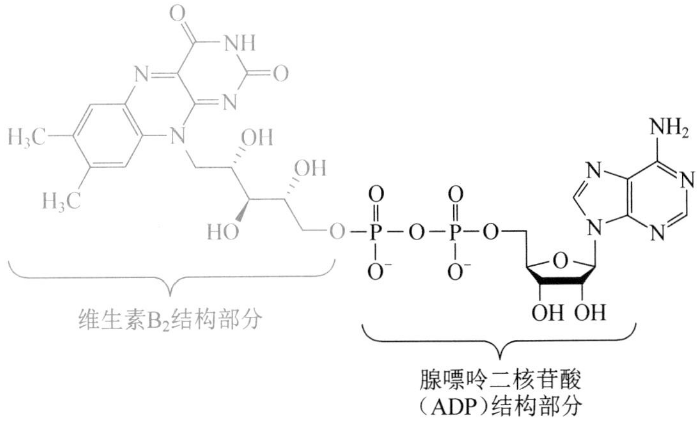

因 FAD 的异咯嗪环中存在 N＝C—C＝N 共轭体系，易发生"1,4-加氢"反应。故在酶促反应中 FAD 能作为氢的传递体。FAD 的氧化能力较 NAD$^+$ 强，其还原型为 FADH$_2$：

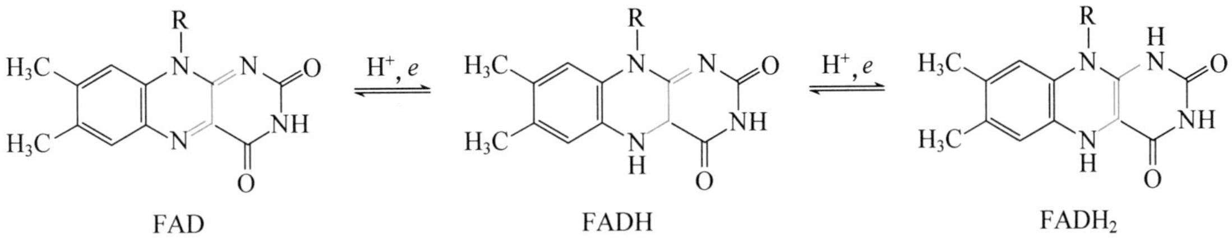

FAD 也广泛参与体内各种加氢-脱氢反应,例如在代谢过程中琥珀酸脱氢生成延胡索酸,FAD 是琥珀酸脱氢酶的辅酶,担负着 H 载体的作用。

琥珀酸 ——琥珀酸脱氢酶 / FAD / FADH₂—— 延胡索酸

19-5 指出 FAD 分子中有几个苷键? 几个酐键? 几个酯键?

三、辅酶 A

辅酶 A（coenzyme A），可看作由 3′-磷酸基-二磷酸腺苷、β-巯基乙胺和泛酸三部分组成的。泛酸又称为遍多酸,由于在自然界中普遍存在,而得名泛酸。辅酶 A 的结构如下:

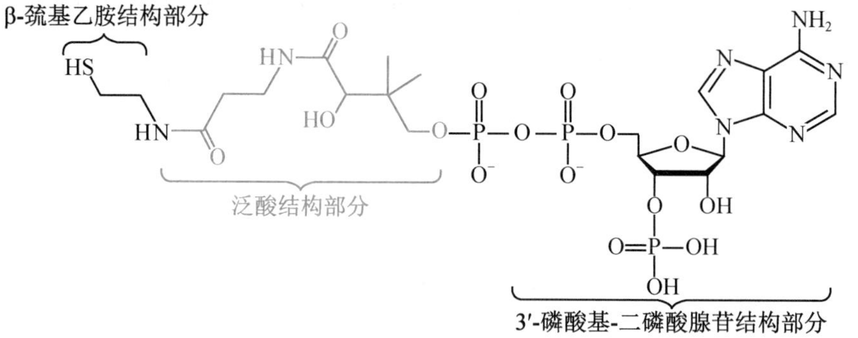

辅酶 A 分子链末端连有一个活泼的巯基(—SH),能与羧基以硫酯键结合成酰基辅酶 A(acetyl CoA)。参与三羧酸循环的酰基辅酶 A 有乙酰基辅酶 A(acetyl coenzyme A)和琥珀酰基辅酶 A。酰基辅酶 A 分子中的硫酯键类似于 ATP 分子中的高能磷酸键,断裂时释放 $36.9kJ \cdot mol^{-1}$ 的能量,供代谢反应之用。辅酶 A 是酰基转移酶的辅酶,在脂类、糖类和蛋白质代谢中起传递酰基的作用。生物化学中的大多数酰基化反应都涉及辅酶 A 的酰化,然后再从酰基辅酶 A 转移一个酰基给参与反应的底物,以此完成代谢过程中的酰基化反应。

化疗药物顺铂与核酸

化疗药物的诞生被誉为癌症治疗的“第一次革命”,是癌症治疗的“三驾马车”(手术、放疗、化疗)之一。部分化疗药物的作用与核酸及其复制相关,如直接作用于 DNA 的氮芥类、铂类等,影响核酸合成的甲氨蝶呤、氟尿嘧啶类等,影响核酸转录的多柔比星等,影响 DNA 复制的喜树碱衍生物,影响有丝分裂的紫杉醇类、长春碱类等。

铂类中的代表顺铂(cisplatin)是目前临床上应用最多的化疗药之一,其适应证包括肺癌(非小细胞肺癌、小细胞肺癌)、胃癌、睾丸癌、卵巢癌、子宫内膜癌、宫颈癌、膀胱癌、头颈部癌等多种恶性肿瘤,其中睾丸癌是顺铂最经典的适应证,顺铂问世后睾丸癌患者的死亡率从接近 100% 降至 10% 以下。

顺铂进入体内后,其结构中的 Cl⁻ 会慢慢被 H_2O 取代,水分子脱离后,铂与 DNA 单链内两个碱基的 N 或双链上的两个碱基 N 配位,导致 DNA 弯折,进而交联成环并形成聚集体,使DNA 无法完成复制与转录,最终导致细胞死亡。

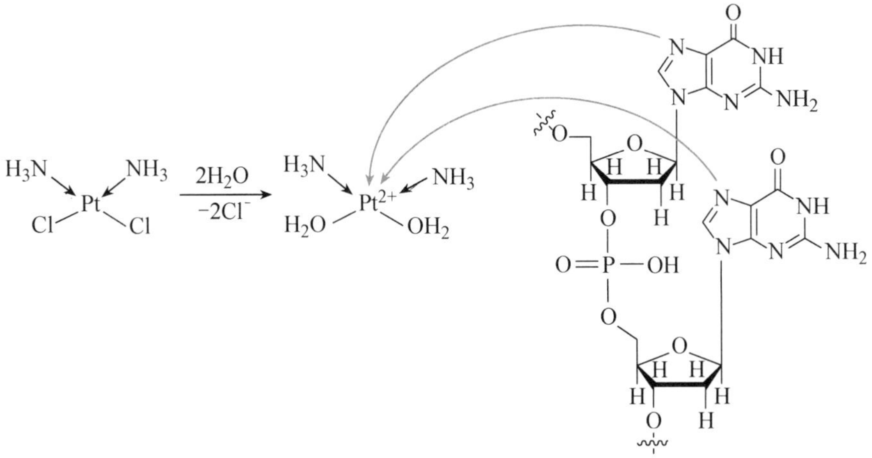

DNA 复制过程涉及解旋酶、聚合酶等多种酶的参与，其中 DNA 聚合酶除负责合成新的 DNA 链外，还兼具校对和外切错误核苷酸的作用。DNA 聚合酶表达升高是顺铂类化疗药产生耐药性的原因之一。

习题

19-6　写出下列化合物的结构式。

（1）5-氟尿嘧啶　　　　　　　　　　　　　（2）1-甲基鸟嘌呤

（3）5,6-二氢尿嘧啶　　　　　　　　　　　（4）6-巯基鸟嘌呤

19-7　某 DNA 样品中含有约 30% 的胸腺嘧啶和 20% 的胞嘧啶，可能还含有哪些碱基？含量为多少？

19-8　DNA 中一条链的某段碱基序列为（5'）TTAGGCA（3'），以该链为模板转录的 mRNA 中与这段 DNA 链对应的碱基应如何排列？

19-9　写出下列反应的主要产物。

（1） $\xrightarrow{稀NaOH}$ 　　（2） $\xrightarrow{H_3O^+}$

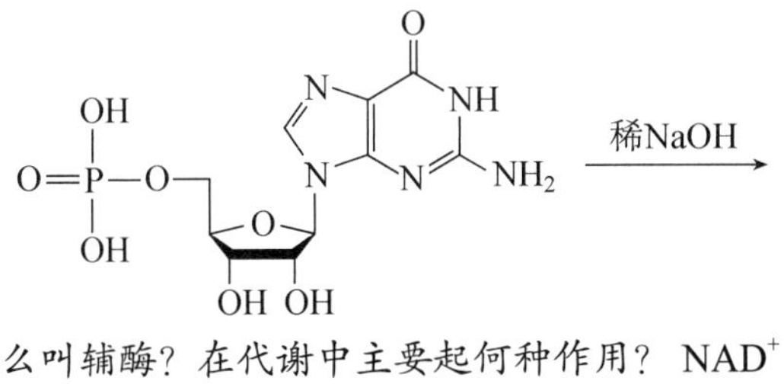

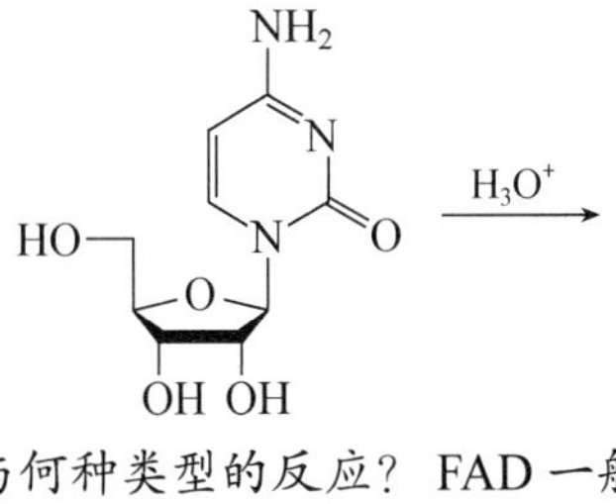

19-10　什么叫辅酶？在代谢中主要起何种作用？ NAD$^+$ 一般参与何种类型的反应？ FAD 一般参与何种类型的反应？

（杨若林）

本章思维导图　　　　　　本章目标测试

附 录

附录一 一些常见烃基的中英文名称

结构式	英文名	中文名	英文俗名	中文俗名
CH_3-	methyl	甲基	methyl	
CH_3CH_2-	ethyl	乙基	ethyl	
$CH_3CH_2CH_2-$	propyl	丙基	*n*-propyl	
$CH_3CH_2CH_2CH_2-$	butyl	丁基	*n*-butyl	
$(CH_3)_2CH-$	propan-2-yl	丙-2-基	isopropyl	异丙基
$(CH_3)_2CHCH_2-$	2-methylpropyl	2-甲基丙基	isobutyl*	异丁基
$CH_3CH_2CH(CH_3)-$	butan-2-yl	丁-2-基	*sec*-butyl*	仲丁基
$(CH_3)_3C-$	1,1-dimethylethyl	1,1-二甲基乙基	*tert*-butyl	叔丁基
$(CH_3)_2CHCH_2CH_2-$	3-methylbutyl	3-甲基丁基	isopentyl*	异戊基
$CH_3CH_2C(CH_3)_2-$	1,1-dimethylpropyl	1,1-二甲基丙基	*tert*-pentyl*	叔戊基
$(CH_3)_3CCH_2-$	2,2-dimethylpropyl	2,2-二甲基丙基	neopentyl*	新戊基
$CH_2=CH-$	ethenyl	乙烯基	vinyl	
$CH_2=CHCH_2-$	prop-2-enyl	丙-2-烯基	allyl	烯丙基
$CH_3CH=CHCH_2-$	but-2-en-1-yl	丁-2-烯基	crotyl,crotonyl	巴豆基
$HC\equiv C-$	ethynyl	乙炔基	acetylenyl	
$HC\equiv CCH_2-$	prop-2-ynyl	丙-2-炔基	propargyl	炔丙基
C_6H_5-	phenyl	苯基	phenyl	
$C_6H_5CH_2-$	phenylmethyl	苯甲基	benzyl	苄基
$H_2C=$	methylidene	甲亚基	methylene	亚甲基
$-CH_2-$	methylene	甲叉基	methylene	亚甲基
$(CH_3)_2C=$	propan-2-ylidene	丙-2-亚基	isopropylidene	异丙亚基
$CH_3-C_6H_4-$	methylphenyl	甲苯基	tolyl	
$2,4,6-(CH_3)_3C_6H_2-$	2,4,6-trimethylphenyl	2,4,6-三甲苯基	mesityl	

*IUPAC-2013 建议不继续使用此类俗名

256

附录二 一些官能团作为主体基团的优先次序

优先次序	官能团结构式	化合物类名
1		自由基, radicals
2		负离子, anions
3		正离子, cations
4	—COOH	羧酸, carboxylic acids
5	—SO$_3$H	磺酸, sulfonic acids
6	$\overset{O}{\underset{\parallel}{-C}}-O-\overset{O}{\underset{\parallel}{C}}-$	酸酐, anhydrides
7	—COO—	酯, esters
8	—COX	酰卤, acid halides
9	—CONH$_2$	酰胺, amides
10	$\overset{O}{\underset{\parallel}{-C}}-\overset{H}{\underset{\mid}{N}}-\overset{O}{\underset{\parallel}{C}}-$	二酰亚胺, imides
11	—CN	腈, nitriles
12	—CHO	醛, aldehydes
13	—CO—	酮, ketones
14	—OH	醇和酚, alcohols and phenols
15	—OOH	氢过氧化物, hydroperoxides
16	—NH$_2$	胺, amines
17	—NH—	亚胺, imines

附录三 一些常见官能团作为取代基的中英文名称

官能团	取代基名
—COOH	羧基（羟羰基），carboxy-
—SO₃H	磺酸（基），sulfo-
—COOR	烃氧羰基，R-oxycarbonyl-
RCOO—	酰氧基，acyloxy-
—COX	卤羰基，halocarbonyl-
—CONH₂	氨基羰基（氨基甲酰基），aminocarbonyl（carbamoyl-）
—CN	氰基，cyano-
—CHO	甲酰基，formyl-
=O	氧亚基（氧代），oxo-
—OH	羟基，hydroxy-
—OR	烃氧基，R-oxy-
—SH	氢硫基（巯基），sulfanyl-
—SR	烃硫基，R-sulfanyl-
—OOH	过羟基，hydroperoxy-
—OOR	烃过氧基，R-peroxy-
—NH₂	氨基，amino-
=NH	氨亚基，imino-
—F	氟，fluoro-
—Cl	氯，chloro-
—Br	溴，bromo-
—I	碘，iodo-
—NO₂	硝基，nitro-
—NO	亚硝基，nitroso-

注：R 代表烃基

附录四 重要元素的电负性

元素名	缩写	电负性
铝	Al	1.6
硼	B	2.0
溴	Br	3.0
碳	C	2.6
钙	Ca	1.0
镉	Cd	1.7
氯	Cl	3.2
氟	F	4.0
氢	H	2.2
碘	I	2.7
钾	K	0.8
锂	Li	1.0
镁	Mg	1.3
氮	N	3.0
氧	O	3.4
磷	P	2.2
铅	Pb	1.9
硫	S	2.6
硅	Si	1.9
锌	Zn	1.7

附录五　重要的鉴别反应

序号	试剂	可鉴别的化合物	现象
1	2,4-二硝基苯肼	醛、酮	橙黄色沉淀或橙红色沉淀
2	$AgNO_3$ 氨溶液或 $CuCl_2$ 氨溶液	$RC\equiv CH$ 型炔烃	白色炔化银或砖红色炔化亚铜
3	$AgNO_3$ 醇溶液	卤代烃	卤化银沉淀
4	Benedict 试剂	脂肪醛、还原糖	砖红色 Cu_2O 沉淀
5	Br_2 四氯化碳溶液	烯、炔	褪色
6	Fehling 试剂	脂肪醛、还原糖	砖红色 Cu_2O 沉淀
7	茚三酮溶液/加热	氨基酸、肽和蛋白质	蓝紫色或黄色
8	$KMnO_4$ 溶液	不饱和烃、乙二酸、某些烃基苯、伯醇和仲醇	褪色
9	Tollens 试剂	多数醛、还原糖、α-羟基酸	银镜
10	醋酐-浓硫酸	胆固醇和某些甾族化合物	红-紫-褐-绿色
11	重氮盐	酚或芳香胺	有色的偶氮化合物
12	碘	淀粉、糖原	蓝紫色、红色
13	碘的碱溶液	乙醛和甲基酮,$CH_3CH(OH)R$	淡黄色晶体
14	磺酰氯	伯胺、仲胺、叔胺	沉淀及在碱液中溶解与否
15	碱性硫酸铜溶液	含两个或两个以上肽键的化合物	紫红色或紫色
16	$FeCl_3$ 水溶液	酚、烯醇	显色
17	碱性稀硫酸铜溶液	邻二醇	绛蓝色的铜盐
18	溴水	醛糖和酮糖	褪色
19	溴水	苯酚等酚类	白色沉淀
20	亚硝酸	仲胺	黄色油状物或固体
21	亚硝酸	脂肪族伯胺、脲	放出氮气

推荐阅读

［1］ 陆阳. 有机化学. 9 版. 北京：人民卫生出版社，2018.

［2］ 中国化学会 有机化合物命名审定委员会. 有机化合物命名原则（2017）. 北京：科学出版社，2018.

［3］ 邢其毅，裴伟伟，徐瑞秋，等. 基础有机化学（上下册）. 4 版. 北京：北京大学出版社，2016.

［4］ MCMURRY J. Organic Chemistry. 9th ed. Boston：Cengage Learning，2016.

［5］ L.G. Wade Jr. Organic chemistry. 8th ed. Boston：Pearson Education，Inc.，2013.

［6］ KLEIN D R. Organic Chemistry. 3rd ed. Singapore：John Wiley & Sons，Inc.，2017.

中英文名词对照索引